Unsichtbar im Sturm

Ian Roulstone · John Norbury

Unsichtbar im Sturm

Die Rolle der Mathematik in der Wettervorhersage

Übersetzt von: Annette Müller

Ian Roulstone
Department of Mathematics
University of Surrey
Guilford, Surrey, UK

John Norbury
Mathematical Institute
University of Oxford
Oxford, UK

Übersetzt von:
Annette Müller
Freie Universität Berlin
Institut für Meteorologie

ISBN 978-3-662-48253-7 ISBN 978-3-662-48254-4 (eBook)
https://doi.org/10.1007/978-3-662-48254-4

Die Deutsche Nationalbibliothek verzeichnet diese Publikation in der Deutschen Nationalbibliografie; detaillierte bibliografische Daten sind im Internet über http://dnb.d-nb.de abrufbar.

Springer Spektrum
Übersetzung der englischen Ausgabe: *Invisible in the Storm. The Role of Mathematics in Understanding Weather* von Ian Roulstone und John Norbury, erschienen bei Princeton University Press 2013,

Springer Spektrum ist ein Imprint der eingetragenen Gesellschaft Springer-Verlag GmbH, DE und ist ein Teil von Springer Nature
Die Anschrift der Gesellschaft ist: Heidelberger Platz 3, 14197 Berlin, Germany

Vorwort

Für die meisten von uns sind die Fachgebiete der Meteorologie und der Mathematik eine andere Welt: Wie kann uns die Differenzialrechnung etwas über die Entstehung von Schneeflocken verraten? Doch in den letzten beiden Jahrhunderten hat die Mathematik eine immer wichtigere und entscheidende Rolle für die Entwicklung der Meteorologie und der Wettervorhersage gespielt.

Dank der kontinuierlichen Weiterentwicklung der modernen Computer können heute im Minutentakt unglaublich viele Berechnungen durchgeführt werden. Jeden Tag nutzen Meteorologen diese enormen Rechenleistungen, um das Wetter des nächsten Tages vorherzusagen. Aber um den Wert der heutigen Wettervorhersage schätzen zu lernen und um zu begreifen, warum sie gelegentlich doch noch daneben liegt, müssen wir verstehen, wie das Verhalten der Atmosphäre und der Ozeane mithilfe der Mathematik quantifiziert werden kann.

Computeroperationen beruhen auf mathematischen Vorschriften, und diese Berechnungen folgen abstrakten, logischen Regeln. Daher ist es notwendig, sowohl den aktuellen Zustand als auch die Änderungen in der Erdatmosphäre in einer angemessen mathematischen Sprache darzustellen, um sie auf Computern umsetzen zu können. Allerdings ist aus zwei wichtigen Gründen ein Problem stets gegenwärtig. Zum einen werden wir nie alle Wechselbeziehungen von Wolken, Regen und wirbelnden Windböen verstehen, und zweitens können Computer bei der Erstellung einer Vorhersage nur eine endliche Anzahl von Berechnungen ausführen.

So stehen Meteorologen vor einer interessanten Herausforderung: Wie erfasst man das wesentliche Verhalten der Atmosphäre, ohne von dem fehlendem Wissen davongeblasen zu werden? Mit dieser Herausforderung beschäftigten sich schon die Pioniere der Wettervorhersage – lange bevor es moderne Computer gab. Bis zum Ende des 19. Jahrhunderts konnte man die physikalischen Grundgleichungen aufstellen, welche die Atmosphärenbewegung beschrieben; die Aufmerksamkeit richtete sich nun auf das Finden von Lösungen, welche das Wetter vorhersagen.

Dieses Buch beschreibt die Rolle der Mathematik, die sich bei unseren immer noch anhaltenden Bemühungen, das Wetter und Klima zu verstehen und vorherzusagen, herausbildete. Eine relativ kleine Gruppe aus Mathematikern und Physikern mit sehr unterschiedlichen Werdegängen hatte sich im frühen 20. Jahrhundert daran gemacht, die Meteorologie zu einer exakten und quantitativen Wissenschaft zu machen. Ihre Geschichte selbst ist schon faszinierend und lehrreich, und ihr Erbe ist mehr als die Gründung der modernen Wettervorhersage – sie zeigten uns, warum die Verbindung von Mathematik und Meteorologie stets die Basis der Wissenschaft der Wetter- und der Klimavorhersage sein wird.

Aber während man erkannte, dass die Vorhersage des nächsten Sturmes ein schwieriges Problem der Wissenschaft ist, entdeckten Mathematiker – während sie das Geheimnis der Stabilität des Sonnensystems erforschten – das Chaos. Sie beschäftigten sich mit der wichtigen Frage, ob Planeten ihre Bewegungen um die Sonne für immer fortsetzen werden oder ob eine zufällige Kollision – beispielsweise mit einem Meteor – irgendwann zu einer vollkommen anderen zukünftigen Bewegung führen könnte.

Heute erweitern die Meteorologen ständig die Grenzen dessen, was im Rahmen der physikalischen Gesetze vorhersagbar ist, immer mehr. Ständige Verbesserungen der Vorhersageverfahren ermöglichen immer zuverlässigere Prognosen, wofür wir aber auch immer größere Computer, bessere Software und genauere Beobachtungen benötigen. Bei modernen Supercomputern übersteigt die für die Datenverarbeitung benötigte Kapazität beinahe unser Vorstellungsvermögen. Aber die Mathematik lässt uns inmitten der Fülle von Informationen eine Ordnung erkennen.

In der ersten Hälfte dieses Buches beschreiben wir vier historische Schlüsselentwicklungen in der Wettervorhersage: Wir erklären erstens, wie wir lernten, die Atmosphäre zu vermessen und zu beschreiben; zweitens gehen wir darauf ein, wie wir dieses Wissen durch physikalischer Gesetze abbilden können; drittens zeigen wir, wie wir lernten, diese physikalischen Gesetze mithilfe der Mathematik auszudrücken und wie auf diese Weise die Erstellung von Vorhersagen möglich wurde; und viertens erörtern wir, wie wir lernten, den Teufel im Detail zu erkennen – das Phänomen, das wir Chaos nennen.

Die zweite Hälfte des Buches beschreibt den modernen Ansatz nach den 1930er-Jahren, bei dem das Zusammenspiel von Mathematik und Technik unsere Fähigkeiten, das zukünftige Wetter und Klima vorherzusagen, enorm verbesserte. Der Zweite Weltkrieg und die darauf folgende Ausweitung von ziviler und militärischer Luftfahrt führten zu neuen Aufgaben der Meteorologie und trieben die Entwicklungen verschiedener Technologien – wie beispielsweise Radar, Satelliten und nicht zuletzt Computer – voran. Die technologische Revolution ermöglichte im Jahr 1949 den Durchbruch – die erste computerbasierte Wettervorhersage. Aber hinter dieser gut dokumentierten Pionierarbeit verbirgt sich die weniger bekannte Geschichte über die Rolle der Mathematik bei der Entdeckung eines Schlüssels zur erfolgreichen, computergestützten Vorhersage. Daher beschreiben wir am Ende unserer Geschichte, wie heute die Mathematik von den Meteorologen genutzt und weiterhin genutzt werden wird, um das Vorhersagbare vom Unvorhersagbaren zu trennen. Diese Unterscheidung wird sogar noch wichtiger, wenn wir das zukünftige Klima verstehen und vorhersagen wollen.

Zur wissenschaftlichen Vollständigkeit haben wir in den Vertiefungen die fachspezifischen Informationen ausführlicher dargestellt. Das Buch ist so gestaltet, dass diese Vertiefungen ausgelassen werden können und das Gesamtkonzept dennoch verstanden wird. Im Glossar, das auf das Nachspiel folgt, werden auf einfache Weise die Konzepte erklärt, welche für die Entwicklung der computerbasierten Wettervorhersage genutzt werden.

Danksagung

Unseren vielen Freunden, Familien und Kollegen schulden wir Dank für die wertvollen Diskussionen und kritischen Feedbacks in all den Jahren, in denen wir geforscht und dieses Buch geschrieben haben. Diesbezüglich danken wir Sid Clough, Mike Cullen, Jonathan Deane, Dill Faulkes, Seth Langford, Peter Lynch, Kate Norbury, Anders Persson, Sebastian Reich, Hilary Small, Jean Velthuis und Emma Warneford. Insbesondere danken wir Andy White für sein sehr sorgfältiges Lesen und Kommentieren des vorletzten Manuskriptentwurfs.

Wir danken auch Sue Ballard, Ross Bannister, Stephen Burt, Michael Devereux, David Dritschel, Ernst Hairer, Rob Hine, Rupert Holmes, Steve Jebson, Neil Lonie, Dominique Marbouty, John Methven, Alan O'Neill, Norman Phillips, David Richardson, Claire Roulstone und Mike White für ihre Hilfe bei den Illustrationen.

Wir bedanken uns auch bei den folgenden Organisationen, die Bilder zur Verfügung gestellt haben, und insbesondere bedanken wir uns bei den Mitarbeitern der American Meteorological Society, der University of Dundee, dem Europäischen Zentrum für mittelfristige Wettervorhersage (ECMWF), dem Met Office, der National Meteorological Library und der Royal Society of London für ihre wertvolle Hilfe. Ian Roulstones großer Dank gilt der Unterstützung 2008–2009 durch den Leverhulme Trust.

Wir bedanken uns bei Vickie Kearn bei Princeton University Press für ihre Geduld und ständige Ermutigung und bei vielen ihrer damaligen und jetzigen Kollegen, darunter Kathleen Cioffi, Quinn Fusting, Dimitri Karetnikov, Lorraine Doneker, Anna Pierrehumbert, Stefani Wexler und Patti Bower für ihre Hilfe bei der Erstellung dieses Buches.

Schließlich sind die Liebe und die Unterstützung unserer Familien von unschätzbarem Wert, und wir widmen ihnen dieses Buch.

Inhaltsverzeichnis

Vorspiel: Neuanfänge

Ende des 19. Jahrhunderts nutzten die Menschen Newtons Gesetze der Bewegung und Gravitation, um die Sonnenauf- und -untergangszeiten, die Mondphasen und die Gezeiten von Ebbe und Flut zu berechnen. Sorgfältig trugen sie die Daten in Kalender und Tagebücher ein, sodass diese erfolgreichen Anwendung der Wissenschaft für viele Menschen, von Fischern bis hin zu Bauern, nützlich war. Im Jahr 1904 veröffentlichte dann ein norwegischer Wissenschaftler einen Aufsatz, in dem er umriss, wie man die Schwierigkeiten der Wettervorhersage als mathematische und physikalische Fragestellung formulieren könnte. Seine Betrachtungsweise wurde ein Eckpfeiler der modernen Wettervorhersage. Während der nächsten drei Dekaden folgten viele junge, talentierte Wissenschaftler dieser Idee – ihre Forschungen legten die Grundlage der heutigen Meteorologie.

Zu dieser Zeit machte sich aber niemand Illusionen darüber, wie schwer es sein würde, Wettervorhersagen tatsächlich zu berechnen. Den Wind und den Regen, die Feucht- und Trockenzeiten (durch Herausarbeiten der Luftdruckänderungen), die Temperatur und die Luftfeuchtigkeit des ganzen Planeten vorherzusagen, wurde als ein Problem von nahezu unermesslicher Komplexität erkannt.

In dieser Geschichte beschreiben wir die Entwicklung der Rolle von Physik, Computern und Mathematik bei der Vorhersage unseres ständig wechselnden Wetters. Dabei ist die Mathematik nicht nur eine wichtige Sprache, die das Problem definiert, sondern wir können mit ihrer Hilfe auch Lösungen auf modernen Supercomputern finden. Heute nutzen wir die Mathematik, um immer mehr Informationen aus dem zu gewinnen, was die Computer berechnen, und dies dann für die Erstellung der Wettervorhersage zu verwenden. Wettervorhersagen beeinflussen viele Entscheidungen unsere Alltagslebens – das beginnt damit, dass wir einen Regenschirm mit zur Arbeit nehmen, und endet in Maßnahmen, die wir ergreifen, um beispielsweise in der Zukunft Gemeinden vor Überflutungen zu schützen.

Satellitenbilder von der Erde, wie beispielsweise Abb. 1, haben die Sicht vieler Menschen auf unser Zuhause verändert. Wir erkennen die Allgegenwart von Wasser in seinen vielen verschiedenen Zuständen: von Ozeanen und Eisflächen bis zu Wolken und Regen, die uns

I. Roulstone und J. Norbury, *Unsichtbar im Sturm*,
https://doi.org/10.1007/978-3-662-48254-4_1

jeden Tag begleiten. Wolkenmuster zeigen den Wind, der Wärme von den Tropen wegtransportiert und die Eisflächen von uns fernhält. Können sich Wettersysteme verändern? Wenn ja, wie sähe die Konsequenz in Bezug auf die Verteilung des Lebens und des Wassers in all seinen verschiedenen Formen aus? In diesem Buch betrachten wir die Erdatmosphäre und erklären, wie uns die Mathematik ermöglicht, den endlosen Zyklus von Wetter und Klima zu beschreiben.

Abb. 1 Dieses Bild unseres blauen Planeten ist der NASA-Website entnommen und zeigt verwirbelte Wolkenstrukturen rund um die Erde. Ist es möglich mithilfe der Mathematik zu berechnen, wie sich die Wolkenstrukturen in den nächsten fünf Tage verändern werden oder wie sich die Eisflächen in der Arktis wandeln? (© NASA. Abdruck mit freundlicher Genehmigung)

1. Eine Vision wird geboren

Unsere Reise beginnt am Ende des 19. Jahrhunderts, kurz bevor die „Äthertheorie“, die Raum, Zeit und Materie erklären sollte, von Einsteins Relativitätstheorie und der Quantenmechanik endgültig zu Grabe getragen wurde. Bei seinen Forschungen zum Äther machte ein norwegischer Wissenschaftler eine bemerkenswerte Entdeckung, welche der Meteorologie ganz neue Wege eröffnete.

Ein Phönix erwacht

Der 36-jährige Vilhelm Bjerknes spähte an einem bitterkalter Nachmittag im November 1898 nachdenklich durch sein Fenster auf auf den bleigrauen Himmel über der Stadt. Stockholm bereitete sich für den Winter vor. Seit dem frühen Morgen fiel Schnee, ein frischer Nordwind war aufgezogen und dicke Flocken fielen vom Himmel. Man kann sich gut vorstellen, wie sich Bjerknes an den Kamin setzte, um sich zu wärmen. Beim lodernden Feuer lehnte er sich zurück und ließ seine Gedanken schweifen. Obwohl der Schneesturm immer stärker wurde, fühlte er sich behaglich und zufrieden. Er war eins mit der Welt. Aber nicht nur weil er vor dem Wintereinbruch geschützt war; es ging tiefer. Bjerknes beobachtete einen glühenden Funken, der im Kamin herumwirbelte, bis er aus seinem Blickfeld verschwand. Dann wandte seine Aufmerksamkeit den größeren Wirbeln aus Wind und Schnee draußen zu und wenig später wieder dem Tanz des Rauchs und der Flammen zur heulenden Musik des Sturmes. All das tat er wie nie zuvor. Der spiralförmige Rauch über dem Feuer und das Stärkerwerden des Sturmes – Ereignisse, die der Mensch schon immer kannte – waren zwei Erscheinungsformen eines neuen physikalischen Gesetzes. Es würde ein kleiner Meilenstein werden – in der wissenschaftlichen Zeitgeschichte nicht so berühmt wie Newtons Gesetze der Bewegung und der Gravitation, aber es konnte immerhin grundlegenden Eigenschaften des Wetters erklären. Diese hervorragende Idee war bisher für die Meteorologen verborgen gewesen, verschlossen hinter der schweren Tür der Mathematik. Wir verdanken das neue

I. Roulstone und J. Norbury, *Unsichtbar im Sturm*,
https://doi.org/10.1007/978-3-662-48254-4_2

Gesetz Vilhelm Bjerknes (Abb. 1). Doch es sollte mehr als nur seinen Namen bewahren; es machte die Meteorologie zu einer innovativen Wissenschaft des 20. Jahrhunderts und ebnete den Weg zur modernen Wettervorhersage. Aber zunächst einmal musste dieses physikalische Gesetz seine Karriere auf eine ganz andere Bahn lenken.

Ironischerweise wollte Bjerknes nie mit seinen Ideen die Geschichte oder auch nur sein eigenes Schicksal so verändern, wie es dann geschah. Er empfand es zwar als aufregend, ein neues Fenster zu den Naturgesetze geöffnet zu haben, doch er zermarterte sich auch den Kopf über seine Prioritäten und Ziele; und begann die Zukunft seiner Karriere zu hinterfragen. Seine neuentdeckte Vision entwickelte sich aus alten Vorstellungen der theoretischen Physik, die bald keine Zukunft mehr hatten. Seit einem halben Jahrhundert versuchten führende Physiker und Mathematiker bereits zu entscheiden, ob Phänomene wie Licht oder Kräfte wie beispielsweise Magnetismus durch den leeren Raum oder durch eine Art unsichtbares Medium wanderten. In den 1870er-Jahren vertraten immer mehr die Ansicht, dass der leere Raum mit einem unsichtbaren Fluid gefüllt sein müsse, man nannte es Äther. Die Idee war recht einfach: So wie sich Schallwellen durch die Luft ausbreiten und so wie sich zwei aneinander vorbeifahrende Boote gegenseitig spüren, weil sie das Wasser zwischen sich stören, so sollten auch Lichtwellen und Magnetkräfte durch eine Art kosmisches Medium wandern. Die Wissenschaftler versuchten die Eigenschaften eines derartigen Äthers zu verstehen und zu quantifizieren – in dem Glauben, dass er sich ähnlich verhält wie Wasser, Luft und andere Fluide, wenn sie von einem Objekt darin beeinflusst werden. Sie wollten die Existenz von Äther zu beweisen, indem sie zeigten, dass Experimente mit in Wasser tauchenden Objekten zu ähnlichen Effekte führten wie Experimente mit Magneten und elektrischen Geräten.

Auf der angesehenen internationalen Elektrizitätsausstellung 1881 in Paris, an der sich unter anderem Alexander Graham Bell und Thomas Alva Edison beteiligten, stellten ein

Abb. 1 Vilhelm Bjerknes (1862–1951) formulierte die Wettervorhersage als ein mathematisch-physikalisches Problem

norwegischer Wissenschaftler mit dem Namen Carl Anton Bjerknes, Professor für Mathematik an der Royal Frederick Universität in Christiana (das heutige Oslo), und sein 18-jähriger Sohn Vilhelm ihre Experimente aus, welche die Existenz des Äthers belegen sollten. Besucher der Ausstellung, darunter einige hervorragende Wissenschaftler wie Hermann von Helmholtz und Sir William Thomson (der spätere Lord Kelvin), waren sichtlich beeindruckt. Bjerknes und sein Sohn gewannen hohe Anerkennung für ihre Ausstellung und gerieten dadurch ins Rampenlicht der internationalen Gemeinschaft der Physiker. Ihr wachsender Ruhm und ihr Ansehen führten zwangsläufig dazu, dass der junge, begabte Vilhelm in die Fußstapfen seines Vaters trat – nicht nur als Mathematiker und Physiker, sondern auch als Verfechter der Äthertheorie. Als Heinrich Hertz mit einigen außergewöhnlichen Experimenten die Existenz von sich im Raum ausbreitenden elektromagnetischen Wellen zeigte (die bereits von dem schottischen theoretischen Physiker James Clerk Maxwell vorausgesagt worden waren), wurde in den späten 1880er-Jahren noch intensiver an dieser Hypothese geforscht. Im Jahr 1894 skizzierte Hertz in seinem posthum veröffentlichten Buch seine Idee, welch wichtige Rolle der Äther in der Entwicklung der Mechanik spielen könnte.

Doch die Ausarbeitung dieser Ideen war keine Kleinigkeit. Heute lernen wir, dass die Wissenschaft der Mechanik geboren wurde, als Galileo Galilei den Begriff der Trägheit einführte, und Newton die Bewegungsgesetze quantifizierte, indem er Kraft und Beschleunigung miteinander in Beziehung setzte. Wir müssen nicht erwähnen, welchen Erfolg die Mechanik für die Beschreibung aller Bewegungen, von Tischtennisbällen bis hin zu Planeten, hatte. Aber Hertz glaubte, dass etwas fehlte, denn das großartige Bollwerk der Newton'scher Mechanik scheint auf einigen etwas vagen Vorstellungen aufzubauen. Axiomatisch legte er eine allgemeine Strategie dar, wie Erscheinungen innerhalb des Äthers Phänomene erklären könnten, die bisher die schwer fassbaren Vorstellungen von „Kraft“ und „Energie“ erforderten, die unsere Welt scheinbar beeinflussten, ohne dass es einen greifbaren Mechanismus dafür gab, wie dies geschieht. Das allgemeine Prinzip, das in Hertz' Buch dargelegt wurde, schien die von Vilhelms Vater initiierte Methode zu systematisieren. Carl Bjerknes' Arbeit fehlte jede untermauernde Argumentation, aber Hertz' Schrift versprach genau das zu ändern und würde so Bjerknes' Lebenswerk bestätigen. Das war ein bedeutender Antrieb für seinen Sohn. Gefesselt von Hertz' tiefgreifenden Ideen entschied sich Vilhelm dazu, seine ganze Energie in diese Weltsicht zu stecken.

Ihm wurde aber auch klar, dass ihn ein möglicher Erfolg mit dieser Methode an die Spitze der Physik bringen würde – eine vielversprechende Perspektive für einen zielgerichteten und ambitionierten jungen Wissenschaftler. Im 19. Jahrhundert hatten bereits bemerkenswerte Vereinigungen von Ideen und Theorien stattgefunden. Im Jahr 1864 hatte Maxwell einen Aufsatz veröffentlicht, in dem er Elektrizität und Magnetismus vereinigte – zwei bisher ganz unterschiedliche Phänomene. Auch das Konzept von Wärme, Energie und Licht erhielt eine gemeinsame Basis, und Vilhelm stellte sich vor, dass sich dieser Prozess der Vereinigung scheinbar ungleicher Bereiche der Physik fortführen lässt, bis das gesamte Fach auf Grundlage der Mechanik abschließt – eine „Mechanik des Äthers“. Schon bei der Verteidigung seiner Doktorarbeit im Jahr 1882 spielte er auf seine Vision an. Damals war er gerade einmal 30 Jahre alt. Zwei Jahre später, nachdem seine Ideen auch von Hertz bestätigt wurden, machte er sich daran, seinen Traum zu verwirklichen.

Durch Bjerknes' Arbeiten konnte er enge Beziehungen zu anderen Wissenschaftlern aufbauen, die ebenfalls mithilfe der Äthertheorie eine vereinheitlichte Beschreibung der Natur entwickeln wollten. Einer davon war William Thomson, Baron Kelvin of Largs (Abb. 2). Thomson wurde 1824 in Belfast geboren und zog 1832 nach Glasgow. Schon als Jugendlicher konnte er einen beeindruckenden Lebenslauf vorweisen. Im zarten Alter von 14 Jahren besuchte er Kurse an der University of Glasgow, mit erst 17 Jahren studierte er an der University of Cambridge. Nachdem er sein Studium dort abgeschlossen hatte, verbrachte er ein Jahr in Paris, wo er sich zusammen mit den herausragendsten Mathematikern und Physikern der Zeit ganz der Forschung widmete. Thomson setzte seine Karriere in Glasgow fort. Dort trat er im Alter von 22 Jahren eine volle Professur in Naturphilosophie (heutige Physikprofessur) an. Er war zwar vor allem ein hochkarätiger Theoretiker, besaß aber auch erstaunliche praktische Fähigkeiten, mit deren Hilfe er den Grundstein seines beachtlichen Wohlstands legte. Und so widmete er einen Teil seiner Zeit der theoretischen Physik und den anderen nutzte er, um dank seiner Fachkenntnis in Telegrafie Geld zu verdienen: Er meldete ein Patent auf einen Empfänger an, der später in allen britischen Telegrafenämtern

Abb. 2 Sir William Thomson, später Lord Kelvin (1824–1907), mit 22 Jahren bereits ein bedeutender Professor, spielte in der Wissenschaft bis zum Ende seines Lebens eine herausragende Rolle. Er veröffentlichte mehr als 600 Artikel und verstarb während seiner dritten Amtszeit als Präsident der Royal Society of Edinburgh. Mit den Transatlantikkablen verdiente er ein Vermögen: Er kaufte eine 126 t schwere Yacht, die *Lalla Rookh,* sowie ein Haus an der schottischen Küste in Largs. Er ist in der Westminster Abbey neben Sir Isaac Newton bestattet

zum Standard wurde. Im Jahr 1866 wurde Thomson für seine Arbeit an den Transatlantikkabeln, die eine Kommunikation zwischen Europa und den Vereinigten Staaten und auch bald zwischen anderen Ländern der Welt möglich machten, zum Ritter geschlagen. Diese Leitung erleichterte auch die Kommunikation zwischen Wetterbeobachtern erheblich. In den Vereinigten Staaten wurde Thomsen Vizepräsident der Kodak Company, und zu Hause wurde seine Leistung ein weiteres Mal – diesmal mit Erhebung in den Adelsstand – geehrt, wobei er den Titel Lord Kelvin erhielt.

Kelvin (der Name, unter dem er heute bekannt ist) war also reich und hatte hohe Ämter inne. Er war einer der Ersten, der sowohl in der akademischen Laufbahn als auch in der Industrie immensen Erfolg vorweisen konnte. Aber mit dem Herzen war er zweifellos ganz Wissenschaftler. Sein Beitrag zur theoretischen Physik war enorm. Kelvin spielte eine entscheidende Rolle bei der Erklärung von Wärme als Energieform und vertrat er die für die damalige Zeit fundamental abweichende und abstrakte Sichtweise, dass Energie und nicht Kraft den Kern der Newton'schen Mechanik ausmacht. Tatsächlich entwickelte sich letztendlich die Energie zum zentralen Punkt der Naturwissenschaften. Er war auch ein enthusiastischer Unterstützer des Ätherkonzepts, wobei seine Überlegungen viel weitreichender waren als die vieler seiner Kollegen.

Während er die Grundgleichungen der Hydromechanik untersuchte – Newtons Gesetze angewendet auf die Bewegung von Feststoffen und Gasen –, weckte ein Ergebnis, das Herrmann von Helmholtz 1858 veröffentlicht hatte, Kelvins besonderes Interesse. In seiner Analyse von Fluidbewegungen konzipierte Helmholtz die Idee einer „idealen Flüssigkeit": ein Feststoff oder ein Gas, von dem man bestimmte Eigenschaften annehmen konnte. Der Ausdruck „ideal" verweist auf die Vorstellung, dass die Flüssigkeit ohne jeden Widerstand bzw. ohne jede Reibung fließt und so keine Energie in Wärme oder etwas Ähnliches umgewandelt wird. Auch wenn ein solches Konzept künstlich, wie das Produkt eines weltfremden Akademikers erscheint, brachte Helmholtz' Analyse der Bewegungen idealer Flüssigkeiten etwas sehr Bemerkenswertes zum Vorschein. Statt die Bewegung der Strömung bezüglich Geschwindigkeit und Richtung zu analysieren, untersuchte er eine Gleichung für die Änderung der Wirbelstärke des Fluids, die von einem „perfekten Wirbel" ausgelöst wird – einer rotierenden Strömung, wie ein in einer Tasse Kaffee, die gleichmäßig umgerührt wird. Zu seinem Erstaunen zeigten diese Gleichungen, dass eine Flüssigkeit, die zu Beginn wirbelt, für immer weiter wirbeln wird. Im Umkehrschluss wird eine ideale Flüssigkeit, in der es keine Wirbel gibt, auch nicht spontan anfangen Wirbel zu bilden. Kelvin wollte diese Ideen auf den Äther übertragen und interpretieren. Er stellte sich den Äther als ideale Flüssigkeit vor und Materie zusammengesetzt aus „Wirbelatomen", sodass die winzige Wirbel im Äther die Bausteine von Materie darstellten. Im Jahr 1867 veröffentlichte er (unter dem Namen William Thomson) im Journal *The Proceedings of the Royal Society of Edinburgh* einen elfseitigen Aufsatz mit dem Titel „On Vortex Atoms" (Über Wirbelatome). Natürlich entstand die Frage, wie Wirbel, oder seine „idealisierten Wirbelatome", überhaupt entstehen konnten, wo sie doch beständige Eigenschaften einer idealen Flüssigkeit waren. Um Kelvins Antwort würdigen zu können, sollten wir uns daran erinnern, dass Mitte des 19.

Jahrhunderts eine turbulente Zeit für Wissenschaft und Gesellschaft war; Darwin spaltete mit seinen Ideen der Evolution Philosophie und Religion, was auch eine Kluft zwischen Wissenschaft und Kirche zur Folge hatte. Der gläubige Presbyterianer Kelvin dachte, dass er die Fronten glätten könne, wenn er die Erschaffung der Wirbel als Gottes Werk erklären würde. Mit einigen sorgfältigen mathematischen Fakten einerseits und einer klaren Rolle Gottes andererseits, war er fest davon überzeugt, dass der Äther das Zentrum aller Materie und somit der gesamten Physik sei.

Wie auch schon sein Patent für transatlantische Telefongespräche zeigt, beruhte sein Interesse an der Äthertheorie nicht auf blauäugigen Spekulationen. Er übernahm Helmholtz' Theorie der Wirbelbewegung und formulierte sie neu – in Form eines Satzes, welcher zeigt, dass eine Größe, die die Stärke der Wirbelbewegung misst, zeitlich erhalten bleibt, auch wenn sich das Fluid verändert. Diese Größe wird Zirkulation genannt. Da die Zirkulation eine große Rolle beim Verständnis des Wetters spielt, werden wir sie in Kap. „3. Fortschritte und Missgeschicke" ausführlicher diskutieren. Im Moment reicht es zu wissen, dass die Zirkulation eines idealen zirkulären Wirbels durch den Betrag der Geschwindigkeit des Wirbels multipliziert mit dem Umfang des Kreises, auf dem sich das Fluid bewegt, definiert ist.

Auch wenn sich die Äthertheorie letztendlich nicht durchsetzte, war Kelvins Intuition, sich auf die Zirkulation in einem Fluid zu konzentrieren, von großer Bedeutung. Der Satz von Kelvin ist ein wichtiger Bestandteil heutiger Universitätskurse über die Strömung ideale Flüssigkeiten. Bjerknes versuchte diese Ideen zu nutzen, um einige der experimentellen Ergebnisse zu erklären, die er kurz zuvor durchgeführt hatte. Er hatte untersucht, was passiert, wenn er zwei Sphären (Kugeloberflächen) innerhalb einer Flüssigkeit in Rotation versetzt. Abhängig von ihrer Relativbewegung zogen sich die Sphären aufgrund der Bewegung, die sie im Fluid erzeugen, entweder an oder stießen sich ab. Bjerknes analysierte seine Theorie und versuchte zu zeigen, wie seine Ergebnisse Kräfte erklären könnten, wie beispielsweise Magnetismus. Es dauerte nicht lange, bis er auf Schwierigkeiten stieß. Im Gegensatz zu den Ergebnissen von Helmholtz und Kelvin wiesen seine Experimente und Berechnungen darauf hin, dass Wirbel in einer idealen Flüssigkeit erzeugt werden konnten, wenn benachbarte Sphären in Rotation gebracht werden.

Eine Zeitlang beschäftigte Bjerknes dieses Rätsel: Kelvins Ergebnisse waren mathematisch fehlerfrei, wie konnten nun seine Ergebnisse, die er durch seine eigenen Experimente erhielt, falsch sein? In der Zwischenzeit hatte Bjerknes eine Stelle an der neuen schwedischen Hochschule in Stockholm erhalten, eine renommierte private Universität, an der bedeutende Forschung betrieben wurde. Vilhelms neue Position bot ihm viele Möglichkeiten, seinen Interessen nachzugehen. Eines Tages, zum Jahresanfang 1897, realisierte er auf seinem Spaziergang von der Hochschule nach Hause, dass Kelvins Theorie, obwohl korrekt, nicht auf sein Experiment (und Problem) angewendet werden konnte. Denn Kelvins Zirkulationssatz erlaubte gar nicht, dass sich Druck und Dichte innerhalb des Fluids unabhängig voneinander verändern können, wie sie es jedoch in der Atmosphäre tun. Solche Druck- und Dichteschwankungen in Bjerknes' Experiment würde die Anwendung des Satzes von

Kelvin außer Kraft setzen. Bjerknes versuchte umgehend Kelvins Theorie zu modifizieren, um unabhängige Veränderungen von Druck und Dichte zuzulassen. Ihm gelang es zu zeigen, wie Zirkulation auch in einer idealen Flüssigkeit erzeugt, verstärkt oder geschwächt werden kann. Diese Ergebnisse sind bekannt als Bjerknes'scher Zirkulationssatz.

Das war ein großer Durchbruch. Ende des 19. Jahrhunderts wussten die Mathematiker und Physiker nun schon seit fast 150 Jahren, wie sie Newtons Bewegungsgleichungen anwenden konnten, um die Dynamik von Fluiden zu studieren und zu quantifizieren. Das Problem bestand darin, dass diese Gleichungen, auch die einer idealen Flüssigkeit, schwer zu lösen waren. Bis in die späten 1880er-Jahre hinein wurden nur einige wenige, sehr spezielle und idealisierte Lösungen gefunden. Indem sie sich auf die Wirbelhaftigkeit und die Zirkulation statt auf Geschwindigkeit und Richtung der Fluidströmung konzentrierten, öffneten Helmholtz und Kelvin die Tür zur „Überschlagsrechnung" (sehr einfachen Berechnungen), um auszuarbeiten, wie sich Wirbel – als allgegenwärtige Bestandteile von Fluiden – bewegen und verändern. Berechnungen, die sehr kompliziert werden würden, wenn wir die Geschwindigkeits- und Richtungsänderung aller Partikel der Strömung direkt aus den Bewegungsgleichungen herleiten müssten, waren nun auf einige relativ einfache Schritte reduziert.

Bjerknes baute diese Ideen zu einer neuen Theorie aus, die es ermöglichte, sich mit realistischeren Situationen zu befassen als die Arbeiten von Helmholtz und Kelvin. Insbesondere konnte mit ihrer Hilfe erforscht werden, wie sich Wirbel in der Atmosphäre und den Ozeanen verhalten, weil in diesen nahezu idealen Flüssigkeiten Druck, Temperatur und Dichte voneinander abhängen. So gelangen wir zu einer umfassenden Sicht, wie sich Wirbelstrukturen zeitlich verändern, ohne den außerordentlich komplizierten Versuch unternehmen zu müssen, die Bewegungsgleichungen für jedes Detail des gesamten Fluids zu lösen. Dies wiederum hilft uns, die Grundstruktur der Wirbel in Wettersystemen zu erklären, die oft sehr deutlich auf Satellitenbildern erkennbar sind (wie in Abb. 3 und Abb. II im Farbteil vor Kap. „*Zwischenspiel:* Ein Gordischer Knoten" in Farbe dargestellt ist: Beide Aufnahmen zeigen ähnliche Wirbel des Golfstromes). Diese Beständigkeit großer Wirbel aus Luft und Wolken in der Atmosphäre ist ein Beispiel für den Satz von Kelvin, modifiziert für reale Temperatur- und Dichteveränderungen, so wie es Bjerknes vorschlug. Im Golfstrom bewirkt der Salzgehalt des Wassers Dichteveränderungen, was auf ähnliche Weise zu einer Veränderung des Wirbelverhaltens führt.

Bjerknes freute sich sehr über seinen Fortschritt und begann, seine Ergebnisse mit seinen Kollegen zu diskutieren. Zum Jahresende 1897 präsentierte er der Stockholmer Physikalischen Gesellschaft Verallgemeinerungen der Theorien von Helmholtz und Kelvins. Nun war ernsthaftes Interesse an seiner Arbeit geweckt. Doch es interessierten sich nicht nur die wenigen verbleibenden Anhänger der Äthertheorie, sondern Wissenschaftler aus ganz verschiedenen, wichtigen und aktuellen Bereichen der Physik. Svante Arrhenius, ein Mitglied der Physikalischen Gesellschaft, begeisterte sich für die Anwendung solcher Ideen aus der allgemeinen Physik auf Probleme, die besonders klar in der Atmosphären- und Ozeanforschung auftraten. Er war ein angesehener Chemiker und einer der ersten Wissenschaftler, der den Zusammenhang von Treibhauseffekt und Kohlenstoffdioxid diskutierte.

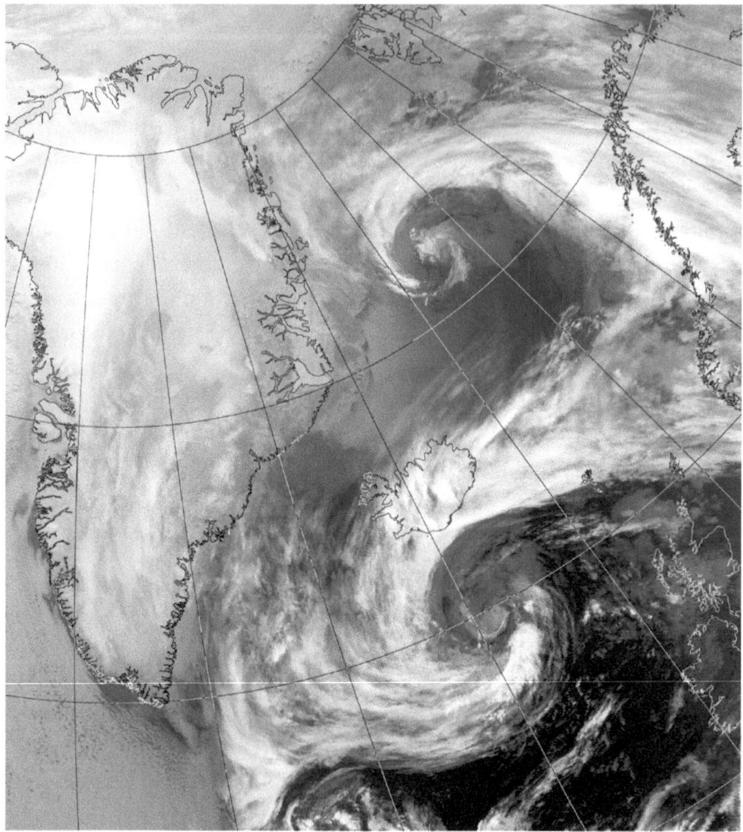

Abb. 3 Eine Zyklone, bzw. ein Tiefdrucksystem, ist eine große rotierende Luftmasse mit einem Durchmesser von etwa 1000 km, die sich durch unsere Atmosphäre bewegt und dabei das Wetter verändert. Zyklonen bringen oft Regen und stürmische Winde mit sich. Der Name Zyklone kommt aus dem Griechischen und lässt sich mit Zusammenrollen einer Schlange übersetzen. (© NEODAAS/University of Dundee)

Sowohl das vorhersagbare als auch das unvorhersagbare Verhalten von Ozean und Atmosphäre haben das wissenschaftliche Denken seit den Anfängen der Wissenschaft angeregt. Aber die ernsthafte Erforschung der Atmosphäre erwies sich als schwierig. Nur wenige, meist isoliert arbeitende Personen haben noch vor Ende des 19. Jahrhunderts dazu beigetragen, dieses Fachgebiet voranzubringen. Einer der Gründe dafür, dass es in der atmosphärischen Wissenschaften (im Vergleich zur Astronomie) im 18. und 19. Jahrhundert kaum Fortschritte gab, war die Widerspenstigkeit der Mathematik, die man für das Lösen der Gleichungen in der Hydrodynamik brauchte. Ende des 19. Jahrhunderts machten sich daher nur einige wenige Wissenschaftler die Mühe, über die Bewegung der Atmosphäre als ein Problem der mathematischen Physik nachzudenken. Es war einfach zu schwierig.

Der stockholmer Meteorologe Nils Ekholm, wurde ein enger Kollege von Bjerknes. Ekholm untersuchte die Entstehung von Zyklonen , das heißt von Wirbeln in der Luft, wie sie in Abb. 3 zu sehen sind (seit 1820 einer der meistdiskutierten Bereiche in der Meteorologie). Dabei zeigte er, wie Luftdruck und Luftdichte von Ort zu Ort variieren. Aber als er anfing, mit Bjerknes über seine Arbeit zu diskutieren, fehlte ihm eine Methode, mit der er seine Beobachtung mit einer Theorie der Dynamik verknüpfen konnte. Ekholm interessierte sich auch für das Ballonfahren. Aber um einen Heißluftballon in der Höhe zu navigieren, ist es notwendig, das Wetter in einer bestimmten Höhe abzuschätzen. Zu dieser Zeit wusste man allerdings nur wenig über den Aufbau der Atmosphäre in unterschiedlichen Höhen (zum Beispiel, wie sich die Temperatur mit der Höhe verändert), umso größer war das Interesse daran, die Wissenslücken zu füllen.

Heißluftballons spielten bei vielen furchtlosen Abenteuern eine große Rolle (Abb. 4). So stellten die Norweger und Schweden einen beeindruckenden Rekord in der Polarerkundung auf. Der berühmte skandinavische Forscher Fridtjof Nansen zog die Aufmerksamkeit der ganzen Welt auf sich, als er Anfang der 1890er-Jahre mit dem Schiff um das Polarmeer nach Nordrussland und Sibirien reiste. So entstand 1894 die Idee, den Nordpol mit einem Ballon zu erreichen. Bis zum Versuch im Juli 1897 vergingen drei Jahre mit der Planung und der Suche nach finanzieller Unterstützung. Letzteres kam unter anderem vom König von Schweden und von Alfred Nobel (dem Stifter des Nobelpreises). Ekholm war an der Vorbereitung und der Wettervorhersage beteiligt, aber er ging nicht mit auf Fahrt. Das war sein Glück, denn der Ballon samt dreiköpfiger Besatzung verschwand (Abb. 5). Dieser tragische Verlust war ein schwerer Schlag für den skandinavischen Nationalstolz. Eine Rettungsmission sollte gestartet werden. Aber niemand wusste, wo man zu suchen anfangen sollte. Da man damals nur wenig darüber wusste, wie sich der Wind in der Höhe verhält, konnte man nur raten.

Im Jahr 1897 musste Ekholm in Bjerknes' Vorlesung einen „Heureka!-Moment" gehabt haben, denn dabei wurde ihm klar, dass man, wenn man Druck- und Windgeschwindigkeitsmessungen am Boden kannte, mithilfe des Zirkulationssatzes Informationen über Wind und Temperatur in der oberen Atmosphäre bestimmen konnte und damit vielleicht auch die Mannschaft des verschollenen Heißluftballons retten. Eckholm hatte verstanden, dass Bjerknes' Satz die Zirkulation von den gesamten rotierenden Luftmassen wie beispielsweise Zyklonen oder Antizyklonen erklärte. Weil der Zirkulationssatz auf einer Formel basiert, die die Verstärkung oder Abschwächung der Zirkulation mit unterschiedlichen Druck und Dichtestrukturen in Zusammenhang bringt, kann mit ihm die Struktur von Zyklonen abgeschätzt werden. Demnach können uns Beobachtungen eines kleinen Teils einer solchen Luftmasse – beispielsweise der Luft nahe am Boden – verraten, wie sich die Luft in Regionen bewegt, die wir nicht direkt beobachten können (vorausgesetzt, der Zirkulationssatz kann auf die Luftbewegung angewendet werden). Ekholm diskutierte die möglichen Anwendungen des Zirkulationssatzes umgehend mit Bjerknes. Aufgrund dieser Gespräche wechselte Bjerknes seine Forschungsrichtung, er wandte sich von der zum Scheitern verurteilten Äthertheorien ab, hin zur meteorologischen Wissenschaft, was nicht nur Bjerknes' Berufsweg, sondern auch die moderne Meteorologie veränderte. Im frühen 20. Jahrhundert entwickelte sich

Abb. 4 Um die obere Atmosphäre zu untersuchen, unternahm der britische Meteorologe James Glaisher mehrere Fahrten mit dem Heißluftballon. Während eines Aufstieges im Jahr 1862 erreichte er zusammen mit seinem Piloten eine Höhe von 10.000 m, wobei sie beinahe ihr Leben verloren. Die eiskalten Temperaturen und die verhedderten Seile zwischen Ballon und Korb ermöglichten es kaum, das Steuerventil des Ballons zu bedienen. Sie stiegen schnell auf, und Glaisher verlor in der dünnen Luft sein Bewusstsein. Coxwell litt an Erfrierungen und konnte seine Hände nicht mehr bewegen, um an der Leine zu ziehen und das Ventil zu entriegeln. Schließlich schaffte er es, aus dem Korb in die Seile zu klettern, die Leine zwischen seine Zähne zu nehmen und das Ventil zu öffnen. Der Ballon begann zu sinken und Glaisher kam wieder zu Bewusstsein. Nachdem sie sicher gelandet waren, musste Glaisher 11 km laufen, bis er schließlich Hilfe für die Bergung des Ballons und ihrer Ausrüstung fand

die Luftfahrt sehr schnell weiter, von den Heißluftballons und Luftschiffen hin zu Doppeldeckern. Methoden, die auf Bjerknes' Ideen als Grundlage haben, ermöglichten es, die Luftströmungen in der unteren, mittleren und oberen Atmosphäre zu verstehen.

Im Februar 1898 hielt Bjerknes einen weiteren Vortrag vor der Stockholmer Physikalischen Gesellschaft, in dem er Ideen vorstellte, wie man mit dem Zirkulationssatz Ekholms Vermutungen über die Entwicklung von Luftströmungen in Zyklonen testen könnte. Darin schlug er vor, durch Messinstrumente in Ballons und Drachen Winde und Temperaturen in

Abb. 5 Solomon Andrée und Knut Fraenkel mit ihrem abgestürzten Ballon auf Packeis, aufgenommen im Jahr 1897 von dem dritten Mitglied des Teams, Nils Stindberg. Dieses Bild entstammt einem Film, der 1930 wiederentdeckt wurde – lange nachdem die Besatzung ums Leben gekommen ist

der Höhe zu vermessen. So könnte man mithilfe seiner Theorie alle Debatten um den Aufbau von Zyklonen endgültig beenden. Er zeigte weiter, dass diese Theorie genutzt werden könnte, um die Suchmannschaft für den sieben Monaten zuvor verschwundenen Ballon zu leiten. Sein Vortrag entfachte Begeisterung. Die Physikalische Gesellschaft stellte Gelder für die Ballons und Drachen bereit, um Bjerknes' Vorschlag zu realisieren. Man gründete ein Komitee, das die Konstruktion von „Drachen und fliegenden Maschinen, angetrieben durch elektrische Motoren", welche die von Bjerknes geforderten Daten sammeln sollten, planen und überwachte. Bjerknes' langjähriger Kollege Arrhenius wollte in seinem Buch über die neueste Entwicklung in „kosmischer Physik", an dem er gerade schrieb, über die Zirkulationstheorie berichten.

Es schien, als könnte es für Bjerknes eigentlich nicht mehr besser laufen. Aber es ging doch noch besser. Ein früher Unterstützer und Nutznießer seiner Ideen war ein Chemieprofessor aus Stockholm, Otto Pettersen. Pettersen interessierte sich für Ozeanografie und untersuchte die Salzgehalte und Temperaturen, die in Ozeanen gemessen wurden. Er erkannte die neuen Möglichkeiten für den „Technologietransfer" zwischen etablierter Physik und Meteorologie, die Bjerknes' Ideen boten, und so entstand die nächste Anwendung des Satzes aus den Schwund von Fischbeständen. Pettersen hatte Bestandsaufnahmen in den Gewässern vor der schwedischen Küste untersucht. Diese wurden in den 1870er-Jahren nach der unerwarteten Rückkehr von Heringschwärmen ins Leben gerufen, die fast siebzig Jahre lang verschwunden gewesen waren. Das Verschwinden der Fische aus diesem Gebiet hatte ganze Gemeinden in den wirtschaftlichen Ruin getrieben. Niemand wusste, warum oder wohin die Fische verschwunden waren. Pettersens Studien zeigten, dass das Wasser in diesem Gebiet einen relativ hohen Salzgehalt und eine hohe Temperatur hatte und dass der Hering genau solchen Strömungen folgte. Bei geringeren Wassertemperaturen und niedrigerem Salzgehalt verschwanden die Fische jedoch. Also kam die Frage auf, ob es eine Möglichkeit gebe vorherzusagen, wann das passieren würde. Es stellte sich heraus, dass Bjerknes' Zirkulationssatz helfen könnte, eine Antwort zu finden.

Ermutigt durch die Begeisterung für seine neuen Ideen hielt Vilhelm im Oktober 1898 einen dritten Vortrag vor der Stockholmer Physikalischen Gesellschaft. Er wies drauf hin, dass der Zirkulationssatzes bei vielen Problemen angewendet werden kann, von erwärmter Luft in einem Schornstein über die Berechnungen der Verstärkung und Abschwächung von Zyklonen bis hin zur Vorhersage von Strömungen im Ozean. Aber inmitten seines neuen Erfolges musste Vilhelm auch einzusehen, dass seine ursprüngliche Absicht, nämlich die Arbeit seines Vaters, die Äthertheorie, in den Mittelpunkt der modernen theoretischen Physik zu rücken, nicht mehr haltbar war. Während ihm die Pioniere der modernen Meteorologie und Ozeanografie aufmerksam zuhörten, wandten sich die theoretischen Physiker langsam, aber sicher von der Äthertheorie ab. Die Jahrhundertwende leitete dann eine neue Ära ein: Relativitätstheorie und Quantenphysik revolutionierten unser Verständnis von Raum, Zeit und Materie, der Äther war nicht mehr notwendig.

Vilhelm Bjerknes' Leben war also an einem Scheideweg angekommen. Er musste erkennen, dass der intellektuelle Triumph seines Zirkulationssatzes wie ein Phoenix aus den Asche einer Idee aufgestiegen war, der sein Vater seine ganze Karriere gewidmet hatte. Und nun stand er der bitteren Realität gegenüber, dass das Lebenswerk seines Vaters dazu bestimmt war, in Vergessenheit zu geraten. Als Bjerknes an jenem kalten Novemberabend 1898 den Flammen im Feuer zuschaute und dem Sturm lauschte, wurde er sich allmählich der Möglichkeiten bewusst, die er als Verfechter einer neuen Anwendung der Physik besaß: nicht die unsichtbaren, elementaren Naturkräfte in einem Ätherbild zu erklären, sondern das Wirken einer der sichtbarsten Kräfte – der des Wetters.

Vertiefung 1.1 Die Zirkulation und der Seewind

Bjerknes hatte die Vision, mittelstarke Winde mithilfe von Druck- und Dichte- oder Temperaturmessungen vorhersagen können, auch wenn lokal auf komplizierte Weise viele verschiedene Windböen oder Wirbel verursacht werden können. An dieser Stelle erläutern wir die Mathematik seines Zirkulationssatzes, wenn er auf die Entstehung eines auflandigen Windes nahe einer durch die Sonne erwärmten Küste angewendet wird.

Die Zirkulation ist durch das Weg- oder Randintegral $C = \int \mathbf{v} \cdot d\mathbf{l}$ definiert. Dabei bezeichnen $\mathbf{v}$ den Windvektor und $d\mathbf{l}$ ein kleines Wegstück entlang des Weges. Typischerweise beginnt ein solcher Weg über dem Meer und erstreckt sich über eine Distanz von ca. 30 km über die Küste und das Land hinaus, wo er dann in die obere

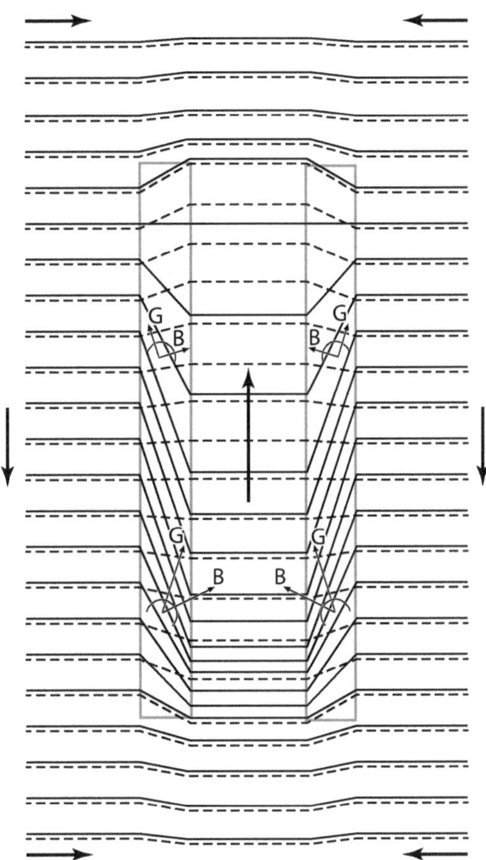

Abb. 6 Reproduktion von Abbildung 7 aus Bjerknes' Aufsatz aus dem Jahr 1898. Warme Luft strömt in einem Kamin nach oben. Vertiefung 1.1 erklärt die Konzepte bezüglich Wärme, Dichte und Druck, die Teil dieser Skizze sind. Bjerknes' Vorstellungsvermögen reichte von erwärmter Luft, die den Kamin hinaufströmt, bis hin zu Winterstürmen. Neu gezeichnet nach *Bulletin of the American Meteorological Society,* 84 (2003): 471–480. (© American Meteorological Society. Mit freundlicher Genehmigung der American Meteorological Society)

Atmosphäre zurückführt. Dieser Prozess wird durch die Pfeile in Abb. 7 angedeutet. Das Integral addiert die Gesamtkomponenten des Windes, der in die Richtung des Weges, bzw. der Kontur, weht. Dabei stellt für jedes Wegstück ($\mathbf{dl}$) $\mathbf{v} \cdot \mathbf{dl}$ die Wegkomponente des Windes multipliziert mit der Länge des Wegabschnittes dar.

Nach Kelvins einfacherer Version des Zirkulationssatzes ist die Änderungsrate der Zirkulation, die von einem Beobachter gemessen wird, der sich mit dem Fluid bewegt, gleich null. In Formeln: $\mathrm{D}C/\mathrm{D}t = 0$, wobei die totale Ableitung $\mathrm{D}C/\mathrm{D}t$ die Änderungsrate einer Größe beschreibt, während sie sich mitbewegt. Bjerknes betrachtete auch $\mathrm{D}C/\mathrm{D}t \neq 0$, d. h. die Fälle, in denen Zirkulation erzeugt oder vernichtet werden kann, wenn es, verursacht durch Dichte- oder Temperaturänderungen, keinen Ausgleich der Flächen konstanten Druckes oder Dichte in dem Fluid gibt.

Druckflächen in der Atmosphäre sind nahezu horizontal. Luftschichten unterschiedlicher Temperatur und Dichte drücken aufgrund ihres Gewichtes und der Erdgravitation die unter ihnen liegenden Schichten zusammen. Daher ist die größte Komponente des Druckes auf diesen Effekt zurückzuführen. Bjerknes suchte in seinem Aufsatz 1898 nach Anwendungen, in denen Erwärmungen in der Atmosphäre die Dichte der Luft deutlich stärker verändern als den Druck. In Abb. 7 zeigen wir eine Darstellung aus Bjerknes' Aufsatz, in der die Sonne die Küstenebene stärker als den angrenzenden Ozean erwärmt. Da die Luft über der Küstenebene aufgrund ihrer Ausdehnung wärmer und somit ihre Dichte geringer ist, sinken die Flächen konstanter Dichte über dem Land (dargestellt durch die durchgezogenen Linien) ab. Die gestrichelten Linien geben Flächen konstanten Druckes an. Man erkennt, dass diese Flächen über der Küstenebene nun nicht mehr parallel zu den Flächen konstanter Dichte liegen.

Bjerknes nutzte die in Abb. 7 mit **G** and **B** bezeichneten Vektoren für die Darstellung der totalen Ableitung der Zirkulation. Vektor B steht senkrecht auf der Dichtefläche, während Vektor G senkrecht zur Druckfläche steht (sie werden auch in Abb. 6 verwendet). Bjerknes hat gezeigt, dass $\mathrm{D}C/\mathrm{D}t = \int\int(\mathbf{G} \times \mathbf{B}) \cdot \mathbf{n}\, \mathrm{d}A$ gilt, wobei $\mathbf{n}$ den Einheitsvektor senkrecht zu der Ebene bezeichnet, in der das Flächenelement $\mathrm{d}A$ liegt. Dabei bezeichnet A die Fläche, die von der Kontur eingeschlossen ist. Das neue Integral ist die Summe der „Ausrichtungsfehler" $\mathbf{G} \times \mathbf{B}$ innerhalb des Randweges. Wenn **G** und **B** auf einer Linie liegen, gilt $\mathbf{G} \times \mathbf{B} = 0$. Das bedeutet, dass $\mathrm{D}C/\mathrm{D}t = 0$ und damit Kelvins Zirkulationssatz gilt. Bjerknes begann einen Satz für den Fall zu formulieren, in dem **G** und **B** nicht auf einer Linie liegen. Da auflandiger Wind weht, wird in diesem Fall Zirkulation erzeugt.

Trotz der vielen kleinen Windböen und Wirbel in Küstenwinden bedeutet die Entstehung der gesamtheitlichen Zirkulation, dass ein gesamtheitlicher auflandiger Wind gebildet wird – die Meeresbrise. Bjerknes' Idee war folgende: Sobald die mit B und G bezeichneten Vektoren wie in Abb. 7 nicht mehr auf einer Linie liegen, erzeugen sie einen systematischen, mittleren Wind entlang des Weges, über den integriert wird. Auch wenn die genauen lokalen Winde nicht prognostiziert werden konnten, konnte der gesamtheitliche mittlere Wind entlang eines Küstenabschnittes vorhergesagt werden.

Stürmische Gewässer

Gegen Ende des Jahres 1902 und zu Beginn des Jahres 1903 verursachten mehrere ungewöhnlich heftige Stürme Verwüstungen entlang der schwedischen Küste. Nicht zum ersten Mal in der Geschichte wurden Forderung nach der Entwicklung eines Sturmwarnsystems laut. Ekholm nutzte die Gelegenheit und setzte sich für Messungen der Höhenluft mithilfe von Ballons und Drachen ein. Er plante, die Information aus diesen Beobachtungen zu nutzen, um empirische Regeln für die Sturmwarnungen zu formulieren. Wir können uns

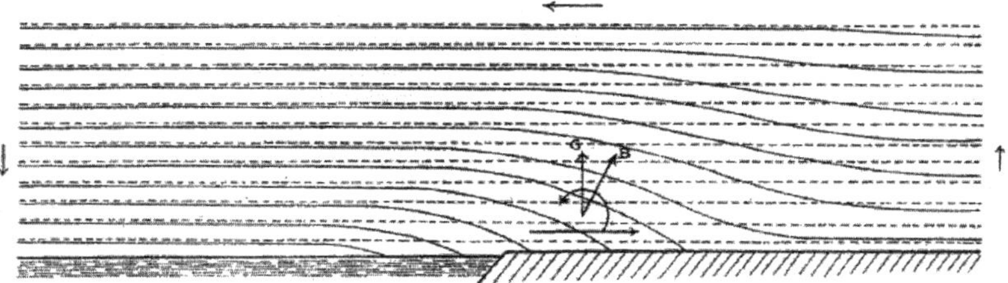

Abb. 7 Abbildung 9 in Bjerknes' Aufsatz aus dem Jahr 1898 zeigt einen idealisierten Seewind (während des Tages), der sich an der Küste bildet, mit dem Meer auf der linken Seite und dem (wärmeren) Land auf der rechten Seite. (Bulletin Am. Meteorol. Soc., April 2003, page 476, figure 7. ©American Meteorological Society. Abdruck freundlicher Genehmigung)

vorstellen, wie Bjerknes sich an den Kopf fasste, bestürzt darüber, dass es noch keinerlei physikalische Theorie gab, die Ekholms Ideen untermauern könnte.

Also begann Bjerknes einen „rationalen Zugang zur Wettervorhersage" basierend auf den Gesetzen der Physik zu entwickeln. Im Jahr 1904 veröffentlichte er einen Aufsatz mit dem Titel „Das Problem der Wettervorhersage, betrachtet vom Standpunkte der Mechanik und der Physik". Er entstand aus dem Bestreben, die Methoden zu rationalisieren: ausgehend von Vorhersagemethoden, die mithilfe von Erfahrungen entwickelt wurden, hin zu Regeln, die auf den Gesetzen der Physik beruhen. Auch wenn er zu dieser Zeit noch nicht ganz die Hoffnung aufgegeben hatte, die Physik der Äthertheorie weiterzuverfolgen, so hatte er sich inzwischen einen Namen gemacht als jemand, der physikalischer Prinzipien auf Fluide anwendete um Probleme zu lösen, die sich mit Strömungen in der Atmosphäre und den Ozeanen befassten.

In einer weiteren Vorlesung vor der Stockholmer Physikalischen Gesellschaft erklärte Bjerknes die Physik hinter dem Problem der Wettervorhersage und zog damit schnell die Aufmerksamkeit der Zeitungen auf sich. Bjerknes baute die Vorlesung zu einer Serie populärwissenschaftlicher Aufsätze aus. Aber wir müssen nicht unbedingt glauben, Bjerknes wollte das Wetter aus reiner Nächstenliebe vorhersagen. Seine Faszination für das Wetter zusammen mit der Tatsache, dass dieses Problem womöglich mithilfe der physikalischen Gesetze lösbar war, und genauer noch mit den Gesetzen der Mechanik, war wahrscheinlich seine wahre Motivation. Außerdem war er von Hertz beeinflusst, für den die Vorhersage das größte Ideal der Wissenschaft war, und daher war auch das Voraussagen des Wetters ein klares Ziel, das verfolgt werden sollte. Die Wissenschaft würde die Welt erklären.

Der Aufsatz aus dem Jahr 1904 wurde ein Klassiker, und er besaß zwei Besonderheiten. Die erste können wir von einem Klassiker erwarten: dass ein Meteorologe, der diesen Aufsatz mehr als 100 Jahre später liest, die Ideen des 42-jährigen Bjerknes sofort als solche erkennt, die hinter der modernen Wettervorhersage stehen. Heutzutage stehen den Meteorologen und Klimatologen Supercomputer, Satelliten und hochauflösende Bilder zur Verfügung – Innovationen, von denen man zu Bjerknes' Zeiten nicht einmal träumten konnte. Aber die Grundlagen dieser Neuerungen liegen in den bahnbrechenden Ideen des Aufsatzes aus dem

Jahre 1904 begründet. Die zweite bemerkenswerte Besonderheit dieses Aufsatzes, dessen Thema zu den ältesten wissenschaftlichen Forschungsgebieten gehört, besteht darin, dass er keine Einleitung besitzt und auch keinen Hinweis auf jemanden, der zuvor an diesem Problem gearbeitet hat. Aristoteles schrieb ein ganzes Buch über Meteorologie, welches sich über 1500 Jahre bewährt hatte. Und der französische Philosoph René Descartes betrachtete Meteorologie als Härtetest für seine Theorien, wie die Welt um uns herum verstanden, beobachtet und erklärt werden könnte, und widmete der Meteorologie ein wichtiges Kapitel.

Die Frage, warum Bjerknes' Ideen im Gegensatz zu den Vorstellungen von Aristoteles noch immer Bestand haben, ist eines der Hauptthemen in unserem Buch. Es könnte sein, dass Bjerknes auf jeglichen langatmigen Diskurs über die Geschichte der Wettervorhersage verzichtet hatte, weil diese Anfang des 20. Jahrhunderts noch immer etwas Obskures an sich hatte. Die verbreitetste Methode war, Beobachtungen aufzuzeichnen und daraus zu lernen. Diese Erfahrungen wurden dann von Meteorologe zu Meteorologe weitergereicht. Man verhielt sich engstirnig und abgeschottet. Bjerknes wusste, dass die Meteorologen die Grundgesetze der Physik geradezu mieden, und wollte etwas dagegen tun. Es würde ein halbes Jahrhundert dauern und die Entwicklung von Computern erforderlich machen, bis andere seine Vision der globalen Wettervorhersage realisieren konnten. Aber zunächst mussten die Grundlagen geschaffen werden.

Obwohl die Meteorologie über Jahrtausende hinweg eine wichtige Rolle für die Weiterentwicklung der Wissenschaften spielte, gab diese vor dem 20. Jahrhundert den Meteorologen nur wenig zurück. Im Laufe der Geschichte sind eine Handvoll nennenswerte und wichtige Beiträge zur atmosphärischen Wissenschaft zu finden, die auf den Grundgesetzen der Physik aufbauen. Aber nur wenige dieser Beiträge verbessern unsere Fähigkeit, das morgige Wetter vorherzusagen. Im Gegensatz zum Fortschritt der meteorologischen Wissenschaften per se, wurden tatsächlich erst 50 Jahre vor Bjerknes' unangefochtenem Aufsatz die ersten gezielten Bemühungen in Richtung Wettervorhersage unternommen. Aus mindestens zwei sehr guten Gründen hat das Jahr 1854 eine große Bedeutung für die Wettervorhersage. Der eine Grund ist der Krimkrieg. Er war zwar nach den Worten von Tennyson ein unverzeihliches militärisches Debakel, doch führte der Krieg immerhin zur Gründung des ersten nationalen Wetterdienstes in Europa. Die Initiative dazu entstand aus einer Katastrophe heraus. Am 13. November erlitten die französischen und britischen Flotten schwere Verluste und wurden durch einen Sturm über dem Schwarzen Meer nahezu vernichtet.

Die Flotte lag vor Anker und belagerte die Russen vor der Festung Sewastopol. Drohend tauchten am Horizont Vorzeichen eines Sturmes auf. Kurze Zeit später wüteten auf der Halbinsel Krim sintflutartige Regenfälle und Winde, so stark wie Hurrikane. Zu den Verlusten zählte ein medizinisches Versorgungsschiff (HMS *Prince*) mit 7000 t Hilfsmittel für die gesundheitlich angeschlagenen verbündeten Truppen und das 100-Kanonen-Schlachtschiff *Henri IV*, der Stolz der französischen Flotte. Berichte über dieses Unglück beherrschten die Schlagzeilen, und die ungehaltene Öffentlichkeit forderte eine Erklärung.

Louis-Napoléon bat die besten Wissenschaftler der Welt um Hilfe. Ganz im Gegensatz zu den Vorhersagen der Astronomen, die mit beachtlicher Präzision und für viele Jahre im

Voraus Daten und Zeiten von Eklipsen und Ebbe und Flut voraussagten, schien im Jahr 1854 die Vorhersage von Stürmen noch unmöglich. Nachdem im Jahr 1846 zwei Mathematiker – der Brite John Couch Adams und der Franzose Urbain J. J. Le Verrier – unabhängig voneinander die Existenz eines neuen Planeten, einzig aus der Analyse von Beobachtungen anderer bekannter Planeten vorhersagten, hatte das Ansehen der Astronomen beträchtlich zugenommen; dabei hatten die beiden kein einziges Mal selbst in kalten Nächten durch das Teleskop gesehen.

In den frühen 1840er-Jahren verbrachte ein Professor der Astronomie, George Airy aus Cambridge, den Großteil seiner Zeit damit, die Umlaufbahn des relativ neu entdeckten Planeten Uranus zu erforschen. Sorgfältig beobachtete er den Orbit und verglich die Ergebnisse mit dem, was man nach Newtons Gravitationsgesetz erwarten würde. Nach und nach zeichneten sich zwischen den Beobachtungen und den vorhergesagten Umlaufbahnen Unterschiede ab. Eine Auseinandersetzung über die Ursache dieser Inkonsistenz zog sich über viele Jahre hin. Airy hinterfragte sogar die Gültigkeit von Newtons Gravitationstheorie, aber eine plausiblere Erklärung für die rätselhaften Irrwege des Uranus war die Existenz eines anderen, bisher unentdeckten Planeten, dessen Gravitationsfeld den Orbit des Uranus beeinflusste.

In Frankreich hatte sich auch Le Verrier (Abb. 8) – ein versierter Astronom mit einem schon bisher beneidenswerten Lebensweg – dazu entschlossen, die Herausforderung anzunehmen und die unbekannte Ursache für die Abwege des Uranus zu finden. Bis November 1845 hatte Le Verrier der Pariser Akademie der Wissenschaften vorgetragen, dass die Abweichungen mit Sicherheit durch die Anwesenheit eines anderen, bisher unbemerkten Planeten erklärt werden könnten und nicht aus Fehlern in Newtons Gesetzen oder in den Beobach-

Abb. 8 Urbain J. J. Le Verrier (1811–1877) sagte mithilfe mathematischer Berechnungen die Existenz des Planeten Neptun voraus. Waren durch die Mathematik auch Stürme vorhersagbar? Le Verrier untersuchte die Wetterdaten vom Schwarzen Meer und folgerte, dass Stürme vorhersagbar seien, wenn man Beobachtungsdaten verwendete, die mit dem neuen elektrischen Telegrafen übertragen wurden. Lithografie von Auguste Bry

tungen selbst resultierten. Sieben Monate später, im Sommer 1846, hatte er die Position des unbekannten Körpers berechnet. Aber es wollte niemand nach dem Planeten suchen.

Vom Desinteresse seiner französischen Kollegen enttäuscht, schrieb Le Verrier an Johann Galle, einem Astronomen am Berliner Observatorium, folgenden Brief:

> Ich suche einen ausdauernden Beobachter, der ein wenig Zeit entbehren möge, einen Bereich des Himmels zu untersuchen, wo es möglicherweise einen neuen Planeten zu entdecken gibt. Ich komme zu dieser Schlussfolgerung durch unsere Theorien des Uranus (...) Es ist unmöglich, die Beobachtungen des Uranus angemessen zu begründen, es sei denn, die Auswirkung eines neuen, bisher unbekannten Planeten wird mit einbezogen (...) Richte dein Teleskop auf den Punkt auf der Ekliptik in der Konstellation des Aquarius, im Längengrad 326, und du wirst innerhalb eines Grades dieses Ortes einen neuen Planeten entdecken.

Galle bat den Direktor des Berliner Observatoriums nach etwas Beobachtungszeit am Teleskop, um den Hinweisen nachgehen zu können. Glücklicherweise war es der Geburtstag des Direktors, der daher etwas anderes vorhatte und das Teleskop noch für den gleichen Abend freigab. Galle wappnete sich für eine mühselige Arbeit, die darin bestand, das Messinstrument auf einen bestimmten Ort am Himmel zu richten und jedes Objekt mit einer Karte zu vergleichen, welche die Positionen der bereits bekannten Sterne zeigte. Binnen einer Stunde stieß Galle auf ein Objekt, das nicht auf der Karte verzeichnet war. Er prüfte in der folgende Nacht, ob es sich gegen den Hintergrund der bekannten „festen Sterne" bewegt hatte – und das war tatsächlich der Fall. Der neue Planet Neptun lag weniger als ein Grad von Le Verriers Vorhersage entfernt. Das war ein Triumph für Newtons Physik und für die mathematischen Berechnungen: die Vorhersage der Position eines bisher unentdeckten Planeten, fast 4,5 Mrd. km von der Sonne entfernt. Es war ein Geniestreich für Le Verrier, dessen Ansehen beträchtlich zunahm.

Wenn Astronomen aus Beobachtungen die Existenz von Planeten berechnen können, dann – so muss Louis-Napoléon gedacht haben – sollten Meteorologen in der Lage sein, das Aufziehen von Stürmen zu berechnen. Er wandte sich an den neuen Superstar der Astronomie, um einen Rat drüber einzuholen, ob der Sturm über dem Schwarzen Meer vorhersagbar gewesen wäre. Le Verrier, der inzwischen gute Verbindungen zu Wissenschaftlern an vielen Observatorien hatte, holte für den Zeitraum vom 10. bis 16. November 1854 Wetterberichte aus ganz Europa ein. Er analysierte die Daten (Abb. 9) mit seinen Kollegen und folgerte, dass die Zugbahn des Sturmes vorhersagbar gewesen wäre, wenn man die Beobachtungen rechtzeitig an Meteorologen weitergegeben hätte.

Diese Ergebnisse führten schnell zu der Forderung, ein Netzwerk von Wetterstationen aufzubauen und diese mithilfe der neuen elektronischen Telegrafentechnologie direkt mit Meteorologen zu verbinden. Es sollten an unterschiedlichen Orten und in regelmäßigen Intervallen mit Barometern der Luftdruck und Windgeschwindigkeiten und -richtungen mit Windmessern (Anemometern) und Wetterfahnen gemessen, und diese Daten dann per Telegraf zu Vorhersagediensten übertragen werden. Die Meteorologen konnten sich so ein aktuelles Bild der Wetterlagen in einem ausgedehnten Gebiet machen. Die Beobachtungen

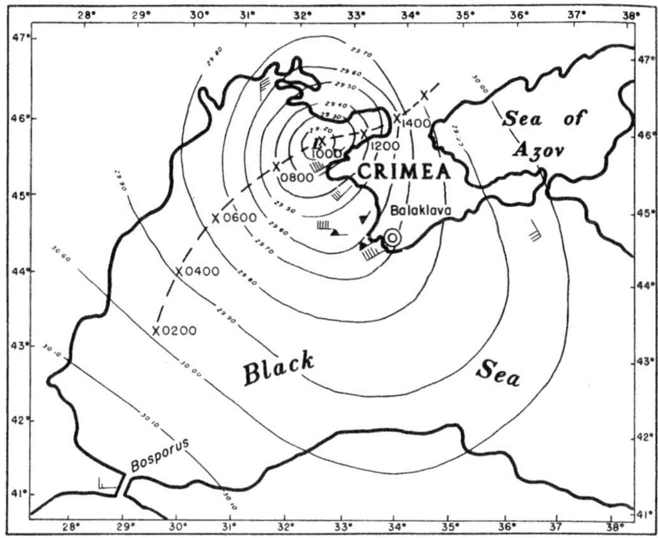

Abb. 9 Die Abbildung zeigt die synoptische Karte, die Le Verrier für seine Analyse des Sturmes über dem Schwarzen Meer verwendete. Die Isobaren (Linien konstanten Druckes) auf Meereshöhe sind zusammen mit der Sturmzugbahn (die gestrichelte Linie, die von Mitte links bis oben rechts verläuft) dargestellt. Die eng beieinanderliegenden Isobaren nahe der Halbinsel Krim weisen auf sturmartige Winde in diesem Gebiet hin. Die nahezu runde Form beschreibt eine ideale Zyklone oder ein Tiefdrucksystem in den mittleren Breiten. Le Verrier wies darauf hin, dass die Konstruktion dieser Druckkarten ermöglichen würde, zukünftige Bewegungen solcher Stürme vorherzusagen. *Bulletin Am. Meteorol. Soc.,* Vol 61, Dec 1980. (© American Meteorological Society. Abdruck mit freundlicher Genehmigung)

des vorherrschenden Windes ermöglichten es den Meteorologen jeden Tag vorherzusagen, wohin sich die Wettersysteme bewegten. Windgeschwindigkeit und Luftdruck bestimmten die Intensität der Gegebenheiten. Diese Ideen und Methoden breiteten sich schnell in ganz Europa und Nordamerika aus. Und so begann die vielleicht größte internationale Zusammenarbeit in der Wissenschaft: der freie Austausch atmosphärischer Daten zur Wettervorhersage.

Der zweite Grund, warum das Jahr 1854 in der Geschichte der Wettervorhersage ein besonderes Jahr war, ist die Entstehung des „Meteorological Board of Trade" in Großbritannien. Der Leiter dieses neuen Instituts war Vizeadmiral Robert FitzRoy (Abb. 10), der später den Titel des ersten nationalen Meteorologen erhielt.

Das Board of Trade wurde geschaffen, um ein neues Abkommen durchzusetzen, auf das man sich im Vorjahr auf der internationalen Konferenz zu maritimer Meteorologie in Brüssel verständigt hatte. Auf dieser Konferenz wurde vereinbart, dass alle meteorologischen Beobachtungen auf Flotten und Handelsschiffen vereinheitlicht werden sollten. Man folgte dem Ratschlag der Royal Society of London, und FitzRoy wurde zum meteorologischen Statistiker ernannt.

Abb. 10 Robert FitzRoy (1805–1865) erkannte, dass die Sturmzugbahn, die im Jahr 1859 das neue, aus Eisen gebaute Schiff, die *Royal Charter,* zerstört und vielen Menschen das Leben gekostet hatte, vorhersagbar war. Er baute Sturmwarnsysteme in den großen englischen Häfen auf, die Schiffe vor Schaden bewahrten und vielen Seefahrern das Leben retteten. Fotografischer Abzug einer Lithografie von Herman John Schmidt, Auckland, ca. 1910. (Quelle: Alexander Turnbull Library, Wellington, Neuseeland)

FitzRoy hatte während seiner Jahre bei der Navy einen Einblick in die Meteorologie gewonnen. Bereits 1831 hatte er seinen aktiven Dienst mit Wissenschaft kombiniert, als er Mannschaftskapitän der HMS *Beagle* war und den jungen Naturwissenschaftler Charles Darwin ausgewählt hatte, die Forschungsexpedition der *Beagle* nach Südamerika zu begleiten. Darwin schien einige Zeit damit verbracht zu haben, seinen Kapitän zu studieren, da FitzRoy dem Ruf nach ein hitziges Gemüt hatte (sein Spitzname war „Heißer Kaffee"). Im Jahr 1841 begann FitzRoy eine vielversprechende Karriere in der Politik und wurde schließlich zu einem Mitglied des Parlaments für Durham gewählt. Aber als er 1843 einen Posten als Gouverneur von Neuseeland annahm, brachte ihn sein aufbrausendes Temperament schon nach kurzer Zeit in Schwierigkeiten. Nach nur wenigen Monaten in seinem neuen Amt zerstritt er sich gleichzeitig mit den Maori und weißen Siedlern, als er versuchte, einen Konflikt über Landrechte zu lösen. Nachdem er nach London zurückgerufen worden war, kehrte er zu seinen Aufgaben bei der Marine zurück und zog sich schließlich im Jahr 1850 aus dem aktiven Dienst zurück.

Während seines Ruhestandes lernte FitzRoy die Arbeit von M. F. Maury kennen, die ihn gleichermaßen beeindruckte und inspirierte. Im Jahr 1853 veröffentlichte Maury, ein Leutnant der U.S. Navy, das Buch *Physical Geography of the Sea.* Dabei handelt es sich um die Beschreibung von Strömungen (insbesondere des Golfstromes), von Schwankungen des Salzgehaltes und von der Tiefe der Ozeane. Sogar das atmosphärische Ozon wird erwähnt, dessen systematische Beobachtungen gerade erst begonnen hatten, sowie die Beziehung zwischen Ozon und Windrichtung.

Diese Arbeit entstand aus über viele Jahre zusammengetragenen meteorologischen und ozeanografischen Beobachtungen. Maury nutzte diese Informationen zum Guten, denn seine

Hinweise für Seefahrer führten zu einer enormen Verkürzung der Dauer langer Seereisen. Damals, vor dem Bau des Panamakanals, fuhren Schiffe, die von New York nach San Francisco wollten, um Kap Hoorn herum. Dank Maurys Daten konnte die durchschnittliche Dauer solcher Seereisen um 25 Wissenschaft zahlte sich aus!

Als FitzRoy eine neue Stelle am Board of Trade angeboten wurde, nahm er sie mit großer Begeisterung an. Die Gründung der Abteilung und die Analyse der maritimen Daten weckten im House of Commons bereits vage Hoffnungen auf eine 24-stündige Wettervorhersage in London. Nachdem Samuel Morse im Jahr 1844 gezeigt hatte, dass der Telegraf für die Kommunikation über weite Entfernungen eingesetzt werden konnte, nutzen im Jahr 1850 James Glaisher in England und Joseph Henry in den Vereinigten Staaten den neuen Telegrafen, um Daten auszutauschen und noch am gleichen Tag Wetterkarten im Nordosten der Vereinigten Staaten und in England zu erstellen. Sowohl Politiker als auch die Öffentlichkeit hatten berechtigte, große Hoffnungen auf einen neuen Wetterwarndienst.

Im Jahr 1859 brach ein neues, aus Eisen gebautes, schnelles Schiff – die *Royal Charter* – mit mehr als 500 Passagieren an Bord, der Mannschaft und einer Fracht Gold im Wert von 300.000 Pfund (zum damaligen Wert) vor der Insel Anglesey auseinander und sank. Bei einem der schwersten Stürme des Jahrzehnts verloren 459 Menschen ihr Leben. Insgesamt zerstörte der Sturm an der Küste Großbritanniens 133 Schiffe und kostete mindestens 800 Menschen das Leben. FitzRoy gelang es, Sturmdaten zu sammeln, und er kam zu dem Schluss, dass der Weg des Sturmes vorhersagbar gewesen wäre. Im Jahr 1861 begann FitzRoy Sturmwarnungen zu erstellen, basierend auf Daten aus 22 Beobachtungsstationen, die an der britischen Küste eingerichtet worden waren. Ab 1863 veröffentlichte er seine Vorhersagen in Zeitungen. Das war sofort ein Erfolg. Aber Beobachtungen waren rar, Erfahrung und Intuition waren gefragt.

Nach und nach wurde die Prognose Routinearbeit. Sie lief meist folgendermaßen ab: Jeden Tag arbeiteten Meteorologen unterschiedliche synoptische Karten aus, dafür nutzten sie Berichte, die sie telegrafisch von unterschiedlichen Orten erhalten hatten. Die Karten mit dem barometrischen Bodendruck schenkten sie die meiste Aufmerksamkeit. Auf den Karten wurden Orte gleichen Druckes eingezeichnet, sogenannte Isobaren. Diese Information wurde dann weiter genutzt, um Karten zu zeichnen, die Druckänderungen über einen Zeitraum von bis zu einem Tag angaben. Auch andere Variablen, insbesondere Temperatur, Niederschlag, Luftfeuchtigkeit und Wind, wurden in die Karten aufgenommen. Wie auf Abb. 9 zu sehen ist, sind ideale Sturmzyklonen anhand ihrer kreisförmigen Isobaren erkennbar, wobei im Inneren der Isobaren der Druck bis zu seinem tiefsten Wert in der Mitte abnimmt. Diese durch das Bodendruckfeld angedeuteten spiralförmigen Winde werden immer stärker, je weiter der Druck sinkt. Die Wettervorhersager erarbeiteten einfache Regeln, die sowohl Schiffskapitäne als auch Farmer kannten: zum Beispiel, dass fallender barometrischer Druck umso ernstere Konsequenzen hatte, je schneller er fällt. Die Hauptaufgabe bestand darin, ein Bild zu erstellen, das die Druckverteilung des nächsten Tages angab.

Man hatte oft gedacht, dass ein Tiefdruckgebiet seine beobachtete Zugrichtung und Geschwindigkeit beibehalten würde. Aber neben den empirischen Regeln gab es keine Gleichungen (wie in der Astronomie) und somit keine genauen Berechnungen. Die Geschwindigkeit einer Zyklone wurde genutzt, um die Regenmenge abzuschätzen. Dabei wurde angenommen, dass langsamere Bewegungen auf mehr Niederschlag schließen ließ als schnelle. Im Jahr 1869 beobachtete der niederländische Meteorologe Christoph Buys-Ballot, dass der Wind üblicherweise parallel zu den Druckkonturen oder Isobaren weht, und dass als sehr gute Approximation die Windstärke proportional zur Änderungsrate des barometrischen Druckes senkrecht zu den Isobaren ist (Abb. 11).

Buys-Ballots empirisches Gesetz konnte nun zusammen mit den Karten der Druckverteilung genutzt werden, um Windrichtungen und Windgeschwindigkeiten vorherzusagen. Solche Informationen führten zu Vorhersagen, die normalerweise nicht präziser als „regnerisch und windig" oder „klar und kalt" waren. Abhängig von der Windgeschwindigkeit und der Windrichtung würde das Wetter dann einige Stunden später in die „vorhergesagte" angrenzende Region wandern. Die Regeln zu kennen, ermöglichte klugen und aufmerksamen Schiffskapitänen, den schlimmsten Stürmen auszuweichen.

Als das Netzwerk der Beobachter wuchs, wurden immer größere synoptische Karten gezeichnet. Die Grundannahme war, dass man, wenn man das aktuelle Wetter in einem großen Gebiet kannte, vorhersagen kann, wie sich das Wetter in den angrenzenden Bereichen entwickeln wird. Zum Beispiel wurde – mittels einfacher Extrapolation – Regen für einen bestimmten Ort vorhergesagt, wenn der aus einem Niederschlagsgebiet wehende Wind in Richtung des Ortes zog.

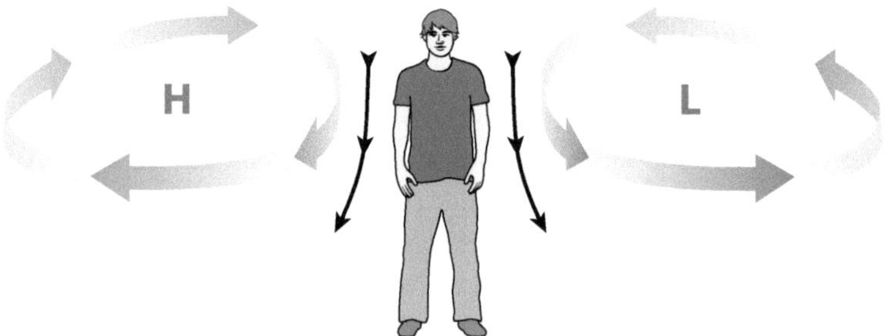

Abb. 11 Buys-Ballot-Regel oder Barisches Windgesetz: Wenn jemand auf der Nordhemisphäre mit seinem Rücken zum Wind steht, herrscht zu seiner Linken tiefer Druck. Der Buchstabe L bezieht sich auf den tiefen (low) Druck und befindet sich im Zentrum einer idealisierten Zyklone (ein großer Wirbel rotierender Luft, mehrere hundert Kilometer breit und etwa fünf Kilometer tief). Im Zentrum einer Antizyklone herrscht hoher Druck, der mit H (high) bezeichnet wird und rechts neben der Person zu sehen ist. (Anmerkung der Übersetzerin: Im deutschsprachigen Raum werden üblicherweise die Symbole T und H verwendet.) In der Mitte verlaufen die Pfeile der Luftströmung parallel zu den kreisförmigen Isobaren. Die Windgeschwindigkeit ist um so größer, je geringer der Abstand der Isobaren ist, d. h. je größer das horizontale Druckgefälle ist. (© Princeton University Press)

Die synoptischen Karten waren aber nicht nur für die Wettervorhersage nützlich, sondern enthüllten auch Regelmäßigkeiten, die zuvor noch nicht beobachtet oder zumindest nicht beachtet worden waren. So wurde entdeckt, dass es auf der Nordhemisphäre um das Zentrum einer Region niedrigen Druckes normalerweise einen Luftstrom gegen den Uhrzeigersinn gibt (was mit Buys-Ballots Gesetz übereinstimmt; s. Abb. 11), dass der Wind in den südlichen Gebieten der Tiefdruckgebiete normalerweise stärker ist, und dass Temperaturen in den westlichen und nördlichen Gebieten dieser Systeme tendenziell geringer sind (auf der Südhemisphäre sind diese Relationen genau umgekehrt; zum Beispiel wird gegen den Uhrzeigersinn zu mit dem Uhrzeigersinn). Es stellte sich bald heraus, dass während des Winters in Regionen hohen Druckes (bekannt als Antizyklonen) normalerweise kälteres Wetter herrscht. Die Zyklonenbewegungen wurden auf Karten erfasst, und diese Karten zeigten die allgemeine Tendenz, dass Wettersysteme in den mittleren Breiten von Westen nach Osten wandern. Mit diesen Regelmäßigkeiten und Mustern konnten immer bessere Vorhersagen für bis zu zwei Tage im Voraus angefertigt werden.

Trotz der begrenzten Genauigkeit waren diese Prognosen bei der Bevölkerung beliebt und wurden täglich in den Zeitungen veröffentlicht. Aber es zeichneten sich Probleme und Unstimmigkeiten ab: Die wissenschaftliche Gemeinschaft entzweite sich immer mehr. Die einen würdigten die Nützlichkeit der Prognose und die anderen zweifelten ihre Wissenschaftlichkeit an. Die Zyniker betrachteten die Wetterdienste mit Geringschätzung und sahen den Gebrauch der Daten und Karten mehr als eine Kunstform denn als eine Errungenschaft wissenschaftlicher Genialität. Es gab Zweifel, weil die in den physikalischen Gesetzen enthaltenen, relevanten wissenschaftlichen Prinzipien nur eine kleine oder gar keine Rolle für die Vorhersage spielten, und diese nahezu völlig qualitativ oder subjektiv blieben.

Die Kritik an FitzRoys Arbeit wurde immer größer. In Frankreich war die Situation für Le Verrier wenig besser: Der berühmte Wissenschaftler wurde inzwischen als Spinner betrachtet, der ein hoffnungsloses Ziel verfolgte. Die Bemühungen, Wettervorhersagedienste zu etablieren, hatte das stereotype Bild des pfuscherhaften Meteorologen geschaffen. Vor 1854 war die Wettervorhersage noch die Domäne von Wahrsagern und Propheten, man vertraute auf folkstümliche Überlieferungen und die Zeichen der Natur, wie zum Beispiel das Verhalten von Vögeln. Wenn die Vorhersage falsch war, so war es nur ein weiteres Geheimnis des Lebens. Nach Le Verriers und FitzRoys Bemühungen – beide sorgten sich eigentlich um die Sicherheit der Seefahrer und Fischer – war man der Auffassung, bewiesen zu haben, dass eine genaue und zuverlässige Wettervorhersage unmöglich ist. Und jene, welche die Wege des Wetters verfolgten, wurden zur Zielscheibe des allgemeinen Spotts. Die Kritik und der Spott wurden für FitzRoy unerträglich; am 30. April 1865 um 7.45 Uhr betrat er sein Badezimmer und schnitt sich mit einem Rasiermesser seine Halsader auf.

Das Board of Trade und die Royal Society gaben nach FitzRoys Selbstmord Untersuchungen seiner Arbeiten in Auftrag. Ihre Ergebnisse, die sie im Jahr 1866 veröffentlichten, fielen für FitzRoy und seine Methoden derart negativ aus (etwas unfair, wie moderne Analysen zeigen), dass die Veröffentlichungen von Vorhersagen ab dem 6. Dezember 1866 eingestellt wurden. Jedoch bedrohte das Wetter weiterhin die Schifffahrt. Nach beträchtlichen

Verlusten von Leben, Gütern und Schiffen, gefolgt von heftigen Forderungen der Öffentlichkeit, wurde im Jahr 1867 der Sturmwarndienst, der einst von FitzRoy eingeführt worden war, wieder eingesetzt. Es verging eine weiteres Jahrzehnt bis der inzwischen zu „Meteorological Office" umbenannte britische Wetterdienst wieder Vorhersagen veröffentlichte. Doch während der ganzen Zeit fehlte der praktischen Vorhersage jegliche wissenschaftliche Grundlage. Daher wagte sich Bjerknes, als er 1904 an seinem Aufsatz schrieb, auf ein Gebiet, das die einfallsreichsten Beamten und die brillantesten Mathematikern des 19. Jahrhunderts nicht hatten entdecken, geschweige denn meistern können.

Das Unlösbare lösen

Auf der Liste der berühmten Pioniere der Meteorologie gibt es eine angesehene Ausnahmeerscheinung, die dann doch erkannte, welche Rolle die Mathematik und die Physik in der Wettervorhersage spielen können. Im Dezember 1901 erschien auf Seite 551 in Band 29 des *Monthly Weather Review* ein Artikel von Professor Cleveland Abbe (Abb. 12) mit dem Titel „The Physical Basis of Long-Range Weather Forecasts" (Die physikalische Grundlage der langfristigen Wettervorhersagen). Während der beiden Jahrzehnte 1870–1890 baute Abbe einen nationalen Wetterdienst für die mittleren und östlichen Vereinigten Staaten von Amerika auf, der Dank der von ihm eingeführten Methoden zum führenden Wetterdienst der Welt wurde. Nachdem der Wetterdienst von den U.S. Signal Corps zum neugegründeten „U.S. Weather Bureau" am Department of Agriculture verlegt worden war, wurde Abbe

Abb. 12 Cleveland Abbe (1838–1916) war der erste von der U.S. Regierung anerkannte Meteorologe. Ursprünglich an der Universität Michigan zum Astronomen ausgebildet war er ein herausragender Student der Chemie und Mathematik an der Free Academy (das heutige City College) in New York. Abbe war ein starker Befürworter von Zeitzonen und überzeugte mit seinem Bericht aus dem Jahr 1879 den Kongress, diese in den Vereinigten Staaten einzuführen. Abdruck mit freundlicher Genehmigung der National Oceanic and Atmospheric Administration/Department of Commerce

jedoch entlassen, weil ihm vorgeworfen wurde, er habe seinen Schwerpunkt zu sehr auf die Theorie der Beobachtungs- und Vorhersageverfahren gelegt. Von 1893 an machte das Weather Bureau seine Vorhersagen wieder ausschließlich mithilfe empirischer Regeln.

Edmund P. Willis und William H. Hooke schrieben 2006: „Abbe behandelte Bjerknes nicht als Konkurrenten, sondern als einen jungen Wissenschaftler, von dem er hoffte, ihn für die Meteorologie zu gewinnen. Abbe wusste zu schätzen, dass Bjerknes' Zirkulationssatz die Mathematik in vielen Situationen, an denen man interessiert war, vereinfachte." Im Jahr 1905 trafen sich Abbe und Bjerknes in den Vereinigten Staaten, und Abbe stellte Bjerknes den Mathematiker und Präsidenten des Carnegie Instituts Robert S. Woodward vor – mit weitreichenden Konsequenzen, die wir in Kap. „3. Fortschritte und Missgeschicke" erörtern werden.

Abbes Aufsatz aus dem Jahre 1901 enthält deutlich mehr mathematische Details als Bjerknes' Aufsatz, der drei Jahre später erschien. Trotzdem ist es Bjerknes' Beitrag, der allgemein als Beginn der modernen Wettervorhersage angesehen wird, was daran liegen könnte, dass in Bjerknes' Aufsatz 1904 eine echte wissenschaftlichen Vision zu finden ist. Sie stellte ein Programm auf, wie man die Lösung eines bisher scheinbar unlösbaren Problems angehen kann. Angespornt durch seine großartige Entdeckung des Zirkulationssatzes und dessen Anwendung auf die Lösung praktischer Probleme einfacher ozeanischer oder atmosphärischer Strömungen, konnte Bjerknes nun einen Weg in die Zukunft sehen.

Bjerknes' Plan ist am Anfang seines Aufsatzes deutlich erklärt:

> Wenn es sich so verhält, wie jeder naturwissenschaftlich denkende Mann glaubt, dass sich die späteren atmosphärischen Zustände physikalischen Gesetzen gemäß aus den vorhergehenden entwickeln, so erkennt man, dass Folgendes die notwendigen und hinreichenden Bedingungen für eine rationelle Lösung des Prognoseproblems der Meteorologie sind:
>
> 1. *Man muss mit hinreichender Genauigkeit den Zustand der Atmosphäre zu einer gewissen Zeit kennen.*
> 2. *Man muss mit hinreichender Genauigkeit die Gesetze kennen, nach denen sich der eine atmosphärische Zustand aus dem anderen entwickelt.*

Bjerknes führte für diese beiden Schritte die medizinischen Begriffe „diagnostisch" und „prognostisch" ein. Der diagnostische Schritt erfordert adäquate Beobachtungsdaten, um die (dreidimensionale) Struktur oder den „Zustand" der Atmosphäre zu einem bestimmten Zeitpunkt zu definieren (das heißt, wir beschreiben den „Zustand des Patienten"). Der zweite oder prognostische Schritt benötigt für jede Variable eine Reihe von Gleichungen, welche die Atmosphäre beschreiben, die dann gelöst werden können, um künftige Zustände vorherzusagen (das heißt, wir erstellen eine Prognose über den „zukünftigen Zustand des Patienten"). Das, was Bjerknes' Ansatz für die Vorhersage auszeichnet, und was ihn von dem, was es bisher gab – eine Kombination aus Fantasie und Tradition – unterschied, war nichts weiter als der Gebrauch von Beobachtungen kombiniert mit den Gesetzen der Physik, um die Veränderung des Wetters vorherzusagen. Diese Gesetze werden wir in Kap. „2. Von Überlieferungen zu Gesetzen" beschreiben.

Aber Bjerknes erkannte, dass diese Aufgabe sehr kompliziert werden konnte. Im dritten Kapitel seines Aufsatzes beschreibt er, dass Wissenschaftler auch die Gleichungen nicht exakt lösen können, die bestimmen, wie die Umlaufbahnen dreier planetare Körper sich entwickeln, welche sich nach Newtons relativ einfachem Gravitationsgesetz gegenseitig beeinflussen. Die Winde der Atmosphäre hängen von sehr viel komplizierteren Gesetzen ab. Daher stand es für Bjerknes außer Frage, die Bewegungsgleichungen der gesamten Atmosphäre exakt zu berechnen. Er sah sich einem Problem gegenüber, das theoretisch unlösbar war und es auch immer noch ist.

Bjerknes' Kernidee war das Aufteilen des großen Problems in kleinere Teilprobleme, denn wenn auch das Problem in seiner Gesamtheit zu schwierig war, Teilprobleme waren lösbar. Dabei erkannte er, dass eine Prognose nur die Änderungen des Wetters von Gebiet zu Gebiet bewältigen muss – beispielsweise von Längengrad zu Längengrad, und zwar in zeitlichen Intervallen von eher Stunden als Sekunden. Genauso gehen wir heute vor, wenn wir auf Computern mithilfe moderner Simulationen Wetter und Klima vorhersagen.

Wir teilen das Volumen der Atmosphäre in eine große Anzahl von Kästen, wie in Abb. 13 angedeutet wird, wobei eine Säule der Atmosphäre horizontal geschichtet ist. Jede Schicht ist noch einmal in kleinere Kästen aufgeteilt, wie durch das Raster auf der obersten Schicht dargestellt ist. Die Computerdarstellung des Wetters innerhalb eines kleinen Kastens ist einheitlich. Vergleichbar mit einem Digitalbild, bei dem die Farben innerhalb jedes einzelnen Pixels einheitlich sind. Führen wir diese Analogie fort, können wir uns einen Wetterkasten als ein dreidimensionales Analogon eines Pixels vorstellen, jedoch mit dem Unterschied, dass das „Bild" nicht sichtbar, sondern eine mathematische Darstellung eines Zustandes der

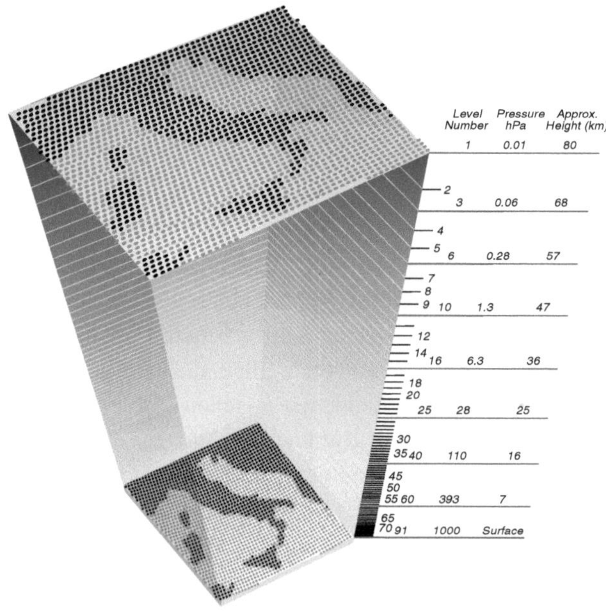

Abb. 13 Ein Wetterkasten oder Wetterpixel ist hier als Säule über Italien und dem Mittelmeer dargestellt. Solche Wetterpixel werden auch in den heutigen numerischen Wettervorhersagemodellen verwendet. Das Konzept entspricht Bjerknes' ursprünglicher Idee, das Wetter an den Schnittpunkten der Breiten- und Längegradlinien in der ganzen Atmosphäre zu berechnen. Je höher die Computerleistung wird, umso mehr Wetterpixel können genutzt werden und umso genauer werden die Vorhersagen. (© 2019 ECMWF)

Atmosphäre ist. Statt ein Bildpixel einer Computergrafik durch Farben einer Farbpalette darzustellen, werden hier Wettervariablen durch Zahlen dargestellt.

Für jedes Wetterpixel speichern wir sieben Zahlen: Drei Zahlen beschreiben die Windstärke und -richtung (zwei Zahlen geben die horizontalen Windgeschwindigkeiten an und eine Zahl die in die vertikale Richtung), drei weitere Zahlen repräsentieren den Druck, die Temperatur und die Dichte der Luft. Die siebte Zahl gibt die Luftfeuchtigkeit an. Diese Zahlenmenge legt den gleichförmigen Zustand innerhalb jedes Wetterpixels fest, sodass die gesamte Pixelsammlung eine riesige dreidimensionale digitale Darstellung – oder eine „Momentaufnahme" – des Zustandes der Atmosphäre zu einem bestimmten Zeitpunkt erzeugt. Das Problem bei den Wettervorhersagen ist, zu ermitteln, wie sich diese Wetterpixel von einem zum anderen Zeitpunkt verändern, damit man so ein Bild des zukünftigen Wetters erzeugen kann.

Um diese Ideen aus einer anderen Perspektive zu sehen, stellen wir uns das folgende, idealisierte Bild vor: Wir sind an einem warmen Sommertag an einem Ort in unberührter Natur. Vor einem sich verändernden Himmel im Hintergrund tragen alte Bäume ihr volles Sommerlaub. Auf der anderen Seite der Wiese, auf der Unmengen Wildblumen und Gräser wachsen, ist eine Gruppe von Heuwendern fleißig bei der Arbeit, als dunklere Wolken auf einen möglichen Schauer hinweisen. Im Vordergrund sind neben einer Hütte, oberhalb eines sanft fließenden Baches, zwei Pferde vor einen Heuwagen gespannt. Natürlich hat die menschliche Vorstellungskraft diese Szenerie schon einmal eingefangen, in John Constables *The Hay Wain,* eines der berühmtesten Landschaftsbilder aller Zeiten.

Noch immer schauen die meisten von uns mit Bewunderung auf solche Meisterwerke, weil sie selbst vielleicht nie über „Malen nach Zahlen" hinausgekommen sind. Wir finden es schwierig zu verstehen, wie Künstler die Quintessenz einer bewegten Szene in einem einzigen Bild einfangen; dynamische Himmel sind Constables Markenzeichen. Auch wenn die bloße Vorstellung, Constables Arbeit durch die plumpe „Malen nach Zahlen"-Technik imitieren zu können, lächerlich erscheint, so gibt es tatsächlich digitale Darstellungen des Heuwagens im Internet, die diese Szene durch Zahlen wiedergeben. Diese Zahlen verschlüsseln die unterschiedlichen Farben und Abstufungen in Pixel, und wenn wir eine große Anzahl sehr kleiner Pixel benutzen, sodass die Auflösung fein genug ist, akzeptieren die meisten von uns das Ergebnis (vergleiche Abb. 14 mit Abb. 15).

So wie Zahlen genutzt werden, um Farben in einem digitalen Bild wiederzugeben, so stellen wir eine Momentaufnahme des Wetters mit Datenreihen von Zahlen dar, welche die Werte der Variablen angeben und damit den Zustand der Atmosphäre beschreiben. Berechnungen, wie sich ein Wetterpixel verändern wird, benötigen gewaltige Supercomputer mit sehr großem Speicherplatz. Somit machten die begrenzte Leistungsfähigkeit und Speicherkapazität der verfügbaren Computer Kompromisse zwischen der geografischen Abdeckung der Modelle, ihrer Auflösung und der zu erwartenden Detailgenauigkeit notwendig. Die typische horizontale Ausdehnung eines Wetterpixels, das in der globalen Wettervorhersage bis zu einer Woche im Voraus genutzt wird, liegt in der Größenordnung von weit im unteren zweistelligen Kilometerbereich. Die Pixel sind typischerweise mehrere hundert Meter tief.

Abb. 14 John Constables *Heuwagen* aus dem Jahr 1821, das heute in The National Gallery, London hängt. Für dieses Buch wurde das Bild durch eine große Menge an Zahlen auf dem Computer dargestellt. Die Zahlen halten dabei die Position und die Farbe der der einzelnen Pixel fest, ähnlich wie bei unseren Computermonitoren und Fernsehern. John Constable. The Hay Wain. (© The National Gallery, London. Presented by Henry Vaughan, 1886)

Horizontale Auflösungen von ungefähr 100 km werden für die saisonale Vorhersage und für die Simulation der Klimaänderungen über mehrere Jahrzehnte genutzt. Für lokale Regionalmodelle wird die horizontale Dimension auf wenige Kilometer reduziert, was eine detailliertere Vorhersage von zwei bis drei Tagen ermöglicht (Abb. III im Farbteil vor Kap. „*Zwischenspiel:* Ein Gordischer Knoten“, bei der eine bessere Pixelauflösung zu einer genaueren Niederschlagsdarstellung führt). Eine weitere wichtige Dimension ist die Zeit; die Länge des Intervalls zwischen den „Bildern“ ist von der Auflösung des Modells abhängig und liegt typischerweise zwischen einer und dreißig Minuten. Damit geben sogar Modelle, die mit aktuellen Supercomputern berechnet werden, ein lückenhaftes Bild des Wetters wieder.

Nachdem wir herausgearbeitet haben, wie eine Momentaufnahme des Wetters zu jedem Zeitpunkt dargestellt werden kann, läuft unser Algorithmus für die Berechnung des Wetters wie folgt ab: In jedem Wetterpixel werden Beobachtungen des aktuellen Zustandes des Wetters genutzt, um mit den physikalischen Gesetzen den Zustand ein wenig später zu berechnen. Bjerknes legte die notwendigen Gesetze der Physik dar, aber er führte keine Berechnungen durch, wie wir sie gerade beschrieben haben. Jedoch war ihm bewusst, dass das Kombinieren der physikalischen Bewegungsgleichungen (welche die Strukturen des Windes und des Druckes bestimmen) mit den Gleichungen der Wärme und der Feuchtigkeit eine schwierige Angelegenheit sein würde. Er sprach von den beiden Phänomenen, als seien

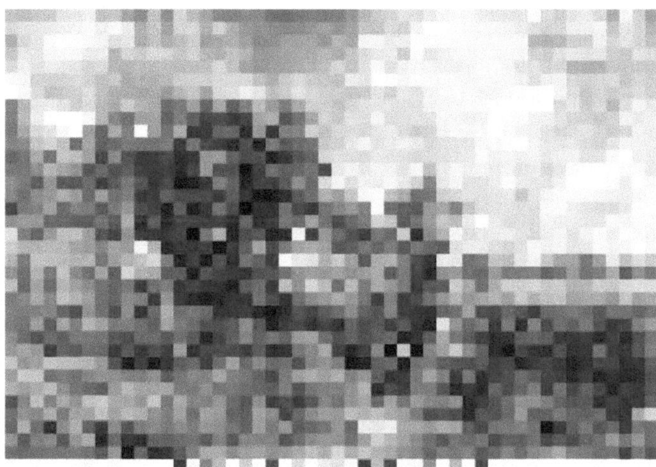

Abb. 15 Ein „unschärferes" Bild des *Heuwagens,* das entsteht, wenn größere Pixel verwendet werden (jedes Pixel stellt nur einen Farbton dar). Wir können Felder, Bäume und den Himmel unterscheiden und ungefähr auch die dunkleren Wolken und den hellen Himmel. So wie die Pixelgröße in diesem Bild begrenzt, was wir erkennen können, begrenzt auch die Größe der Wetterkästen oder -pixel in unseren Computermodellen die Genauigkeit der Wettervorhersagen – die heutigen Modelle und die der nächsten Jahrzehnte erstellen Vorhersagen mit einer Genauigkeit, die eher mit dem zweiten als mit dem ersten Bild vergleichbar ist. Bjerknes' Idee, das Wetter in den Breiten- und Längengradschnittlinien zu berechnen, entspricht einer sehr „unscharfen" Sicht des Wetters (© VG Bild-Kunst, Bonn 2019)

sie durch einen feinen Faden verbunden – ein lebenswichtiger Faden, der sehr einfach reißen oder sich verheddern könnte.

Wie Abb. III im Farbteil vor Kap. „*Zwischenspiel:* Ein Gordischer Knoten" zeigt, wandern sehr starke, örtliche Regenstürme, bei denen Hitze und Feuchtigkeit auf dramatische Art und Weise miteinander wechselwirken, mit dem Wind und beeinflussen wiederum die starken Winde, welche an die Druckkonturlinien gekoppelt sind. Ein realistisches Wetterpixelverhalten unter Berücksichtigung all dieser Prozesse aufzustellen, ist der ist die zentrale Aufgabe einer erfolgreichen computerbasierter Wettervorhersage. Der ganze Prozess mag algorithmisch oder formell scheinen und auf einfachen Regeln zu basieren – das ist auch so; heute werden die Berechnungen auf Supercomputern durchgeführt, weil für jede Vorhersage viele Billionen Berechnungen erforderlich sind. Wenn wir mit den Wetteränderungen Schritt halten und die neuen Ergebnisse an die Nutzer weitergeben wollen, bevor das Wetter an uns vorbeigezogen ist, müssen wir diese wahnsinnige Anzahl von Berechnungen in nur wenigen Minuten durchführen.

Diese Billionen Berechnungen müssen einen Sinn ergeben, und die Gesetze der Physik sagen uns „welche Bilanz" wir ziehen müssen; es ist ein bisschen wie eine große Buchhaltungsübung. Aber die Sache hat einen Haken. Unsere „Wetterbuchhalter" können zwar jede neue Vorhersage berechnen – aber in der Realität können unvorhersagbare komplexe und manchmal unkontrollierte Rückkopplungen auftreten. So wie man in Konzerthallen unbedingt alle akustische oder elektronische Rückkopplungen bei Verstärkern vermeiden muss, war für die Pioniere, die in den 1950er-Jahren begannen, Bjerknes' Ideen auf Computern umzusetzen, der kontrollierte Umgang mit den Rückkopplungen bei atmosphärischen Bewegungen eine der großen Herausforderungen.

Bjerknes kannte viele dieser Schwierigkeiten, aber er stand all diesen und auch weiteren komplizierten Problemen unerschrocken gegenüber. Er war der Überzeugung, dass der Zirkulationssatz helfen würde, viele zeitintensive Berechnungen zu vereinfachen, und er den feinen Faden spinnen würde, der die Physik der Wärme und der Luftfeuchtigkeit mit der Physik des vorherrschenden Windes und Luftdruckes miteinander verbindet.

Ein Geist in der Maschine

Bjerknes' bemerkenswerter rationaler Ansatz, Vorhersagen mithilfe mathematischer Berechnungen zu erstellen, ist genau das, was wir heute seine „Vision" nennen. Als wissenschaftliches „Manifest" war sie so überzeugend, dass er ab dem Jahr 1906 35 Jahre lang die Unterstützung der Carnegie Institution of Washington D.C. erhielt (ein höchst weitsichtiges und großzügiges Stiftungsprogramm, das die Grundlagen für die moderne Ozeanografie und Meteorologie schuf). Es dauerte dann noch weitere 50 Jahre, bis Computer wirklich in der Lage waren, die unzähligen Berechnungen in einer realistischen Zeit durchzuführen. Bjerknes erlebte diese Ära gerade noch mit. Aber moderne, computerbasierte Methoden brachten auch ein Problem zum Vorschein, das drohte, Bjerknes' Vision zu zerstören – das erste Mal tauchte es in der Arbeit eines seiner Zeitgenossen auf.

Ein Jahr bevor Bjerknes' einnehmend klare Vision einer rationalen Herangehensweise für die Wettervorhersage erschien, veröffentlichte ein ehemaliger Tutor, Hochschullehrer und Mathematik-Star aus Paris, Henri Poincaré (Abb. 16), eine Schrift mit dem kurzen, harmlosen Titel: „Science and Method" (Wissenschaft und Methode). Anders als Bjerknes, der wusste, dass Wissenschaftler seine Überzeugungen teilen würden, aber mit der gleichen Klarheit schrieb Poincaré ein Jahr später:

> Wenn wir die Gesetze der Natur und den Anfangszustand des Universums genau kennen würden, könnten wir den Zustand dieses Universums für jeden darauffolgenden Zeitpunkt exakt vorhersagen. Aber selbst wenn die Naturgesetze keine Geheimnisse mehr vor uns hätten, so könnten wir die Anfangsbedingungen doch nur *genähert* bestimmen. Wenn uns dies erlaubt, die folgenden Zustände mit der gleichen Näherung anzugeben, ist das alles, was wir benötigen, und so sagen wir, dass das Verhalten vorhergesagt wurde, dass es Gesetzmäßigkeiten folgt. Aber das ist nicht immer der Fall: Es kann vorkommen, dass *kleine Unterschiede in den Anfangsbedingungen große im Ergebnis zur Folge haben.* Ein kleiner Fehler am Anfang wird am Ende einen zu einem sehr großen Fehler führen. Wenn uns dies ermöglicht, die nachfolgenden Gegebenheiten mit der gleichen Näherung vorherzusagen, und wir sollten sagen, dass die Phänomene vorhergesagt worden waren, und dass sie durch Gesetze geregelt sind. Aber es ist nicht immer so; es kann passieren, dass *kleine Differenzen in den Anfangsbedingungen sehr große Differenzen in den endgültigen Naturereignissen erzeugen.*

Abb. 16 Henri Poincaré (1845–1912) war einer der herausragendsten Mathematiker des späten 19. Jahrhunderts. Seine Arbeit über die Stabilität des Sonnensystems wandelte unser Verständnis über die Vorhersagbarkeit von zukünftigen Ereignissen auf Grundlage von Newtons Bewegungsgesetzen

Vorhersage wird unmöglich, und wir haben ein zufälliges Phänomen (Hervorhebungen durch den Autor).

Diese Erkenntnis zog all denen, die an den festen Prinzipen der Newton'schen Mechanik festhielten, den Boden unter den Füßen weg. Seine Worte läuteten den Beginn einer neuen Ära in der Wissenschaft ein. Seit Galileo und Newton hatte das vorangehende Zeitalter fast 300 Jahre angedauert und der unerschütterliche Glauben geherrscht, dass die Naturgesetze der Schlüssel zu einer vorherbestimmten Zukunft seien. Dies wurde als Determinismus bekannt: die exakte und zuverlässige Vorhersage aller zukünftigen Ereignisse basierend auf dem Wissen des aktuellen Zustandes und den Gebrauch der Gesetze, die uns sagen, wie sich die Zustände ändern werden. Im Jahr 1903 entdeckte Poincaré die „Unvorhersagbarkeit" in der Praxis: das Phänomen, das wir heute Chaos nennen.

Poincarés Entdeckung erschütterte die allgemeine Vorstellung von einem Universum, das wie ein Uhrwerk nach Newtons Gesetzen arbeitet und, mit genügend Wissen und Bemühen, vorhersagbar war. Seine Entdeckung entstand während er ein Problem untersuchte, auf das Bjerknes ein Jahr später in seiner Veröffentlichung hinwies: die Bewegung dreier planetarer Körper unter dem Einfluss der Gravitation.

Als sich das 19. Jahrhundert dem Ende neigte, stellte Poincaré fest, dass die bereits zwei Jahrhunderte andauernden Bemühungen der Mathematiker – die Gleichungen der Physik exakt zu lösen – in eine Sackgasse führten. Während er seine ganze Energie in ein mathematisches Problem steckte, das so aktuell geworden war, dass es während gepflegter Konversationen in auserlesenen Salons in Paris zum Thema wurde, machte er eine bahnbrechende Entdeckung. Das Problem, mit dem er sich damals befasste, war die Frage, ob das Sonnensystem für immer „stabil" bleiben würde, das heißt, ob ein oder mehrere Planeten irgendwann in die Sonne fallen oder mit anderen zusammenstoßen könnten oder in die Tiefen des Raums abdriften können. Im Jahr 1887 stiftete König Oscar II. von Schweden und Norwegen einen großzügigen Preis für den Gewinner eines Wettbewerbs, bei dem es um die Lösung eines mathematischen Problems ging. Jeder, der das Thema der Stabilität klären konnte, sollte den Preis erhalten, er bestand aus 2500 Kronen und einer Goldmedaille und sollte am 21. Januar 1889, dem Geburtstag des Königs, verliehen werden.

Der angesehene deutsche Mathematiker Karl Weierstrass, einer der führenden Mathematiker dieser Zeit und bekannt für sein systematisches und akribisches Augenmerk auf jedes Detail, wurde eingeladen, vier Probleme festzulegen. Weierstrass arbeitete auf dem Gebiet der reinen Mathematik und fand großes Vergnügen daran, seine Ideen präzise und abstrakt zu formulieren. Neben der beachtlichen Vergütung (etwa sechs Monatsgehälter eines Professors) würde der Gewinner Anerkennung und Ansehen erhalten – für die Lösung eines gewaltigen Problems, das von einem der unangefochten führenden Mathematiker dieser Tage gestellt wurde. So wurden die Rahmenbedingungen für etwas wie eine Mathematikolympiade geschaffen.

Weierstrass hatte sich – ohne Erfolg – an dem Problem der Stabilität des Sonnensystems versucht. Daher entschied er sich, genau dieses Problem als eine der Wettbewerbsaufgaben auszuschreiben. Das Problem der Stabilität war schon früher im 19. Jahrhundert von einigen Mathematikern in Angriff genommen worden, aber niemand war zu einem eindeutigen Ergebnis gekommen. Poincaré war erst knapp dreißig, aber dank einiger bedeutender Leistungen bereits bekannt geworden. Er war zwar ein vielbeschäftigter Mann, wolllte sich aber die Chance, den Preis zu gewinnen, nicht entgehen lassen. Poincaré unterschied sich als Mathematiker sehr von Weierstrass. Poincaré stürzte sich gerne kopfüber in schwierige Probleme und bahnte sich dabei seine eigenen Wege durch den mathematischen Dschungel – ohne sich großartig um Details und Präzision zu sorgen. Aber sogar Poincaré konnte sich nicht kopfüber in Weierstrass' Problem stürzen. Als erste Approximation war unser Sonnensystem ein Neunkörperproblem, die Sonne und acht damals bekannte Planeten. In Wirklichkeit war es mehr ein 50-Körperproblem, nämlich aufgrund der kleinen Planeten und die Monde größerer Planeten, die zwar nur geringen Einfluss auf die Umlaufbahnen hatten, aber nicht ignoriert werden durften.

Hierbei ist die Tatsache wichtig, dass in jedem instabilen System eine kleine Veränderung zu einer großen Veränderung führt (was jeder kennt, der einmal seinen Halt verloren, als er in ein kleines Boot steigen wollte, hat oder der eine Eisfläche betreten hat). Wenn das Sonnensystem instabil wäre, könnten schwache Kräfte, wie beispielsweise die Kräfte zwischen den Planeten (kleine Planeten eingeschlossen) oder Impulse, die sich bei einem Aufschlag eines großen Asteroiden auf die Erde ergeben, letztendlich eine dramatische Veränderung des gesamten Sonnensystems verursachen. Ist es tatsächlich möglich, dass Planeten eines Tages in den Weltraum abdriften, miteinander oder mit der Sonne kollidieren?

Poincaré stellte sofort fest, dass er einige Approximationen durchführen und das Problem vereinfachen musste. Er beschränkte sich auf das Dreikörperproblem und fand schnell heraus, dass es sehr schwer war, eine allgemeine Lösung zu finden – wie Newton schon

200 Jahre zuvor erkannt hatte. Um Fortschritte zu machen, wandte sich Poincaré von den konventionellen Methoden ab, welche für die Lösung der Newton'schen Bewegungsgesetze für das Sonnensystem entwickelt worden waren – dieselben Gesetze, die Bjerknes beeindruckend fand –, und entwarf einen ganz neuen Ansatz. Bisher existierende Methoden waren darauf ausgelegt, präzise, quantitative Informationen anzugeben, wie beispielsweise die Lage der Planeten in Tausenden von Jahren. Poincaré erkannte, dass es eher qualitative Informationen waren, die er benötigte – Informationen, mit denen er viele Möglichkeiten der Zukunft untersuchen konnte.

Was gebraucht wurde, war ein „Top-down-Ansatz", mit dem er das Verhalten eines Systems abschätzen konnte, ohne alle detaillierten Lösungen ausarbeiten zu müssen. So entwickelte Poincaré eine neue Untersuchungstechnik, um ein „allgemeines Bild" der Dynamik zu entwerfen. Es handelt sich dabei um eine Methode zur Beobachtung des Verhaltens von Planetenumlaufbahnen (und von vielen anderen komplizierten, wechselwirkenden dynamischen Systemen) über lange Zeiträume – zum Beispiel tausend oder sogar Millionen Jahre – ohne im Detail jede einzelne Umlaufbahn ausarbeiten zu müssen. Poincaré untersuchte, was Mathematiker den Lösungsfluss einer Differenzialgleichung nennen, der eine ganze Lösungsfamilie beschreibt.

Um den Fans von *Winnie Puuh* eine Freude zu bereiten, und um den Lösungsfluss einer Differenzialgleichung zu illustrieren, beschreiben wir das Spiel von Puuhs Stöckchen. Wir stellen uns vor, wir stehen auf einer Brücke über einem Fluss und haben mehrere verschieden markierte Stöcke. Nun werfen wir diese an unterschiedlichen Orten von der Brücke in den Fluss und beobachten, wie sie flussabwärts treiben. Ist die Strömung ruhig, behalten die Stöcke, während sie auf dem Wasser schwimmen, annähernd ihre relative Lage zueinander bei. Ist die Strömung allerdings turbulent oder chaotisch, können sich ihre relativen Positionen stark verändern. Das Entscheidende ist, dass wir nur wenige gut positionierte Stöcke verfolgen müssen, um Rückschlüsse auf das Verhalten der gesamten Strömung der Flüssigkeit zu ziehen. Wir müssen nicht ausarbeiten, wie sich jeder einzelne Wassertropfen bewegt, um zu folgern, dass die Strömung turbulent ist. Poincaré entwickelte auf eine ähnliche Weise Werkzeuge für die Analyse von Lösungen für Gleichungen. Um die Notwendigkeit zu umgehen, alle möglichen Lösungen bis ins Detail mit Differenzial- und Integralrechnung zu bestimmen, entwarf er Methoden, mit denen man nur wenige Lösungen verfolgen muss. Jede einzelne Lösung wird in unserem Beispiel durch einen unterschiedlich farbigen Stock dargestellt (Abb. 17). Indem er die Beziehungen zwischen diesen Lösungen untersuchte, konnte er ableiten, wie sich das gesamte System verhält.

Aber trotz der neue mathematischen Methoden, die ihm zur Verfügung standen, blieb das Problem gewaltig. Poincaré machte deshalb den kritischen Schritt Approximationen einzuführen, um einer Lösung der von Weierstrass gestellten Aufgabe näher zu kommen. Er nahm an, dass die Bewegung des dritten Körpers in diesem System nur einen kleinen Einfluss auf die anderen beiden Körper habe. Das ist ein bisschen wie ein Satellit im Orbit im Erde-Mond-System: Der Satellit hat nur einen vernachlässigbaren Einfluss auf die

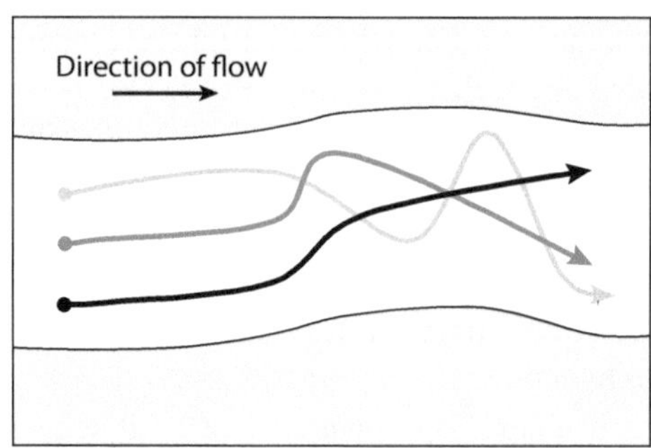

Abb. 17 Angenommen, ein Fluss fließe unter einer Brücke hindurch und wir stehen auf einer Seite der Brücke. Wir wissen nicht, wie sich die Strömung unter der Brücke verhält: Sie kann ruhig oder auch turbulent sein. Wenn wir von einer Seite der Brücke an drei unterschiedlichen Orten markierte Stöcke in den Fluss werfen, imitieren wir unterschiedliche Anfangsbedingungen in einem physikalischen System. Die Stöcke können sich anfangs nahezu parallel bewegen. Aber wenn das Wasser des Flusses turbulenter wird, werden die Bewegungsbahnen komplizierter und kreuzen sich vielleicht sogar

Bewegungen von Erde und Mond. Poincaré suchte dann nach *periodischen* Lösungen dieses Dreikörperproblems.

Periodizität bedeutet, dass ein System wieder in den Zustand zurückfindet, in dem es schon früher einmal war (ein Pendel einer perfekten Uhr ist ein periodisches System: Bei jeder Schwingung durchläuft das System die gleiche Abfolge von Zuständen, wobei jeder Zustand durch die Position und die Geschwindigkeit des Pendels zu jedem Zeitpunkt definiert ist). Indem Poincaré bekannte periodische Lösungen modifizierte, fand er Lösungen, die fast den bekannten periodischen Umlaufbahnen entsprachen. Er nahm ursprünglich an, dass diese Lösungen, vielleicht sogar über einen längeren Zeitraum, auch periodisch seien. Aber er analysierte sie nicht weiter. Am Ende war er nicht in der Lage, das Hauptproblem, nämlich die Frage, ob das Sonnensystem stabil ist, zu lösen. Dennoch brachte Poincaré bei seinem Versuch, den Preis zu gewinnen, das Dreikörperproblem enorm voran: Er schuf einen neuen Zweig der Mathematik, die „Theorie Dynamischer Systeme" (engl. global techniques for dynamical systems). Poincaré reichte einen mehr als zweihundertseitigen Aufsatz ein, und letztendlich verlieh ihm die erschöpfte Jury einstimmig den Preis. Bedauerlicherweise hatte sich ein Fehler in seine Rechnungen eingeschlichen, und Poincaré bemerkte den Fehler erst nach der Auszeichnung.

Als Poincaré die nahezu periodischen Lösungen noch einmal genau überprüfte, bemerkte er, dass einige ganz und gar nicht periodisch waren. Hinzu kommt, dass sehr kleine Unterschiede zwischen den Startbedingungen zu sehr unterschiedlichen Umlaufbahnen führen können. Unter diesen Umständen können die Umlaufbahnen nicht genau berechnet werden. In unserer Puuh-Stöckchen-Analogie können zwei Stöcke, die wir zeitgleich in einen Fluss werfen, an gänzlich unterschiedlichen Stellen ankommen – müssen wir die Wissenschaft und unsere Bemühungen um eine rationale Vorhersage aufgeben?

Bisher war immer angenommen worden, dass die ganze Zukunft genau vorhergesagt werden kann, wenn man alle Anfangsbedingungen kennt und exakt rechnet. Es war die Vorstellung eines Uhrwerkuniversums. Aber Poincarés Entdeckung zeigte, dass beliebig kleine Veränderungen zu Beginn einer Rechnung später zu drastisch anderen Ergebnissen führen kann. Er erkannte, dass er Newtons Vorstellung von einem Universum, das wie ein Uhrwerk vorhersagbar ist, zunichte gemacht hatte.

Poincaré öffnete ein grundlegend neues wissenschaftliches Fenster zu unserem Universum und veränderte damit sogar unsere philosophischen Ansichten. In allen Arbeiten über Newtons dynamische Systeme waren Berechnungen das wesentliche Element, mit dem man versuchte, einzelne Lösungen der zugrundeliegenden Gleichungen zu finden. Die Differenzial- und Integralrechnung öffnete die Tür für systematische, quantitative Forschung. Diese Technik ist zwar sehr genau, kann aber nur mit Einschränkungen angewandt werden – auch heute noch. Wir können zwar einfache, idealisierte Probleme durch Berechnungen genau lösen, aber in der „realen" Welt – von der Physik bis zum Finanzwesen – gibt es nur wenige wirklich einfache Probleme. Es ist das Erbe von Poincarés Genialität, dass er Methoden entwickelt hat, die leistungsfähig genug sind, um praktische Probleme zu lösen. Solche Probleme sind nicht nur sehr komplex, in der realen Welt sind viele Größen auch nur näherungsweise bekannt. Das ist etwas, mit dem wir lernen müssen zu leben. Heute sind wir normalerweise mehr daran interessiert zu verstehen und vorherzusagen, wie sich Systeme verhalten, die wir mittels Lösungsfamilien modellieren.

War Poincarés Entdeckung dabei, Bjerknes' große Vision eines wissenschaftlichen Ansatzes für die Berechnung der sich verändernden Wetterstrukturen zu zerstören? Schließlich handelte es sich um Strukturen, die sich mit Sicherheit nach den deterministischen physikalischen Gesetzen veränderten. Natürlich konnte sie das. Die „Wiederentdeckung" des Chaos durch Edward Lorenz im Jahr 1963, während er nach einem periodischen Verhalten in seinem einfachen Computer-Wetter-Modell forschte, führte zur Geburt einer Theorie, die beinahe so etwas wie eine Gegentheorie der Wettervorhersage wurde: der Schmetterlingseffekt.

Das Thema wurde aktuell, als Lorenz im Jahr 1972 Berichten zufolge die Bemerkung machte, dass der Flügelschlag eines Schmetterlings in Brasilien einen Tornado über Texas verursachen könne. Meteorologen müssten mit der Tatsache leben, dass sehr kleine Ungenauigkeiten in unseren aktuellen Wetterdaten zu großen Fehlern in den Berechnungen der Vorhersage der nächsten Tage führen können. Darüber hinaus sind es nicht nur die Daten, die ungenau sein können; unsere Computermodelle selbst sind immer Approximationen, die durch die Größe der Wetterpixel beschränkt sind. Auch hat unser Wissen über die physikalischen Zusammenhänge noch Lücken. Beispielsweise wissen wir zwar etwas über die Entstehung von Regen und Hagel in Wolken, aber wir wissen mit Sicherheit nicht alles. Dieses fehlende Wissen und der Mangel an Genauigkeit bedeuten, dass unsere Bestrebungen nach perfekten Vorhersagen problematisch sind und es auch bleiben werden, weil wir nie perfekte Genauigkeit und vollkommenes Wissen erreichen werden.

Aber das Phänomen des Chaos für bare Münze zu nehmen und zu folgern, dass die Erstellung von Wettervorhersagen Zeitverschwendung sei, wäre nicht nur zu negativ gedacht, man würde auch die vielleicht wichtigste Folgerung aus Poincarés Arbeit ignorieren. Mathematiker erkannten, dass sie neue Methoden entwickeln müssen, um chaotische Systeme zu studieren, und der Schlüssel dazu war Poincarés Ansatz, Lösungsfamilien zu untersuchen. Das 20. Jahrhundert erlebte auf dem Gebiet der dynamischen Systeme die vielleicht größte Revolution seit der Entdeckung der Differenzial- und Integralrechnung durch Newton und Leibniz: das Aufkommen der globalen Verfahren. Diese Methoden verraten das allgemeine qualitative Verhalten solcher Lösungen für Gleichungssysteme, ohne die quantitativen Details aller möglichen Lösungen ausarbeiten zu müssen (die zahlreich und chaotisch sein können). Das sind genau die Techniken, die Meteorologen brauchen, um mit dem Phänomen des Chaos im Wetter umzugehen. Wenn Meteorologen sehen können, dass eine „Gruppe von Prognosen", die alle von geringfügig unterschiedlichen Anfangsbedingungen ausgehen, zu sehr ähnlichen Situationen führt – wie die relativen Positionen unsere Stöcke, die wir von der Brücke ins Wasser geworfen haben und die anfangs annähernd die gleiche Lage zueinander hatten –, dann können unsere Meteorologen einigermaßen davon überzeugt sein, dass jede der Vorhersagen zuverlässig ist. Wenn die einzelnen Ergebnisse unserer Gruppe von Vorhersagen allerdings sehr unterschiedlich sind, ist das eine Warnung, dass die Vorhersage gänzlich unzuverlässig sein könnte, auch wenn die Startbedingung unsere momentan beste Abschätzung des aktuellen Zustands der Atmosphäre darstellt (Abb. 18).

Das 20. Jahrhundert war für die Entwicklung der Meteorologie und der Wettervorhersage eine prägende Zeit; es war die Zeit der glücklichen, zufälligen Entdeckungen. Bjerknes' Vorstellungen über das Wetter entstanden aus den Beschäftigungen seines Vaters mit dem Äther. Genauso erwies sich Poincarés Arbeit am Dreikörpersystem – das damals als kanonisches Problem der deterministischen Newton'schen Mechanik betrachtet wurde – als ausschlaggebend für die Entwicklung einer grundlegend neuen Sicht auf Newtons Physik. Lorenz' Suche nach einem periodisch wiederkehrenden Verhalten des Wetters führte zu Computersimulationen, die Poincarés Vorstellungen von zufälligen Ereignissen sehr anschaulich demonstrierten.

Bjerknes' Zirkulationssatz spinnt den feinen Faden, der die vielen Rückkopplungen zwischen Wind, Stürmen und Physik der Wärme und der Feuchte symbolisiert. Lorenz' Darstellung von Chaos ist eine ständige Erinnerung an den Geist in der Maschine der Wetter- und Klimavorhersage. Das System Erde – die Atmosphäre und die Ozeane, die Eiskappen und Gletscher, der Erdboden und die Vegetation, die Tiere und Insekten – ist ein komplexes, interagierendes System mit sowohl starken als auch schwachen Rückkopplungen, die das Klima und die Bewohnbarkeit unseres Planeten steuern. Unsere Geschichte erklärt, wie und warum es uns die Mathematik ermöglich, komplexe und schwache Rückkopplungen beim Wetter und dem Klima zu quantifizieren und uns, sogar unter den Bedingungen des Chaos, eine rationale Grundlage für die Vorhersage bietet.

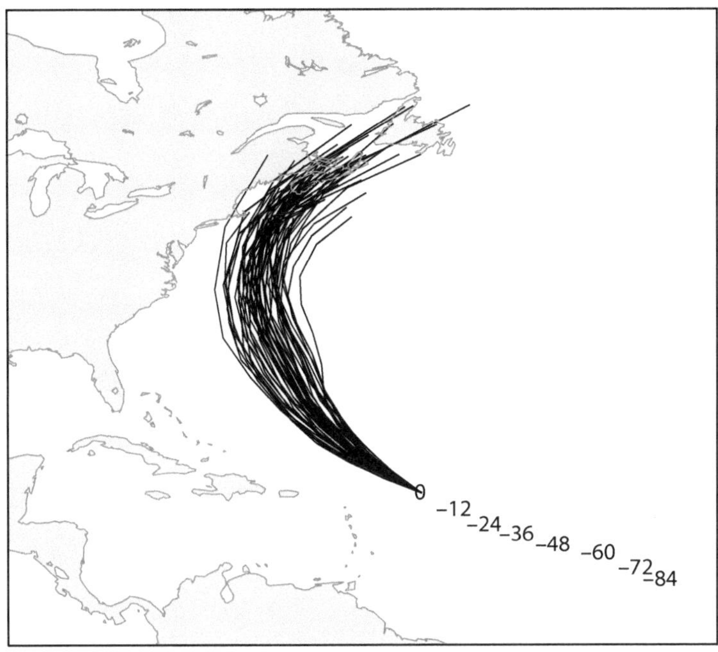

Abb. 18 Vorhersagen der möglichen Zugbahn von Hurrikan Bill im August 2009. Meteorologen müssen wissen, wie zuverlässig ihre Vorhersagen von bestimmten Ereignissen sind, etwa darüber, wann der Hurrikan die Küste erreicht. Indem man viele Vorhersagen erstellt und dabei jede aus einem leicht unterschiedlichen Anfangszustand startet und sich dann ansieht, wie stark sich die Vorhersagen nach einem bestimmten Zeitraum unterscheiden, können Meteorologen abschätzen, wie zuverlässig ihre Vorhersagen sind. Diese Abbildung zeigt verschiedene Vorhersagen für die Zuglaufbahn von Hurrikan Bill. Die Zahlen geben seine tatsächliche Lage 12 h zuvor, 24 h zuvor usw. an. Sollten für den nordamerikanischen Nordosten und für den Osten Kanadas Sturmwarnungen herausgegeben werden? Das ist eine realistische Version des Puuh-Stöckchen-Spiels aus Abb. 17. Hier können wir annehmen, dass die Bewegung von Bill über diesen Zeitraum einigermaßen zuverlässig vorhersagbar ist. (© 2019 ECMWF)

2. Von Überlieferungen zu Gesetzen

In Kap. „1. Eine Vision wird geboren“ haben wir mit Wetterpixeln eine Grundeinheit eingeführt, mit der wir uns eine Vorstellung von der Atmosphäre bilden können. Als Nächstes benötigen wir nun Regeln, um die Pixel vorwärts zu bewegen, damit wir das Bild für den nächsten Tag vorhersagen können. Um 1700 hatte man erkannt, dass Newtons Mathematik erstaunlich gut vorhersagen kann, wie sich die Planeten im Sonnensystem bewegen. Bis man diese Mathematik auf die Bewegungen der Atmosphäre übertragen konnte, sollte es allerdings noch zwei Jahrhunderte dauern. Dieses Kapitel führt die grundlegenden Regeln ein, die bestimmen, wie unsere Wetterpixelvariablen miteinander wechselwirken und wie sie das Wetter von morgen hervorbringen. Komplexere Regeln – wie beispielsweise der Zirkulationssatz – werden etwas später in unserer Geschichte auftauchen.

Renaissance

Am 8. Januar 1913 betrat Vielhelm Bjerknes das Podium des großen Hörsaals der Universität Leipzig, um seine Antrittsvorlesung zu halten, die den Beginn seiner Amtszeit als Professor des neuen Lehrstuhls für Geophysik markierte. Zu Beginn seiner Vorlesung führte er an, dass er nicht, wie es sonst üblich ist, die Arbeit seiner Vorgänger ehren könne, da seine Stelle ganz neu war. Aber er nahm diese Gelegenheit wahr, um die Arbeit und die wissenschaftlichen Bemühungen seit über mehr als 2000 Jahren anzuerkennen, auf denen sein eigenes Programm für die Wettervorhersage aufbaute. Seine Veröffentlichung aus dem Jahr 1904 besaß noch keine Einleitung; nun hatte er die Gelegenheit, dieses Versäumnis wiedergutzumachen und die Hintergründe seiner Arbeit darzulegen. Die Niederschrift dieser Vorlesung wurde 1914 im *Monthly Weather Review* veröffentlicht und gilt heute als weiterer „Klassiker“.

Bjerknes begann seine Vorlesung mit einer provokativen und dennoch richtigen Einschätzung, welchen Platz die Meteorologie im frühen 20. Jahrhundert in den Naturwissenschaften hatte. Im dritten Abschnitt führte er aus: „Die Physik rechnet man zu den sogenannten

I. Roulstone und J. Norbury, *Unsichtbar im Sturm*,
https://doi.org/10.1007/978-3-662-48254-4_3

exakten Wissenschaften, während man versucht sein könnte, die Meteorologie als Beispiel einer höchst inexakten Wissenschaft anzuführen." Er drückte seine Überzeugung aus, dass das entscheidende Kriterium für Wissenschaftlichkeit sei, ob ein Fach Vorhersagen machen könne. Er hob außerdem die großen Unterschiede zwischen den Methoden der Meteorologie und denen der Astronomie hervor. Bjerknes bemerkte, dass Meteorologie eher durch eine Art Philosophie betrieben wurde, als durch „harte Wissenschaft". Die Wettervorhersage gehörte zum Aufgabenbereich von Wahrsagern und Propheten. Redensarten wie „Red sky at night, shepherd's delight; red sky in the morning, shepherd's warning" (letzter Teil entsprechend im Deutschen: Morgenrot, schlecht Wetter droht) mangele es zwar an wissenschaftlicher Erklärung, sie seien aber in bestimmten Regionen der Welt nützlich. Solche Praktiken kann man zwar leicht verspotten, aber unsere Vorfahren mussten immer ausreichend Nahrungsmittel zum Überleben produzieren – und Wetterkunde war dabei wichtig. Im Jahr 1557 veröffentlichte der englische Landwirt Thomas Tusser *The Hundreth Good Pointes of Husbandrie* (Hundert Empfehlungen für die Landwirtschaft). Darin teilte er das Jahr in Monate ein und gab zu allen Aufgaben, die auf dem Bauernhof, im Garten und im Haus erledigt werden mussten, Empfehlungen, in welchem Monat und unter welchen Wetterbedingungen was getan werden muss: „And Aprill his stormes, to be good to be tolde; As May with his flowers, geue ladies their lust; And June after blooming, set carnels so just."

Aber Bjerknes wolle all das ändern. Zu seinem Programm, die Meteorologie zu einer exakten Physik der Atmosphäre zu machen, gehörten Probleme von gefürchteter Komplexität. Die Gesetze der Physik für die Wettervorhersage zu nutzen, war sehr viel ambitionierter und anspruchsvoller, als die Gesetze der Physik anzuwenden, um die Wiederkehr eines Kometen vorherzusagen. Bjerknes erkannte durchaus auch, dass diese Anwendung praktisch wertlos sein würde, weil sich das Wetter schneller verändert, als es dauert, die Vorhersage zu berechnen.

Trotz der gänzlich fehlenden Technologie, die man für das Erstellen einer rechtzeitigen Vorhersage benötigt, folgerte Bjerknes, dass die wissenschaftlichen Methoden ihre Berechtigung haben und sich letztendlich durchsetzen werden, wenn die Berechnungen mit den Fakten übereinstimmen. Meteorologie würde dann eine exakte Wissenschaft werden, eine wahre Physik der Atmosphäre. Er folgerte: „Das Problem von der strengen Vorausberechnung, das wir schon seit Jahrhunderten in der Astronomie gelöst haben, müssen wir jetzt in der Meteorologie ernsthaft in Angriff nehmen."

Es ist vielleicht nicht überraschend, dass Bjerknes versuchte, in die Fußstapfen der Astronomen zu treten. Mehr als ein halbes Jahrhundert später würde die wissenschaftliche Welt noch immer die Arbeiten von Adams und Le Verrier für ihre unabhängigen Berechnungen bejubeln, welche die Existenz von Neptun vorhersagten. Die Tatsache, dass die Vorhersagen ein Ergebnis sorgfältiger Berechnungen allein aus Newtons Gesetzen waren, war ein Beweis für die Macht, die in der Wissenschaft steckt. Ihre Nützlichkeit erwies sich auch im Alltag: der *Nautical Almanac* veröffentlichte die Zeiten des Sonnenauf- und Sonnenunterganges, die Mondphasen und die Zeiten von Ebbe und Flut. Diese Ereignisse wurden mithilfe physikalischer Gesetze berechnet. Wenn man all das bedenkt, ist es einfach zu verstehen, warum

Abb. 1 Das erste Luftschiff des U.S. Signal Corps, 1908 in Fort Myers. Es wurde hauptsächlich vor und während der Schlacht für Beobachtungen von Truppenbewegungen und Entscheidungshilfe für das Aufstellen von Kanonen und Ähnliches genutzt. Auftrieb hält das Luftschiff in der Luft, und so schwebt es an den Wolken entlang und manchmal mittendrin. (© National Museum of the US Air Force. Mit freundlicher Genehmigung)

Wissenschaftler hofften, dass wir eines Tages allein durch das Beobachten von Veränderungen des Windes mit Papier und Bleistift das Heraufziehen eines Sturmes vorhersagen können. Tatsächlich glaubten einige, dass schon sehr bald ein „Wetterkalender" erscheinen würde. Seit 1912 wurden immer häufiger Luftschiffe (wie in Abb. 1) und Doppeldecker eingesetzt. Und diese Transportmittel waren ebenso wie die Schifffahrt durch das Wetter gefährdet. Es war allgemein bekannt, dass viele Menschen durch Stürme ihr Leben verloren. Jetzt bedrohte das bisher unbekannte und ungewöhnliche Wetter in großen Höhen die Flugsicherheit.

Tausende Jahre hatte die Physik nur im Umfeld der Meteorologie herumgelungert und dabei nur sehr wenig Wirkung gezeigt. Unsere früheren Vorfahren schrieben Tabellen und zeichneten, gelegentlich auch sehr detailliert, die Beobachtungen vieler unterschiedlicher Arten von Wetterphänomenen auf. Die antiken Griechen legten wichtige Grundsteine für die moderne Physik, und die Meteorologie war dem Kern ihrer Wissenschaft nah. Der griechische Philosoph Aristoteles verfasste um 340 v. Chr. *Meteorologica,* eine „Studie über Erscheinungen am Himmel und in der Luft". Als erstes umfassendes Buch über Meteorologie definierte es das Thema und war eine Quelle der Inspiration, die zur Entwicklung des meteorologischen Denkens führte. Die Schrift beschäftigt sich mit den meisten der bekannten Wettererscheinungen: Wind, Regen, Wolken, Hagel, Donner, Blitze und Hurrikane. Seine Erklärungen gründeten eher auf einer Philosophie des Lebens und basierten mehr auf den Elementen Erde, Feuers, Wassers und Luft und einer rationalen Auseinandersetzung damit, aber nicht auf belastbaren Erkenntnissen der experimentellen Physik, wo alles gemessen wird. Viele seiner Erklärungen waren falsch, dennoch war sein vierbändiges Werk länger als 2000 Jahre die maßgeblichste Arbeit auf diesem Gebiet, denn das Werk enthält beispielsweise viele erstaunlich genaue Beschreibungen der Winde und des Wetters, das sie mit sich bringen; heute erkennen wir seine Arbeit als einen ernsthaften Versuch an, das Wetter praxisorientiert vorherzusagen. Für jemanden wie Bjerknes kam Aristoteles das Verdienst zu, die Meteorologie als Wissenschaftszweig etabliert zu haben, wenn auch als ungenauen Zweig.

Archimedes von Syrakus (Abb. 2) war ein großer griechischer Gelehrter, der fundamentale Gesetze der Physik entdeckte und Grundlegendes zur Mathematik beitrug. Im Gegensatz zu Aristoteles können seine Beiträge zweifellos unter dem Stichwort „genaue Wissenschaft" klassifiziert werden. Die Ideen, die Archimedes entwickelte, stützten sich auf ein viel tieferes Verständnis der Rolle der Mathematik bei der Entwicklung von Gleichungen für physikalische Gesetze. Zudem achtete er auf die experimentelle Überprüfbarkeit seiner Gesetze. „Gesetze" sind hier mathematische Regeln, die bestimmte Größen zueinander in Beziehung setzen. Und „experimentelle Überprüfungen" sind Messungen, mit denen getestet wird, ob

Abb. 2 Archimedes von Syracus (387–212 v. Chr.) behauptete, dass er mit einem Hebel und einem Angelpunkt die Welt bewegen könne. Seit über 2000 Jahren ist die archimedische Schraube eines der effektivsten Mittel, um Wasser vor allem zur Be- und Entwässerung zu fördern. Hier betrachten wir jedoch insbesondere seine Entdeckung des Auftriebs, ein Prinzip, das wir jedes Mal beobachten können, wenn Wolken über uns hinwegziehen. (© Erica Guilane-Nachez/stock.adobe)

die Variablen den Gesetzen folgen. Auf diese Weise werden auf Worten basierende Beweise und Erklärungen durch Regeln ersetzt, die mit Zahlen getestet werden. Diese neue Art der wissenschaftlichen Beschreibung lässt sich leicht auf Computer übertragen.

Archimedes ist natürlich für sein legendäres „Heureka!" bekannt, das er jubelnd ausrief, als er beim Baden das Prinzip des Auftriebs entdeckte. Er stellte fest, dass ein Objekt sinkt, wenn es schwerer als das Wasser ist, das es verdrängt, während es genügend Auftrieb erfährt und schwimmt, wenn es leichter ist. Kurz: Archimedes entdeckte die grundlegenden Gesetzmäßigkeiten der *Hydrostatik* – der Wissenschaft einer ruhenden Flüssigkeit. Das Prinzip des Auftriebs beschreibt, wie Flüssigkeiten, oder allgemeiner Fluide geringerer Dichte über Fluide höherer Dichte aufsteigen (so wie beispielsweise Öl auf Wasser schwimmt). Nahezu 2000 Jahre später lieferte das Prinzip die ersten Hinweise auf die Antwort zu einigen grundlegenden Fragen, wie der, auf welche Weise die Luft um die Erde zirkuliert. Auftrieb ist einer der Schlüsselelemente für der Erklärung von Nebel- und Wolkenstrukturen, die wir täglich an vielen Orten auf unserem Planeten beobachten können.

Fast 2000 Jahre beherrschten die Schriften der alten Griechen einen des theoretischen Wissen der westlichen Zivilisation über Wetterereignisse. Erst im 16. Jahrhundert, bei der Wiedergeburt des eigenständigen Denkens in Europa, begannen sich die Dinge entscheidend zu verändern. In den Jahrhunderten davor hatten die Entwicklungen der Arithmetik und Algebra sowohl im Mittleren Osten als auch im indischen Subkontinent geholfen, die Grundsteine für diesen Wandel zu legen. Die Renaissance war der Anfang vom Ende einer geheimnisvollen Welt, in der das Universum eher von Magie beherrscht wurde als von rationalen Gesetzen, die man durch sorgfältig durchgeführte Experimente finden konnte. Mithilfe von Experimenten gelang es, zu einer neuen Sichtweise auf die Welt aus Erde, Wasser, Feuer und Luft sowie auf die physikalischen Phänomenen, die aus ihren Mischungen entstehen, zu gelangen; vor allem, weil neu erfundene Messinstrumente es erlaubten, genauere Messungen von Längen, Zeiten, Gewichten und Geschwindigkeiten vorzunehmen.

Es war die Zeit der großen Entdeckungen und Erfindungen, die den Beginn einer Revolution markierte und zu einer modernen Wissenschaft hinführen sollte, zu Ingenieurwissenschaften und Technik. Leonardo da Vinci war vielleicht der brillanteste Künstler und Ingenieur dieser Zeit. Er hatte eine klare Vorstellung, was gute und zuverlässige wissenschaftliche Praxis ausmachte: „Es scheint, dass jede Wissenschaft, die nicht ihre Wurzeln in Experimenten hat, den Vater aller Wahrheit, leer und voller Fehler ist." Fast 100 Jahre später erregte Francis Bacon, ein Pionier der neuen naturwissenschaftlichen Methode, die Gemüter, als er öffentlich behauptete, dass zu viele sogenannte „Intellektuelle" Theorien produzierten, ohne die Natur zu beobachten oder Experimente zu machen und sich statt dessen nur den Obrigkeiten und dem Glauben unterwarfen.

Der Mann, der sowohl das Ende der Ära der Spekulationen als auch den Beginn der modernen Meteorologie verkörperte, war einer der ersten modernen Philosophen, René Descartes. Im Jahr 1637 veröffentlichte Descartes sein vielbeachtetes Buch *Discours de la*

Méthode, in dem er seine Philosophie einer echten wissenschaftlichen Methode erläuterte. Die Grundlage seiner Methode bestand aus folgenden vier Bestandteilen:

1. Akzeptiere nie etwas als wahr, bis du sicher bist, dass es wirklich wahr ist.
2. Teile jedes schwierige Problem in kleine Teile, und löse das Problem, indem du diese Teile angehst.
3. Gehe immer vom Einfachen zum Schwierigen und suche überall nach Verbindungen.
4. Sei bei wissenschaftlichen Untersuchungen so vollständig und gründlich wie möglich, erlaube dabei kein Vorurteil als Urteil.

Die zweite und die dritte Grundregel in Descartes' Konzept enthalten die wesentlichen Punkte des Reduktionismus: der Prozess, Probleme in eine größere Anzahl weniger komplexe Teilprobleme aufzuspalten, die wir schließlich relativ leicht untersuchen können und die wir dann wieder zusammensetzen und daraus eine Vielzahl schwierigerer Phänomene erzeugen können, die wir schließlich untersuchen, verstehen und für Vorhersagen nutzen können.

Offensichtlich übernahm Bjerknes in seinem Aufsatz aus dem Jahr 1904 Descartes' Reduktionsprinzip, so zum Beispiel die Überzeugung, dass nur wenige fundamentale Gesetze ausreichen, um das Wetter vorherzusagen, aber auch die Methode, die er dafür vorschlägt, weist darauf hin. Denn sie basiert auf relativ einfachen Berechnungen an jedem Breiten-Längengrad-Schnittpunkt. Wir können uns Reduktionismus als einen „Bottom-up-Ansatz"(von unten nach oben) der Physik vorstellen, bei dem jede Einzelheit, jeder Prozess und jede Wechselwirkung der Einzelteile eines Systems, wie beispielsweise unserer Atmosphäre, berechnet werden. Im Gegensatz dazu ist die Anwendung des Zirkulationssatzes von Bjerknes das Beispiel einer eher ganzheitlichen Methode – Holismus ist das Gegenteil des Reduktionismus –, aus der ein Mechanismus für die Beschreibung der sehr speziellen Wechselwirkungen verschiedener Prozesse entsteht. Statt auszuarbeiten, wie sich jeder einzelne Prozess entwickelt und mit anderen wechselwirkt, kombiniert der Zirkulationssatz die verschiedenen Gesetze der Temperatur, des Druckes, der Dichte und des Windes, sodass beispielsweise Temperatur- und Druckveränderungen bestimmte Windänderungen erzeugen müssen. Das Ergebnis ist ein „Top-down-Ansatz" (von oben nach unten) auf komplexe physikalische Phänomene wie Zyklone, Hurrikane oder Ozeanströmungen – wichtige Themen, auf die wir später in unserer Geschichte zurückkommen werden.

Kehren wir zu unserem historischen Rückblick zurück. Vielleicht ist der wichtigste Punkt, der die Meteorologie der antiken Kulturen von der Renaissance unterscheidet, dass Menschen der Antike nicht versucht haben, die Ursache unterschiedlicher Wettertypen mithilfe der Physik zu erklären. Es stellte sich allmählich heraus, dass die physikalischen Gesetze – deren stabile Grundlagen während der Renaissance aufgebaut wurden – besser geeignet waren als die Philosophie des Wetters des Aristoteles. Viele Gesetze wurden infolge eines Technologieschubs im 17. Jahrhundert hergeleitet. An oberster Stelle stand Galileo Galilei

Abb. 3 Galileo Galilei (1564–1642) war Physiker, Astronom und einer der bedeutendsten Vertreter der Renaissance. Zusammen mit seinem Schützling Evangelista Torricelli erfand und entwickelte er das Barometer, das Thermometer und andere Messinstrumente, die regelmäßig von Meteorologen eingesetzt werden, um Wetterbedingungen zu messen und zu beobachten. Galileo erkannte, dass Luft Gewicht haben musst, wenn sie aus etwas bestand, und er wollte wissen, wie schwer sie war. Porträt von Justus Sustermans von 1636

(Abb. 3), der in Italien lebte und gemeinsam mit seinem Assistenten und Schützling Evangelista Torricelli forschte. Wir verdanken Galileo, der viel mit seinen Studenten zusammenarbeitete, die Erfindung der ersten meteorologischen Instrumente in den frühen 1600er-Jahren: des Thermometers und des Barometers. Diese ermöglichten, wesentliche empirische Fakten oder Wahrheiten zu überprüfen und Descartes' erstem und vierten Grundsatz nachzugehen. Nun konnte das aktuellen Verhalten unserer Atmosphäre zuverlässig beobachtet werden. Die Wissenschaft der modernen Meteorologie hatte Einzug gehalten.

Die Erfindung des Barometers wird gewöhnlich Torricelli zugeschrieben. Das Instrument besteht aus einer etwa einen Meter langen Glasröhre, die an einem Ende versiegelt und am anderen Ende offen und mit Quecksilber gefüllt ist. Die Röhre ist umgedreht und ihr offenes Ende ist in einen kleinen Quecksilberbehälter getaucht, wie in Abb. 4 zu sehen ist. Das Quecksilber lagert sich unten in der Röhre ab, und so entsteht oben in der Röhre ein Vakuum. Der atmosphärische Luftdruck wirkt auf die Oberfläche des Quecksilbers im Behälter und balanciert die Quecksilbersäule aus. Daher ist in einem sorgfältig gebauten Barometer die Höhe der Quecksilbersäule direkt proportional zum atmosphärischen Druck (die berühmten Florentiner Glasbläser waren sehr geschickt darin, gleichmäßige Glasröhren anzufertigen).

Galileo entwarf dieses Messgerät, um experimentell zu untermauern, dass die Luft über uns Gewicht hat. Zuvor dachte man gemäß der Lehren des Aristoteles, dass Luft „absolute Leichtigkeit" besäße. Die Korrektur von Fehlern, wie sie beispielsweise in den Ansichten des Aristoteles über die Physik gab, führten zu einem besseren Verständnis der Natur und zu Definitionen in der Physik, die auf Masse und Kräften basierten.

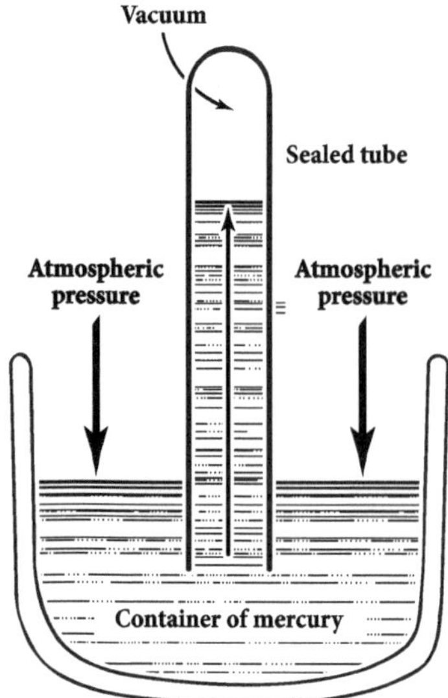

Abb. 4 Luft übt auf alles Druck aus, was sich um sie herum befindet. Torricelli nahm eine schmale, gerade Röhre, die an einem Ende offen, am anderen Ende geschlossen und mit Quecksilber gefüllt war. Er stellte sie aufrecht, mit seinem offenen Ende unten, eingetaucht in eine Quecksilberschale. In der Röhre befand sich nun eine Quecksilbersäule von etwa 80 cm Höhe. Darüber enthielt die Röhre (nahezu) gewichtsloses Vakuum. Dieses Experiment zeigte, dass der Atmosphärendruck auf die Oberfläche des Quecksilbers in der Schale das Gewicht der Quecksilbersäule (genau) ausgleicht. (© Princeton University Press)

Die Verbreitung von Messinstrumenten ermöglichte Wissenschaftlern in vielen verschiedenen Ländern, täglich die Veränderungen von Druck, Temperatur und Niederschlag zu beobachten und zu tabellarisieren. Scharfsinnige Beobachter konnten zuverlässigere und genauere Messungen als je zuvor durchführen, und mit diesen Informationen Zusammenhänge herausfinden, die vorher noch niemand bemerkt hatte. Zum Beispiel, dass atmosphärischer Druck oft fällt, bevor es anfängt zu regnen. Nach ausführlichen Beobachtungen und Analysen wurden Barometer kalibriert, um die Wahrscheinlichkeiten von Schauern, Regen und Stürmen bei fallendem Druck oder die Wahrscheinlichkeit von schönen, sonnigen Zeiten bei steigendem Druck anzugeben (Abb. 5).

Das Zusammentragen der Beobachtungen erforderte Organisation. Im Jahr 1667 nutzte Robert Hooke, Messinstrumentenbauer, Mathematiker und amtlicher Inspektor von London, seinen Einfluss, um sich für die Koordination und das Tabellarisieren meteorologischer Daten einzusetzen. Auch er glaubte, dass wir mehr Regelmäßigkeiten oder Strukturen erkennen könnten, wenn wir genügend Beobachtungsdaten hätten; deshalb war war das Zusammentragen von Informationen entscheidend. Mit dem allgemein steigenden Interesse für die Wissenschaft wurden im 17. Jahrhundert viele Gesellschaften gegründet, die sich der Förderung wissenschaftlicher Methoden widmeten. Sie versuchten Menschen mit Ideen und

Abb. 5 Ein Aneroidbarometer oder Dosenbarometer, das für typische Wetterbedingungen kalibriert ist. Aneroidbarometer werden heute überwiegend als Zimmerbarometer verwendet und funktionieren nach einem anderen Prinzip als Torricellis Quecksilberbarometer (Aneroid bedeutet so viel wie „Verwendung keiner Flüssigkeit“). Die entscheidende Komponente in einem Aneroidbarometer ist ein geschlossener, weitgehend luftleerer dosenartiger Hohlkörper mit verformbaren Wänden. Jede Luftdruckänderung verändert die Dicke der Dose und dies wird auf einen Zeiger übertragen

ähnlichen Interessen zusammenzubringen, damit diese sowohl theoretisches als auch praktisches Wissen teilen. Die Royal Society of London wurde 1660 gegründet, und sie ordnete die Aufzeichnung meteorologischer Beobachtungen an, so wie auch die *Accademia del Cimento* (Akademie des Experiments) in Florenz und die *Académie des Sciences* (Akademie der Wissenschaften) in Paris.

Auch Seefahrer vermehrten auf ihren langen Seereisen unser Wissen über das Wetter, indem sie unterschiedliche Muster von Wind und Regen auf der ganzen Welt beobachteten. Christoph Kolumbus etwa sammelte detaillierte Kenntnisse über die Passatwinde an; er nutzte dieses Wissen, um im Jahr 1492 auf seiner ersten Seereise Kurs auf Amerika zu machen. Dabei erkannte er, dass die starken Winde im Atlantik bessere Mast- und Segelkonstruktionen erforderten, wenn man die Passatwinde auf langen Seereisen ausnutzen und überleben wollte.

Um etwa die gleiche Zeit erlebte Vasco da Gama den indischen Monsun. Und während des 16. Jahrhunderts gelang es spanischen und portugiesischen Segelschiffen zum ersten Mal um die ganze Welt zu reisen; dabei trafen sie auf den Golfstrom. Bei der Schifffahrt sind wir uns der Gefahren der Stürme auf See bewusst, aber im Zeitalter der Segler waren die windstillen Zonen – bekannt als Kalmen – genauso lebensbedrohlich. Denn dort verloren Schiffe ihren Wind und trieben oft wochenlang hilflos vor sich hin – während die Wasser- und Essensvorräte der Besatzung knapp wurden.

In diesen zwei Jahrhunderten hatte sich also die westliche Denkweise langsam geändert. Luft hatte Gewicht, war also definitiv „irgendetwas“. Aber was verursachte das Gewicht? Eine Vorstellung von Luftdruck entwickelte sich, und es wurde möglich, Luftfeuchtigkeit und Temperatur zu messen. Man stritt sich zwar nur über die Grundlagen der wissenschaftlichen Denkweise, trotzdem konnten sich fundamentale Gesetzmäßigkeiten der Physik etablieren.

Von Kometen zur Differenzialrechnung und zu einer Theorie der Passatwinde

Am Ende des 17. Jahrhunderts wusste man eine ganze Menge über Winde und Ozeanströmungen. Und die Beobachtungen der Seefahrer machten es möglich, sich an den meisten Orten des ganzen Erdballs ein Bild von typischen und durchschnittlichen Wetterstrukturen zu machen. Ein berühmter Astronom – kein Meteorologe – war der Erste, der diese Informationen für eine globale Wetterkarte nutzte. Wenn wir in die Geschichtsbücher der Wissenschaft blicken, finden wir, dass Newton im Jahr 1686 sein Buch *Philosophiae Naturalis Principia Mathematica* (dt. Die mathematischen Grundlagen der Naturphilosophie) fertiggestellt hat. Darin erklärt er die Gesetze der Bewegung und der Gravitation. Es war auch das Jahr, in dem der deutsche Physiker und Instrumentenbauer Daniel Gabriel Fahrenheit, dessen Name durch die Temperaturskala unsterblich geworden ist, geboren wurde. Aber uns würde sicherlich verziehen werden, wenn wir den Artikel übersehen hätten, der folgenden Titel trug: „An Historical Account of the Trade Winds, and Monsoons, observable in the Seas between and near the Tropicks, with an Attempt to Assign the Phisical Cause of the Said Winds“ (Eine historische Darstellung der Passatwinde und der Monsune, zu beobachten in den Meeren zwischen und nahe der Tropen, mit einem Versuch, eine physikalische Ursache der besagten Winde zu finden). Er war von E. Halley geschrieben wurden und veröffentlicht auf Seite 153 in Band 16 der *Philosophical Transactions of the Royal Society of London.* Doch dieser Artikel ist ein Meilenstein in der Geschichte der Meteorologie, weil er den Beginn einer neuen Ära einleitete, in der bestimmte Wettermuster nicht nur systematisch beobachtet und tabellarisiert, sondern auch physikalische Gesetze für die Erklärung ihrer Ursache genutzt wurden.

Edmond Halley wird nahezu immer mit dem Kometen, der seinen Namen trägt, in Verbindung gebracht, aber er hatte viele wissenschaftliche Interessen und Ziele; und ähnliches gilt für vieler seiner Zeitgenossen, etwa Sir Isaac Newton, Sir Christopher Wren und Robert Hooke, der von Alchemie bis Architektur alles studierte. Halleys Artikel aus dem Jahr 1686 ist aus zwei sehr guten Gründen erwähnenswert. Erstens erarbeitete er eine meteorologische Karte – die erste seiner Art –, die den Wind über den Ozeanen darstellt (Abb. 6). In sie trug er einigermaßen genau den Nord- und Südatlantischen und den Indischen Ozean und den typischen und durchschnittlichen täglichen Wind ein.

Zweitens, und das ist der entscheidende Punkt, beschränkte Halley sich nicht nur darauf, einfach eine Karte zu zeichnen. Er versuchte auch, die Strukturen des Windes, die er beobachtete, zu erklären. Motiviert wurde er dazu, weil die Passatwinde über drei verschiedenen Ozeanen beobachtet werden können. Er wollte wissen, ob es einen gemeinsamen Grund für diese Winde gab. Tatsächlich hatten Naturphilosophen lange darüber nachgedacht, was die Winde verursachen könnte. Die ursprüngliche 2000 Jahre alte Erklärung von Aristoteles, dass Wind Dämpfe von der Erde seien, die in den Himmel aufstiegen und durch die Sonnenwärme getrocknet würden, wurde letztendlich durch Argumenten abgelöst, die Kräfte miteinbezogen.

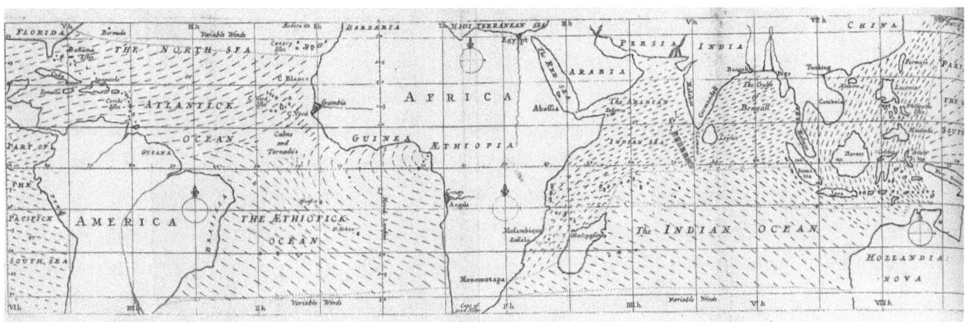

Abb. 6 Die Karte stammt aus Halley Aufsatz aus dem Jahr 1686 und kennzeichnet die Gebiete der Monsune, Passatwinde und die windstillen Regionen. Nachdem ihm die großskaligen Muster ins Auge gefallen waren, gelang es Halley, eine wissenschaftliche, aber stark vereinfachte Erklärung hierfür zu finden. (© Royal Society of London. Mit freundlicher Genehmigung der Royal Society of London)

Für seine Erklärung der Passatwinde nutzte Halley die Archimedes'sche Auffassung des Auftriebs und die Tatsache, dass sich Luft ausdehnt, wenn sie erwärmt wird. In seiner Veröffentlichung von 1686 kommt er zu dem Schluss, dass die Sonne eine treibende Kraft ist, weil aufgrund der Krümmung der Erdoberfläche die äquatorialen Regionen mehr Sonnenenergie pro Quadratkilometer erhalten als die Pole. Halley erkannte, dass sich Luft ausdehnt, wenn sie durch die Sonne erwärmt wird, und dass deshalb ihre Dichte geringer wird, weil sich in einem festen Volumen bei Ausdehnung weniger Luft befindet. Auftriebskräfte, die durch die Erdanziehungskraft in der Atmosphäre verursacht werden, nehmen umso stärker zu, je dünner die warme Luft wird.

Ein Prozess, den wir heute *Konvektion* nennen, überträgt Wärmeenergie in Form warmer Luft am Boden zu Luftschichten etwa einen Kilometer über dem Boden. Dadurch entstehen häufig Cumuluswolken und thermische Aufwinde, welche die verbreitetsten Anzeichen dieser Wärmebewegungen sind. In größeren Skalen bewegt sich kältere, dichtere und schwerere Luft von den geografischen Breiten fernab des Äquators in Richtung Äquator. Diese kältere Luft bewegt sich in tieferen Schichten, um die wärmere, leichtere Luft zu ersetzen, die am Äquator hochgestiegen ist und sich schließlich in der oberen Atmosphäre vom Äquator entfernt. Halley schreibt (auf Seite 167 seines Artikels) Folgendes:

> So wie die kalte und dichte Luft aufgrund ihrer größeren Schwerkraft auf die heiße und verdünnte Luft drückt, zeigt dies, dass Letztere in einem kontinuierlichen Strom so schnell, wie sie sich verdünnt, aufsteigen muss, und wenn sie aufgestiegen ist, muss sie sich verteilen, um das Gleichgewicht zu erhalten; die oberen Luftmassen müssen sich also mit einem ausgleichenden Strom aus Bereichen, in denen es am wärmsten ist, wegbewegen. Durch eine Art Zirkulation weht der Nord-Ost-Passatwind unterhalb eines Südwestwinds und der Südostwind unterhalb eines Nordwestwindes (Letzteres tritt nur in der Südhemisphäre auf.)

Indem Halley die vorherrschenden Winde über großen Teilen des Ozeans als eine durch den wärmenden Effekt der Sonne angetriebene Luftströmung beschrieb, hatte er die Wissenschaft der Meteorologie eingeleitet. Allerdings täuschte sich Halley, mit seiner Vorstellung, dass der tägliche Weg der Sonne über den Himmel Richtung Westen die tropischen Winde nach sich zöge und so die beobachteten westlichen Komponenten solcher Winde erzeugte.

Diese mittlere Bewegung ist ein Teil dessen, was wir *allgemeine Zirkulation* der Atmosphäre nennen, welche immer danach strebt, Wärme von den warmen äquatorialen Regionen zu den kälteren polaren Regionen zu transportieren. Diese Zirkulation, deren Luftbewegungen am Boden schematisch in Abb. 7 dargestellt sind, ist die Antwort der Atmosphäre auf die beständige Erwärmung durch die Sonne, Woche für Woche. Sie ist in der Nähe des Äquators stärker und an den Polen schwächer. Dabei gleicht die Zirkulation das thermische Ungleichgewicht aus, das durch die warmen Tropen und die kalten Pole verursacht wird. Daher ist unsere Atmosphäre wie eine riesige Wärmekraftmaschine, welche die Wärme aus den Regionen am Äquator weg zu den polaren Eiskappen bewegt. Es ist etwas paradox, dass wir am Boden meist die kalten, von den Polen zum Äquator zurückkehrenden Strömungen spüren, welche die weniger dichten Strömungen in großer Höhe weg vom Äquator ausgleichen.

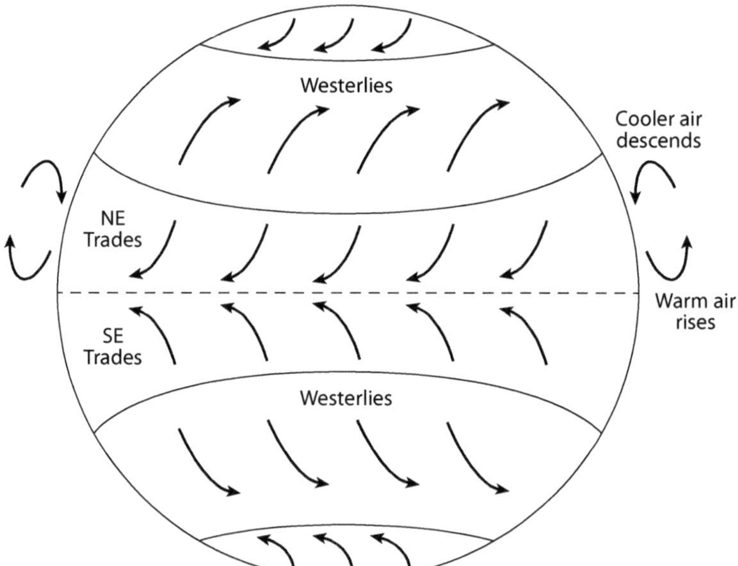

Abb. 7 Grundsätzlicher Verlauf der Passatwinde und der Westwinde in den mittleren Breiten nach Hadley. Die Pfeile zeigen die durchschnittlichen Winde rings um den ganzen Planeten in Bodennähe. In höheren Lagen in der Hadley-Zelle verlaufen die mittleren Winde in umgekehrte Richtungen (Richtung Pole). (© Princeton University Press)

Halley hatte eine klare Vorstellung, warum die unterschiedliche Erwärmung durch die Sonne am Äquator und an den Polen zu dieser Zirkulation führen. Und er hatte die richtigen Ideen in Bezug auf den indischen Monsun. Seine Erklärung durch Erwärmung und Auftrieb, wie es vor allem in den Tropen beobachtet wird, ist im Wesentlichen richtig. Aber er wollte auch unbedingt verstehen, warum die Winde auf der Nordhemisphäre bezüglich ihrer Bewegungsrichtung nach rechts abgelenkt werden (Abb. 7).

Diese großräumige, sich über Kontinente erstreckende Zirkulation ist heute aber nach dem Juristen und Philosophen George Hadley aus dem 18. Jahrhundert unter dem Namen *Hadley-Zelle* bekannt. Im Jahr 1735 publizierte Hadley ebenfalls in den *Philosophical Transactions of the Royal Society* einen kurzen Aufsatz mit dem Titel „Concerning the Cause of the General Trade-Winds" (Über die Ursache von Passatwinden). Hierin lieferte Hadley eine Erklärung für die Zirkulation, die viel näher an der Wahrheit lag. Halley war auf die richtige Idee gekommen, warum die Luft nahe dem Boden von Norden und Süden in Richtung Äquator strömt, aber Hadley begann die Auswirkungen der Erdrotation auf die Luftströmung miteinzubeziehen.

Hadley war der Erste, der erkannte, welch starke Auswirkung die Erdrotation auf das Wetter der ganzen Welt hat. Da die Länge eines bestimmten Breitenkreises von 0 km am Pol auf etwa 40.000 km am Äquator wächst, muss ein Punkt am Äquator innerhalb von 24 h diese ganzen 40.000 km zurücklegen, während ein Punkt am Pol einfach nur liegenbleibt und sich um sich selbst dreht. Hadley argumentierte, dass die Luft, die von den Subtropen zu den Tropen strömt, Geschwindigkeiten Richtung Westen in der Größenordnung von 140 km/h erreichen würde. Beobachtet wurde aber in diesen tropischen Regionen eine viel geringere durchschnittliche Windstärke. Und so folgerte Hadley, dass Land- und Seeflächen die Windgeschwindigkeit verringern. So können die Passatwinde, die in den Tropen aus dem Osten wehen, durch die Erdrotation abgemildert durch Bodeneffekte erklärt werden.

Es gibt eine unmittelbare Folgerung aus Hadleys Argumentation: Wenn die ganze Atmosphäre einen nach Westen gerichteten Nettoluftwiderstand verursacht, dann würde sich die nach Osten gerichtete Erdrotation immer weiter verlangsamen, bis die Erde letztendlich aufhören würde, sich um ihre Achse zu drehen. Daher folgerte Hadley, dass dieser Effekt des Luftwiderstandes an der Erdoberfläche in den Gebieten der Passatwinde woanders ausgeglichen werden müsse. Er nahm an, dass dieser Ausgleich in den mittleren Breiten in einem Band aus vorherrschenden Westwinden stattfindet. Er begründete die Westwinde damit, dass die Luft, die in der Höhe zu den Polen strömt, relativ zur Erdoberfläche nach Osten abgeleitet wird, weil sie sich vom Äquator wegbewegt und sich daher schneller um die Erde bewegt als die darunterliegende Erdoberfläche. Wenn diese Luft anschließend nahe den Polen absinkt, kehrt sie zunächst als Nordwestströmung näher an den Äquator zurück als eine vorherrschende Nordostströmung.

Während der Renaissance änderten sich allgemein das Denken in Richtung eines quantitativen Verständnisses der Natur. Newtons Bewegungsgesetze und seine Gravitationstheorie sind die bekanntesten Beispiele. Solche quantitativen Theorien erforderten die Entwicklung neuer mathematischer Werkzeuge, insbesondere der Differenzial- und Integralrechnung.

Sie wurde die Grundlage der Theorie der *Differenzialgleichungen,* die wir für die quantitative, mathematische Formulierung der Wetterregeln benötigen – im Gegensatz zu den rein beschreibenden Darstellungen von Halley und Hadley.

Wie der Name „Differenzial" schon andeutet, werden in diesen Gleichungen über Zeit- und Raumintervallen Differenzen physikalischer Größen berechnet. Eine Differenzialgleichung nutzt die Idee der Differenziale, um die Änderungsrate einer Variablen bezüglich einer anderen Variablen auszudrücken. Ein Beispiel für ein Differenzial ist die Änderung der Temperatur über ein bestimmtes Zeitintervall, wobei wir das Verhältnis von Temperaturdifferenz zu Zeitintervall berechnen: Wenn das Zeitintervall gegen den Wert null geht, strebt das Verhältnis gegen die Ableitung. Wobei die Ableitung hier die zeitliche Änderungsrate der Temperatur beschreibt. Wenn wir einen Graphen der Temperatur als Funktion der Zeit darstellen, ist diese Änderungsrate durch die Steigung der Tangente am Graphen zu sehen. Die Zeitableitung gibt uns dann die Rate, mit der es wärmer wird.

Das Gegenteil von Differenziation (der obigen Konstruktion einer Ableitung) ist die *Integration.* Das ist das, was wir machen, wenn wir kleine Differenzen addieren und berechnen, um wie viel sich eine Größe über ein bestimmtes Intervall geändert hat. Betrachten wird das vorherige Beispiel der Änderungsrate der Temperatur. Das Integral über die 24-stündigen Temperaturänderungen liefert uns die gesamte Änderung der Temperatur über einen Tag. Wenn wir eine Vorhersage erstellen, integrieren wir Differenzialgleichungen, auf denen unser Modell basiert, über ein Zeitintervall von jetzt bis zu dem Zeitpunkt, zu dem wir die Temperatur vorhersagen wollen. Wenn wir daran interessiert sind, die nächste Sonnenfinsternis vorherzusagen, müssen wir alle kleinen Änderungen der Positionen der Erde und des Mondes relativ zur Sonne von jetzt bis zum Zeitpunkt der Sonnenfinsternis aufaddieren. Wenn wir das Wetter vorhersagen wollen, addieren wir alle kleinen Änderungen des Druckes, der Temperatur, der Luftfeuchtigkeit, der Luftdichte, und der Windgeschwindigkeit (so wie es Bjerknes vorschlug), bis wir zur Vorhersagezeit kommen.

Die Methoden der Differenzial- und Integralrechnung sind für die heutige Mathematik und Physik außerordentlich wichtig. In seiner Antrittsvorlesung lobte Bjerknes diejenigen, die ihren Beitrag zur Renaissance geleistet haben; jedoch kritisierte er auch, dass ihre Theorien der Dynamik in der Atmosphäre und der Wetterforschung hauptsächlich qualitativer Art waren. Es mangelte ihnen an Genauigkeit weil sie keine exakte Mathematik nutzten,was er für unerlässlich für die Quantifizierung der meteorologischen Wissenschaft hielt. Während der Renaissance wurden das Teleskop entwickelt, das Beobachtungen und das Erfassen von Daten ermöglichte, und die Gesetze der Gravitation, um diese Daten zu verstehen. So konnten die Astronomen, unter Verwendung der Mathematik, ihr Fachgebiet entscheidend vorantreiben und Vorhersagen von Sonnen- oder Mondfinsternissen und Planetenbahnen erstellen. Galileo und seine Kollegen hatten das Thermometer und das Barometer entwickelt, und bald folgten in vielen Teilen der Welt systematische Beobachtungen und Aufzeichnungen von Temperatur und Druck. Die Grundbestandteile für die Entwicklung einer quantifizierbaren Theorie der Bewegungen in der Atmosphäre sind in Newtons Bewegungsgesetzen vorhanden, wenn man die Effekte der Schwerkraft und des Auftriebs berücksichtigt. Aber das Problem Ende des 17. Jahrhunderts war, dass keiner, noch nicht einmal Newton, ausgearbeitet hatte, wie man die Gesetze der Kräfte und die Gesetze der von den Kräften verursachten Bewegungen anwenden konnte, um die Dynamik der Atmosphäre oder der Ozeane zu erklären.

Päckchen aus Fluiden

Bis Mitte des 18. Jahrhunderts wurde Newtons Mechanik nur auf Festkörper angewendet, wie beispielsweise auf den berühmten Apfel in Newtons Obstgarten oder die Planeten unseres Sonnensystems. Die Herausforderung bestand nun darin, Newtons Gesetze für Fluide zu erweitern. Ein Fluid ist eine Ansammlung *sehr* vieler Teilchen, deren jeweilige Bewegungen im Prinzip genauso wie die Bewegung eines einzelnen Objekts, beispielsweise eines Planeten, berechnet werden können. Um aber alle einzelnen Bewegungen zu berechnen, würde man eine gewaltige Anzahl von Gleichungen benötigen, und mit gewaltig, meinen wir wirklich sehr viele. Zum Beispiel ist die Anzahl von Luftmolekülen in nur einem Liter Luft (bei Raumtemperatur und Bodendruck) näherungsweise $6 \cdot 10^{23}$ (eine 6 gefolgt von 23 Nullen). Daher würde die Berechnung der Bewegung aller einzelnen Moleküle in einem Krug mit einem Liter Luft $3 \cdot 6 \cdot 10^{23}$ Gleichungen mit sich bringen (die „3“ steht für die drei Dimensionen, in denen sich die Teilchen bewegen). Das wäre eine absolut unmögliche Aufgabe, selbst mithilfe der heutigen oder morgigen größten Supercomputer. Auch wenn wir einen Bottom-up-Ansatz annehmen und Newtons Gesetze auf jedes Molekül anwenden, um so die Bewegungen mithilfe der Differenzial- und Integralrechnung zu berechnen, würde ein solches Vorgehen in der Praxis schwer zu bewältigen sein. Wie wenden wir daher Newtons Gesetze auf eine Substanz an, die nach Definition nicht fest ist und viele Milliarden Moleküle enthält, die miteinander in Wechselwirkung stehen?

Der Schweizer Mathematiker Leonhard Euler (Abb. 8) war der Erste, der dieses scheinbar unlösbare Problem bewältigte. Er führte ein Konzept ein, das wir „Fluidpaket“ nennen. Ein Fluidpaket ist eine Idealisierung einer sehr kleinen, fast punktförmigen Menge eines Fluids, das zwei grundlegende, wenn auch geschickt gewählte Eigenschaften aufweist. Erstens wird angenommen, dass das Fluidpaket groß genug ist und viele Milliarden Moleküle enthält, sodass es die wesentlichen physikalischen Eigenschaften von Masse, Dichte und Temperatur aufweist. Und zweitens sollte ein Paket klein genug sein, sodass sich diese Eigenschaften innerhalb eines Paketes im Mittel nicht verändern. In der Realität sind Fluide nicht aus physikalischen Paketen zusammengesetzt; ein Fluid ist eine Substanz, die frei fließt und sich der Form seines Behältnisses anpasst. Selbst wenn wir die Bewegung eines „Paketes aus einem Fluid“ (im gewöhnlichen Sinn) verfolgen würden, würde sich das Paket nach einer gewissen Zeit deformieren, vielleicht aufsplitten und mit seinen Nachbarn vermischen. Daher ist ein Paket zwar eine Idealisierung, aber eine, der eine präzise mathematische Interpretation gegeben werden kann.

Abb. 8 Leonhard Euler (1707–1783) war nicht nur ein herausragender Mathematiker, sondern auch sehr fleißig. Er war Vater von dreizehn Kindern, und seine gesammelten mathematischen Werke waren so umfangreich, dass sie noch Jahrzehnte nach seinem Tod veröffentlicht wurden. Mit 14 Jahren schloss er sein Studium ab und stellte mit 19 seine Habilitation an der Universität Basel fertig. Enttäuscht darüber, als Zwanzigjähriger nicht die freie Professorenstelle in Basel bekommen zu haben, ging er nach St. Petersburg. Sogar Euler – einer der bemerkenswertesten Mathematiker aller Zeiten – rang 20 Jahre lang mit den Schwierigkeiten der Bewegung von Fluiden, bevor er schließlich im Jahr 1757 seinen Durchbruch veröffentlichte. (© Georgios Kollidas/stock.adobe)

Fast 2000 Jahre nachdem Archimedes (s. Abb. 1) den Grundstein der Hydrostatik gelegt hatte, schuf Euler, der seit 1727 in St. Petersburg mit seinem Schweizer Landsmann Daniel Bernoulli (Abb. 9) zusammenarbeitete, die Grundlage dessen, was unter dem Namen *Hydrodynamik* bekannt ist – die Studie der Fluidbewegung mittels Newton'scher Physik. Archimedes hatte herausgefunden, dass Druckkräfte dafür verantwortlich sind, dass ein Fluid zu strömen beginnt und damit nicht aufhört. Und Euler – ein Virtuose der neuen mathematischen Differenzial- und Integralrechnung – formulierte genaue Gleichungen, die uns sagen, wie sich der Druck auf die Bewegung eines Fluidpaketes auswirkt. Euler folgerte, dass sich ein Paket beschleunigt, wenn es einen Druckunterschied zwischen den gegenüberliegenden Seitenflächen des Paketes gibt.

Nachdem er herausgefunden hatte, wie Druck zu einer Kraft auf eines der hypothetischen Fluidpake führen kann, konnte Euler seine Ergebnisse nutzen, um die Newton'schen Bewegungsgesetze auf die Fluidpakete anzuwenden. Das Ergebnis waren drei Gleichungen,

Abb. 9 Daniel Bernoulli (1700–1782) kam aus einer großen Familie brillanter Mathematiker. Aber diese Schweizer Familie war anfällig für Rivalitäten, und Daniel hatte darunter zu leiden, als er sich im Alter von 30 Jahren von seinem Vater entfremdet hatte. Daniels Buch *Hydrodynamica* erschien 1738 – die *Hydraulica* seines Vaters wurde ungefähr zur selben Zeit veröffentlicht, aber um seinem Sohn um seinen Verdienst zu bringen, datierte er es auf das Jahr 1732. (© ETH Zürich)

welche die Bewegung eines Fluidpaketes durch den dreidimensionalen Raum beschreiben: eine Gleichung für die vertikale Bewegung und je eine Gleichung für die horizontale Bewegung nach Norden und nach Osten. Eine vierte Gleichung beschreibt das Prinzip, dass ein Fluid, welches durch eine Region strömt (beispielsweise durch eine Teilstrecke in einer Röhre), nicht wie durch Zauberei verschwinden kann. In anderen Worten: Bestandteile eines Fluids können durch Bewegung nicht erschaffen oder zerstört werden; das nennen wir *Massenerhaltung*.

Die resultierenden vier Gleichungen von Euler bilden den Grundpfeiler für jegliche ideale Fluidmechanik. Damals dachte Euler an eine Strömung bestehend aus Wasser, Wein oder sogar Blut. Euler und Daniel Bernoulli waren beispielsweise die Ersten, die den Blutfluss durch unsere Venen mit der Idee des Druckes in Verbindung brachten und Möglichkeiten vorschlugen, diesen zu messen. Daher waren ihre idealen Fluide wasserähnlich und konnten nicht wie Gase komprimiert werden. Als er im Jahr 1757 seine Gedanken in einem Aufsatz mathematisch formulierte, schuf Euler die Grundlage der modernen Hydrodynamik. Weil seine Bewegungsgleichungen nach 250 Jahren immer noch eine der größten Herausforderungen für mathematische Physiker darstellen, sehen wir uns seine Ideen in Kap. „4. Wenn der Wind den Wind weht“ näher an.

Vertiefung 2.1. Die Euler'schen Bewegungsgleichungen

Wie in Vertiefung 1.1 bezeichnen wir mit $\mathrm{D}f/\mathrm{D}t$ die zeitliche Änderungsrate einer Größe f, die auf Fluidpaketen definiert ist. Wir stellen uns den Wind als Bewegung von Luftpaketen vor. Jedes Paket habe dabei die Geschwindigkeit $\mathbf{v} = (u, v, w)$, die Dichte ρ und die Masse $\delta m = \rho \delta V$, wobei δV das Volumen eines Luftpaketes bezeichnet. Der Wind habe die Geschwindigkeitskomponenten u nach Osten, v nach Norden und w vertikal nach oben.

Die Unveränderlichkeit der Masse (oder Massenerhaltung) eines Luftpaketes kann mit $\mathrm{D}(\delta m)/\mathrm{D}t = 0$ ausgedrückt werden (weil keine Luftmasse verloren gehen oder dazukommen kann, während sich die Luft weiterbewegt). Das bedeutet, dass die Dichte ρ der Luftpakete umgekehrt proportional zu ihrem Volumen ist. Die Änderungsrate des Volumens wird über die Divergenz bestimmt, geschrieben als $div\ \mathbf{v}$. Die Änderungsrate der Luftdichte, während sich das Paket bewegt, kann dann wie folgt formuliert werden:

$$\mathrm{D}\rho/\mathrm{D}t = -\rho div\ \mathbf{v},$$

und wird über die Massenerhaltung (ausgedrückt durch $\mathrm{D}(\rho\delta V)/\mathrm{D}t = 0$) hergeleitet.

Newtons Gesetz für die Änderungsrate des Impulses $\delta m\mathbf{v}$ wird bezüglich der Kraft $\mathbf{F}$, die auf das Paket wirkt, wie folgt ausgedrückt:

$$\mathrm{D}(\delta m\mathbf{v})/\mathrm{D}t = \mathbf{F}\delta V.$$

Wenn wir wieder die Massenerhaltung verwenden, können wir die obige Gleichung in ihrer verbreiteteren Form als $\mathrm{D}\mathbf{v}/\mathrm{D}t = \mathbf{F}/\rho$ schreiben. Hier setzt sich die Kraft $\mathbf{F}$ als Summe aus der Gravitationskraft, der Kraft aus dem Gradienten des Druckes (Abb. 10), welcher durch die benachbarten Pakete entsteht, die auf das Paket drücken (und normalerweise als -grad p mit dem Druck p geschrieben wird) und aus (normalerweise sehr kleinen) Reibungskräften zusammen.

Im Jahr 1756 schrieb Euler diese Gleichungen zunächst für Flüssigkeiten konstanter Dichte und Temperatur auf, wobei er nur den Druckgradienten als Komponente für $\mathbf{F}$ betrachtete. Die große Schwierigkeit bei der Dynamik in der Erdatmosphäre ist, dass wir die Gleichung $\mathrm{D}\mathbf{v}/\mathrm{D}t = \mathbf{F}/\rho$ untersuchen müssen, während das Fluid mit dem Planeten rotiert und der Gravitationskraft ausgesetzt ist. Zudem müssen die Effekte der Wärme und der Feuchtigkeit mit einbezogen werden, wie wir im Folgenden diskutieren werden.

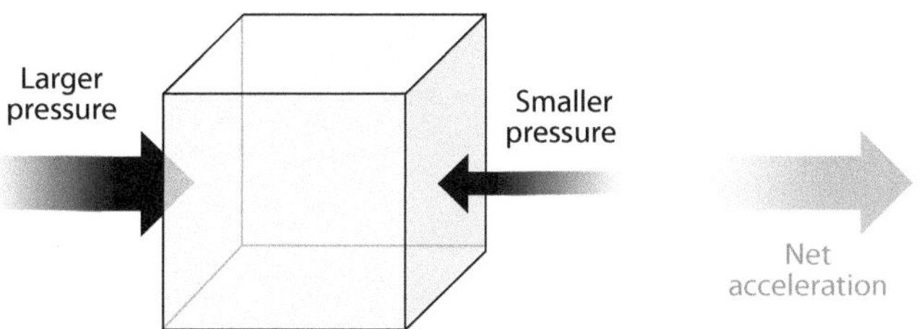

Abb. 10 Nach Eulers Gleichungen wird ein Fluidpaket durch Druckkräfte beschleunigt oder verlangsamt. Druck ist Kraft pro Einheitsfläche. Erinnern wir uns also an Eulers Bild, wonach ein Fluid eine Substanz ist, die aus vielen Paketen zusammengesetzt ist. Die Luftpakete, die sich „gegenseitig im Wege stehen" erzeugen deshalb Druckkräfte – wie Menschen, die sich in einer Menge drängeln. Die Druckdifferenz der gegenüberliegenden Seiten eines Luftpaketes führt zu einer Gesamtkraft, die auf das Paket wirkt. Die Änderungsrate des Impulses des Paketes (seine Masse multipliziert mit seiner Geschwindigkeit) ist proportional zur Druckdifferenz der gegenüberliegenden Seiten des Paketes. Folglich wird das Paket in Richtung des abnehmenden Druckes beschleunigt. Die Änderungsrate des Druckes mit dem Abstand ist als „Druckgradient" bekannt. (© Princeton University Press)

Von der Kraft zur Energie

Halleys Theorie der Grundzirkulation der Atmosphäre war nicht sein einziger bedeutender Beitrag zur Theorie der Atmosphärendynamik. Er war auch der Erste, der die Gesetze der Physik nutzte, um auszuarbeiten, wie sich der Luftdruck mit der Höhe verändert, wenn wir durch die Erdatmosphäre aufsteigen. Das war eine erstaunliche Leistung, schließlich stiegen die ersten Ballons erst fast 100 Jahre später, Ende des 18. Jahrhunderts, auf, und den einzigen Hinweis auf die Veränderung des Luftdruckes mit der Höhe lieferten abenteuerlustige Bergsteiger. Halleys Arbeit gab Wissenschaftlern einen Hinweis auf die Struktur der Atmosphäre weit über den höchsten jemals bezwungenen Berggipfeln. Die entscheidende Formel, die Halley nutzte, ging aus einer Gleichung hervor, die beschreibt, wie sich der Druck eines Gases bei einer Volumenänderung des Behältnisses verändert, in dem sich das Gas befindet. Das physikalische Gesetz, das diese Formel beschreibt, ist als das Gesetz von Boyle bekannt. Dieses Gesetz hatten unabhängig voneinander der französische Physiker Edme Mariotte und Boyles unbekannter und hart arbeitender Assistent Robert Hooke entdeckt. Ihnen sollte man vermutlich gleichermaßen das Verdienst zuschreiben.

Im Jahr 1653 traf Boyle John Wilkins, den Leiter einer Gruppe, die als *Invisible College* (Unsichtbare Akademie) bekannt war und die sich am Wadham College in Oxford traf. Diese Gruppe bestand aus einigen der hervorragendsten Wissenschaftler ihrer Zeit, die sich bekannterweise im Jahr 1660 dann zur Royal Society of London zusammenschlossen. Wilkins ermutigte Boyle, dem Invisible College beizutreten, woraufhin dieser an die Oxford University ging, wo er in eigenen Räumlichkeiten seine wissenschaftlichen Experimente durchführen konnte.

Abb. 11 Robert Boyle (1627–1691) war der Sohn des Earl of Cork, eines der reichsten Männer aus Großbritannien. Boyle wurde in Eton ausgebildet, zu einer Zeit, als die Schule unter den Reichen modern wurde. Im Alter von 12 Jahren wurde er von seinem Vater auf eine Reise durch Europa geschickt. Anfang 1642 war er gerade zufällig in Florenz als Galileo in seiner Villa im nahegelegenen Arcetri verstarb. Als überzeugter Protestant hatte Boyle Mitleid mit dem alternden Galileo, der unter der harten Behandlung (Hausarrest und öffentliche Widerrufung seiner Ideen) durch die Römisch-Katholische Kirche litt. Boyle wurde ein überzeugter Unterstützer von Galileos Philosophie, mithilfe der Physik das Universum zu verstehen. Er glaubte, dass die Zeit reif für den neuen Ansatz sei, die Welt mit Mathematik und Mechanik zu erforschen. Portrait von Boyle. (© Georgios Kollidas/Fotolia)

Während seiner Zeit in Oxford leistete Boyle (Abb. 11) wichtige Beiträge zur Physik und Chemie. Aber am bekanntesten ist sein Gasgesetz. Dieses erschien im Jahr 1662 in einem Anhang seines Buchs *New Experiments Physio-Mechanicall, Touching the Spring and the Air and Its Effects* (Neue physikalisch-mechanische Experimente, bezüglich der Sprungfeder und der Luft und ihre Auswirkungen). Der Originaltext wurde 1660 geschrieben und war ein Ergebnis seiner dreijährigen Arbeit mit Hooke, der eine Luftpumpe konstruiert und gebaut hatte.

Mithilfe der Luftpumpe konnten sie einige fundamentale physikalische Tatsachen zeigen, wie zum Beispiel, dass sich Schall in einem Vakuum nicht ausbreitet und dass eine Flamme Luft benötigt, um zu brennen. Boyles Gesetz ging aus ihrer Entdeckung hervor, dass Druck und Volumen eines Gases bei einer festen Temperatur voneinander abhängen. Der Druck steigt an, wenn sich das Volumen verringert (beispielsweise bewirkt eine Halbierung des Volumens eine Verdoppelung des Druckes). Und umgekehrt: Wenn das Volumen zunimmt, fällt der Druck, weil sich das Gas ausbreitet.

Nachdem diese Erkenntnisse in eine mathematische Sprache übertragen waren, führten sie auf eine Gleichung, die wir heute als Zustandsgleichung bezeichnen. Das Gesetz wird $pV = a\ konstant$ geschrieben, wobei p den Druck und V das Volumen bezeichnen. Der Begriff „Zustand" bezieht sich hier auf den Zustand des Gases, der durch den Druck und die Dichte beschrieben wird. Es stellte sich aber heraus, dass die Temperatur entscheidend ist, weil sie die Konstante in der Gleichung verändert. Bevor wir mehr zu diesem Temperatureffekt sagen, zeigen wir, wie Halley die Arithmetik nutzte, um die Gleichungen zu lösen. Das führte zu einer Formel, die der Konstruktion des Altimeters zugrunde liegt, mit dem Piloten und Bergsteiger ihre Höhe über dem Meeresspiegel messen.

Im Jahr 1685 verwendete Halley Boyles Gesetz, um den ersten einfachen Ausdruck herzuleiten, mit dem man die Höhenlage aus dem Druck berechnen konnte. Halley gab in einem Graphen, dargestellt in Abb. 12, den Druck auf der horizontalen Achse und das Volumen einer bestimmten Luftmasse auf der vertikalen Achse an. Es stellte sich heraus, dass diese Kurve eine Hyperbel ist, wie auch in Boyles Gesetz $pV = konstant$ und wie man auch in der mit den Zahlen 1, 2, 3 und 4 bezeichneten Kurve in Abb. 12 erkennt, die bestimmte Druck-zu-Volumenwerte markieren. Wenn wir mit der Höhenänderung $\Delta z = z_{n+1} - z_n$ von der Höhe z_n auf dem Niveau n, $(n = 1, 2, 3, 4)$ auf die Höhe z_{n+1} auf das Niveau $n + 1$ aufsteigen, ergibt sich aus dem Gewicht der Atmosphäre über uns die Druckänderung $\Delta p = p_{n+1} - p_n$. Diese Gleichung $\Delta p = -\rho g \Delta z$ ist heute unter dem Namen Hydrostatische Grundgleichung bekannt. Sie sagt uns, wie der Druck mit der Höhe abnimmt. Halley war in der Lage, aus dieser Gleichung und aus Boyles Gesetz eine Verbindung zwischen Druck und Höhe herzustellen. Diesen Zusammenhang beschreiben wir in Vertiefung 2.2.

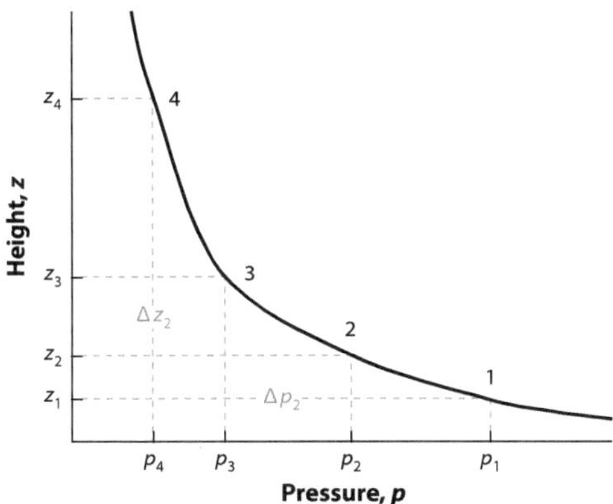

Abb. 12 Wir zeigen einen Vertikalschnitt der Atmosphäre, der in horizontale Schichten der Höhen z_1, z_2, z_3 und z_4 aufgeteilt ist. Hier bezeichnet $\Delta p_n = p_{n+1} - p_n$ die Abnahme des Druckes über eine n-te Schicht der Dicke $\Delta z_n = z_{n+1} - z_n$. Die Dichte in dieser Schicht ist gegeben durch ρ_n, sodass $\rho_n \Delta z$ die Luftmasse in einer vertikalen Säule pro Einheitsfläche in dieser Schicht darstellt. Dann gibt $g\rho_n \Delta z_n$ das Gewicht der Luft aufgrund der Gravitation g an. Halley argumentierte, dass die Druckzunahme, während wir durch eine solche Schicht absteigen, auf ihr Gewicht zurückgeführt werden kann, sodass wir $\Delta p_n = -\rho_n g \Delta z_n$ schreiben können. (© Princeton University Press)

Vertiefung 2.2. Ein genauerer Blick auf die hydrostatische Grundgleichung

Die hydrostatische Grundgleichung sagt uns, wie sich in der Atmosphäre der Druck mit der Höhe verändert. Halley löste sie auf eine Weise, welche die modernen computerbasierten Methoden vorausahnen lässt. Seine Methode erlaubte die Berechnung des Druckes und der Dichte in der Stratosphäre mehr als 250 Jahre, bevor man dort hingelangen konnte.

Halley nahm in einer Luftsäule eine konstante Temperatur an. Auf diese Weise war Boyles Gesetz anwendbar. Die Dichteänderung $\Delta\rho_n$ erzeugt so eine entsprechende Druckänderung Δp_n, wobei der Proportionalitätsfaktor der Luftschichten durch R^* gegeben ist. Es gilt also $\Delta p_n = R^* \Delta\rho_n$. Wir können nun Boyles Gesetz nutzen, um die unbekannte Druckdifferenz Δp_n zu eliminieren, und wir erhalten $R^* \Delta\rho_n = -\rho_n g \Delta z_n$, was direkt die Höhenänderung in Beziehung zur Dichteänderung setzt.

Halley löste die Gleichung, um eine Formel für die Höhe H zu finden, in welcher der Luftdruck p und die Dichte ρ herrschten:

$$gH = R^* \ln(\rho/\rho_0) = R^* \ln(p/p_0).$$

Diese Formel gibt uns die Höhe H über dem Referenzniveau beim Druck p_0 und der Dichte ρ_0 an.

Die hydrostatische Grundgleichung wird heute in vielen Wettervorhersagemodellen genutzt, um zu zeigen, dass die vertikale Windstärke, vor allem auf größeren Skalen, viel geringer ist als die horizontale Windstärke. In einem großen Gebiet unseres Planeten überschreitet die horizontale Windgeschwindigkeit 20 km/h, während die durchschnittliche vertikale Windgeschwindigkeit normalerweise geringer als 30 m/h ist. Der Grund dafür ist, dass die Gravitation und die nach oben gerichtete Druckgradientenkraft nahezu gleich und einander entgegen gerichtet sind; diese Kräfte gleichen sich also nahezu aus.

Während eines Gewitters kann es vorkommen, dass die hydrostatische Gleichung in der Vertikalen keine gute Annäherung mehr ist, weil die Druckänderung in diese Richtung nicht mehr durch die Gravitation allein ausgeglichen wird: Schnelles Erwärmen und Abkühlen, verursacht durch Kondensation und Verdunstung, transportiert Energie in das System hinein und auch heraus und erzeugt so Bereiche starker Ab- und Aufwinde, die sich sehr stark verändern können; es entstehen heftige Turbulenzen, denen Piloten normalerweise auszuweichen versuchen (Segelflieger und Vögel versuchen ruhigere Aufwinde zu nutzen, um an Höhe zu gewinnen).

Halleys Arbeit hilft uns enorm, viele meteorologischer Grundlagen zu verstehen. Aber erst, wenn wir Boyles Arbeit erweitern und Temperaturänderungen miteinbeziehen, erkennen wir ihr ganzes Potenzial. Das ist eine wichtige Überlegung, wenn man versucht herauszufinden, wie sich der Druck mit der Höhe verändert. Boyles Gesetz gibt an, dass sich bei konstanter Temperatur das Volumen eines Gases im gleichen Verhältnis verringert, in welchem der Druck ansteigt, der darauf wirkt. Um 1787 – mehr als 100 Jahre, nachdem Boyle erstmals seine Ergebnisse veröffentlicht hatte – entdeckte Jacques Charles ein Gesetz, das heute als Charles'sches Gesetz bekannt ist. Es sagt aus, dass bei einem bestimmten Druck die Volumenänderung eines Gases direkt proportional zur Temperaturänderung ist. Charles hatte mit Erfolg Heißluftballons aus Pappmaché entwickelt, und die Pariser Bevölkerung war begeistert, als damit im Dezember 1783 Menschen in die Höhe getragen wurden. Charles machte sich Gedanken über die Effekte, die man beobachtet, wenn Luft erwärmt wird. Wie heiß musste die Luft sein, um einen Ballon 300 m aufsteigen zu lassen? Seltsamerweise veröffentlichte er seine Entdeckungen nicht. Sie kamen erst zum Vorschein, als Joseph Gay-Lussac im Jahr 1802 mehrere Artikel veröffentlichte, in denen dieses Gesetz enthalten war.

Mit dem Charles'sche Gesetz in der hydrostatischen Gleichung erhalten wir für eine statische (ruhende) Atmosphäre eine einfache Regel, welche beschreibt, wie sich die Temperaturänderung mit der Höhe ändert und *vertikaler Temperaturgradient* genannt wird. Diese Größe ist aus vielen Gründen konzeptionell wichtig; insbesondere hilft sie uns zu verstehen, wo und wie Pakete warmer, feuchter Luft aufsteigen und schließlich zu Wolken und Niederschlag führen. Eines der eindrucksvollsten Wetterereignisse – der Regen – wird von Luftpaketen ausgelöst, die im Vergleich zu den horizontalen Winden, die den Regen begleiten, nur sehr langsam aufsteigen. Wir können zwar die Windgeschwindigkeit und die Windrichtung in der Horizontalen sehr genau messen, doch es ist sogar sehr schwierig, die vertikale Bewegung zu bestimmen. Damit ist eine der wichtigsten Größen in der dynamischen Meteorologie – die Aufstiegsgeschwindigkeit der Luft – am schwierigsten zu beobachten und zu messen und damit natürlich noch schwerer vorherzusagen!

Wir können uns fragen, warum es 100 Jahre dauerte, um von Boyles Gesetz zum Charles'schen Gesetz zu gelangen. Dafür gibt es zwei wichtige Gründe. Erstens erfassen beide Gesetze das Verhalten eines realen Gases zwar recht gut, doch vernachlässigen sie sowohl die Wirkung von Feuchtigkeit als auch die Zusammensetzung des Gases, beispielsweise aus Stickstoff, Sauerstoff und Kohlendioxid. Erst viel später, nachdem versucht worden war, ein einfaches Modell für das Verhalten realer Gase zu finden, wurde das Konzept eines „idealen Gases" eingeführt, bei dem diese zwei Gesetze genau befolgt werden. So wie die „ideale Flüssigkeit", welche Euler, Bernoulli, Helmholtz und Kelvin untersuchten, erwies sich auch das Konzept des idealen Gases als sehr nützlich. Es erlaubte die Verbindung der Gesetze von Boyles und Charles zu dem, was wir auch *Zustandsgleichung* nennen. Nun gab es eine Beziehung zwischen Druck, Volumen (oder Dichte) *und* Temperatur (s. Vertiefung 2.3). Diese Gleichung, entsprechend modifiziert, um die Wirkung der Luftfeuchtigkeit einzubinden, wird in den heutigen Modellen der Wettervorhersage genutzt.

Der zweite und entscheidende Grund für die hundertjährige Verzögerung war, dass Wissenschaftler erhebliche Schwierigkeiten hatten, genau zu verstehen, was der Unterschied zwischen Temperatur und Wärme ist. Obwohl es durch die beiden Gesetze von Boyle und

Charles eine Verbindung von Druck, Temperatur und Dichte in der Luft gab und trotz der Fortschritte in der Praxis, die durch die Konstruktion von genaueren Thermometern ermöglicht wurden, hatte man am Anfang des 19. Jahrhunderts das Wesen der Temperatur immer noch nicht wirklich verstanden. Eine der großen Barrieren, die einen Fortschritt verhinderte, war die bis dahin unzureichenden Definition von Wärme. Auch wenn es uns jetzt etwas eigenartig erscheinen mag, wurde Wärme aufgrund ihrer Eigenschaft, von wärmeren zu kälteren Körpern zu fließen, zu dieser Zeit von vielen Wissenschaftlern als eine Art „Substanz" gesehen, vergleichbar mit Wasser. Sie nahmen auch an, dass Wärme erhalten bleibt, wenn sie von einem Objekt zu einem anderen strömt, und somit, wie die Gesamtmenge einer Flüssigkeit, Eulers Kontinuitätsgleichung befolgt.

Der Chemiker Peter Atkins aus Oxford machte in seinem Buch *The 2nd Law: Energy, Chaos, and Form* (Das zweite Gesetz der Thermodynamik: Energie, Chaos und Gestalt) darauf aufmerksam, dass Nicolas Léonard Sadi Carnot, der Sohn eines Kriegsministers unter Napoleon und Onkel eines späteren Präsidenten der Französischen Republik, diese Ansicht vertrat. Während der Auseinandersetzungen zwischen England und Frankreich um die Vorherrschaft in Europa erkannte Carnot scharfsinnig, dass für Großmächte industrielle genauso wichtig wie militärische Stärke ist. Als die Industrielle Revolution über Europa hinwegfegte, zogen die Menschen vom Land in die Städte. Im Mittelpunkt der Revolution stand die Dampfmaschine, und Carnot bemühte sich zu analysieren, wie die Effizienz der Dampfmaschinen verbessert werden konnte. Dabei betrachtete er Wärme auf ganz neue Weise und beschrieb, wie wir sie mit mechanischer Leistung in Verbindung bringen können, also mit „Arbeit".

In der Beschreibung seiner Ideen, die 1824 veröffentlicht wurden, schließt Carnot sich der konventionellen Theorie an, dass Wärme eine Art „Äther" sei, der Wärmeenergie transportiert. Vor der Erfindung der Dampfmaschine wurde die Energie von fließendem Wasser genutzt, um Maschinen mithilfe von Wassermühlen anzutreiben. Wasser war eine Kraftquelle, die erhalten blieb, da dieselbe Menge Wasser, die in eine Mühle hineinfließt, auch wieder in den Fluss zurückkehrt. Wasser wurde in diesem Prozess also nicht verbraucht. Carnot vertrat die Auffassung, dass eine Dampfmaschine im Prinzip wie eine Wassermühle funktioniere und demnach Wärme vom Boiler zum Kühler fließe. Und so wie die Wassermenge sich nicht verändert, wenn das Wasser durch die Mühle fließt, so bliebe auch die Wärmemenge gleich, während sie Arbeit verrichte. Carnot begründete seine Analyse mit einem Erhaltungsgesetz für Wärme. Allerdings war diese weitverbreitete Sichtweise – nicht zum ersten Mal in der Geschichte der Physik – falsch. Wärme wird in einer Dampfmaschine *nicht* erhalten. In Wirklichkeit ist Wärme nicht einmal eine Substanz; sie ist eine äußere Erscheinungsform von etwas, das innerhalb von Materialien geschieht – ob sie nun fest, flüssig oder gasförmig sind. Aber es vergingen noch mehrere Jahrzehnte, bis allgemein akzeptiert wurde, dass Materie aus schwingenden Molekülen besteht und Wärme eine Folge dieser Schwingungen ist.

Der Wahrheit über Wärme und Arbeit näherte man sich erstmals mit den Experimenten eines Brauersohnes im englischen Manchester. James Joule hatte das große Glück in eine

Familie hineingeboren zu werden, die ausreichend wohlhabend war, dass er seinen Interessen nachgehen konnte. Glücklicherweise fußte der familiäre Reichtum auf der Bierbrauerei – einem Geschäft, das vom Wissen über die Umwandlung einer Flüssigkeit in eine andere, bei genauer Einhaltung bestimmter Temperaturen, abhängt.

In den 1840er-Jahren führte Joule sorgfältig mehrere Experimente durch, die bestätigten, dass Wärme in einer Dampfmaschine nicht erhalten bleibt. Weiter zeigte er, dass Wärme und Arbeit gegeneinander austauschbar sind, dass also Arbeit in Wärme und Wärme in Arbeit umgewandelt werden kann. Das führt zum Konzept der *mechanischen Äquivalenz von Wärme* und zu der Folgerung, dass Wärme keine Substanz, sondern eine Energieform ist. Joules Arbeit entkräftete zwar nicht die Ergebnisse von Carnots Analysen über die Effizienz einer Dampfmaschine, sie stellte aber seine Argumentationen richtig, die zu diesen Schlussfolgerungen führten. Wieder erlaubten neuentwickelte Technologien bessere Experimente, die wiederum neue wissenschaftliche Ideen anregten, verbesserten und bestätigten.

1824 legte Carnot seine Theorie einer idealen Dampfmaschine dar, eine Untersuchung über den Dampf und die Effizienz der praktischen Dampfmaschinen (Abb. 13). Er erkannte, dass vor allem die Temperaturdifferenz zwischen Heizkessel und Kühler für die Erzeugung von Arbeit in einer Dampfmaschine entscheidend ist; Arbeit wird durch den Übergang der Wärme von einem warmen zu einem kälteren Körper erzeugt, wobei die Gesamtenergie in diesem Prozess erhalten ist. Durch eine Reihe sehr genauer Experimente entdeckte Joule im Jahr 1843 die mechanische Wärmeäquivalenz. Seine Experimente ermöglichten es, die Umwandlung überzeugend explizit zu berechnen. In seinem berühmtesten Experiment, heute auch *Joule-Apparatur* genannt (Abb. 14), versetzen fallende Gewichte ein Schaufelrad in Rotation, welches sich in einem mit Wasser gefüllten Gefäß befindet. Er zeigte, dass die

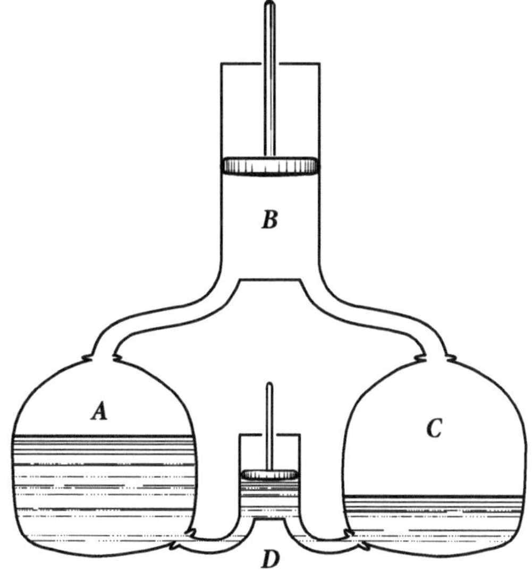

Abb. 13 Grundaufbau einer Dampfmaschine, wie sie von den Pionieren der Thermodynamik verstanden wurde. Dampf von Heizkessel A verläuft zum Kühler C durch einen Zylinder B, in dem ein Kolben angetrieben wird. Dann wird Wasser durch eine Pumpe D von C nach A zurückgeleitet. (© Princeton University Press)

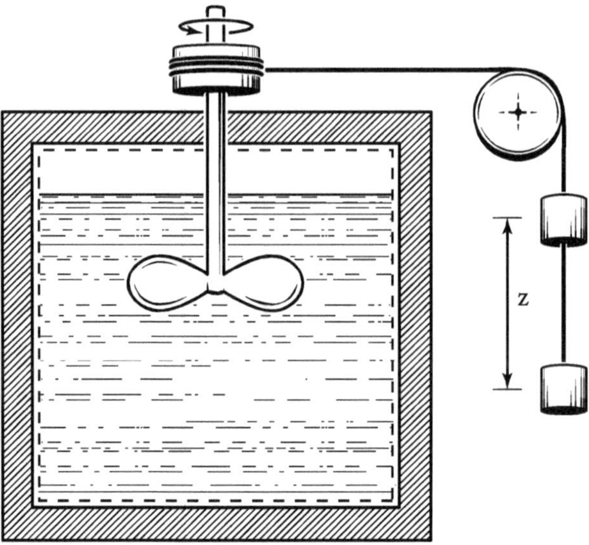

Abb. 14 Das Joule-Experiment zeigt, dass die potenzielle Energie einer Masse M, die eine Strecke z fällt, zunächst in Bewegungsenergie in Form der Rotation des Schaufelrades und dann in Wärmeenergie im Wasser umgewandelt wird, sodass das Wasserbad wärmer wird. Die Dampfmaschine hatte gezeigt, dass Wärmeenergie in mechanische Energie umgewandelt werden kann, und Joules Experiment zeigte die Äquivalenz von mit Temperatur verbundener Wärmeenergie und mechanischer Energie. (© Princeton University Press)

Abnahme der potenziellen Energie, verursacht durch das Absinken der Gewichte (entlang einer Strecke z, während das Schaufelrad rotiert), gleich der thermischen Energie (Wärme) ist, die durch die Reibung des Schaufelrades mit dem Wasser entsteht. Heute ehren wir seine Leistungen, indem wir Energie in Joule messen.

Die mechanische Natur der Wärme ist – auch heute noch – kein einfach zu verstehendes Konzept. Mitte des 19. Jahrhunderts muss es tatsächlich sehr abstrakt gewirkt haben. Kommen wir noch einmal zurück zu William Thomson, den späteren Lord Kelvin, der Joule im Juni 1847 auf einem Treffen der *British Association for the Advancement of Science* (Britische Vereinigung zur Förderung der Wissenschaften) in Oxford reden gehört hat. Von dieser Tagung kehrte Kelvin mit vielen Gedanken im Gepäck nach Schottland zurück: Joules Widerlegung der Wärmeerhaltung brachte die Grundlagen der damaligen Wissenschaft ins Wanken. Kelvin schätzte Carnots Arbeit sehr und war besorgt, dass Joules Schlussfolgerungen Carnots Ergebnisse untergraben würden. Daher machte er sich daran, diese in Einklang zu bringen.

Kelvin ging von Anfang an davon aus, dass es zwei Gesetze geben könnte, welche die Umwandlung von Wärme in Arbeit und zurück erklärt. Zur selben Zeit, als er begann, das Carnot-Joule-Paradoxon zu lösen, erkannte auch Rudolf Clausius, dass das Problem gelöst werden könnte, wenn es zwei Prinzipien gäbe, die darauf warteten, entdeckt zu werden. Dann könnten Carnots Schlussfolgerungen bezüglich der Effizienz einer Dampfmaschine trotz Joules Ergebnissen fortbestehen. Clausius stellte fest, dass man die bisherige Auffassung von Wärme gar nicht benötigte, wenn Wärme durch die Grundbausteine der Materie – Atome und Moleküle – erklärt werden könnte. Die Wissenschaft der *Thermodynamik* war geboren. Im Jahr 1851 veröffentlichte Kelvin den Artikel „The Dynamical Theory of Heat" (Die dynamische Theorie der Wärme). Die Grundidee der Arbeiten sowohl von Kelvin als auch von Clausius war, dass nicht Wärme, sondern Energie erhalten bleibt. Tatsächlich war die Entwicklung des Energiebegriffs als ein vereinheitlichendes Schlüsselkonzept in Mechanik und in Thermodynamik eine der bedeutendsten wissenschaftlichen Leistungen des 19. Jahrhunderts.

Seit Newton eineinhalb Jahrhunderte vor Kelvins Geburt seine Gesetze formuliert hatte, war die Kraft die wesentliche Größe in der Physik. Nun war die Energie dabei, das direktere und explizite Konzept der Kraft aus seiner bisher herausragenden Position zu verdrängen. Ab dem Jahr 1851 war Kelvin davon überzeugt, dass Physik in Wirklichkeit die Wissenschaft von der Energie sei. Heute ist jedem der Begriff „Energie" geläufig, nicht zuletzt in Verbindung aufgrund seiner Verwendung in Bezug zum Gebrauch in Industrie und Haushalt. Aber was genau ist Energie? Vorerst sollten wir unserer Intuition folgen und Energie als „die Fähigkeit, Arbeit zu verrichten" definieren. Diese Definition machen wir instinktiv: Wenn wir „voller Energie" sind, dann haben wir die Kapazität, viel Arbeit zu verrichten. Später in diesem Jahrhundert würden James Clerk Maxwell und Ludwig Boltzmann die Vorstellungen von Temperatur, Arbeit und Energie über die Bewegungsenergie (kinetische Energie) schwingender Gasmoleküle erklären.

Kelvin und Clausius entwickelten zwei Prinzipien, um das Carnot-Joule-Paradoxon aufzulösen. Das erste Prinzip ist die *Energieerhaltung,* auch bekannt als *erstes Gesetz der Thermodynamik.* Dieses Erhaltungsgesetz wird in der Meteorologie genutzt, um die Entwicklung der Wärmeenergie und die damit verbundenen Druck-, Dichte- und Temperaturänderungen zu beschreiben. Das zweite Prinzip gibt an, dass es eine grundlegende Asymmetrie in der Natur gibt – heiße Objekte können abkühlen, aber kalte Objekte können nicht von selbst spontan warm werden. Folgende Eigenschaft trennten die beiden Männer von der Energieerhaltung: Auch wenn die Gesamtenergiemenge in jedem Prozess erhalten bleiben muss, ändert sich die Verteilung der Energie auf irreversible Art. Diese Aussage über die Wärmeenergie wurde als *zweites Gesetz der Thermodynamik* bekannt.

Während die „Joule-gegen-Carnot-Debatte" noch in vollem Gang war, wurde nach dem letzten Teil des thermodynamischen Puzzles gesucht: eine allgemeine Temperaturskala. Im Jahr 1724 veröffentlichte Fahrenheit sein Verfahren zur Herstellung von Thermometern und gab drei „Fixpunkte" für die Kalibrierung an: die Temperatur einer Mischung aus Eis, Wasser und etwas Salz (zu der Zeit glaubte man, dass diese Mischung die niedrigste mögliche Temperatur habe), die Temperatur von Eis und Wasser und die Temperatur des menschlichen Körpers. Er wies diesen Punkten die Werte 0 Grad, 32 Grad und 96 Grad zu – die Grundlage der heutigen Fahrenheitskala. Aus der Tatsache, dass man die Temperatur des menschlichen

Blutes als geeignet für die Kalibrierung von Thermometern betrachtete, zeigt, wie ungenau Thermometer in den frühen 1700er-Jahren waren. Heute machen wir genau das Gegenteil: Wir messen alltäglich Änderungen der Körpertemperatur in Bruchteilen eines Grades.

Carnot hatte einen mathematischen Ausdruck für den Wirkungsgrad einer Dampfmaschine bezüglich der Temperatur von Heizkessel und Kühler hergeleitet. Kelvin schlug vor, eine Temperaturskala so zu wählen, dass diese als Ausdruck des Wirkungsgrades bezüglich der Arbeit eine allgemeine Konstante wird. Das bedeutet, dass eine durch eine bestimmte Temperatur spezifizierte Wärmemenge, die von einem warmen Körper zu einem kalten Körper übergeht, unabhängig von der Anfangstemperatur des wärmeren Körpers, denselben mechanischen Effekt ausübt. Sie sollte nur von der Temperaturdifferenz abhängen. So würde ein System, das von 100 Grad auf 80 Grad abkühlt, dieselbe mechanische Leistung ergeben, wie ein System, das von 20 Grad auf den Gefrierpunkt von Wasser bei 0 Grad Celsius abkühlt. Kelvins Skala war wahrlich allgemein – absolut unabhängig von einer bestimmten physikalischen Substanz –, und die Definition dieser Skala betont die Wichtigkeit des Energiekonzepts. Kelvins Skala erlaubte die Unterkühlung und Verflüssigung von Helium und viele andere moderne Anwendungen, von denen man damals noch nicht einmal zu träumen wagte – sogar einen absoluten Nullpunkt!

Durch Carnots Theorie für die Eichung des Wirkungsgrades einer Dampfmaschine können wir uns wieder einmal die Atmosphäre als riesige Wärmekraftmaschine vorstellen: Die gesamte Wärme aus dem „Kessel" – die Sonnenstrahlen, welche die Tropen aufwärmen – strömt zur Wärmesenke über den kalten Polarregionen, wo mehr Wärme emittiert als aus Sonnenlicht aufgenommen wird. Während diese Wärme von den Tropen zu den Polen strömt, verrichtet sie auf ihrem Weg Arbeit. Wärmeenergie wird also in mechanische Energie umgewandelt, sodass die kinetische (oder Bewegungs-) Energie der Luftpakete zunimmt. Auf diese Weise werden sowohl die lokalen Wettersysteme als auch die gesamte Zirkulation der Atmosphäre um die Erde aufrechterhalten. Das erste Gesetz der Thermodynamik sagt uns, dass die Gesamtenergiemenge, die an diesem Prozess beteiligt ist, erhalten bleibt; die gesamte Wärmemenge, die zunächst hinzukommt, führt also zu einem Anstieg der inneren Schwingungsenergie der Luftmoleküle, welche sich dann in einem Temperaturanstieg eines Luftpaketes äußert. Sie wandelt sich letztendlich um und wirkt auf die umliegenden Luftpakete, was die großskalige Bewegung der Atmosphäre aufrechterhält.

Die Vereinigung der Energieerhaltungsgleichung und der Zustandsgleichung für das Gas, aus dem unsere Atmosphäre besteht, mit Eulers vier Gleichungen der Hydrodynamik liefert uns sechs von sieben Gleichungen, welche die Grundlage unseres physikalischen Modells der Atmosphäre und der Ozeane bilden. Die letzte Gleichung beschreibt, wie Feuchtigkeit verteilt wird und wie sie die Temperatur beeinflusst. Die Ergänzung der siebten Gleichung ermöglicht uns, erdähnliche und lebenspendende Eigenschaften der Atmosphäre zu beschreiben, und vervollständigt so das mathematische Modell. Die Kondensation von Wasserdampf führt zu den häufigsten Wetterphänomenen: Wolken, Regen, Schnee, Nebel und Tau. Die Wärme der Sonne bewirkt das Verdampfen der Feuchtigkeit am Boden (oder an der Meeresoberfläche) und das Aufsteigen der aufgewärmten Luft in Bodennähe. Wenn sie steigt, erreicht die feuchte Luft irgendwann ein Niveau, in dem die Temperatur gering genug ist, dass ein Teil des Wasserdampfs kondensieren kann und die Luft als Wolke sichtbar wird (normalerweise in Form von Cumuluswolken wie sie in „The hay wain“ abgebildet sind). Es ist wirklich erstaunlich, dass die vielen Wolkenmuster, die wir am Himmel entlangziehen sehen, mithilfe der sieben Grundgleichungen aus Bjerknes' reduktionistischem Schema verstanden werden können. Wir sammeln diese Grundgleichungen in Vertiefung 2.3.

Vertiefung 2.3. Die sieben Gleichungen und die sieben Unbekannten

Im Folgenden geben wir die sieben Gleichungen an, welche die Basis der modernen Wettervorhersage bilden. Die ersten vier Gleichungen kennen wir aus der Vertiefung 2.2. Sie enthalten die Windgleichungen

$$\mathrm{D}u/\mathrm{D}t = F1/\rho, \ \mathrm{D}v/\mathrm{D}t = F2/\rho, \mathrm{D}w/\mathrm{D}t = F3/\rho,$$

sowie die Dichtegleichung:

$$\mathrm{D}\rho/\mathrm{D}t = -\rho div\, \mathbf{v}$$

mit $\mathbf{v} = (u, v, w)$. Der Vektor $\mathbf{F} = (F1, F2, F3)$ ist aus dem Druckgradienten, den Effekten der Gravitation und der Erdrotation sowie den Reibungskräften, die auf das Fluidpaket wirken, zusammengesetzt (Näheres zu den Effekten der Erdrotation behandeln wir im folgenden Abschnitt).

Die Zustandsgleichung sagt aus, dass sich die Atmosphäre sehr ähnlich zu einem idealen Gas verhält, sodass der Druck direkt proportional zum Produkt der Dichte und der absoluten Temperatur T aufgefasst werden kann:

$$p = \rho RT.$$

Energieerhaltung, oder das erste Gesetz der Thermodynamik, kann wie folgt formuliert werden: Das Erwärmen (beispielsweise durch die Sonne oder durch latente Wärme von Feuchtigkeitsprozessen verbunden mit Wolken- und Regenbildung) ändert die innere Energie des Gases, die durch $c_v T$ (proportional zu T) ausgedrückt wird, und verrichtet auch Arbeit, indem sie das Gas um den Betrag $-(p/\rho^2)\mathrm{D}\rho/\mathrm{D}t$ zusammendrückt. Dies wiederum kann durch die Änderungsrate der Dichte, während wir dem Luftpaket folgen, ausgedrückt werden (c_v ist eine Konstante, die sogenannte *spezifische Wärme* in einem konstanten Volumen).

Also ist die Wärmerate Q gleich dem Energie-Input des Luftpaketes:

$$Q = c_v \mathrm{D}T/\mathrm{D}t - (p/\rho^2)\mathrm{D}\rho/\mathrm{D}t.$$

Schließlich muss die Wasserdampfmenge q im Luftpaket noch folgende Gleichung erfüllen:

$$\mathrm{D}q/\mathrm{D}t = S,$$

wobei S den gesamten Wasservorrat eines Luftpaketes bezüglich der gesamten Kondensations- und Wasserdampfprozesse bezeichnet und an den Prozesse beteiligt ist, welche die Wärmerate Q beeinflussen, und zwar insbesondere dort, wo Wasser kondensiert und gefriert.

Insgesamt erhalten wir für die sieben Variablen ρ, $\mathbf{v} = (u, v, w)$, p, T und q sieben Gleichungen.

Wir könnten unsere Geschichte über die Grundlagen von Bjerknes' Vision jetzt, da wir die sieben Grundgleichungen gefunden haben, abschließen. Diese Gleichungen liefern uns die Regeln für die Vorwärtsbewegung der Wetterpixel mit der Zeit und erzeugen so einen Film, der die Entwicklung des Wetters beschreibt. Aber wir dürfen einen äußerst wichtigen Bestandteil, der von einem amerikanischen Lehrer hinzugefügt wurde, nicht außer Acht lassen. Der Lehrer hätte zu Recht den Titel des „Gründers der modernen Meteorologie" verdient. Euler erklärte, wie sich Fluide in Richtung des abnehmenden Druckes bewegen. Aber im Gegensatz dazu verlaufen, wie wir im folgenden Abschnitt erörtern werden, großskalige atmosphärische Strömungen meist senkrecht zum Druckgradienten.

Die Bedeutung der Drehung

Im Laufe der Jahrhunderte haben eine Unzahl großer Wissenschaftler – Archimedes, Galileo, Newton, Euler, Boyle, Charles, Carnot, Clausius, Joule und Kelvin – die mathematischen Gesetze entwickelt und damit die Grundsteine gelegt, auf denen später die moderne Meteorologie aufgebaut wurde. Mitte des 19. Jahrhunderts war die Physik so weit entwickelt, dass die notwendigen grundlegenden Ideen und Theorien für ein solides wissenschaftliches Verständnis von Wetter und Klima vorhanden waren. Aber trotz dieser stetigen Fortschritte befruchteten die Meteorologie nur wenige Ideen aus der allgemeinen Physik. Anfang 1700 erklärten Halley und Hadley, wie Physik genutzt werden könnte, um die Passatwinde und bestimmte Aspekte unseres Klimas und Wetters zu verstehen, ohne dabei Gleichungen zu lösen. Der nächste große Schritt – heute als Gründung der modernen Meteorologie bezeichnet – wurde von einem der größten „Spätentwickler" aller Zeiten gemacht. William Ferrel (Abb. 15) verdiente sich seinen Platz in den Geschichtsbüchern der Wissenschaft, indem er als Erster mithilfe von Newtons Bewegungsgesetzen, etwas Thermodynamik und der

Abb. 15 William Ferrel (1817–1891), ein schüchterner Autodidakt und Sohn eines Landwirts, brachte sich selbst die Grundlagen der Mechanik bei, als er Sonnenfinsternisse berechnete. Für seine Berechnungen ritzte er Kerben in die Erde und in die Pfeiler der Scheune seines Vaters in West Virginia. Nachdem er mehrere Jahre als Lehrer gearbeitet hatte, erhielt er im Alter von 42 Jahren seine erste wissenschaftliche Anstellung im Naval Observatory in Washington D.C.

Sprache der Differenzial- und Integralrechnung, ausführlich die Auswirkung der Erdrotation auf die Bewegung der Atmosphäre analysierte[1].

Ferrel war der Sohn eines Landwirts aus Pennsylvania, USA. Das Bild des jungen Ferrel, das uns überliefert wurde, beschreibt einen ruhigen, besonnenen, nachdenklichen Burschen: Er wurde in eine arme Familie hineingeboren, machte aber das Beste aus den seltenen Gelegenheiten, um eine rudimentäre Ausbildung in der ländlichen Umgebung West Virginias zu erhalten, wohin er 1829 mit seiner Familie gezogen war. Ferrel hatte ein Talent für Mathematik, aber er hatte so gut wie keine Möglichkeiten, seine Fähigkeiten weiterzuentwickeln. Während er auf den Feldern der väterlichen Farm arbeitete, beobachtete er im Jahr 1832 eine Sonnenfinsternis. Das spornte den wissbegierigen 15-Jährigen an, und er begann, genug Astronomie und Mathematik zu lernen, um seine eigenen Tabellen von Sonnen- und Mondfinsternissen erstellen zu können. Ferrel hatte nach einem Buch über Trigonometrie gesucht, das ihm dabei helfen sollte. Aber stattdessen fand er ein Buch über Vermessungskunde, was sich letztendlich als sehr viel nützlicher herausstellte. Die folgenden zwölf Jahre lernte er eifrig. Im Winter 1835/1836 machte er sich auf den mehr als zweitägigen Weg nach Hagerstown, Maryland, nur um eine Kopie des Buches *Geometry* des berühmten schottischen Mathematikers John Playfair zu kaufen. Mit seinen Ersparnissen und mit ein wenig Hilfe seines Vaters konnte sich Ferrell schließlich am College einschreiben. Später erwarb

[1] Anmerkung der Übersetzerin: Ferrels hier genannte erste wissenschaftliche Anstellung ist inkorrekt. Seine erste Anstellung war am Nautical Almanac Office, welches vom Naval Observatory organisatorisch getrennt ist.

er Kopien von Newtons *Principia* und der *Mechanique Céleste* von Laplace. Inzwischen konnte er sich diese klassischen Texte leisten, denn er begann im Alter von 27 Jahren nach seinem Abschluss am Bethany College im Juli 1844, Virginia, als Lehrer zu arbeiten.

Mit 35 Jahren veröffentlichte Ferrel als Amateur seinen ersten wissenschaftlichen Artikel. Als er herausfand, dass die damaligen Theorien der atmosphärischen Zirkulation, die aus Halleys und Hadleys Ideen heraus entwickeln worden waren, im Widerspruch zu den Gesetzen der Mechanik standen, war er fast 40 Jahre alt. In den Gleichungen für die Wettervorhersage fehlte der Effekt der Erdrotation. Andere Wissenschaftler waren sich der täglichen Erddrehung zwar bewusst, hielten sie aber immer für bedeutungslos für praktische Probleme. Im Jahr 1836 bemerkte der französische Mathematiker Siméon Denis Poisson, dass die Flugbahn einer Kugel, die auf der Nordhemisphäre von einer Kanone abgefeuert wird, aufgrund der Erdrotation nach rechts abgelenkt wird. Gaspard-Gustave de Coriolis, Direktor der renommierten *École Polytechnique,* hatte schon etwas früher den mathematischen Ausdruck hergeleitet, der in Newtons zweitem Bewegungsgesetz steckt und mit dem dieser Effekt berechnet werden kann.

Die Größenordnung, um die eine Kanonenkugel aus dem frühen 19. Jahrhundert abgelenkt wird, ist eher klein; daher wurde die unter dem Namen *Coriolisbeschleunigung* bekannte Größe von Physikern weitgehend ignoriert (solche Korrekturen wurden für die Bewaffnung der Kriegsschiffe ein Jahrhundert später notwendig). Coriolis hatte die Gleichungen hergeleitet, um die Bewegungen von Objekten relativ zur rotierenden Erde vorherzusagen (was aus seinem Interesse für rotierende Maschinen entstand). Im Jahr 1851 zeigte der französische Physiker Jean Foucault, dass ein sehr langes (normalerweise länger als zehn Meter) schwingendes Pendel seine Richtung verändert, und dass der Grund dafür die Erdrotation ist. Aber sein Experiment wurde zunächst nur als Kuriosität wahrgenommen. Einige Jahre später nutzte Ferrel diese Beobachtungen, um die grundlegenden Gleichungen der Meteorologie zu formulieren.

Die Annahme, dass die Erdrotation nicht nur einen leichten Einfluss haben könnte, sondern das Verhalten des Wetters wirklich beherrschte, war eine tiefgründige und scharfsinnige Beobachtung, ein Markenzeichen von Ferrells Arbeit. Der Einfluss der Corioliskraft ist das, was großskalige atmosphärische und ozeanische Strömungen so markant von lokalen Luftströmungen unterscheidet, wie beispielsweise Luftströmungen um ein Flugzeug oder Gebäude herum oder Wasserströmungen um ein Schiff oder entlang eines Flusses (Abb. 16).

Ferrels Vorgehensweise in der Meteorologie war durch seine Nähe zur Astronomie und zur Mechanik geprägt. Als er anfing Sonnenfinsternisse zu berechnen, musste er sich selbst beibringen, genau zu arbeiten, weil dies ohne exakte mathematische Berechnungen gar nicht möglich war. Er verbrachte die Jahre 1858 (als er 41 Jahre alt war) bis 1860 damit, eine neue Theorie der allgemeinen Zirkulation der Atmosphäre um unseren Planeten auszuarbeiten. Seine Arbeit basierte auf einer Erweiterung von Foucaults Konzept einer ablenkenden Kraft, wobei die Kraft durch die Erdrotation entsteht. Offensichtlich wusste er über Coriolis Arbeit nichts, und daher nutzte er mathematische Techniken, die möglicherweise unnötig mühselig waren. Fehlende Klarheit in seinen Schriften zusammen mit der kuriosen Besonderheit, dass

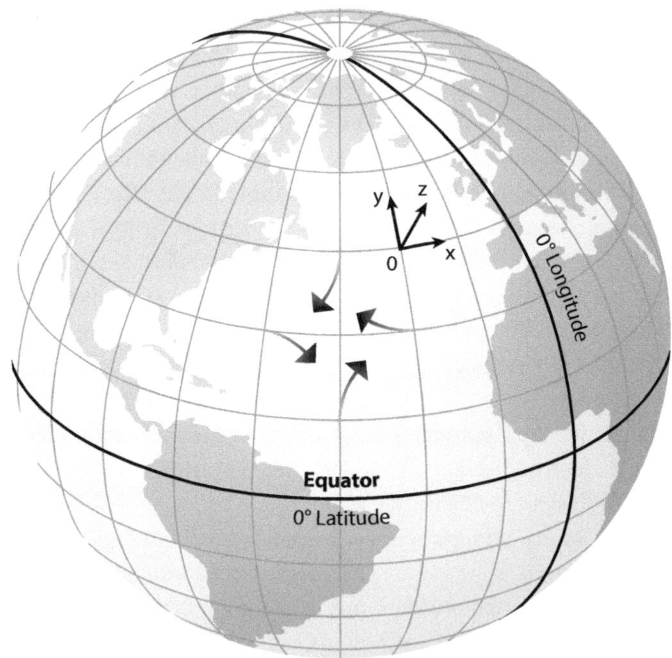

Abb. 16 Diese Abbildung zeigt geradlinig verlaufenden Wind über dem mittleren Nordatlantik (angedeutet durch die breiten Pfeile), der durch den Corioliseffekt der Erdrotation auf der Nordhemisphäre nach rechts abgelenkt wird. Ferrel erkannte, dass Luft eher *entlang* der Druckkonturen strömt, als sie direkt zu kreuzen. (© Princeton University Press)

seine Verehrer seinen ersten meteorologischen Artikel nur in einem medizinischen Journal lesen konnten, waren zwei Faktoren, die dazu beitrugen, dass Ferrels Arbeit anfangs kaum Aufmerksamkeit fand.

In den Vereinigten Staaten war die Meteorologie fast 50 Jahre lang durch die mächtigen, aber auch widersprüchlichen Ansichten von Wissenschaftlern, wie beispielsweise William Redfield, vorangetrieben worden. Im Jahr 1821 beobachtete Redfield die Schadensspur eines heftigen Sturmes in Neu-England und folgerte, dass alle solche atmosphärischen Bewegungen aus Drehungen bestanden; James P. Espy dagegen argumentierte ab dem Jahr 1834 bis zu seinem Lebensende energisch gegen diese Sichtweise. Er behauptete, dass Stürme riesige „Schornsteine" im Himmel seien, in denen die Wirkung der Wärme und der Feuchtigkeit dominierten und die Luftbewegung rein radial sei (d. h., sie strömte unten in den „Schornstein" hinein und oben wieder hinaus). Natürlich war an beiden Seiten etwas Wahres dran, wie Ferrel und Bjerknes später erkannten. Doch Espy wollte eine Rotation bei Stürmen nicht akzeptieren, und er hielt – gelegentlich auch giftige – Vorlesungen in vielen amerikanischen Staaten. Espy schlug sogar vor, in den Wäldern der Rocky Mountains Feuer zu legen, um solche „Schornsteine" zu erzeugen; was, so behauptete er, helfen würde, den Farmen im Mittleren Westen Regen zu bringen.

Im Gegensatz dazu fing William Redfield ruhig mit einer ausführlichen Untersuchung solcher Sturmbewegungen an. Als Ingenieur aus Connecticut beobachtete er zunächst die Baumschäden des verheerenden Sturmes vom September 1821 nahe seiner Heimat. Während einer Geschäftsreise nach Massachusetts, beobachtete er dann Baumschäden in die genau entgegengesetzte Richtung, obwohl sie von demselben Sturm verursacht worden waren. Redfield trug die Richtung der gefallenen Bäume in eine Karte ein, die er schließlich 1831 veröffentlichte. Sie zeigt, dass die Winde solch heftiger Stürme, bekannt als Zyklonen, um konzentrische Kreise herum wehen, deren Mittelpunkt der Mittelpunkt des eigentlichen Sturmes ist. Aus dieser Arbeit entstand schließlich die Zirkulationstheorie von Zyklonen, das „ideale" Modell der Winterstürme in den mittleren Breiten. Unglücklicherweise hatte Espy (ein ausgebildeter Rechtsanwalt), der neue Ideen der Erwärmung und Ausdehnung von Gasen und der konvektiven Bewegung nutzte, um Bergwinde (Föhnwinde) zu erklären, eine andere Theorie für die Zyklonen. Espy war am Franklin Institut angestellt und wurde später Leiter des meteorologischen Büros des U.S. Department of War. Zu dieser Zeit fertigte er mehr als 1000 Karten der Entwicklung des Wetters an. Espy beschäftigte sich mit der Entstehung von Regen und bemerkte als Erster das Steuerungsniveau einer Zyklone. Aber er leugnete immer, dass sie rotiere. Mit seiner Behauptung, dass Winde parallel zum Druckgradienten $grad p$ wehen würden, nur in die entgegengesetzte Richtung, schloss er sich Eulers Überlegungen an. Dabei vernachlässigte er die Auswirkungen der Erdrotation auf großskalige, zyklonale Winde.

Im Jahr 1832 schlug die *British East India Company* vor, die Stürme im indischen Ozean zu untersuchen, denn sie gefährdeten Schiffe, die Güter zurück nach Europa brachten. Captain Piddington, Direktor des Calcutta Museums, genehmigte im Zeitraum 1839–1855 im Golf von Bengalen 40 Untersuchungen über Hurrikane. Die Ergebnisse fasste er in seinem ersten Buch mit Ratschlägen für Seefahrer zusammen.

Redfield untersuchte den großen kubanischen Hurrikan im Oktober 1844 und beobachtete eine von Schiffskapitänen gemessene „Wirbelneigung" des Windes um nur fünf bis zehn Grad nach innen gegenüber den kreisförmigen Isobaren. Somit verlief der horizontale Wind fast senkrecht zum Druckgradienten. Es wurden häufiger spiralförmige Windbewegungen als kreisförmige Bewegungen einer idealen Zyklone beobachtet. Redfield hatte mit Oberstleutnant Reid von den *Royal Engineers* einen Verbündeten, der die destruktive Kraft eines Hurrikans im Jahr 1831 auf Barbados miterlebt hatte. Zusammen ergaben ihre Arbeiten einen Leitfaden für Kapitäne von Schiffen, um das Schlimmste eines Sturmes auf See zu vermeiden – es entstanden Bücher wie beispielsweise *The American Coastal Pilot* (der amerikanische Küstenführer) und *The Sailor's Handbook of Storms in All Parts of the World* (Das Seefahrerhandbuch der Stürme in allen Teilen der Welt). Später wurde über Ferrel geschrieben, dass ihm in den 1880er-Jahren seine sorgfältigen Studien und klaren Einsichten, sein Beharren auf Logik und Vernunft anstelle von Wortkriegen ermöglichten, den jahrelangen Streit zwischen Espy und Redfield und deren unterschiedlichen Anhängern zu lösen. Dieser Konflikt hatte die Meteorologie in Amerika fast ein halbes Jahrhundert lang gespalten.

Mit Ferrels Arbeit entstand eine neue wissenschaftlichen Richtung – das Fachgebiet, das als *Dynamische Meteorologie*[2] bekannt wurde. Ferrel machte sich daran, in seinem 72-seitigen Artikel *The Motions of Fluids and Solids Relative to the Earth's Surface* die qualitativen Schlussfolgerungen seines früheren Artikels, den er im *Nashville Journal of Medicine and Surgery* veröffentlicht hatte, zu quantifizieren. Er schrieb:

> In dem [früheren] Aufsatz wurde versucht zu zeigen, dass die Senkung der Atmosphäre an den Polen und dem Äquator und die Hebung über den Tropen, die Messungen des barometrischen Druckes zeigen, die Drehbewegungen von Stürmen von rechts nach links in der Nordhemisphäre und in die entgegengesetzte Richtung auf der Südhemisphäre, und bestimmte Bewegungen der ozeanischen Strömungen, zwangsläufige Konsequenzen der Kräfte sind, die durch die Erdrotation um ihre Achse verursacht werden.

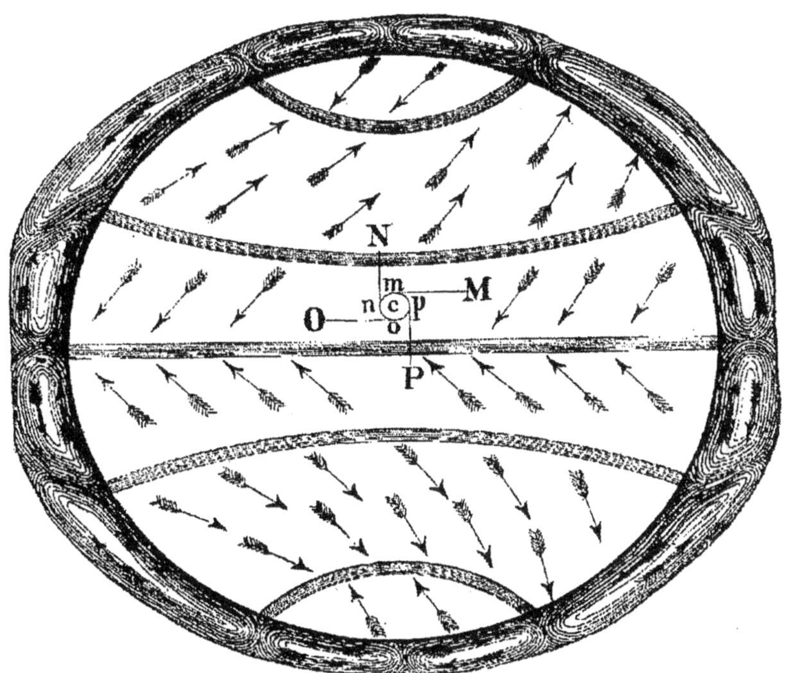

Abb. 17 Eine wichtige Abbildung aus einem der ersten Aufsätze Ferrels zeigt die Passatwinde nahe dem Äquator und die polaren Ostwinde. Zwischen ihnen liegen die Zonen des Grundstromes in den mittleren Breiten. Sie bilden die saisonalen wesentlichen Winde am Boden. Des Weiteren sind die Grundmechanismen der Zirkulationsbewegungen dargestellt. Die Beständigkeit (und die saisonalen Veränderungen) dieser Winde wurde von Schiffskapitänen auf ihren oft viele Monate dauernden Reisen über die Ozeane ausgenutzt. Um den Rand der Erde sind vertikale Querschnitte der mittleren Winde dargestellt. Sie zeigen, wie die Luft zirkuliert und hoch in der Atmosphäre wiederkehrt

[2]Im deutschsprachigen Raum heißt dieses Fachgebiet heute auch *Theoretische Meteorologie*.

Ferrel ergänzte damit das Hadley-Zellen-Modell (s. Abb. 7). In Abb. 17 ist seine Darstellung der jeweiligen Rotationen in den Tropen, den mittleren Breiten und den Polarregionen zu sehen. Er beschrieb die Bedeutung der Rotation im Detail und folgerte, dass der bis zum 10. Breitengrad verschwindende Corioliseffekt verantwortlich für das Ausbleiben tropischer Zyklone oder Hurrikane am Äquator sei.

Ferrel konnte eine theoretische Erklärung für das Gesetz von Buys-Ballots liefern. Wie in Kap. „1. Eine Vision wird geboren" erwähnt, formulierte im Jahr 1857 der Niederländer Christoph Buys-Ballot ein empirisches Gesetz, das besagt, dass die Windrichtung allgemein parallel zu den Druckkonturen, den Isobaren, verläuft. Ferner ist die Windgeschwindigkeit ungefähr proportional zur Änderungsrate des barometrischen Druckes und senkrecht zu den Isobaren. Ferrel analysierte seine Gleichungen und zeigte, dass Buys-Ballots empirisches Gesetz aus den physikalischen Gesetzen von Euler folgt, wenn die Erdrotation einbezogen wird. Das war ein großer Durchbruch. Im Prinzip könnten eines Tages all solche praktischen Gesetze erklärt werden.

Ferrel war ein einflussreicher Lehrer und verdient den Titel „Vater der modernen theoretischen Meteorologie". Im Jahr 1856 wurde er eingeladen, am U.S. Naval Observatory zu arbeiten. Dort begann Ferrel, aufgewachsen auf einem Bauernhof und nach fast 15-jähriger Tätigkeit als Lehrer, im Alter von 42 Jahren seine eigentliche wissenschaftliche Karriere.

Vertiefung 2.4. Coriolis – der Erdrotationsterm

Wir betrachten einen Ort am Breitengrad ϕ auf einer Kugeloberfläche, die mit der Winkelgeschwindigkeit ω um ihre Achse durch den Nordpol rotiert, und errichten an diesem Ort ein lokales Koordinatensystem aus einer x-Achse horizontal nach Osten, einer y-Achse horizontal nach Norden und einer z-Achse vertikal nach oben, wie auf Abb. 16 dargestellt. Der lokale Ortsvektor ist dann durch $\mathbf{r}_L = (x, y, z)$ gegeben. Die Rotation und die Windvektoren werden in diesem lokalen Koordinatensystem durch $\omega(0, \cos(\phi), \sin(\phi))$ (Komponentenreihenfolge: Ost, Nord, nach oben) und $\mathrm{d}\mathbf{r}_L/\mathrm{d}t = \mathbf{v} = (u, v, w)$ ausgedrückt. Wenn sich der Punkt $\mathbf{r}_L$ relativ zur rotierenden Erde bewegt, ist seine Geschwindigkeit relativ zu den festen, lokalen Koordinaten gegeben durch:

$$\mathbf{v}_F = \mathrm{d}\mathbf{r}_F/\mathrm{d}t = d\mathbf{r}_L/\mathrm{d}t + \omega(0, \cos(\phi), \sin(\phi)) \times (x, y, z).$$

Wenn man atmosphärische Bewegungen betrachtet, ist die vertikale Geschwindigkeit w viel kleiner als die horizontale Windgeschwindigkeit; des Weiteren ist der Term $\omega u \cos(\phi)$ viel kleiner als die Gravitationsbeschleunigung g. Deshalb spielen bei der Diskussion der Beschleunigungsterme nur die horizontalen Komponenten eine Rolle. Um die Beschleunigung in dem rotierenden System zu erhalten, müssen wir $\mathbf{v}_F$ ableiten. Eine vollständige Herleitung dieses Ergebnisses kann in vielen Büchern gefunden werden, wie zum Beispiel im Buch von Gill or Vallis (s. Bibliografie). Dann erhalten wir (mit $w = 0$) die Coriolis-angepassten Beschleunigungsterme nach Osten und Norden:

$$\mathrm{D}u/\mathrm{D}t - f_c v = 0, \quad \mathrm{D}v/\mathrm{D}t + f_c u = 0,$$

wobei der Parameter $f_c = 2\omega \sin \phi$ Coriolisparameter genannt wird. In der nördlichen Hemisphäre sehen wir, dass eine Bewegung nach Osten (u ist positiv) eine Beschleunigung nach Süden zur Folge hat. Wenn man in Richtung der horizontalen Bewegung sieht, gibt es im Allgemeinen eine Ablenkung um 90 Grad nach rechts. So werden die Bewegungen erzeugt, die in den Abb. 16 und 17 dargestellt sind.

Wenn es nur einen horizontalen Druckgradienten gibt, sind die Gleichungen für die Beschleunigung des Windes in Richtung Osten und Norden gegeben durch:

$$\mathrm{D}u/\mathrm{D}t = f_c v - (1/\rho)\partial p/\partial x,$$
$$\mathrm{D}v/\mathrm{D}t = -f_c u - (1/\rho)\partial p/\partial y.$$

Die Terme, die f_c enthalten, sind die zusätzlichen Coriolisterme, die noch zu $\mathbf{F}$ in der Vertiefung 2.3 addiert werden müssen.

Etwa 30 Jahre lang arbeitete Ferrel in der Forschung, bis er 1891 verstarb. Er hatte ca. 3000 Seiten Material produziert – Arbeit, die andere Wissenschaftler noch jahrelang beschäftigen sollte. Er blieb sein ganzes Leben ein schüchterner Einzelgänger, manchmal war er sogar zu nervös, um über seine eigenen neuen Entdeckungen zu berichten. Im Gegensatz zu den Strömungen, die Euler und Bernoulli untersuchten, hatte Ferrel mithilfe der Gleichungen gezeigt, dass Luft auf der sich drehenden Erde meist entlang der Druckkonturen weht. Er hat unser Verständnis der großskaligen atmosphärischen Strömungen verändert und eine der grundlegenden Kräfte entdeckt, die unsere Atmosphäre in ihrer täglichen Bewegung beeinflussen.

Ferrel hat zwar detaillierte Gleichungen hergeleitet, welche die globalen Wettermuster beschreiben, und in seinen Veröffentlichungen die verschiedenen Zirkulationsmuster in der Atmosphäre der Erde dargestellt, doch gelang es ihm nicht, die Gleichungen selbst zu lösen. Obwohl er hergeleitet hat, wie die physikalischen Gesetze von Tag zu Tag die Wettermuster beeinflussen, musste er sich – wie Halley und Hadley – darauf beschränken, nützliche qualitative Informationen aus den Gleichungen zu gewinnen, ohne sie detailliert zu lösen. Was fehlte, war eine kühne Person – noch kühner als Bjerknes –, die es in Angriff nahm, die außerordentlichen mathematischen Hindernisse zu überwinden, die der Lösung entgegenstanden. Und da die traditionelle Differenzial- und Integralrechnung dabei für keine große Hilfe war, musste eine Alternative gefunden werden. Kurz gesagt hatten zweihundert Jahre wissenschaftlichen Fortschritts zu einer klar definierten Beschreibung des Problems und der Überzeugung geführt, dass die Lösungen der mathematischen Gleichungen das echte Wetter beschreiben könnten. Jetzt brauchte man nur noch eine echte Lösung für das Problem.

In seiner Antrittsvorlesung sagte Bjerknes abschließend: „Die gelehrten Herren werden vielleicht unter günstigen Umständen in drei Monaten ausrechnen können, welches Wetter die Natur in drei Stunden fertig bringt“. Das waren seine Bedenken über den praktischen Wert des Versuches, die Gesetze der Physik für die Berechnung des Wetters zu nutzen. Der Erste, der den Mut hatte, Bjerknes’ Herausforderungen direkt anzunehmen, teilte Bjerknes’ Ansicht: Das wahre Problem war der Beweis, dass Wettervorhersagen tatsächlich berechnet werden *können* und die Meteorologie somit eine genaue Wissenschaft *ist*. Das Problem war also erkannt, und die Prognose war klar: Wenn die Berechnungen machbar waren, wäre es das Ende einer langen Ära, die mit dem Beginn der Zivilisation begann. Die Menschen müssten sich nicht länger fragen, wann sie am besten anpflanzen, säen, ernten, fischen oder jagen sollten, wann sie in See stechen oder wann sie Stürmen ausweichen sollten. Physikalische Gesetze würden Wetterweisheiten ersetzen, und die Mathematik würde die Vorhersage liefern.

3. Fortschritte und Missgeschicke

Lewis Fry Richardson, einer der schillerndsten britischen Wissenschaftler, war der Erste, der Bjerknes' allgemeines Schema der Diagnose und Prognose in einen präzisen mathematischen Algorithmus verwandelte. Er führte seine Berechnungen während des Ersten Weltkrieges per Hand durch. Aber seine Prognosen waren falsch – aufgrund einer kaum wahrnehmbaren Abweichung in den Daten, aus denen die Vorhersage hervorging. Bjerknes' Versuch, das Wetter des nächsten Tages vorherzusagen, entwickelte sich in eine ganz andere Richtung. Elektronische Berechnungen lagen immer noch in weiter Zukunft, und Bjerknes glaubte, dass es nicht praktikabel sei zu versuchen, die Gleichungen direkt zu lösen. Um das Wetter in den mittleren Breiten zu verstehen, entwickelte sein Team grafische Methoden, die auf Karten und den Zirkulations- und Wirbelsätzen basierten. Ihre Bemühungen führten schließlich zu praktischen, aber nur qualitativen Vorhersagen.

Der Vater der numerischen Wettervorhersage

Die Neuigkeiten über Bjerknes' große Vision verbreiteten sich wie ein Lauffeuer und erreichten kurz vor dem Ersten Weltkrieg den abgelegenen schottischen Weiler Eskdalemuir. Es ist schwer, Eskdalemuir in einem Atlas zu finden; es liegt nördlich der Grenze von England und Schottland. Gerade wegen seiner Abgeschiedenheit ist der Ort für ein Observatorium eine gute Wahl. Dadurch werden geomagnetische Beobachtungen kaum durch (von Menschen verursachte) elektrische Effekte beeinflusst (eine ungewöhnliche Überlegung für diese Zeit, zu der Strom in Privathaushalten und der Industrie noch kaum genutzt wurde). Im Jahr 1913 wurde diese kleine ländliche Gemeinde das Zuhause für einen der außergewöhnlichsten Wissenschaftler des 20. Jahrhunderts, Lewis Fry Richardson (Abb. 1).

I. Roulstone und J. Norbury, *Unsichtbar im Sturm*,
https://doi.org/10.1007/978-3-662-48254-4_4

Abb. 1 Lewis Fry Richardson (1881–1953) arbeitete während des Ersten Weltkrieges freiwillig als Krankenwagenfahrer hinter den Schützengräben in Frankreich. Während dieser Zeit führte er langwierige Berechnungen durch, und er war schließlich der Erste, der das Wetter nur mit numerischen Methoden nach den physikalischen Gesetzen vorhersagte. Später schrieb er Aufsätze zum Thema Konflikte, weil er versuchen wollte, auf diese Weise zukünftige Kriege vorherzusagen und somit zu verhindern. Seine Begabung auf vielen Gebieten und seine Kreativität kann man an seiner Reaktion erkennen, als er in den Nachrichten vom Untergang der Titanic hörte, die 1912 mit einem Eisberg zusammengestoßen war. Richardson machte gerade mit seiner Frau Dorothy auf der Isle of Wight, einer der südenglischen Küste vorgelagerten Insel, Urlaub. Er bat sie, ihn in einem kleinen Boot in der Seagrove Bay hinaus zu rudern, während er mit einer Blechflöte gegen den Pier pfeifen wollte. Richardson nutzte einen offenen Regenschirm hinter seinem Ohr, um das Echo einzufangen und zu verstärken. Das Experiment funktionierte so gut, dass er im Oktober 1912 ein Patent anmeldete, in der Hoffnung, dass ein praktisches Echolotungsgerät gebaut werden würde, um Schiffe während der Dunkelheit und im Nebel zu schützen. (© National Portrait Gallery. Abdruck mit freundlicher Genehmigung der National Portrait Gallery, London)

Richardson hatte eine Stelle am British Meteorological Office[1] angenommen und wurde Leiter des Eskdalemuir-Observatoriums. Er stammte aus einer wohlhabenden nordenglischen Familie, die ihr Geld mit einer Ledergerberei und mit Getreidehandel verdient hatte. Weil er in einer Quäkergemeinde aufwuchs, nahm Richardson die Überzeugung sehr ernst, dass „Wissenschaft der Moral untergeordnet sein muss“. Seine Ernsthaftigkeit und seine

[1] Anmerkung der Übersetzerin: Britischer Wetterdienst, der sowohl im deutschen als auch im englischen Sprachgebrauch mit „Met Office“ abgekürzt wird.

systematische Herangehensweise an Probleme erkennt man anhand einer Geschichte, in der er als Fünfjähriger Geld in ein Blumenbeet pflanzte. Eine ältere Schwester hatte gesagt, dass Geld in Banken wächst, also wollte Richardson sehen, ob es auch im Garten wachsen kann. Richardson ist in Northumberland aufgewachsen und besuchte eine Quäkerschule in York. Sein Naturwissenschaftslehrer spielte eine entscheidende Rolle, dass er kein Kaufmann wurde. Er verbrachte zwei Jahre am Durham College of Science, wo er Mathematik, Physik, Chemie, Pflanzenkunde und Zoologie studierte, und besuchte dann die Universität Cambridge. Sein Tutor dort war der weltbekannte J. J. Thomson, der Cavendish-Professor für Physik und Entdecker des Elektrons.

Nachdem er im Jahr 1903 sein Studium in Cambridge mit einem erstklassigen Abschluss in Naturwissenschaften beendet hatte, erhielt Richardson verschiedene Anstellungen, in denen er seine Fähigkeiten in Mathematik, Physik und Chemie einsetzen konnte. Eine davon war von 1906 bis 1907 als Chemiker bei einer Torffirma, der National Peat Industries. In dieser Zeit formulierte er neue mathematische Methoden, um Gleichungen zu lösen, welche Wasserströmungen durch Torfböden simulierten, der dunkle, sumpfige Boden, der durch Zersetzung von pflanzlichen Substanzen entsteht und gut brennt, wenn er getrocknet ist. Durch die Modellierung der Strömung hoffte Richardson den optimalen Ort für Entwässerungsgräben bestimmen zu können. Die Gleichungen waren mit den damals verfügbaren Methoden alles andere als einfach zu lösen. Und seine Lösungsmethode war weit von den Techniken entfernt, die Newton entwickelt hatte: Wie Richardson selbst etwa 20 Jahre später kommentierte, erkannte er, dass seine Ideen paradoxerweise auf die Art der Mathematik zurückgehen, die *vor* der Erfindung der Differenzialrechnung auf solche Probleme angewendet wurde.

Im Jahr 1908 veröffentlichte Richardson einen Artikel, in dem er erklärte, wie Methoden genutzt werden könnten, die auf sorgfältig von Hand gezeichneten Skizzen basieren, um das Entwässerungsproblem zu lösen. Zwei Jahre später veröffentlichte er in dem Journal *Philosophical Transactions of the Royal Society of London* einen Artikel, in welchem er seine Ideen einer allgemeineren und innovativen Methode für die Lösung von Differenzialgleichungen mithilfe von Arithmetik und Algebra darlegte (angewendet auf das Problem der Berechnungen von Spannungen in einer Staumauer). Dieser Erfolg spornte ihn an, und er bewarb sich um ein Stipendium am King's College, Cambridge. Allerdings waren seine Kollegen dort von seinen neuen Ideen nicht sehr beeindruckt und lehnten ihn ab. Seinem eigenen Bericht zufolge wurde er im Jahr 1913 am Eskdalemuir-Observatorium erstmals auf Probleme aufmerksam, bei denen es um die Lösung von Gleichungen für die Wettervorhersage ging. Nach Richardsons Vorstellung würde die Anwendung seiner Methoden auf Luftströmungen in der Atmosphäre nur einen Schritt von den Berechnungen der Wasserströmungen durch Torfböden entfernt sein. Er hatte viel Zeit, um über solche Fragen nachzudenken. Denn Eskdalemuir galt als „trostlos und einsam". Was zweifellos zu Richardson passte; er sagte einmal, dass Einsamkeit eines seiner Hobbys sei.

Richardson wusste von Bjerknes' Programm und von seinem Vertrauen in die Kraft von Berechnungen. Nachdem er seine bahnbrechenden Berechnungen, die wir hier beschreiben, beendet und aufgeschrieben hatte, schrieb Richardson am Anfang seines Buches *Weather Prediction by Numerical Process,* das 1922 von der Cambridge University Press veröffentlicht wurde: „Die umfassenden Forschungen von V. Bjerknes und seiner Schule sind von der Idee erfüllt, Differenzialgleichungen für alles, wofür sie nützlich sind, zu nutzen." Richardson war hauptsächlich daran interessiert, Antworten von der Mathematik zu bekommen. Und die Tatsache, dass er keine formale Ausbildung in atmosphärischer Wissenschaft und Meereskunde hatte, ermöglichte ihm eine grundlegend neue Herangehensweise an das Problem der Wettervorhersage. In seinem Buch folgte er der langen Tradition, Astronomie als wunderbares Beispiel eines Fachgebiets anzuführen, das wirklich Antworten von der Mathematik bekommt, und er beobachtete, dass sich der *Nautical Almanac,* mit seinen umfangreichen Tabellen präziser astronomischer Daten, auf den Gebrauch der Differenzialrechnung stützt. Für Richardson war dies Grund genug, um mithilfe derartiger Gleichungen die Probleme der Wettervorhersage direkt anzugehen. Aber er musste eine geeignete Methode finden, um sie zu lösen.

Bei Ausbruch des Ersten Weltkrieges verweigerte Richardson als Quäker aus Gewissensgründen den Kriegsdienst und wurde deshalb nicht eingezogen. Das hielt ihn aber nicht davon ab, seinem Land in diesen Krisenzeiten zu dienen. Und die Geschichte von Richardsons Ausflug in die Wettervorhersage findet – bei allen Orten, die es auf der Welt gibt – ausgerechnet an der Westfront statt. Um seinen Landsleuten zu helfen, legte er im Alter von 35 Jahren sein Amt im britischen Met Office nieder und fuhr von September 1916 bis zum Kriegsende in der französischen Champagne Krankenwagen für die Friends Ambulance Unit. Obwohl nahe der vordersten Front, mit all der Grausamkeit um ihn herum, blieb er entschlossen und brachte eine höchst bemerkenswerte Rechnung zum Abschluss. Immer bevor er in Richtung Front aufbrach, dachte Richardson intensiv über Bjerknes' Ideen und die Möglichkeiten nach, mithilfe der Physik eine Wettervorhersage zu berechnen. Bjerknes sprach in seinem Aufsatz aus dem Jahr 1904 über eine Methode zur Berechnung von Vorhersagen, welche auf den Änderungen des Wetters an einer endlichen Anzahl von Punkten in der Atmosphäre basiert – zum Beispiel in den Schnittpunkten der Breiten- und Längengradlinien –, aber er gab keine genauen Details an, wie man die Berechnungen explizit durchführen konnte. Bjerknes hatte eingesehen, dass die sieben Gleichungen mit den sieben Unbekannten mittels konventioneller Differenzial- und Integralrechnung nicht gelöst werden können, daher befürwortete er in seinem Aufsatz aus dem Jahr 1904 den Reduktionismus als eine logische Herangehensweise an das Problem:

> Alles wird darauf ankommen, dass es gelingt, in zweckmäßiger Weise dies als ein ganzes, überwältigend schwieriges Problem in eine Reihe von Partialproblemen zu zerlegen, deren keines unüberwindliche Schwierigkeiten darbietet. Um diese Zerlegung in Partialprobleme zu bewerkstelligen, müssen wir das allgemeine Prinzip hinzuziehen, welches der Infinitesimalrechnung mit mehreren Veränderlichen zugrunde liegt. Zu rechnerischen Zwecken kann man die gleichzeitigen Variationen mehrerer Veränderlicher durch aufeinanderfolgende Variationen der einzelnen Veränderlichen oder einzelner Gruppen der Veränderlichen ersetzen.

Bjerknes entwickelte seine Ideen nicht weiter, aber der Schlüssel dazu wird etwas weiter vorne im gleichen Aufsatz beschrieben:

> Denn um praktisch und nützlich zu sein, muss die Lösung vor allem übersichtliche Form haben und deshalb unzählige Einzelheiten unbeachtet lassen, die in jede exakte Lösung eingehen würden. Die Vorhersage darf sich also nur mit Durchschnittsverhältnissen über größere Strecken und für längere Zeiten beschäftigen, sagen wir beispielsweise von Meridiangrad zu Meridiangrad und von Stunde zu Stunde. Nicht aber von Millimeter zu Millimeter und von Sekunde zu Sekunde.

Richardson war kühner als Bjerknes, und der Erfolg seiner früheren Arbeiten, in denen er praktische Antworten auf praktische Probleme gefunden hatte, spornte ihn an. Um die Theorie zu testen, entwickelte er eine Methode für die Lösung der Gleichungen. Euler hatte 150 Jahre zuvor die genauen mathematischen Ausdrücke für Fluidbewegungen mithilfe der Differenzial- und Integralrechnung aufgestellt, um die infinitesimalen Veränderungen der Geschwindigkeit und des Druckes eines Fluids mit dem Ort und der Zeit zu beschreiben. Wir erinnern uns, dass ein Differenzial eine winzig kleine Bruchzahl einer Größe darstellt, die gegen null geht, aber niemals den Wert Null erreicht; es ist ein abstraktes Konzept, eine Idealisierung. Richardsons Grundidee war es, diese Idealisierung durch etwas Pragmatischeres zu ersetzen. Er erkannte, dass wir, wenn wir Wetteränderungen an Orten etwas weiter entfernt berechnen wollen, die infinitesimalen Differenzen durch finite, also endliche, Differenzen ersetzen können. Richardson erweiterte diese Idee noch mit einem weiteren, entscheidenden Schritt: Indem er die Atmosphäre in eine große Anzahl dreidimensionaler „Pixel" oder Kästen aufteilte, versuchte er einen Weg zu finden, die mathematischen Gleichungen mittels grundlegender Algebra auszudrücken, sodass man nur elementare arithmetische Operationen – Addition, Subtraktion, Multiplikation und Division – benötigte, um die Gleichungen zu lösen. Analysis in der Form, wie sie seit Newtons Zeit weiterentwickelt worden war, wurde nicht gebraucht (s. Vertiefung 3.1).

Richardsons Algorithmus löste nicht wirklich das ganze Problem, aber seine Intuition sagte ihm, dass ihn diese Methode zu einer Antwort bringen würde, die nahe an der Lösung des „wirklichen" Problems liegen sollte. Dabei verließ sich Richardson nicht gänzlich auf seine Intuition. Wie immer ging er methodisch vor und führte sorgfältige Tests durch, um sicherzugehen, dass seine Berechnungen genau genug waren. „Genial" scheint die richtige Beschreibung für seine Methoden zu sein, die auf einem tiefen wissenschaftlichen Verständnis des Problems gründeten und einen praktischen, technischen Lösungsansatz boten.

Als Richardson die erste Wettervorhersage berechnete, arbeitete er mit Bleistift, Papier, Rechenschieber und einer Logarithmentafel. Er machte sich daran, die Wetteränderung im Laufe von sechs Stunden für zwei Orte in einem kleinen Gebiet in Zentraleuropa nahe München zu ermitteln. Seine Anfangsdaten beschreiben den Zustand der Atmosphäre über Deutschland und den Nachbarländern am 20. Mai 1910 um 7 Uhr. Richardson wählte das Gebiet und das Datum, weil hier ungewöhnlich gute Daten verfügbar waren. In ganz Europa wurden Datenreihen von Beobachtungen aus koordinierten Ballonaufstiegen gesammelt. Heute würden Meteorologen ein solches Vorgehen als „Messkampagne“ bezeichnen. Die Ergebnisse wurden von niemand anderem als Vilhelm Bjerknes tabelliert und analysiert. Und seine Strukturanalyse der Atmosphäre – vom Boden bis zu einer Höhe von etwa 12 km – wurde von damaligen Meteorologen auf die gleiche Weise ausgewertet, wie heutzutage bei unseren Versuchen, den Klimawandel durch die Beobachtungen von Gletschern und Polareisdecken zu verstehen.

Mann kann sicher behaupten, dass eine 6 h-Vorhersage an zwei Punkten des Globus kein weltbewegender Durchbruch gewesen sei und dass Richardsons Vorhersage tatsächlich eher ein „Zurückrechnen“ (engl. hindcast) war, denn er versuchte Ereignisse vorherzusagen, die Jahre zuvor stattgefunden hatten. Aber sogar eine Vorhersage dieses eingeschränkten Umfangs erforderte eine gewaltige, komplexe Berechnung. Er musste berechnen, wie sich mehr als 1000 Variablen verändern, und um Fehler zu vermeiden, berechnete er alles zweimal! Mit Überzeugung und Entschlossenheit überwand Richardson seine geistigen und psychologischen Hürden, denen er sich gegenübersah, nachdem er erkannt hatte, wie viele Berechnungen er durchführen musste; und dennoch setzte er die Arbeit an dieser abschreckenden Aufgabe unter den entsetzlichen Bedingungen seiner kalten Truppenunterkunft, hinter der vordersten Front des Ersten Weltkrieges immer weiter fort. Mit nichts außer einem Haufen Heu für seine Bequemlichkeit und seinen Berechnungen als Trost dauerte es mehr als zwei Jahre, bis er das Vorhaben vollständig beendet hatte.

Auf einer Europakarte zeichnete Richardson aus Längen- und Breitengradlinien ein Schachbrettmuster und teilte so die Atmosphäre in horizontale Kästchen, die er betrachten wollte. Das Gitter, das er wählte, hatte eine Maschenweite von etwa 200 km (Abb. 2). Er teilte dann die Tiefe der Atmosphäre in fünf Schichten ein, sodass jede Säule der Atmosphäre über jedem Pixel in Bodenhöhe in fünf Kästen geteilt war (unsere 3-D-Pixel). Die Schichten wurden durch horizontale Flächen in folgenden Höhen geteilt: 2,0 km, 4,2 km, 7,2 km und 11,8 km. Somit teilt sein diskretes Modell das Volumen der Atmosphäre, das untersucht wird, in 125 dreidimensionale Pixel. Sowohl Zeit als auch Raum sind in Richardsons Schema diskret. Er wählte ein Zeitintervall von 6 h, welches das infinitesimale Intervall in der Differenzialrechnung ersetzte. Durch systematische Anwendung seiner endlichen Differenzen teilte er das bis dahin unlösbare, schwierige Problem in eine sehr große Anzahl einfacher Probleme auf, die er tatsächlich mit elementarer Arithmetik lösen konnte – der ultimative Erfolg des Reduktionismus.

Vertiefung 3.1. Differenzial- und Integralrechnung und das Wesen der Ableitungen

Die Gesetze der Hydrodynamik und Thermodynamik, die wir in den Vertiefungen 2.3 und 2.4 zusammengefasst haben, werden über Ableitungen angegeben, die beispielsweise die Temperatur- und Windgeschwindigkeitsänderungen beschreiben, während

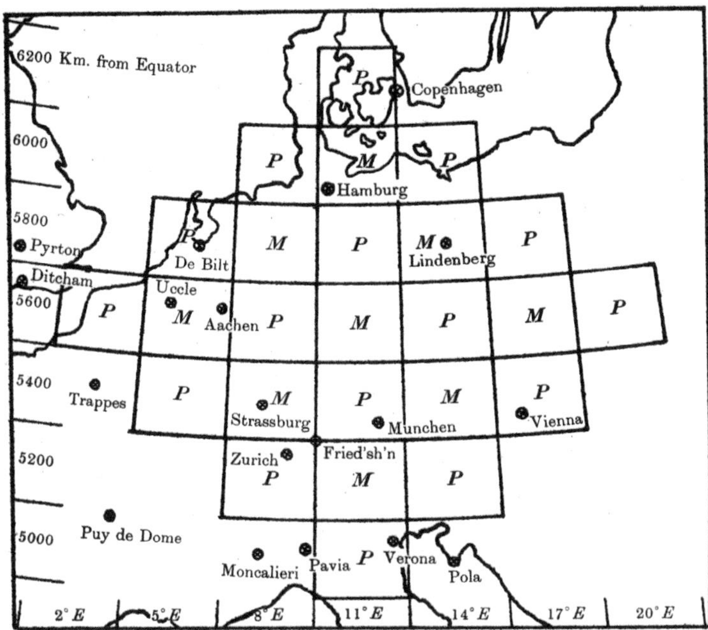

Abb. 2 Das Endliche-Differenzen-Gitter, das Richardson nutzte, basiert auf Pixel mit einer horizontalen Ausdehnung von 200 km mal 200 km – über jedem dieser 25 Pixel, die in dieser Abbildung durch Quadrate dargestellt sind, liegen weitere fünf Pixel, insgesamt also 125 Pixel. Richardson vernachlässigte die Details und versuchte sich auf das durchschnittliche Verhalten der großskaligen Wettersysteme zu konzentrieren, welche langsam über Europa hinwegziehen. Er wendete sein Verfahren einmal an – das war genug, denn selbst hierfür waren etwa Tausend Variablen und viele Tausende Berechnungen nötig. Da das Verfahren wiederholt angewendet werden konnte, sollte die Meteorologie das erreichen, was die Astronomie geschafft hatte: eine vollständige Beschreibung des Wetters zu jedem zukünftigen Zeitpunkt zu berechnen, ohne weitere Beobachtungen durchführen zu müssen. Dieses Schema läuft auf einen genauen Algorithmus (d. h. eine Menge geordneter Regeln) für die Umsetzung von Bjerknes' Ideen aus dem Jahr 1904 hinaus. (© 2007 Stephen A. Richardson und Elaine Traylen. Abdruck mit freundlicher Genehmigung von Cambridge University Press)

wir uns mit den Luftpaketen bewegen. Aber Richardsons Rechnung basiert auf festen Pixeln wie das Schachbrett in Abb. 2. Daher brauchen wir eine Formel, welche die auf einem Luftpaket basierende Entwicklung D/Dt in eine übliche partielle Ableitung umwandelt, in der Zeit und Raum unabhängige Variablen sind. Euler hatte bereits einen Weg gefunden, auszudrücken, wie Änderungen eines Fluidpaketes zu Änderungen in Beziehung gebracht werden können, die wir an festen Orten in Raum und Zeit messen können.

Euler formulierte seine Gleichungen in Form von Änderungsraten zu bestimmten Zeitpunkten und an festen Orten. Da trotz der wichtigen konzeptionellen Idee eines

Fluidpaketes die meisten Luftmessungen, wie beispielsweise Druck- und Temperaturmessungen, fast immer (von Satelliten und Wetterstationen) an einem bestimmten Ort und zu einem bestimmten Tageszeitpunkt durchgeführt werden, ist diese Methode in der Meteorologie sinnvoll.

Wir erklären nun die Grundlage der Euler'schen Darstellung, welche uns auch die Grundlage von Richardsons Ansatz liefert. Mitte des 18. Jahrhunderts stellte der französische Mathematiker Jean Le Rond d'Alembert ein neues Konzept für die Änderungsrate einer Variablen vor, die sowohl vom Ort als auch von der Zeit abhängen kann. In einem bestimmten Punkt wird die Änderung einer Variablen f mit der Zeit folgendermaßen geschrieben:

$$\frac{\partial f}{\partial t} = \frac{(f_{\text{neu}} - f_{\text{alt}})}{\Delta t},$$

wobei Δt die zeitliche Änderung der neuen Messung f_{neu} zu seinem alten Wert f_{alt} bezeichnet. Die Ableitung auf der linken Seite ist über die rechte Seite definiert, wenn Δt kleiner und kleiner wird (d. h. bei der Grenzwertbetrachtung Δt gegen null). Diese Methode erlaubt auch die Berechnung einer Änderungsrate, wenn der Ort x zu einem festen Zeitpunkt nach rechts oder links schwankt:

$$\frac{\partial f}{\partial x} = \frac{(f_{\text{rechts}} - f_{\text{links}})}{\Delta x},$$

wobei $\Delta x = x_{\text{rechts}} - x_{\text{links}}$ ist. Wir wenden diese Formel wiederholt an. Dabei gibt x den Abstand nach Osten entlang der Breitengradlinien und y den Abstand nordwärts entlang der Längengradlinien an, beide auf Meeresspiegelhöhe; z misst den Abstand von der Meeresspiegelhöhe ausgehend vertikal nach oben. Wir folgen den meisten meteorologischen Lehrbüchern und nutzen ein lokales Koordinatensystem bestehend aus kartesischen Ortskoordinaten (s. Abb. 13 in Kap. „2. Von Überlieferungen zu Gesetzen"). Für die Beschreibung der Bewegung der Atmosphäre auf unserer (nahezu kugelförmigen) Erde wäre es naheliegend, sphärische Polarkoordinaten zu nutzen; wenn es allerdings unser primäres Ziel ist, die Bewegung eines Luftpaketes über einen relativ kurzen Abstand von einem Moment zum nächsten zu beschreiben, fügen solche Koordinatensysteme und die Terme, die durch die Erdkrümmung entstehen, unnötige Details hinzu. Aus diesem Grund nutzen wir in diesem Buch kartesische Ortskoordinaten.

Die Anwendung der Kettenregel der Differenziation auf eine Größe f, ausgewertet am Ort des Luftpaketes $\mathbf{x}_p(t) = (x_p(t), y_p(t), z_p(t))$, führt zu folgender Gleichung:

$$\frac{Df(\mathbf{x}_p(t))}{Dt} = \frac{\partial f}{\partial t} + \left(\frac{\partial f}{\partial x}\right)\frac{\partial x_p(t)}{\partial t} + \left(\frac{\partial f}{\partial y}\right)\frac{\partial y_p(t)}{\partial t} + \left(\frac{\partial f}{\partial z}\right)\frac{\partial z_p(t)}{\partial t} \quad (1)$$

$$= \frac{\partial f}{\partial t} + \left(\frac{\partial f}{\partial x}\right)u + \left(\frac{\partial f}{\partial y}\right)v + \left(\frac{\partial f}{\partial z}\right)w. \quad (2)$$

Da $(u, v, w) = (\mathrm{d}x_p(t)/\mathrm{d}t, \mathrm{d}y_p(t)/\mathrm{d}t, \mathrm{d}z_p(t)/\mathrm{d}t)$ die zeitliche Änderungsrate der Lage des Luftpaketes darstellt, welche durch die Windgeschwindigkeit und die Windrichtung definiert wird, ist die Geschwindigkeit gegeben durch $\mathbf{v} = (u, v, w)$.

Wir können nun alle Gleichungen aus Kap. „2. Von Überlieferungen zu Gesetzen" zu Gleichungen umformulieren, die in jedem Längen-, Breiten- und (über dem Meeresspiegel) Höhengitterpunkt gelten. Die von Richardson entwickelte Rechenmethode hat diese Darstellung der Grundgleichungen als Ausgangspunkt, wobei er sechs Stunden als Zeitschritt Δt, Gitterabstände Δx, Δy von 200 km und eine Tiefe Δz wählte, die (näherungsweise) den Differenzen von Druckflächen entspricht.

Als Beispiel schreiben wir die Gleichung der Massenerhaltung aus der Vertiefung 2.1 wie folgt:

$$\frac{\mathrm{D}\rho}{\mathrm{D}t} = \frac{\partial \rho}{\partial t} + u\left(\frac{\partial \rho}{\partial x}\right) + v\left(\frac{\partial \rho}{\partial y}\right) + w\left(\frac{\partial \rho}{\partial z}\right) = -\rho\left(\frac{\partial u}{\partial x} + \frac{\partial v}{\partial y} + \frac{\partial w}{\partial z}\right) \quad (3)$$

Dabei ist der Term auf der rechten Seite des letzten Gleichheitszeichens das Produkt der Dichte ρ mit der gesamten dreidimensionalen Konvergenz des Windes.

Es ist leicht zu verstehen, warum das Pixelmuster über dem Land als Schachbrett beschrieben wurde. Was nicht sofort verständlich sein könnte, ist die Kennzeichnung der Pixel mit den Buchstaben „P" und „M". Sie spiegeln das Schachspiel der Natur unter Berücksichtigung der Druckgradientenkraft und seiner Auswirkung auf den Impuls nach den Regeln wider, die durch die Gleichungen Eulers festgelegt wurden. In den P-Pixeln erfasste Richardson den barometrischen Druck, die Feuchtigkeit und die Temperatur. In den M-Pixeln berechnete er den (horizontalen) Impuls der Atmosphäre (das Produkt der Windgeschwindigkeit in eine gegebene Richtung mit der Masse des Luftpaketes, die vom Wind transportiert wird).

Damit Richardson die Kraft berechnen konnte, die nach Newtons Gesetzen die Geschwindigkeits- und Richtungsänderungen des Windes in einem M-Pixel verursacht, musste er zunächst die Druckänderung von Ort zu Ort berechnen. Nimmt der Druck nach Westen zu, bewegt sich die Luft nach Osten; er berechnete den Druckgradienten aus den Werten benachbarter Pixel mittels einfacher Arithmetik, indem er die Differenzen zwischen den Werten der anliegenden Pixel bildete, so wie in Abb. 3 gezeigt.

Die Gleichungen, die Richardson nutzte, haben Newtons Bewegungsgleichungen als Grundlage und sagen uns, dass die Änderung des Windes von einem Moment zum anderen durch die Druckänderungen von einem Ort zum nächsten bestimmt ist. Die Änderung der nach Osten gerichteten Windkomponenten hängt von der Druckdifferenz in den P-Pixeln, die im Osten und Westen liegen, ab; auf die gleiche Weise wird die nach Norden gerichtete Windkomponente aus der Differenz der Druckwerte nach Norden und Süden berechnet.

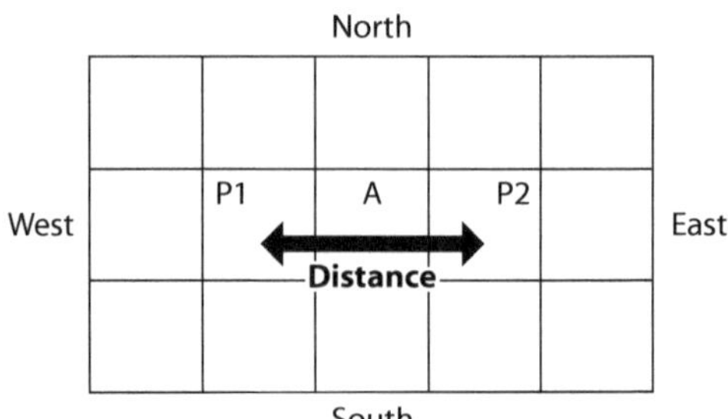

Abb. 3 Ein einfaches Beispiel eines Rechengitters: Die Werte des Druckes werden im Mittelpunkt eines jeden zweiten Pixels gespeichert. Um den Druckgradienten zu berechnen (also die Änderungsrate des Druckes mit dem Ort), subtrahieren wir einfach den Wert P1 vom Wert P2 und teilen ihn durch ihren Abstand. So erhalten wir den Druckgradienten in Pixel A (in östliche Richtung). Mit demselben Prinzip kann man ausrechnen, wie sich Variablen in einem bestimmten Zeitintervall verändern, wenn man „Abstand“ durch „verstrichene Zeit“ ersetzt

Folglich hängt in jedem Ort der Wert der Windgeschwindigkeit in östliche Richtung von den beidseitig je 200 km entfernten Werten des Druckes ab.

Dieses Schema funktioniert gut – bis wir an den Rand einer Region kommen. Wenn beispielsweise Punkt A in Abb. 3 am Rand liegt, ist es schwer, die Änderungen zu berechnen, weil die Außenkanten des Gitters keine benachbarten Pixel haben. Die ideale Lösung dieses Problems wäre, den gesamten Globus abzudecken, sodass es in der Horizontalen keine Außenkanten gibt. Aber in der damaligen Zeit ohne Supercomputer hätte ein solches Vorgehen zu einer unmöglich zeitaufwendigen Berechnung geführt. Also müssen wir den Variablen am Rand Bedingungen zuweisen – einschließlich der Pixel ganz oben und ganz unten. Als unteren Rand können wir die Erdoberfläche (Land oder Meer) definieren, und weil sich unser Modell nicht unendlich in den Weltraum ausbreiten kann, muss auch ein oberer Rand festgelegt werden.

Richardson umging das Randproblem, indem er eine Vorhersage für nur zwei Orte in der Mitte des Schachbretts erstellte. So nutzte er die Anfangswerte in den Randpixeln, aber er versuchte nicht, dort neue Werte zu berechnen. Diese zusätzliche Approximation ist vollkommen verständlich, weil Richardson nur daran interessiert war, eine 6 h-Vorhersage in der Mitte des Schachbretts, viele hundert Kilometer vom Rand entfernt, zu berechnen. Die Fehler, die durch die Einschränkungen am Rand entstanden, beeinflussten über diesen kurzen Zeitraum die Genauigkeit der Vorhersage in der Schachbrettmitte nicht.

Die Fehleranalyse

Im Jahr 1919 kehrte Richardson aus dem Krieg zurück, um wieder für den britischen Wetterdienst zu arbeiten und schrieb schließlich ein detailliertes Buch mit dem Titel *Weather Prediction by Numerical Process,* das 1922 veröffentlicht wurde. In dem zentral gelegenen

M-Pixel (Abb. 2), das die Bereiche um Nürnberg und Weimar abdeckte, frischte der Bodenwind im Laufe der 6-Stundenperiode etwas auf. Jedoch stieg in seinen Berechnungen im P-Pixel über München der Druck um 145 mbar auf 1108 mbar. Wenn der in seinem Buch berechnete Druck richtig gewesen wäre, wäre das ein Weltrekord gewesen! Der tatsächliche barometrische Messwert zeigte fast keine Änderung – oder, wie Meteorologen sagen, er war fast stationär.

Ironischerweise war diese bahnbrechende Vorhersage eine der schlechtesten Vorhersagen aller Zeiten. Aber man muss dieses Scheitern relativieren. Erstens ist eine numerische Wettervorhersage derart komplex, dass Richardson schätzte, es seien 64.000 Menschen nötig, um eine Wettervorhersage für die ganze Welt zu berechnen, wenn man die Version seines ursprünglichen Modells für Zentraleuropa erweitern würde. Selbst dann könnte diese Armee von Menschen kaum mit den Wetteränderungen Schritt halten. Mit anderen Worten: Sie würden nicht wirklich eine Vorhersage erstellen. Um dies zu tun, müsste mehr als eine Million Menschen Tag und Nacht arbeiten. Heute führen Supercomputer solche Berechnungen innerhalb von Sekunden aus.

Zweitens müssen wir uns näher ansehen, was schieflief. Das Problem war fast unbemerkbar. Richardson erkannte es schließlich und beschrieb es in seinem Buch. Am Ende seiner Ergebnistabelle schreibt er: „Dieser eklatante Fehler wird im Folgenden im Detail untersucht (. . .) und lässt sich auf Fehler in der Darstellung der Anfangswinde zurückführen.“ Das Problem lag also in den Eingangsdaten. Ein näherer Blick auf die Daten bestätigt seine Feststellung und zeigt uns einen der Gründe, warum die Wettervorhersage so schwierig ist. Wie wir im Folgenden diskutieren werden, ist die größte Schwachstelle der Teil der Berechnung, in dem der Druck über die Konvergenz der Winde bestimmt wird.

Entlang jeder horizontalen Achse wird die Konvergenz des Windes als kleine Differenz zweier großer Zahlen berechnet. Unter diesen Umständen können auch geringfügige Fehler in den Ausgangsdaten große Änderungen in der berechneten Konvergenz ergeben. Angenommen, der Wind wehe in Richtung Nordosten (wie beispielsweise in Abb. 4b dargestellt ist) und seine Geschwindigkeit verringerte sich. Die Windgeschwindigkeit nach Osten sei 10,1 km/h auf der linken Seite unseres P-Pixels und 9,9 km/h auf der rechten Seite des Pixels (ebenfalls nach Osten). Diese Verlangsamung verursacht eine horizontale Konvergenz, die gleich $2 \cdot (10{,}1 - 9{,}9) = 0{,}4$ ist, wobei Pixelseiten eine Einheitslänge lang seien. Wenn die Messung des nach Osten gerichteten Windes nur um 1 % fehlerhaft ist, und zum Beispiel 10,0 km/h statt richtig 10,1 km/h gemessen wird, dann ist die Konvergenz $0{,}2 = 2 \cdot (10 - 9{,}9)$ statt 0,4; die horizontale Konvergenz ändert sich um 50 %! Dieser katastrophale Fehler wird sich im vorhergesagten barometrischen Druck widerspiegeln. Mit anderen Worten: Ein relativ kleiner Messfehler in einer der Windgeschwindigkeiten wird zu einem riesigen Fehler im Druck, welcher durch den Druckgradienten dargestellt wird.

Daher waren die grundlegenden Techniken richtig – aber die Druckberechnungen reagieren sehr sensibel auf kleine Fehler bei Wind- und Temperaturwerten –, und diese Anfälligkeiten erfordern auch in den heutigen Simulationen immer noch große Sorgfalt. In der Tat analysierte fast 80 Jahre später Peter Lynch vom Met Éireann (Irischer Meteorologischer

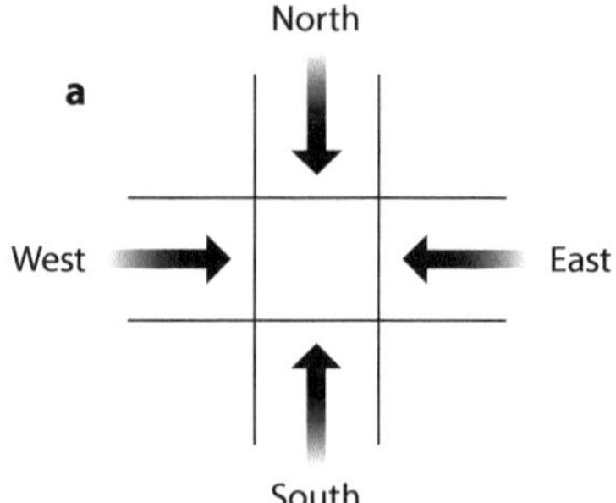

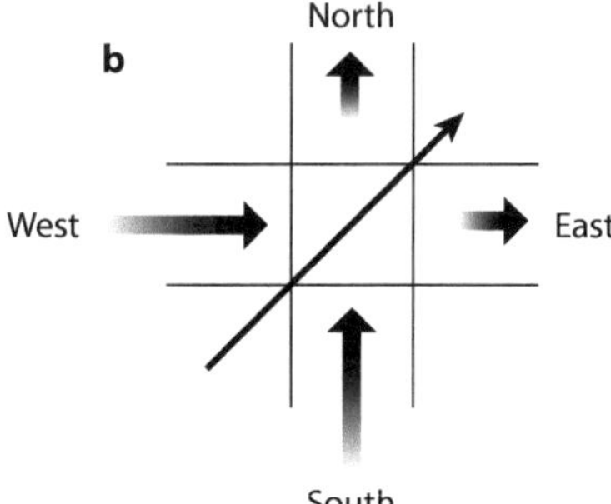

Abb. 4 In **a** zeigen wir einen horizontalen Querschnitt eines Pixels am Boden, wobei die Pfeile die Winde andeuten, die aus Norden, Osten, Süden und Westen wehen. Solche Winde bringen mehr Luft in das Pixel, und die horizontale Konvergenz misst diese Anreicherung. Da die Luft nicht einfach entstehen oder verschwinden kann, muss entweder die Dichte im Pixel zunehmen oder die überschüssige Luft nach oben entweichen. Wir schreiben „$-div\ \mathbf{v}$" für die totale Konvergenz in einem Pixel. Diese enthält auch die vertikale Konvergenz und hat gewöhnlich auch bei starken Winden nur einen sehr kleinen Wert. In **b** wird durch den langen, durchgezogenen Pfeil ein abnehmender Wind in Richtung Nordosten angedeutet. Zunächst subtrahieren wir den mittleren Wert dieses Windes von den Ostwest- und Nordsüd- Komponenten. Dann erhalten wir die Konvergenz wie in (**a**). Damit steht ein sich veränderndes Windfeld über unserem Gitter in Zusammenhang mit einem Konvergenzwert in jedem Pixel. (© Princeton University Press)

Wetterdienst) in Dublin Richardsons Vorhersage und bestätigte, dass dessen Fehler aus den beobachteten Anfangswerten stammten und sich nicht aus den Berechnungen der Änderungen ergaben. Lynch nutzte eine moderne Computersimulation, um Richardsons Vorhersage zu wiederholen (er wollte dies nicht monatelang per Hand machen). Er fand heraus, dass, wenn man den vermuteten Fehler bei der Luftdruckmessung über Straßburg korrigierte, Richardsons Algorithmus tatsächlich eine gute Vorhersage hervorbrachte. Die Vorhersagen, die wir heute in den Nachrichten sehen, basieren auf Verfahren, die Richardsons Methoden auffallend ähnlich sind – einschließlich solcher gelegentlichen Fehler.

Auch wenn Richardson eine Schlacht verloren hatte, so hatte er doch eine erfolgversprechende Strategie gefunden, mit deren Hilfe der Krieg zwischen Wetter und Meteorologen gewonnen werden konnte. Der Fehler entstand nicht durch einen Fehler in seinen Berechnungen. Und seine mathematischen Methoden waren nichts weniger als ein Triumph. Trotzdem war Richardson ein Realist und sah ein, dass seine Methode in den 1920er-Jahren aufgrund der Zeit, die die Berechnung der Vorhersage benötigte, von wenig praktischem Wert sei. Im 19. Jahrhundert gab es Teams, die schnell und sorgfältig rechnen konnten, und die die Aufgabe hatten, verschiedene wissenschaftliche Verfahren nachzubilden, die mathematisch dargestellt werden konnten. In den 1850er-Jahren stellte der Hofastronom des englischen Königshauses acht Männer ein, die die Zeiten von Ebbe und Flut, die Bahnen der Planeten und andere Himmelserscheinungen berechnen sollten. Richardsons Schätzung, dass 64.000 Arbeitskräfte benötigt würden, um die sich verändernden Wetterstrukturen mit einer Geschwindigkeit zu berechnen, die mit den Wetteränderungen Schritt halten kann, war optimistisch. Wenn auch seine Methode selbst in der Vorcomputerzeit unbrauchbar war, war Richardson voller Hoffnung: „Vielleicht wird es eines Tages möglich, Berechnungen schneller durchzuführen, als das Wetter voranschreitet, und die Kosten zur Rettung der Menschheit aufgrund der gewonnenen Informationen werden geringer sein. Aber das ist ein Traum".

Als nach dem Zweiten Weltkrieg die ersten elektronischen Computer für Forschungszwecke genutzt werden konnten, wurde sein Traum letztendlich realisiert. Eine Darstellung von Richardsons „Vorhersagefabrik" ist auf Abb. IV im Farbteil vor Kap. „*Zwischenspiel:* Ein Gordischer Knoten" im Farbteil zu sehen.

Im Jahr 1926 wurde Richardson zum *Fellow* der *Royal Society of London* berufen. Und weil das Met Office nach dem Zweiten Weltkrieg Teil der militärischen Institutionen wurde, legte Richardson, der noch immer an seinen pazifistischen Prinzipien festhielt, seine Arbeit nieder. Tatsächlich aber arbeitete er weiterhin ein wenig an meteorologischen Problemen, und nach seinem Tod im Jahr 1953 erinnert sich seine Frau Dorothy an eine „Zeit des großen Kummers, als sich diejenigen, die sich für seine Erforschung der Höhenluft am meisten interessiert hatten, als die Giftgasexperten erwiesen. Lewis beendete seine Forschung und zerstörte alles, was er noch nicht veröffentlicht hatte. Was ihn das gekostet hat, wird niemand je nachvollziehen können!" (Cox 2002, S. 162).

Das Erbe von Richardsons Arbeit ist gewaltig, und die Erinnerung an ihn wird durch Methoden wie beispielsweise der „Richardson-Extrapolation" oder durch die „Richardson-Zahl" aufrechterhalten. Letztere ist ein Maß für die kritische Stabilität geschichteter Fluide, wie beispielsweise Ozeane und die Atmosphäre. Richardsons numerische Wettervorhersage zeigte allen, dass man dass Problem nur angehen kann, wenn man über ein tiefes Verständnis der Meteorologie verfügt. Aber wo sollte dieses Verständnis herkommen? Um diese Frage zu beantworten, kehren wir zu Bjerknes' Problemen und Sorgen zurück.

Die Wiege der modernen Meteorologie

Während Richardson an der Westfront belagert wurde, war das Leben für Bjerknes trotz des Erfolges des Geophysikalischen Instituts in Leipzig, das er im Januar 1913 mitbegründet hatte, nicht viel besser. Als im Winter 1916/1917 die Lebensmittel knapp wurden, spitzte sich auch seine Lage zu, und er begann über eine Rückkehr nach Norwegen nachzudenken. Zufälligerweise waren gerade in Bergen Bemühungen im Gange, ein neues geophysikalisches Forschungsinstitut aufzubauen; am 17. März 1917 schickte das Organisationskomitee des neuen Instituts Bjerknes eine Einladung für eine eigens geschaffene Professur, um das dortige Wettervorhersageteam zu leiten.

Bjerknes hatte seine Karriere während zehn vorangegangenen Jahre, in denen er an den Universitäten von Christiana und Leipzig arbeitete, seinem Manifest aus dem Jahr 1904 zu verdanken, Wetter mittels physikalischer Gesetze vorherzusagen. Er stellte aus Mitteln der amerikanischen Carnegie-Stiftung mehrere Assistenten ein und schrieb die ersten zwei Bücher seines vierbändigen Werkes, um die Wissenschaft der Meteorologie zu abzustecken. Er verbrachte viel Zeit damit festzustellen, welche grundlegenden Komponenten für ein solches Programm erforderlich sind, besonders aber damit, die Beobachtungen des Druckes in Bodennähe mit den Bewegungen von Luftströmungen in der unteren bis mittleren Atmosphäre in Verbindung zu bringen. Vorhersagen von Luftströmungen waren für die sich entwickelnde Luftfahrtindustrie essenziell. Statt das Problem der Vorhersage nur mithilfe numerischer Methoden anzugehen – so wie es Richardson gemacht hatte –, glaubte Bjerknes daran, dass eine Kombination von grafischen und numerischen Methoden die einzig praktische Vorgehensweise sei.

Bjerknes entwickelte ein Verfahren, bei dem der Zustand der Atmosphäre durch eine Reihe von Karten dargestellt wurde, auf welchen er den Verlauf der grundlegenden Variablen einzeichnete. Jede Karte zeigt die Variablen in unterschiedlichen Höhen in der Atmosphäre. Die grafisch-numerischen Methoden wurden dann angewendet, um neue Karten zu erstellen, die den Zustand der Atmosphäre zu einem späteren Zeitpunkt (beispielsweise nach sechs Stunden) beschrieben. Die grafischen Methoden führten zu einer geschickten Berechnung der Werte von Wirbelstärke (auch Wirbelhaftigkeit), Konvergenzen und Vertikalbewegungen. Wie auch Richardsons Schema konnte dieses Verfahren so lange wiederholt werden, bis eine Vorhersage, beispielsweise für den nächsten Tag, fertig war. Um die Anfangskarten zu zeichnen, benötigte Bjerknes internationale Beobachtungsdaten und Zusammenarbeit; daher wurden Messkampagnen, darunter Ballonflüge, organisiert. Und, wie bereits erwähnt, lieferte eine der Ballonfahrten Richardson die Anfangsbedingungen für seine Vorhersage.

Aber Bjerknes' wissenschaftliches Ziel änderte sich grundlegend. Der Krieg hatte zu einer ernsten Lebensmittelknappheit in Norwegen geführt. Im Jahr 1916 wurde weniger als die Hälfte der Getreidemenge produziert, die während des jeweils ersten und zweiten Kriegsjahres verbraucht wurde. Getreide konnte zwar aus Nordamerika importiert werden, aber steigende Verschiffungskosten (und die Folgen der Seekriege) führten zu dramatischen Preiserhöhungen. Die heimische Produktion musste gesteigert werden, und die Regierung war gezwungen, in nahezu jeglicher Hinsicht in die Nahrungsmittelproduktion und -versorgung einzugreifen. Im Februar 1918 erschien in einer norwegischen Zeitung ein Bericht über den schwedischen Plan, Bauern per Telefon kurzfristig Wettervorhersagen zur Verfügung zu stellen. Es wusste zwar niemand, wie zuverlässig ein solches System sein würde, doch es wurde anerkannt, dass auch kurzfristige Wettervorhersagen von bis zu einem Tag im Voraus Bauern bei der Planung der Ernte helfen könnten. In dem Artikel wurde angemerkt, dass trotz Norwegens Nahrungsmittelkrise keiner dieser Pläne von der Regierung auch nur in Betracht gezogen wurde. Vielleicht noch alarmierender war der Bericht, dass der Leiter des Norwegischen Wetterdienstes die Möglichkeit, ein ähnliches Projekt in Norwegen einzurichten, herunterspielte.

Bjerknes las den Artikel und antwortete energisch. Er schrieb an den Leiter des Wetterdienstes und forderte ihn auf, seine Position zu überdenken. Er wies darauf hin, dass er dazu verpflichtet sei, jede Möglichkeit in Betracht zu ziehen, die helfen könnte, die Nahrungsmittelkrise zu lindern. Und sehr geschickt betonte Bjerknes, dass ein solches Projekt eine Möglichkeit sein könnte, dringend benötigte Gelder für die meteorologische Forschung zu beschaffen. Er erkannte, dass der Krieg, nachdem er Krisen ausgelöst hatte, die einen neuen Wetterdienst erforderlich machten, nun auch die Chancen auf Hilfsmittel erhöhen könnte, die für eine erfolgreiche Vorhersage notwendig waren.

Bjerknes' primäres Ziel für den Sommer 1918 war mithilfe der Wettervorhersage die landwirtschaftliche Produktion zu steigern. Zur gleichen Zeit wollte er auch mit möglichen Vorhersagepraktiken experimentieren, die für die zukünftigen Bedürfnisse der Luftfahrt nützlich sein könnten. Die Herausforderung lag darin, Präzision und Zuverlässigkeit in einem Maß zu erreichen, das bisher noch nie angestrebt worden war. Dabei konnten die Bedingungen für präzise Vorhersagen kaum schlechter gewesen sein.

Vor dem Krieg stützten sich die Vorhersagen in Norwegen auf Wetterdaten, die per Telegramm aus Großbritannien, Island und den Färöer-Inseln gemeldet wurden, da das Wetter meist von dort kam. Jetzt, in Zeiten des Krieges, mit Deutschlands Zeppelinangriffen auf Großbritannien und da Wettervorhersagen für Militäreinsätze gebraucht wurden, waren die Wetterdaten geheim. Aber ohne die Daten von der Nordsee und aus weiter entfernten Gebieten, mit denen man herannahende Tiefdrucksysteme ermittelte, konnten traditionelle Methoden, die auf dem Skizzieren von Bereichen des Oberflächendruckes basierten, nicht für die Vorhersage genutzt werden. Bjerknes erkannte, dass es notwendig sein würde, neue Beobachtungsstationen entlang der norwegischen Küste aufzubauen, um den Mangel an Daten von außerhalb des Landes auszugleichen. Er reiste weit umher, um mit Leuchtturmwächtern, Fischern und anderen eifrigen Wetterbeobachtern an den norwegischen Küstengebieten zu reden. Dabei gewann Bjerknes nicht nur ihre Sympathie und Kooperation, er lernte auch das „reale" Wetter und seine „Zeichen" besser kennen. Neue Wetterstationen wurden als Teil des norwegischen U-Boot-Beobachtungsnetzwerks geschaffen. Um sicherzustellen, dass Norwegens neutrale Gewässer frei von U-Boot-Aktivitäten bleiben, wurden selbst in den abgelegensten Gebieten entlang der Küste einige Aussichtsposten eingerichtet, die mit erfahrenen, in der Wetterbeobachtung gut ausgebildeten Seemännern besetzt wurden. Bis Ende Juni 1918 hatte Bjerknes 60 neue Wetterstationen eingerichtet, und die Norweger hielten nun Ausschau nach Zyklonen und U-Booten – beides hatte Einfluss auf die Nahrungsmittelproduktion; und die Norweger waren hungrig.

Aber Bjerknes schuf viel mehr als nur neue Datenquellen; er gründete eine Einrichtung, die später eine weltberühmte Schule der modernen Meteorologie werden sollte. Die *Bergener Schule,* wie sie genannt wurde, glich in mehrerer Hinsicht einer Schule. Die Wissenschaftler, ausgerüstet mit ihren Maßstäben, Kompassen, Winkelmessern und Rechenschiebern, saßen an einem Tisch – inmitten von Stapeln aus Karten und Graphen – und arbeiteten nach einer strickten Routine. Die Adresse, Allégaten 33 in Bergen, war sowohl das Zuhause der Schule als auch das Zuhause der Familie Bjerknes. Es war ein beachtliches Anwesen auf einer Anhöhe nahe des Stadtzentrums, am Rande von Bergens schönstem öffentlichen Park. Im Erdgeschoss bot das Haus eine wunderbare Wohnung für die Familie von Bjerknes. Die Büros für die Vorhersageprojekte befanden sich im Obergeschoss. Ein zeitgenössisches Foto von der Bergener Schule ist in Abb. 5 zu sehen.

Bjerknes' regelmäßige Gegenwart und seine bereits länger bestehende Führerschaft auf dem Fachgebiet garantierte seinen jungen Kollegen kontinuierlichen Ansporn und Inspiration. Aus ihrer intensiven, harten Arbeit entstand eine der Grundlagen der modernen Wettervorhersage.

Abb. 5 Die Mitarbeiter in Bergen bei der Erstellung einer Wettervorhersage im Haus der Familie Bjerknes am 14. November 1919. Ganz links vorne sehen wir Tor Bergeron am Tisch, mit dem jungen Studenten Carl-Gustaf Rossby zu seiner Linken. Der stehende Herr, der der Kamera seinen Rücken zudreht, ist Jack Bjerknes. Zu Rossbys Linken sitzt Svein Rosseland. Und die beiden Männer, die zusammen hinten an einem Tisch frontal zur Kamera sitzen, sind die beiden Mitarbeiter Sverre Gåsland and Johan Larsen. Die Dame auf der rechten Seite des Bildes ist Gunvor Faerstad. Sie war dafür verantwortlich, die meteorologischen Beobachtungen per Telefon anzunehmen und die Daten auf den Karten einzuzeichnen. (© 2019 ECMWF)

Zu dieser Zeit gab es in der Bergener Schule vier leitendende Personen: Vilhelm Bjerknes, der Amtsälteste und die Schlüsselperson in jeder Hinsicht, Jack Bjerknes, Vilhelms Sohn, der bei der Gründung der Schule erst 20 Jahre alt war, sowie Halvor Solberg und Tor Bergeron, die ebenfalls in ihren Zwanzigern waren. Obwohl die bemerkenswertesten Innovationen der Bergener Schule, sowohl bezüglich ihrer Arbeitsmethoden als auch in der theoretischen Forschung, hauptsächlich auf die drei jüngeren Persönlichkeiten zurückzuführen sind, waren diese wahrscheinlich nur durch Vilhelm Bjerknes fest etablierte Forschungsstrategie und seine inspirierende Leitung möglich.

In der ersten Dekade des 20. Jahrhunderts hatte Bjerknes drei talentierte Absolventen – Vagn Ekman, Bjørn Helland-Hansen und Johan Sandström – betreut, die seinen Zirkulationssatz interpretierten und auf verschiedene anspruchsvolle ozeanische Strömungen anwendeten. Gemeinsam legte diese Gruppe die Grundsteine der theoretischen Ozeanografie. Es ist bemerkenswert, dass Bjerknes ein Jahrzehnt später eine ähnliche Energie für die Förderung dieser drei neuen Studenten aufbrachte, die dazu bestimmt waren, die Grundlage der modernen Meteorologie zu schaffen, wie wir im folgenden Abschnitt beschreiben werden. Und das war nicht alles: Auch ein Universitätsabsolvent mit dem Namen Carl-Gustaf Rossby würde auf seinem Weg in die Vereinigten Staaten fast zwei Jahre an der Bergener Schule verbringen. Rossby würde eine entscheidende Rolle dabei spielen, die amerikanische Meteorologie in den 1930er- und 1940er-Jahren zu verändern. Er würde das Potential des Bjerknes'schen Zirkulationssatzes in vollem Umfang ausnutzen und so die erste quantitative Erklärung von Großwetterlagen erzeugen (was wir in Kap. „5. Begrenzung der Möglichkeiten" näher ausführen werden).

Die grafischen Methoden, die von Bjerknes und seinen neuen Schützlingen entwickelt wurden, bieten eine wichtige „alternative Sichtweise" der Gleichungen, die wir am Ende von Kap. „2. Von Überlieferungen zu Gesetzen" vorgestellt haben. Von Anfang an wurde Bjerknes von der Suche nach einer außergewöhnlichen praktischen Anwendbarkeit seines Zirkulationssatzes angetrieben. Dieser Satz, den wir in Vertiefung 1.1 beschrieben haben, folgt aus den fundamentalen Grundgleichungen. Richardson entwickelte Methoden, um die Grundgleichungen durch endliche Differenzen zu lösen. In Bjerknes' grafischen Verfahren waren implizit Methoden enthalten, welche die Konvergenz und ihren Zusammenhang mit Änderungen der Zirkulationen nutzten. Bjerknes hatte erkannt, dass er aufgrund fehlender Hilfsmittel die Konvergenz nicht direkt und genau genug berechnen konnte, aber er konnte die Zirkulation berechnen. Im Folgenden erklären wir, wie diese Ideen und Konzepte entstanden sind.

Vom Seewind zur Polarfront

Bjerknes' Modell der atmosphärische Zirkulation wurde erstmals an einem Modell berechnet, das von einer kreisförmigen Strömung der Luftmassen in einem vertikalen Querschnitt der Atmosphäre ausging, so wie er das in seinem Aufsatz aus dem Jahr 1898 erklärt hatte

(s. Vertiefung 1.1 zum Seewind). Der nächste große Durchbruch gelang, als das Bergen-Team von Bjerknes solche Wege auf nahezu horizontal Flächen mit konstanter Dichte betrachtete. Nun konnten Strömungen, wie sie zum Beispiel in den Abb. 8 und 12 dargestellt sind, untersucht werden – es entstanden Wetterbilder, wie wir sie heute kennen.

Wie vollziehen wir den Übergang von der Theorie zur Praxis? Bjerknes beschäftigte sich mit der Zirkulation entlang langer Wege, welche die Gebiete einkreisen, für die man sich interessierte. Weil wir die Atmosphäre nicht durchmischen und so die Folgen verschiedener Methoden dieses Durchmischens nicht beobachten können, werden Experimente im Labor entwickelt, um das Verhalten rotierender Fluide zu messen und zu analysieren. Theoretiker lassen sich auch spielerische Experimente einfallen, wie beispielsweise das Umrühren in einer Tasse Kaffee oder die Beobachtung von Wasser, das aus einer Badewanne abfließt, wie in Abb. 6 zu sehen ist.

Wie können wir uns vorstellen, was ein passender Weg und was Zirkulation überhaupt ist? Betrachten wir dazu eine Flüssigkeit, die in einen Abfluss fließt. Besitzt die Flüssigkeit eine Art Gesamtzirkulation? Wir quantifizieren hier die Ähnlichkeiten einer Strömung von gleichmäßig umgerührtem Kaffee mit der Strömung von Wasser, das aus einer Badewanne abgelassen wird. Platzieren wir zunächst einen kreisförmigen Weg nahe des Tassen- oder Badewannenabflussrandes. Dann betrachten wir die Flüssigkeit und ihre Bewegung innerhalb einer hypothetischen Röhre mit einheitlichem Durchmesser, die um einen kreisförmigen Weg mit Radius R platziert ist, wie in Abb. 7 dargestellt.

Abb. 6 Wirbelndes Wasser fließt in einer Spüle oder Badewanne durch einen Abfluss in der Mitte ab. Wenn die Fluidpakete rotieren und sich dem Abfluss nähern, werden sie schneller, um so ihre Zirkulation zu erhalten. (© Yanik Chauvin / stock.adobe)

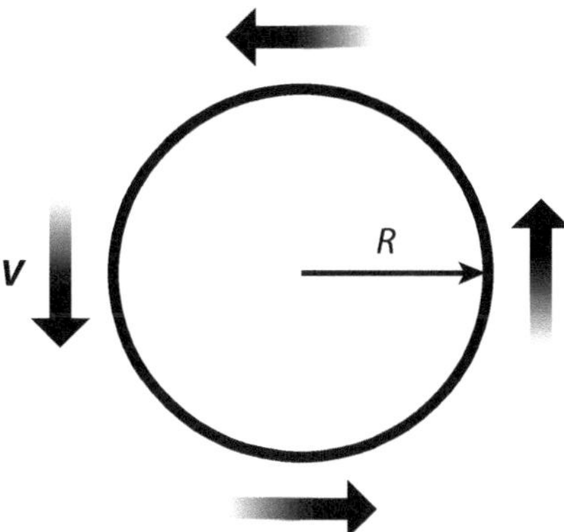

Abb. 7 Wir betrachten einen kreisförmigen Weg (oder eine Schleife) um einen zentrierten Punktwirbel. Dann ist die Zirkulation C gegeben durch $2\pi RV$, wobei R den Radius der Schleife und V die Geschwindigkeit der Strömung (dargestellt durch die dicken Pfeile) entlang des Schleife bezeichnen, die den Umfang $2\pi R$ hat. Die Wirbelstärke (oder Wirbelhaftigkeit, engl. vorticity) ist die Zirkulation um die Schleife, geteilt durch die Kreisfläche (πR^2), also $C/(\pi R^2) = 2\pi RV/(\pi R^2) = 2V/R = 2\omega$, wobei ω die Winkelgeschwindigkeit der Wirbelströmung um den Kreis angibt. Wenn wir in das wirbelnde Wasser einen Korken legen würden, würde sich der Korken auf einem Kreis um den Wirbel mit einer Winkelgeschwindigkeit bewegen, die halb so groß wie der Wert der Wirbelstärke ist. Die Skizze stellt eine idealisierte Scheibe einer rotierenden Atmosphäre dar, wie beispielsweise in den Abb. 8 (in diesem Kapitel), 3 oder 9 in Kap. „1. Eine Vision wird geboren". (© Princeton University Press)

Was wird nun mit dem von der Außenströmung abgeschotteten Fluid in der glatten Röhre passieren? Das Fluid innerhalb der Röhre sollte sich – wegen der Gesamtimpulserhaltung jedes sich kreisförmig bewegenden Fluidpaketes – gleichmäßig weiterbewegen. Wir definieren die Zirkulation als das Produkt der sich ergebenden Durchschnittsgeschwindigkeit des Fluids in der Röhre mit der Strecke ($2\pi R$), entlang der sich die einzelnen Fluidpakete um den Mittelpunkt der Röhre bewegen.

Das gerade beschriebene Experiment erfordert eine makroskopische Betrachtungsweise von Fluidbewegungen, das heißt auf einer großen Skala. Aber die durch Gleichungen gesteuerten Fluidbewegungen – dieselben Gleichungen, mit denen Bjerknes und sein Team kämpften, um Informationen zu gewinnen – werden bezüglich winzig kleiner Fluidpakete ausgedrückt. Um diese Konzepte zu verbinden, müssen wir die Ideen der Zirkulation auf jedes Fluidpaket anwenden. Dazu ziehen wir die langen Wege zu einem kleinen, kreisförmigen Weg um ein Fluidpaket zusammen. Dieser Vorgang erlaubt uns, ein weiteres, grundlegendes Maß für die Wirbelstärke eines Fluids zu messen, das durch die Stärke der Zirkulation um eine kleine kreisförmige Schleife im Fluid, geteilt durch die Fläche, die durch den Kreis eingeschlossen wird, definiert ist, wie in der Bildunterschrift 7 beschrieben wird.

Wenn eine scheibenförmige Masse (Abb. 7) in einem konstanten Tempo herumwirbelt, sodass die Winkelgeschwindigkeit aller Fluidpakete gleich ist, dann hat das Fluid, das entlang des Randes der rotierenden Scheibe wandert, eine höhere Zirkulation als das Fluid,

Abb. 8 Hurrikan Dora wurde vom NASA-Satelliten Terra am 20. Juli 2011 über der Küste im Südwesten Mexikos fotografiert. Die wirbelnde Spirale aus feuchtwarmer Luft ist gut zu erkennen. Würden wir die Richtung der vertikalen Luftbewegungen nicht kennen, könnten wir irrtümlicherweise denken, dass der Wirbel ein „Badewannenwirbel" sei, mit wirbelnder und „ablaufender" oder nach unten ins ruhige „Auge" verschwindender Luft. Das Auge ist deutlich in der Mitte des Bildes zu erkennen. In Wirklichkeit steigt die Luft nahe des Auges auf und strömt in größeren Höhen heraus. Dieses Bild zeigt eine starke Bewegung der Atmosphäre in großen Skalen von hunderten Kilometern. (© NASA. Abdruck mit freundlicher Genehmigung)

das sich auf kleineren konzentrischen Kreisen bewegt. Auf diese Weise misst die Zirkulation entlang eines kreisförmigen Weges die gesamte Stärke der Rotation innerhalb des Weges. Auf langen kreisförmigen Wegen gibt es mehr wirbelnde Fluidpakete, die sich zu einer größeren „Punkt-Wirbelstärke" addieren. In der Realität ist die Geschwindigkeit eines Badewannenwirbels in der Mitte normalerweise schneller, sodass die Zirkulation von verschiedenen Umkreisungen (um den Abfluss) nahezu konstant ist.

In den letzten 150 Jahren wurde kein praktischer Weg gefunden, die Wirbelstärke oder die Zirkulation direkt zu messen. Anders als bei Druck- oder Temperaturmessungen können wir kein „Zirkulationsmeter" kaufen oder die Wirbelstärke mittels eines Satelliten direkt messen – aber wir können die Zirkulation über die Geschwindigkeit der Strömung berechnen. Wie Helmholtz schon feststellte, bleibt die Wirbelstärke in einer idealen Flüssigkeit unverändert, außer es passiert etwas Wesentliches. Konvergenz ist so etwas Wesentliches. Weil sie normalerweise mit der vertikalen Bewegung der Luft verbunden ist, ist die lokale Konvergenz des horizontalen Windes einer der wenigen Vorgänge, welcher die lokale Wirbelstärke verändert. Wenn wir alle lokalen Konvergenzen addieren, erhalten wir Zirkulationsergebnis, das dem von Bjerkne entspricht, und nach welchem die Nettokonvergenz innerhalb einer größeren Umkreisung in dem Fluid mit der Änderung der Gesamtzirkulation um den kreisförmigen Weg verbunden ist (wie in Vertiefung 3.2 detaillierter erklärt wird).

Mit den neuen Datenquellen und ihren neuen Ideen waren Bjerknes und sein Team gut aufgestellt, um eine detaillierte Analyse der Wettersysteme über Norwegen durchzuführen. Die Not der Bauern und Fischer motivierte sie. Jack Bjerknes folgte den Fußstapfen seines Vaters und wurde ein wichtiges Mitglied der kleinen Forschungsgruppe (später in den 1940er-Jahren würde er helfen, ein Institut für Meteorologie in Los Angeles aufzubauen, wo unsere Hauptfigur aus Kap. „6. Die Metamorphose der Meteorologie“ ihr Handwerk lernte).

Vertiefung 3.2. Das Rückgrat des Wetters I: Die Wirbelgleichung

Es wird oft beobachtet, dass sich Wettersysteme systematisch verändern. Wie wir gerade diskutiert haben, ist die Wirbelstärke (engl. vorticity) direkt mit der Zirkulation verbunden. Und in Vertiefung 1.1 haben wir erklärt, wie die Änderungen der Zirkulation mit systematischen Windänderungen verbunden sind – beispielsweise mit dem Seewind. Wir beginnen mit den Grundgleichungen aus Vertiefung 2.4 und verändern sie, um uns auf die Wirbelstärke konzentrieren zu können. Dazu machen wir eine weitere Annahme: Die Dichte sei gut durch ihren hydrostatisch gemittelten Wert $\rho(z)$ approximiert (wie in Vertiefung 2.2).

Wir beginnen mit den horizontalen Windgleichungen, wobei wir die Dichte ρ durch ihren mittleren Wert $\rho(z)$ ersetzen:

$$\begin{aligned} \partial u/\partial t + u(\partial u/\partial x) + v(\partial u/\partial y) &= f_c v - (1/\rho(z))\partial p/\partial x, \\ \partial v/\partial t + u(\partial v/\partial x) + v(\partial v/\partial y) &= -f_c u - (1/\rho(z))\partial p/\partial y. \end{aligned}$$

Wir vernachlässigen hier die Vertikalbewegung w, und schließen für den momentanen Zweck auch jede große Änderung der Temperatur aus. Die Terme auf der linken Seite sind die totalen Ableitungen $\mathrm{D}_H u/\mathrm{D}t$ und $\mathrm{D}_H v/\mathrm{D}t$, die über die gewöhnlichen partiellen Ableitungen ausgedrückt werden, wie in Vertiefung 3.1 erklärt wurde. Das tiefgestellte „H“ bezeichnet die Tatsache, dass wir horizontale Bewegungen betrachten.

Indem wir die Ableitung $\partial/\partial y$ der ersten Gleichung von der Ableitung $\partial/\partial x$ der zweiten Gleichung abziehen, konzentrieren wir uns auf die Wirbelstärke $\zeta = \partial v/\partial x -$

$\partial u/\partial y$, mit dem Nebeneffekt, dass der Druckgradiententerm eliminiert wird – wie schon Helmholtz bei Fluiden konstanter Dichte beobachtet hatte.

Wenn wir die Terme zusammenfassen und die Tatsache zugrunde legen, dass sich f_c nur mit y (Breite) verändert, ergibt sich aus den obigen Gleichungen:

$$\partial\zeta/\partial t + u(\partial\zeta/\partial x) + v(\partial\zeta/\partial y) = -(f_c + \zeta)(\partial u/\partial x + \partial v/\partial y) - v(\partial f_c/\partial y),$$

was wir wie folgt formulieren können:

Proportionale Änderung der absoluten Wirbelstärke $(f_c + \zeta)$
in horizontaler Richtung
$= (1/(f_c + \zeta))\mathrm{D}_H(f_c + \zeta)/\mathrm{D}t = -div\ \mathbf{v}_H =$ horizontale Konvergenz.

Während des 20. Jahrhunderts konnten praxisorientierte Meteorologen die horizontale Konvergenz mit zunehmendem Wissen immer besser berechnen. Weil die Änderungen von f_c bekannt waren, konnten sie schließlich diejenigen von ζ bestimmen. Dadurch lernten die Meteorologen Änderungen der Konvergenz mit Wetteränderungen zu verbinden, wenn sich beispielsweise eine Zyklone entwickelt und dann meist nach Osten zieht.

Zuvor, im Jahre 1917 in Leipzig, hatte Jack Bjerknes begonnen sogenannte Konvergenzlinien zu untersuchen. Indem er die Gleichungen abwandelte und die Theorie der Wirbelbewegungen anwendete, leitete er eine Gleichung her, welche die Bewegung der Konvergenzlinien mit der horizontalen Änderungsrate des Wirbelstärkenfeldes in Zusammenhang bringt. Wenn Luft in niedrigen Höhen zusammenströmt, gibt es auch eine Vertikalbewegung, die wiederum ein Auseinanderströmen in oberen Höhen verursacht, wodurch der Bodendruck fällt. Jack Bjerknes folgerte, dass durch die Konvergenzlinien des Windes auf die Druckänderungen und somit auf das zugehörige Wetter geschlossen werden kann. Bis dahin waren das Verständnis und die Prognose der Druckstrukturen ein Grundpfeiler für die Vorhersage gewesen. Sie werden heute noch auf Wetterkarten dargestellt. Wirbelstärke und Konvergenz könnten nun den Druck in seiner Primärrolle ersetzen, wie am Ende von Vertiefung 3.2 erklärt ist.

Nachdem er aus Leipzig weggezogen war, konzentrierte sich Jack Bjerknes bei seiner Arbeit an der Bergener Schule wieder auf die Konvergenzlinien. Da er aber nun viel mehr Wetterdaten von den Beobachtungsstationen entlang der norwegischen Küste zur Verfügung hatte, identifizierte er Strukturen im Niederschlag in Zusammenhang mit verschiedenen Luftströmungsmustern.

Im Oktober 1918 schrieb Jack Bjerknes einen Aufsatz, der die Meteorologie revolutionieren sollte. Er trug den Titel „On the Structure of Moving Cyclones" (Über die Struktur sich bewegender Zyklonen). Darin versuchte er die Muster zu erklären, die in den Wetterkarten des vorherigen Sommers beobachtet worden waren. Die Ergebnisse sollten zu den konzeptionellen Modellen von Warm- und Kaltfronten führen – er nannte diese „steering lines“ (Warmfront) and „squall lines“ (Kaltfront), wie in Abb. 9 und 10 dargestellt – und wurden der Angelpunkt der modernen Meteorologie. Der Begriff „Front“ wurde später übernommen und entstand aus der Vorstellung einer „Kampffront“ zwischen den wetteifernden Effekten warmer und kalter Luft – eine Idee, die damals aufgrund der Karten mit den Fronten im Ersten Weltkrieg, die regelmäßig in den Zeitungen erschienen, allen bekannt gewesen sein sollte.

Jack Bjerknes hatte seine Vorstellung einer Zyklone aus dem vorigen Jahrhundert als glattes, nahezu kreisförmiges Objekt revidiert und wandelte sie zu einer hochragenden Struktur um, die aus unterschiedlichen warmen und kalten Teilen besteht und durch die Atmosphäre wirbelt. Das neue Modell schien eine asymmetrische, thermische Struktur zu besitzen, bestehend aus einer ausgeprägten „Zunge“ warmer Luft, die von kälterer Luft begrenzt ist, wie in den Abb. 9 und 10 zu sehen. Indem er die Warmfront identifizierte, hoffte er vorhersagen zu können, wohin die Zyklone wandern würde; und durch das Erkennen der Kaltfront konnte er vorhersagen, wo die Regenschauer auftreten würden.

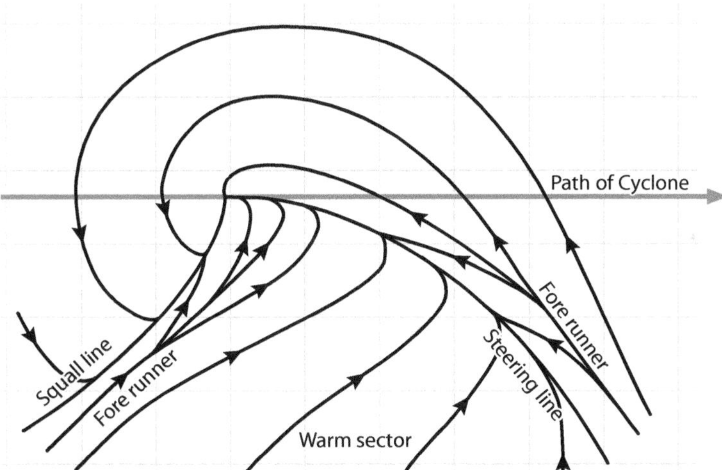

Abb. 9 Abbildung aus Jack Bjerkenes' Aufsatz „On the Structure of Moving Cyclones“ (Über die Struktur sich bewegender Zyklonen), veröffentlicht im Jahr 1919. Am Anfang schreibt er in seinem Aufsatz „sowohl die Steering line (Warmfront) als auch die squall line (Kaltfront) bewegen sich nach den Ausbreitungsgesetzen für Konvergenzlinien.“ Hier sind die Stromlinien dargestellt und die Konvergenz dieser Linien konnte nun mit Vertikalbewegungen in Verbindung gebracht werden. Seine Arbeit machte es leichter zu verstehen, wo Regen in einem solchen Wettersystem erwartet werden kann. Fast ein Jahrhundert nach dem Meinungsstreit von Epsy und Redfield hatten Zyklonen eine innere Struktur erhalten. Neu gezeichnet nach *Monthly Weather Review* 47 (1919): 95–99. (© NOAA Central Library)

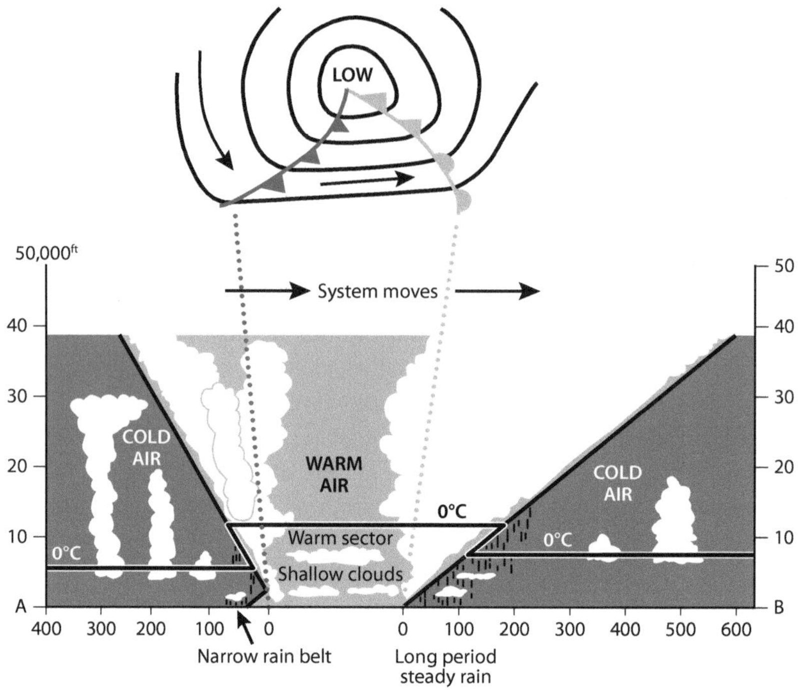

Abb. 10 Eine Idealisierung eines Tiefdrucksystems nach der Bergener Schule. Jack Bjerknes erkannte, dass Regen normalerweise nahe dieser abrupten Übergänge von kalter zu wärmerer Luft auftrat, dargestellt durch die geneigten Linien im unteren Atmosphärenschnitt, welche heute als Fronten bekannt sind. Normalerweise gibt es anhaltenden Niederschlag an der flacheren Warmfront und stärkere Niederschläge an der steileren Kaltfront. (© 2019 ECMWF)

Das Zeichnen der Stromlinien half auch bei den Problemen bei der Vorhersage für Norwegen. Wenn Konvergenzlinien oder Stromlinien identifiziert werden können, sobald sie sich den Beobachtungsposten an der Küste nähern, können die Bewegung und die Geschwindigkeit von Konvergenzen berechnet werden. Dadurch wurde es möglich, den Bauern zuverlässig Regen vorherzusagen. Jack Bjerknes Tagebuch aus dem Sommer 1918 zeigt seine wachsende Vertrautheit mit der Beziehung zwischen Konvergenzlinien und Tiefdruckgebieten. Er erhielt täglich um 8 Uhr morgens zunächst Daten, die von Beobachtungsstationen aus dem ganzen Land per Telegraf nach Bergen geschickt wurden. Dann arbeitete er mit seinen Kollegen an der grafischen Darstellung der Daten und an der Ausarbeitung der Karten. Um 9.30 Uhr gab Jack Vorhersagen für bis zu 12 h an verschiedene regionale Zentralen weiter. Die Bauern konnten dann die Vorhersageinformationen abholen. Einen zusätzlichen Beobachtungsdatensatz erhielt das Team von Bjerknes am frühen Nachmittag. Dieser diente zur Überprüfung der Vorhersagen, die für den Tag gemacht worden waren.

Diese Vorgehensweise, das ständige Sichten eines Berges aus Beobachtungsdaten und das Zeichnen von Wetterstrukturen, war der Schlüssel, mit dem es der Bergener Gruppe gelang, die Geheimnisse der Tiefdrucksysteme zu lüften. Abb. 10 zeigt eine erweiterte Darstellung von Jack Bjerknes' Beschreibung des typischen Wetters in einem vertikalen Querschnitt der Atmosphäre. Ein Beispiel aus der modernen Wettervorhersage ist in Abb. 11 und 12 zu sehen.

Tor Bergeron lieferte seinen ersten großen Beitrag im November 1919 ab. Während er Vorhersagen erstellte, bemerkte Bergeron einige Male etwas auf seinen Karten, das nicht ganz zu dem von Jack Bjerknes formuliertem Konzept der Tiefdruckgebiete zu passen schien. Während Jack Bjerknes' Modell nur zuließ, dass sich die (später bezeichnet als) Warm- und Kaltfronten im südlichen Teil der Warmluftzunge teilen, vermutete Bergeron, dass die Kaltfronten die Warmfronten einholen könnten. Sie könnten sogar auf eine gewisse Weise zusammenkommen. Wenn wir Abb. 10 betrachten, können wir uns vorstellen, wie die kalte Luft auf der linken Seite zur kalten Luft auf der rechten Seite aufschließt und schließlich die warme Luft vom Boden anhebt. Bei der Untersuchung der örtlichen norwegischen Wetterdaten vom 18. November 1919 formulierte Bergeron seine Idee in einer überzeugenden Zeichnung, in welcher diese beiden Linien tatsächlich miteinander verschmelzen.

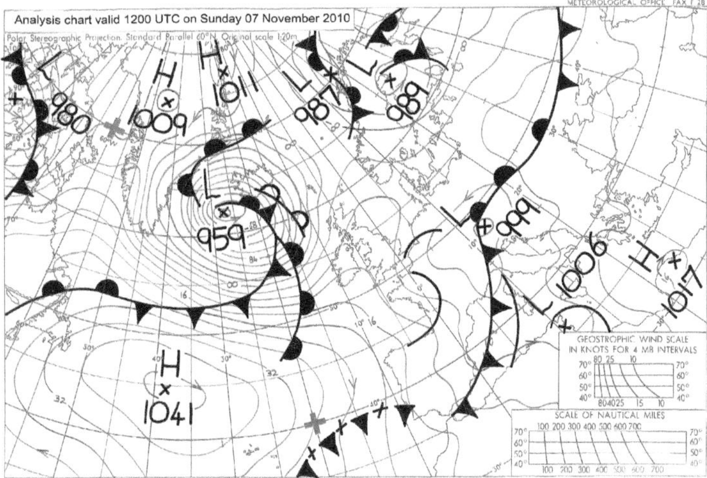

Abb. 11 Die Karte zeigt ein ausgeprägtes Tiefdrucksystem, das nach Osten wandert und Island ansteuert. Solche Tiefs entwickeln sich während ihres Lebenszykluses und erzeugen lokal ein Wetter, das mithilfe von Jack Bjerknes' Ideen vorhergesagt werden kann. Die Warm- und Kaltfronten des Tiefdrucksystems (mit einem niedrigsten Druck von 959 mbar in seinem Zentrum) werden durch halbe Scheiben (Warmfronten) und Dreiecke (Kaltfronten) dargestellt: Beachten Sie die geringfügige Richtungsänderung der Isobaren (die durchgezogenen Linien) der Warmfront. Die Bergener Schule entwickelte solche synoptischen Karten für die Wettervorhersage (und die grafische Darstellung verschiedener Fronten, die in Zusammenhang mit den Hoch- und Tiefdruckzentren stehen). (Diese Karte wurde von Steve Jebson per Hand nachgezeichnet). (© 2019 ECMWF)

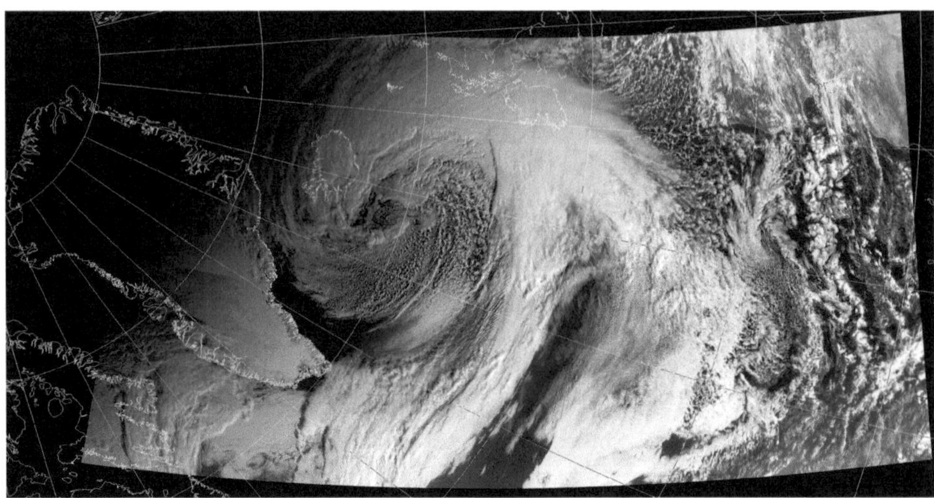

Abb. 12 Dieses Satellitenbild wurde über dem Nordatlantik aufgenommen und zeigt die Wolkenstrukturen am Tag der in Abb. 11. dargestellten Vorhersage. Die Wolkendecke über dem Westatlantik, Irland und Schottland ist mit feuchtwarmer Luft und der Warmfront verbunden. Die dünneren, zellulären Wolkenmuster, die aus dem Norden zwischen Grönland und Island kommen, weisen auf kältere, trockenere Luft und eine Kaltfront hin. (© NEODAAS / University of Dundee)

Dies eröffnete die Vorstellung einer „Okklusion", welche entsteht, wenn wärmere Luftmassen vom Boden getrennt und von kälteren Luftmassen eingeschlossen werden. Der Ablauf ist in Abb. 13 (Teil d und e) dargestellt.

Nun konnte man sehen, dass die Tiefdruckgebiete oder Zyklonen keine statische Struktur besitzen; ihre Struktur entwickelt sich entsprechend ihrem Lebenszyklus von der Geburt bis hin zu ihrem Zerfall, was typischerweise ein bis zwei Wochen dauert. Dieser Vorstoß war so bemerkenswert, dass Vilhelm Bjerknes begann, einen Aufsatz mit der Überschrift „On the Origins of Rain" (Über die Entstehung des Regens) vorzubereiten – ein Titel, der natürlich von Charles Darwins bekanntem Artikel „Über die Entstehung der Arten" inspiriert war –, aber dieser wurde nie fertiggestellt. Reales Wetter schien sich einfach zu stark zu verändern! Doch das Konzept der Zyklonen, die sich fortwährend durch die Atmosphäre bewegen und in bestimmten Phasen ihres Lebenszykluses Regen abgeben, sollte meteorologische Beobachtungen, Denkweisen und Vorhersagen verändern.

Der dritte wichtige Forschungsbeitrag der Bergener Schule war eine Entdeckung von Halvor Solberg im Februar und März 1920, als Jack Bjerknes' Modell weltweit Aufmerksamkeit auf sich zog. Solberg verfestigte und vervollständigte die neu entstandenen Vorstellungen von einer Zyklone und ihrem Lebenszyklus, indem er eine globale Front identifizierte, die sich um den ganzen Polarkreis erstreckt und kalte Luft nach Süden von warmer Luft nach Norden abgrenzt. Diese sogenannte „Polarfront" schien ein Gebiet der bevorzugten Ort solcher „Tiefs" zu sein und führte zum Konzept der „Zyklonen-Familien", die um den Globus zirkulieren, wie eine Perlenschnur um einen Breitenkreis. Sofort erkannte Vilhelm

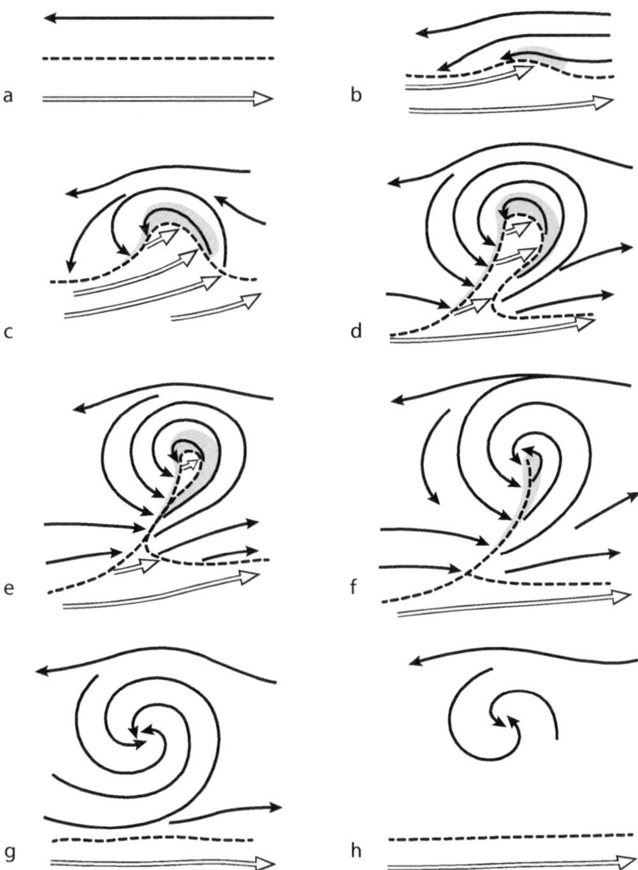

Abb. 13 Draufsicht eines Lebenszykluses einer Zyklone, basierend auf einer idealisierten Polarfront, wobei die Breitengradlinien von links nach rechts Richtung Osten verlaufen. Die durchgezogenen Linien stellen den Verlauf eines Luftpaketes dar, und die gestrichelten Linien markieren die Fronten, die Meteorologen in ihren Karten einzeichnen. Die Vorstellung, dass die Grenze zwischen der wärmeren Luft der mittleren Breiten und der kälteren, polaren Luft der Polarregionen als Geburtsort der Wettersysteme in den mittleren Breiten betrachtet werden kann, veränderte die Meteorologie. Die Polarfont ist in **a** dargestellt und in **b** die Entstehung eines Tiefdrucksystems. Die Abbildungen in **c–e** zeigen, wie der kältere Teil der Front den wärmeren Teil einholt, während die Zyklone heranreift. Schließlich ist in Abbildung **f–h** die entwickelte Zyklone dargestellt, die langsam wieder ihren Ursprungszustand annimmt. Neu gezeichnet nach *Monthly Weather Review* 50 (1922): 468–473. (© NOAA Central Library)

Bjerknes den Wert dieser Idee für die praktische Vorhersage: Wenn man identifizieren könnte, wie weit der Lebenszyklus einer Zyklone über der Nordsee vorangeschritten war, dann würde diese Information wichtige Hinweise darauf geben, welches Wetter demnächst vom Nordatlantik zu erwarten wäre.

Die bedeutendste Leistung der Bergener Schule lag in der Einführung realistischer Modelle von Strukturen solcher Tiefs. Diese Modelle erklärten beobachtete meteorologische Ereignisse und standen in direktem Zusammenhang mit dem Wetter, welches die Meteorologen vorhersagen wollten. Vilhelm Bjerknes und seine Schützlinge waren die Ersten, die Wetter auf eine systematische und wissenschaftlichen Weise beschrieben. Die Strukturen, die in den Abb. 10 und 13 dargestellt sind, wurden aus Tausenden Beobachtungen herausgezogen. Die konzeptionellen Modelle der Bergener Schule ergaben dann brauchbare Wettervorhersagen für die mittleren Breiten für einen Zeitraum von ein oder zwei Tagen. Mitte der 1920er-Jahre war die Kritik an den Meteorologen, dass Wettervorhersage nur auf Rätselraten unter Verwendung vergangener Erfahrungen basierte, überwunden. Abermals führten bessere Beobachtungen und deren Analysen zu besseren wissenschaftlichen Konzepten und somit auch zu besseren Vorhersagen – Descartes' Vorschläge für eine wissenschaftliche Methode revolutionierte Jahrhunderte später die Lebensgewohnheiten der Menschheit und veränderte auch die Meteorologie.

Eine Top-down-Sicht ebnet den Weg zum Fortschritt

Die Vorstellung von wärmeren und kälteren Luftmassen, die an Fronten zusammenkommen, führte zu regelmäßigen sogenannten *Luftmassenbestimmungen.* Mitte der 1920er-Jahre hatten die Meteorologen aus Bergen erkannt, dass größere Luftmassen bestimmte physikalische Charakteristika, beispielsweise Wärme oder Trockenheit, aufweisen. Solche physikalischen Erkennungsmerkmale der Luftmassen waren üblicherweise auf ihre Lebensgeschichten zurückzuführen. Solche Erkennungsmerkmale von Luftmassen bilden sich immer, wenn ein großer Teil der Atmosphäre für einen ausreichend langen Zeitraum über einem (oft landes-) weiten See- oder Landgebiet mit einigermaßen gleichbleibenden Oberflächeneigenschaften verbleibt. Dabei erhält die Luftmasse von ihrer Umgebung einen individuellen „Daumenabdruck". Dieser kann beispielsweise im Winter über einer Wüste oder in der Tundra kalt und trocken sein oder auch warm und feucht, wenn sich die Luftmassen über dem Golfstrom befinden.

Wenn sich die Luftmassen schließlich aus ihrem Entstehungsgebiet wegbewegen und über Oberflächen mit unterschiedlichen Eigenschaften wandern, dann wird das bis dahin bestehende Gleichgewicht gestört; so entsteht wechselhaftes Wetter. Wenn beispielsweise feuchte, warme Sommerluft vom Golf von Mexiko über die Landmassen des Mittleren Westen zieht, die wärmer als die Luft selbst sind, erwärmt die heiße Oberfläche die warme, feuchte Luft von unten und verursacht auf diese Weise aufsteigende Luftströmungen, die wiederum zur Bildung von Wolken und starkem Regen führen. In den oberen Schichten besitzt jede Luftmasse bestimmte anhaltende Eigenschaften, die es ermöglichen, ihren Ursprung und die Spur ihrer täglichen Bewegungen und physikalischen Veränderungen zu klassifizieren (Abb. 14). Jeden Sommer wird Staub aus der Sahara durch Höhenströmungen

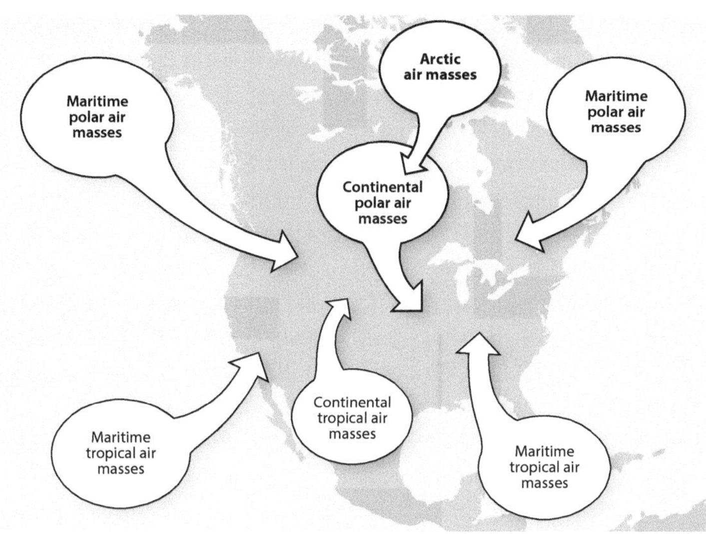

Abb. 14 Diese Skizze zeigt, wie üblicherweise die Entstehung und die Klassifikation der typischen Luftmassen über Nordamerika dargestellt werden. (© Princeton University Press)

Tausende Kilometer weit transportiert, bis er schließlich an weit verstreuten Orten abregnet, wie zum Beispiel im Amazonasbecken oder im Nordwesten Europas.

Weil Luftmassen aus bestimmten Regionen typische Merkmale aufweisen, die in Abhängigkeit davon, wo sie als Nächstes hinwandern, zu vorhersagbarem Wetter führen, ist die Analyse von Luftmassen für die Wettervorhersage besonders wertvoll. Die großen Monsune in Südostasien und insbesondere in Indien sind besonders bemerkenswerte Beispiele dafür. Warme Luft aus dem Indischen Ozean weht über den sehr heißen und trockenen Subkontinent und bringt dabei starken Regen mit sich. Ein anderes markantes Beispiel ist die Kältewelle, die aus Kanada in den Nordosten der Vereinigten Staaten gelangt. Im Frühjahr drängt warme, feuchte Luft aus dem Golf von Mexiko nordwärts in den Mittleren Westen der Vereinigten Staaten gegen die kalte, kanadische Luft, was häufig zu heftigen Schnee- und Eisstürmen, sogenannten Blizzards, führt.

Indem die Meteorologen die Eigenschaften einer Luftmasse vorhersagen, indem sie ihre Quelle oder ihren Ursprung und ihren Weg oder ihre Trajektorie bestimmen, können sie auf Wetter schließen, das sehr wahrscheinlich entsteht, wenn sich diese Luftmasse weiterbewegt. Fronten, die typischerweise die Grenzen von warmer und kalter Luft darstellen, erscheinen regelmäßig auf den Wetterkarten der ganzen Welt. Dennoch wurden die Methoden der Bergener Schule in vielen Ländern nur langsam übernommen. In den 1920er- und 1930er-Jahren gab es viel Widerstand vonseiten der traditionellen Meteorologen. Erst im Jahr 1941 begann das U.S. Weather Bureau die Luftmassenanalyse regelmäßig zu nutzten.

Seine Sorgen, dass Regen innerhalb der nächsten zwölf Stunden die Ernte in Norwegen verderben und die Lebensmittelknappheit verschlimmern könnte, hatten Vilhelm Bjerknes erkennen lassen, dass das lokale Wetter in Bergen durch Wetterentwicklungen in den mittleren Breiten entlang des ganzen Planeten beeinflusst wird. Ein Jahrhundert später können wir auf Satellitenbildern sehen, wie eng verbunden das globale Wetter ist. Heutzutage berechnen verschiedene große Wetterdienste regelmäßig das weltweite Wetter der kommenden Woche.

Die lokalen Vorhersagen der Bergener Schule waren so nützlich, dass im Jahr 1920 Fischer und Seeleute die norwegische Regierung überredeten, Bjerknes' meteorologisches Institut in Bergen zu behalten. In diesem Nachkriegsjahr stürzte Norwegen in eine lange und schwere finanzielle Depression. Um die staatlichen Ausgaben zu reduzieren, schlug 1924 das Norwegische Ministerium für Kirche und Bildung vor, entweder den Wetterdienst in Oslo oder die Schule von Bjerknes und seinem Team in Bergen zu schließen. Natürlich entschied sich die Hauptstadt für den Erhalt ihres Wetterdienstes, schon aufgrund der geplanten Luftschiffroute von London nach Oslo und Stockholm.

Aber entlang Norwegens Westküste wurden Stimmen für eine Beibehaltung des Bergener Instituts laut. Schifffahrt- und Hafenbehörden, örtliche Geschäfte und insbesondere Fischer (die sagten, dass die Wettervorhersage das Beste sei, was der Staat je für sie getan hätte) waren gegen die Schließung des Bergener Instituts. Lokalzeitungen und Mitglieder des Parlaments schlossen sich der Kampagne an und zu Bjerknes' Freude blieben am Ende beide Einrichtungen erhalten. Später würde Bjerknes sagen, dass ihn von allen wissenschaftlichen Anerkennungen, die er erhalten hatte, keine mehr erfreute als diese Stellungnahmen der Fischergemeinden rund um Bergen.

25 Jahre später, gegen Ende des Zweiten Weltkriegs, nutzten die meisten Meteorologen weltweit in irgendeiner Form die in der Bergener Schule entwickelten Methoden. In der zweiten Hälfte des 20. Jahrhunderts waren auch auf Fronten und Zyklonen basierende Wetterkarten in den Zeitungen und anderen Medien etwas Alltägliches. Friedmann schrieb 1989, dass es erstaunlich sei, dass das norwegische Fernsehen und die Osloer Zeitungen immer noch auf Fronten in ihren Wetterkarten verzichteten. Aber zur Politik gehören Macht, Geld und Stolz. Viele Wetterdienste übernahmen sehr viel von Bergens Sichtweise, während es ihre Direktoren schwer hatten, die verschiedenen Interessen ihrer Mitarbeiter und Länder unter einen Hut zu bringen.

Um die Unnachgiebigkeit anschaulich zu machen, betrachten wir ein bemerkenswertes frühes Beispiel. Am 22. Oktober 1921 zog ein Sturm über Dänemark und Schweden in Richtung Russland. Aber der dänische Wetterdienst stoppte die Ausgabe von Sturmwarnungen an der dänischen Küste, weshalb viele Schiffe und Fischerboote zerstört wurden. Als die dänische Regierung erfuhr, dass die Bergen-Methode die Sturmintensivierung richtig vorausgesagt hatte, wies sie ihren Wetterdienst an, die Bergen-Methode zu erlernen und zu übernehmen. Der Leiter des Dänischen Meteorologischen Instituts besuchte zwar Bergen und hörte sich die Konzepte an, aber als er nach Kopenhagen zurückkehrte, weigerte er sich, den Ansatz der Bergener Schule anzunehmen oder umzusetzen. Es würde zu viel Zeit kosten, die Wetterdienste von ihren empirischen Methoden, die ihre Wurzeln im 19. Jahrhundert hatten und noch Telegrafen verwendeten, auf den Gebrauch neuer wissenschaftlicher Methoden umzustellen. Viele wurden schließlich durch das Wachstum des Luftfahrtgeschäfts in den 1930er-Jahren und den herannahenden Zweiten Weltkrieg dazu veranlasst, Modernisierungen vorzunehmen. Die Bergener Schule war dazu bestimmt, die Meteorologie der darauf folgenden Jahrzehnte hinweg zu prägen.

Zu Beginn der 1920er-Jahre brachten Bjerknes und sein Team erstaunliche theoretische und praktische Ergebnisse hervor; die Nachrichten über ihren Erfolg breiteten sich schnell in Europa und Amerika aus, auch wenn ihre Methoden nicht so rasch angenommen wurden. Trotz der enormen Fortschritte war Bjerknes häufig enttäuscht darüber, dass der Erfolg nicht durch sein ursprüngliches Manifest erreicht worden war. Er nutzte zwar die Eigenschaften von Wirbelstärke, Zirkulation und Konvergenz, um auf die Entwicklung von Wettersystemen zu schließen, aber seine grafischen Methoden, um Informationen aus den Gleichungen zu extrahieren, waren im Vergleich zu präzisen Rechenmethoden sehr ungenau.

Wichtig ist zu erkennen, dass hinter dem Erfolg von Bjerknes' Methode ein Schlüssel zur Lösung vieler mathematischer Probleme liegt. Statt die Gleichungen für Wärme, Feuchtigkeit und Bewegung direkt anzugehen (wie es Richardson versuchte), formulierte Bjerknes' Team das Problem in eine Menge von Gleichungen um, die das Wetter auf größeren Skalen beschreiben, in denen wir typischerweise die synoptischen Karten zeichnen wollen, wie beispielsweise in Abb. 11 zu sehen ist. Statt die Wind- und Temperaturänderungen über jedem Hügel und über jeder Stadt im Detail zu berechnen, betrachteten sie die Änderung der Konvergenz und der Wirbelstärke auf einer größeren regionalen oder nationalen Skala; sie nutzten dann diese Vorhersagen, um allgemeinere lokale Prognosen für die durchschnittliche Temperatur und den Regen zu erstellen.

Die klassische Physik der Bewegungs-, Wärme- und Feuchteentwicklung von Luftpaketen sagt uns, wie sich die Grundbestandteile, die ein Wettersystem ausmachen, verändern. Das ist unsere *Bottom-up*-Perspektive, wie sie auch von heutigen Supercomputern bei der Verwendung von Methoden berechnet wird, die denen von Richardson sehr ähnlich sind, und wie sie an jedem Orten der Welt von einer einzelnen Wetterstation aus betrachtet wird. Indem wir aber Größen wie beispielsweise die Wirbelstärke und Konvergenzen in der Luft über einer Landschaft eines Staates oder einer Region untersuchen, erlangen wir unsere *Top-down*-Sicht: Wir können dann folgern, wie sich die Wetterpixelvariablen als Teil eines gesamten Wettersystems, wie es heute von Satelliten beobachtet wird, verändern. Solche Top-down-Regeln begrenzen oder steuern die andernfalls zu vielfältigen, unabhängigen Beziehungen zwischen den lokalen Elementen, und sie ermöglichen es uns, qualitativ nützliche Tatsachen über Wetterstrukturen abzuleiten, ohne alles im Detail zu lösen oder sogar zu wissen. Dieser Ansatz wird vor allem dann nützlich, wenn wir uns klarmachen, dass es in unserem Wissen immer Lücken geben wird – sogar bei der Betrachtung des jüngsten Zustandes der Atmosphäre und auch in Bezug auf viele Details der physikalischen Prozesse.

Solche Top-down-Regeln, wie sie in Vertiefung 3.2 beschrieben werden, folgen aus den Grundgleichungen aus Vertiefung 2.3 – wir haben während des Prozesses der Umformung unseres Problems keine neue Information hinzugefügt. Solche Verfahren und die Gesetzmäßigkeiten, die sich aus den Gleichungen ergeben, erlauben uns, regelmäßig nützliche Informationen zu extrahieren, ohne Differenzialgleichungen für alle Details explizit oder genau lösen zu müssen – vergleichbar mit der Identifikation einer Zyklone, ohne dabei jede einzelne Wolke zu betrachten. Indem sie diese Methoden nutzten, machten Bjerknes und sein Team die ersten bahnbrechenden Schritte, um die Geheimnisse von wetterbezogenen Fluidbewegungen zu enträtseln.

Während die von den Bergener Wissenschaftlern vorgelegten Theorien fast schon mit Missionseifer verbreitet wurden, waren Richardsons Berechnungen, akribisch in seinem Buch dokumentiert und 1922 veröffentlicht, eine ernüchternde Erinnerung an die Schwierigkeiten bei der Umsetzung von Bjerknes' Methode mit dem Ziel, aus der Vorhersage des Wetters ein Problem exakter Wissenschaft zu machen. Nach Richardsons Fehlschlag, als er explizit Bjerknes' Methode ausgeführt hatte, wurde Richardsons Verfahren mehrere Jahrzehnte lang praktisch ignoriert. Im Nachhinein war wahrscheinlich Richardsons einzig wahrer Irrtum die Annahme, dass sein Traum von der numerischen Wettervorhersage bis in alle Ewigkeit nicht erfüllt werden würde. Sein Traum wurde letztendlich erfüllt, und innerhalb von 30 Jahren nach Veröffentlichung seines Buches wurden in der Forschungsliteratur die ersten Vorhersagen veröffentlicht. Aber das geschah auf eine Weise, die sich Richardson und Bjerknes nie hätten vorstellen können.

Vilhelm Bjerknes hat Geschichte geschrieben, aber nicht die Geschichte, die er anfangs schreiben wollte. Ironischerweise lieferte Bjerknes innovative und ganz praktische Lösungen, um das Wetter zu verstehen und vorherzusagen, aber nicht das, was er ursprünglich gepredigt hatte: die direkte Verwendung der Gleichungen für Bewegung, Wärme und Feuchtigkeit, um das Problem der Wettervorhersage anzugehen. Was Bjerknes erschaffen hatte, war eine inspirierende Schule von talentierten Wissenschaftlern, die seinen Ideen folgten und diese Ideen auch an die nächste Generation sowohl theoretischer als auch praktischer Meteorologen weitergaben. Ihre Entdeckungen und Methoden – vielleicht sollten wir Letztere als Improvisationen bezeichnen – wurden nicht nur für viele kommende Jahrzehnte Teil jeder meteorologischen Ausbildung, sondern die Muster und Strukturen, die sie identifizierten, forderten auch noch die nächste Theoretikergeneration heraus. Ihre Aufgabe war es, mit einer mathematischen Theorie aufzuwarten, welche diese Phänomene erklärt.

Die nachfolgenden Theoretiker waren sich Bjerknes' ursprünglichen Triumphs bewusst; sie verstanden, dass die Umformung der Grundgleichungen in Gesetze bezüglich der Zirkulation und Wirbelbewegungen der Schlüssel für den weiteren Fortschritt war. Was zudem noch dringend gebraucht wurde, um Richardsons Traum wahr werden zu lassen, konnte man damals noch nicht einmal erahnen – die Fähigkeit der Menschheit, routiniert und schnell gewaltige Mengen Arithmetik zu bewältigen. Dazu würde man eine technologische und mathematische Revolution in Form von elektronischen Computern benötigen, welche durch Anforderungen während des Zweiten Weltkrieges vorangebracht wurde. Schon allein die Tatsache, dass sich die Theoretiker mit Konvergenz, Zirkulation und Wirbelstärke beschäftigten und es einen latenten Bedarf an leistungsstarken Supercomputern gab, verdeutlicht ein grundlegendes Hindernis bei dem Vorhaben, die Gleichungen der Wärme, Feuchtigkeit und Bewegung für all das, wofür sie nützlich sind, zu verwenden.

Um zum Wesentlichen zu gelangen und um dieses Hindernis für die Wettervorhersage zu verstehen, schauen wir uns die Mathematik genauer an, welche die Gesetze ausdrückt, die unser Wetter und Klima bestimmen. Was genau macht die Wettervorhersage für die nächste Woche so schwierig? Wenn wir den physikalischen Prozess verstehen, wenn wir unser Wissen über den Zustand der Atmosphäre vervollständigen und wenn wir unsere Gleichungen perfekt lösen, können wir dann das Wetter bis alle Ewigkeit vorhersagen? Wir werden sehen, dass mit der Entwicklung dieser Luftmassen, die durch den Wind transportiert werden, ein mathematischer Vorgang verbunden ist, der dem Chaos erlaubt, ins Wettergeschehen einzugreifen.

4. Wenn der Wind den Wind weht

Jedes Jahr wird die Wintersonnenwende vorhergesagt und die Sonne kehrt wie erwartet an die gleiche Position am Himmel zurück. Warum wiederholen sich die Winterstürme nicht genauso? Die meisten Winterstürme in den mittleren Breiten ähneln sich in Bezug auf Windstärke, Regen oder Schnee, aber sie treten dennoch auf unterschiedliche Weise auf. Die Versuche der Bergener Schule, den Ursprung von Zyklonen zu verstehen und ihre Ähnlichkeiten zu klassifizieren, waren nie in der Lage, die Fragen zu beantworten, wann und wo der nächste große Wintersturm genau auftreffen wird. Kann Richardsons Vorhersagemethode mithilfe der enormen Rechenleistung eines modernen Computers eine Antwort liefern? In diesem Kapitel entdecken wir, was in eben jenen Regeln selbst steckt – in den sieben Grundgleichungen –, was das Vorhersagen so schwierig und Wetter so interessant macht.

Auf den Punkt kommen

Im Jahr 1928 erstellte der englische *Hofastronom* Sir Arthur Eddington drei Vorhersagen für das Jahr 1999: Er sagte voraus, dass zwei plus zwei immer noch vier ergeben wird; er sagte für Mittwoch, den 11. August eine totale Sonnenfinsternis voraus, welche von Cornwall in Südwestengland aus sichtbar sein würde (ein sehr seltenes Ereignis); und er sagte voraus, dass wir immer noch nicht in der Lage sein werden, das Wetter für das nächste Jahr vorherzusagen. Nun, wir stimmen zu, dass zwei plus zwei immer noch vier ergibt, und dass es am 11. August 1999 tatsächlich eine totale Sonnenfinsternis gab, was nicht nur in England Schlagzeilen machte. Noch heute ist eine Wettervorhersage für *5 Tage im Voraus* eine Herausforderung für die modernen Meteorologen – sogar mit Supercomputern, von denen man 1928 nicht zu träumen wagte.

I. Roulstone und J. Norbury, *Unsichtbar im Sturm*,
https://doi.org/10.1007/978-3-662-48254-4_5

Eddington wusste nichts über das Chaos, zumindest nicht das Gleiche, was wir heute unter diesem Begriff verstehen. Aber er erkannte, dass wir aufgrund der zahlreichen Faktoren, welche das Wetter beeinflussen, sicherlich nie in der Lage sein werden, alle Einflüsse zu beobachten und zu messen, was ein stetiges Defizit im Vorhersageprozess mit sich bringt. Den zukünftigen Zustand der Atmosphäre und der Ozeane vorherzusagen, macht es nötig, viele komplizierte Prozesse mit ihren sensiblen und subtilen Rückkopplungen zu verstehen.

In seiner großen Vision aus dem Jahr 1904 stellte Bjerknes seinem rationalen Ansatz der Wettervorhersage das Problem gegenüber, die genauen Bewegungen dreier planetarer Körper, deren Gravitationskräfte sich gegenseitig stark beeinflussen, vorherzusagen. Er wies darauf hin, dass diese scheinbar harmlose Berechnung planetarer Bewegungen zu schwierig für die damaligen mathematischen Verfahren seien. In den 1880er- und 1890er-Jahren war das Dreikörperproblem ein heißes Thema. Bjerknes kam mit den weltweit führenden Experten auf diesem Gebiet zusammen, einschließlich Poincaré. Auch wenn Bjerknes das Problem der Beschreibung und Vorhersage des Wetters auf nur sieben Gleichungen oder Regeln reduziert hatte, d. h. auf sieben Variablen, die jedes Wetterpixel beschreiben, war dieses Problem immer noch sehr viel komplizierter als das der Stabilität unseres Sonnensystems. Und die Zählung von sieben Gleichungen ist in Bezug auf den Umfang etwas irreführend, da jedes Wetterpixel mit all seinen Nachbarn wechselwirkt.

Bjerknes sah schon im Jahr 1904 Schwierigkeiten auf sich zukommen. In Kap. „3. Fortschritte und Missgeschicke“ seines Aufsatzes erklärt er: „Schon die Berechnung der Bewegung dreier Punkte, die sich nach einem so einfacheren Gesetz wie dem Newton'schen gegenseitig beeinflussen, übersteigt bekanntlich weit die Hilfsmittel der heutigen mathematischen Analyse. Für die unter weit komplizierteren Wechselwirkungen vor sich gehenden Bewegungen sämtlicher Punkte der Atmosphäre ist dann selbstverständlich nichts zu hoffen.“

Wie in Kap. „1. Eine Vision wird geboren“ festgestellt, bedeutet die Verwendung von sieben Zahlen, um die sieben Grundvariablen in jedem Schnittpunkt der Breiten- und Längengradlinien zu beschreiben, dass $360 \cdot 180 \cdot 7$ Zahlen involviert sind. Um unser Wetter zu beschreiben, müssten wir das Ganze in einer ausreichenden Anzahl Höhenniveaus durchexerzieren. So werden aus Bjerknes sieben Gleichungen mit sieben Unbekannten irgendwann mehr als 10 Mio. Gleichungen mit 10 Mio. Unbekannten. Und jede einzelne Gleichung ist möglicherweise so schwierig zu lösen wie das Dreikörperproblem. Ist das der Kern des Problems? Gibt es einfach zu viele Unbekannte und zu viele Gleichungen?

Nein. Wir sollten das Problem der genauen Wettervorhersage nicht nur dem schieren Ausmaß an Berechnungen bezüglich der involvierten Zahlen zuschreiben. Das würde Bjerknes' entscheidenden Punkt verfehlen, als er auf die Widerspenstigkeit des Dreikörperproblems hinwies. Die bloße Anzahl der Variablen ist sicherlich nicht die Wurzel des Problems.

Hinter der Atmosphärenphysik gibt es ein Phänomen, das sogar für die leistungsfähigsten Simulationen auf Supercomputern, die wir heute für die Wettersimulationen nutzen, eine Herausforderung darstellt. Und das wird uns auch in Zukunft so bleiben, ganz gleich, wie schnell unsere Supercomputer werden. Es ist seit Jahrhunderten bekannt und auch in

Newtons Gravitationsgesetzen enthalten. Newton selbst erkannte, dass es sich jedem offenbaren wird, der versucht, mit seinen Gesetzen die Bewegung von drei oder mehr umeinander kreisenden Planeten vollständig vorherzusagen. Bjerknes und Richardson waren sich sicherlich darüber bewusst, dass dieses Phänomen der numerischen Wettervorhersage gewaltige Schwierigkeiten bereiten kann. Aber vermutlich war ihnen nicht klar, dass es eine der wichtigsten Einschränkungen unserer Möglichkeiten darstellt, das Wetter viel länger als etwa eine Woche vorherzusagen. Die wichtigen Terme in den Grundgleichungen aus Kap. „2. Von Überlieferungen zu Gesetzen", welche die Information über die Lösung im Lösungsfindungsprozess rückkoppeln, besitzen eine Eigenschaft, die mathematisch als *Nichtlinearität* bezeichnet wird.

Es gibt in der Wissenschaft sehr viele interessante Verhaltensweisen, für deren diverse Formen die Nichtlinearität verantwortlich ist. Nichtlineare Prozesse sind im Wettergeschehen Realität und stellen eine echte Herausforderung dar. Sie treten als gelegentliche Überraschung auf, etwa in Form eines Sturmes, der nicht vorhergesagt wurde. Weil dieses Konzept sehr wichtig ist, werden wir uns zunächst mit der Nichtlinearität an sich beschäftigen, bevor wir auf diese Rückkopplungen beim Wetter zurückkommen.

Nichtlinearität ist ein mathematischer Begriff der logischerweise „nicht linear" bedeutet. Wir beschreiben daher zunächst das einfachere lineare Verhalten – Linearität –, das auf einen besonderen Zusammenhang von Ursache und Wirkung hinausläuft. Linearität besaß für die Grundlagenforschung und die technologischen Revolution, die im 19. Jahrhundert über Europa und die Vereinigten Staaten hinwegfegte, eine große Bedeutung. Linearität ist in der Mathematik gut verstanden, und Computerprogramme können immer besser sehr große lineare Probleme lösen.

Was ist also diese lineare Welt? Angenommen, eine bestimmte Ursache, wie beispielsweise eine Zugkraft beim Strecken eines elastischen Bandes bis zu einem bestimmten Ausmaß, hat eine bestimmte Wirkung. Wenn die Verstärkung der Ursache um einen gegebenen Anteil immer die Wirkung um den gleichen Anteil verstärkt, dann ist ihr Zusammenhang linear, das heißt, eine Verdopplung der Kraft würde in diesem Fall auch die Ausdehnung des Bandes verdoppeln. Man erkannte, dass lineare Modelle offen für eindeutige mathematische Lösungen sind. Das war ein großer Durchbruch. Lineare Modelle wurden erfolgreich angewendet, beispielsweise bei der Erklärung und Prognose der Grundlagen der Akustik oder in der Radio-, TV- und Mobilfunk-Technologie. Auch Wellenbewegungen (angetrieben durch Gezeitenströmungen und Wind) auf Wasseroberflächen sind in der Theorie linear (Abb. 1). Aber wenn die Wellen beginnen, sich aufzutürmen, und insbesondere wenn sie brechen, dann gilt die lineare Theorie nicht mehr. Die einfache lineare Theorie bricht zusammen und nichtlineares Verhalten übernimmt (Abb. 2).

Aber bleiben wir zunächst beim Begriff „linear" und betrachten statt des elastischen Bandes das Volumen eines (kompressiblen) Gases in einem Zylinder, wie in einer idealisierten Fahrradpumpe. Wir beschreiben die Wirkung, wenn wir eine zusätzliche Kraft ΔF zu einer existierenden Kraft F am Griff der Fahrradpumpe addieren. Das andere Ende des Zylinders sei verschlossen (Abb. 3; der griechische Buchstabe Δ (Delta), wird häufig genutzt, um ei-

Abb. 1 Kleine Wellen wie diese auf einem Teich können durch eine lineare Theorie genau beschrieben werden. (© Jerome Gorin / PhotoAlto / Picture alliance)

ne kleine Änderung einer Variablen zu bezeichnen). Die Kraft hängt unmittelbar von dem Druck des Gases ab, das in der Pumpe enthalten ist. Die Folge der zusätzlichen Kraft ist die Kompression des Gases, wodurch eine entsprechende Dichteerhöhung verursacht wird, denn wir nehmen an, dass sich der Kolben reibungslos hineinbewegt, bis der Druck im Gas den Druck ausgleicht, der vom Kolben ausgeübt wird. Unter der Annahme, dass die Temperatur konstant bleibt, ist das Gasgesetz aus Kap. „2. Von Überlieferungen zu Gesetzen" linear; diese Folgerung gilt, weil die Ursachen (die unterschiedlichen Drücke) Wirkungen (die unterschiedlichen Dichten) in unserem Gesetz erzeugen, wie wir nun mathematisch genauer erklären werden.

Wir zeigen, dass das Boyle-Hook'sche Gesetz für die Druck-Dichte-Beziehung in einem Gas bei konstanter Temperatur eine lineare Gleichung darstellt, indem wir nachweisen, dass Dichteerhöhungen immer mit einer Erhöhung des Druckes einhergehen. Wir bezeichnen die Gesamtmasse der Luft innerhalb der Pumpe mit m. Die Dichte ρ der Luft in der Pumpe ist gegeben durch $\rho = m/V$, wobei V das von der Luft eingeschlossene Volumen beim Druck p ist. Wenn keine Luft ein- oder austritt, behält die Masse ihren Wert m bei. Zuerst wenden wir eine Kraft F auf den Kolben an, um den Druck p in der Pumpe zu erhalten, wobei der Druck gleich der Kraft geteilt durch die Fläche A des Kolbens ist, die Luftkontakt hat. Das Gasgesetz sagt uns, dass der Druck und die Dichte über die Gleichung $p = \rho RT$ in Beziehung stehen, wobei R die Gaskonstante und T die Temperatur bezeichnen. Wir üben nun mit der Kraft ΔF einen sanften, zusätzlichen Druck auf den Kolben aus, sodass die neue Kraft durch die Formel $F + \Delta F$ angegeben werden kann. Das Volumen verringert

Abb. 2 Brandungen zu verstehen bedeutet, sich mit Nichtlinearität auseinanderzusetzen. Es ist sehr schwierig, die Spritzwasserzonen mit Computermodellen genau zu simulieren. Da lineare Beschreibungen häufig scheitern, konzentrieren wir uns auf solche, die für unsere Atmosphäre relevant sind. (© R. Linke / blickwinkel / picture alliance)

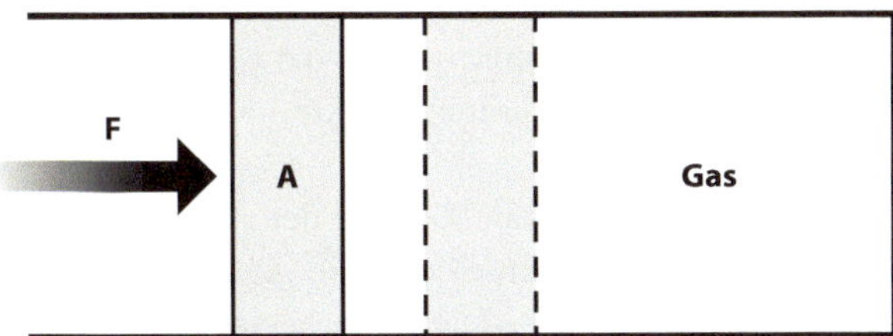

Abb. 3 In diesem Querschnitt einer Fahrradpumpe stellt F die Druckkraft auf ein Gas dar, welche über den Griff auf den Kolben ausgeübt wird. A bezeichnet die Oberfläche des Kolbens, die die eingeschlossene Luft berührt. Die gestrichelten Linien deuten an, wo sich der Kolben hinbewegt, wenn die Kraft F auf $F + \Delta F$ erhöht wird

sich und die Dichte erhöht sich auf $\rho + \Delta\rho$. Der Druck ist nun $p + \Delta p$, wobei Δp aus der Gleichung $p + \Delta p = (\rho + \Delta\rho)RT$ berechnet werden kann. Wir können nun die linearen Beziehungen zwischen der Kraft F, dem Druck p und der Dichte ρ in Formeln ausdrücken:

$$F/A + \Delta F/A = p + \Delta p = \rho RT + \Delta\rho RT.$$

In Worten: Dieses Gesetz besagt, dass die Summe zweier Ursachen (der ursprünglichen Kraft F und der zusätzlichen Kraft ΔF oder der ursprüngliche Druck p und der zusätzliche Druck Δp) die Summe ihrer einzelnen Wirkungen (die ursprüngliche Dichte ρ und die zusätzliche Dichte $\Delta\rho$) erzeugt. Solche linearen Systeme folgen auch einem Skalierungsgesetz bezüglich Ursache und Wirkung. Wenn wir die Kraft auf $2F$, und damit auch den Druck auf $2p$, verdoppeln, steigt auch die Dichte auf 2ρ an, das System verhält sich linear (diese Skalierung können wir in der obigen Gleichung sehen, wenn wir $\Delta F = F$, $\Delta p = p$ und $\Delta\rho = \rho$ wählen). Wenn wir ungeduldig sind und schnell pumpen, wird die Temperatur steigen. Diese Wärme können wir fühlen, wenn wir den Kolben anfassen. Das bedeutet, dass die Druck-Dichte-Beziehung nicht länger linear ist, weil die Änderung der Temperatur T um den Anteil ΔT in den Gleichungen dargestellt werden muss, was die Gleichung nichtlinear macht.

Es überschreitet die Kraft jeden menschlichen Geistes

Unsere Welt ist meist nichtlinear. Das Gasgesetz, das wir zuvor benutzt haben, stellt nur eine der sieben Gleichungen dar, die unsere Atmosphäre beschreiben. Aber auch diese Gleichung wird nichtlinear, wenn sich die Temperatur mit dem Druck und der Dichte verändern darf. Als sich Bjerknes im Jahr 1904 hinsetzte, um seinen Aufsatz zu schreiben, müssen die außergewöhnlichen Erfolge der Astronomen bei der Bestimmung der Umlaufbahnen von Planeten und Kometen – sogar die Entdeckung neuer Planeten durch die Berechnung der Umlaufbahndaten – in seinem Kopf herumgeschwirrt sein. Astronomie war der glanzvolle Inbegriff der wissenschaftlichen Revolution; Bjerknes war entschlossen, dass die Meteorologie aufholen sollte.

Eine der meistveröffentlichten frühen Erfolge der Astronomie (die als ein Zweig der mathematischen Physik betrachtet wurde) war die genaue Vorhersage der Rückkehr des Halley'schen Kometen im Jahr 1758. Diese Vorhersage basierte gänzlich auf Berechnungen und der Anwendung von Newtons Gravitationsgesetzen. Im Jahr 1799 führte der französische Mathematiker Pierre-Simon Laplace den Begriff mécanique céleste (Himmelsmechanik) ein, der einen Zweig der Astronomie beschreiben sollte, der die Bewegungen von Himmelskörpern unter dem Einfluss der Gravitation untersucht. Laplaces Buch hatte Ferrel geholfen, sich die Berechnung der Bewegung von Objekten am Himmel selbst beizubringen. Die Entwicklung dieses großen Wissenszweigs innerhalb der Astronomie führte bald zu weiteren Erfolgen: die Entdeckung des Planeten Neptun unter Verwendung der Gleichungen der Himmelskörpermechanik im Jahr 1846, aber auch die regelmäßigen und genauen Vorhersagen von Mondphasen, Mond- und Sonnenfinsternissen und Gezeiten. Dabei gehörte zur Himmelskörpermechanik sogar das Lösen nichtlinearer Probleme. Was also war das Geheimnis der Astronomen?

Die Gravitationskraft zwischen zwei Planeten ist invers proportional zum Quadrat ihres Abstands. Wenn sie sich doppelt so weit entfernen, nimmt die Gravitationskraft um dem Faktor vier ab – das ist ein Beispiel einer nichtlinearen Beziehung, dargestellt in Abb. 4.

Wenn das reziproke Quadratgesetz der Gravitation genutzt wird, um die Bewegung eines Planeten zu berechnen, der die Sonne umkreist, dann kann das nichtlineare Problem tatsächlich exakt gelöst werden. Nicht alle nichtlinearen Probleme sind unüberwindbar, und das klassische Problem, das Newton zuerst betrachtete, ist ein Beispiel eines nichtlinearen Problems, das explizit und genau gelöst werden kann.

Von Anfang an erkannte Newton, dass sein Gravitationsgesetz sehr erfolgreich die Bewegung der Erde um die Sonne oder des Mondes um die Erde vorhersagen konnte. Auch die Bewegung von zwei einigermaßen gleichgroßen Sternen oder Planeten kann genau berechnet werden, wenn man bestimmte Transformationen um einen besonderen Bezugspunkt, den Massenschwerpunkt, verwendet. Sobald wir jedoch auch nur einen zusätzlichen Planeten einbringen, um Newtons eigene Worte zu benutzen, „überschreitet das Problem [die nachfolgende Bewegung vorherzusagen], wenn ich mich nicht täusche, die Kraft jeden menschlichen Geistes." Wieder einmal ist die Nichtlinearität die Wurzel des Problems.

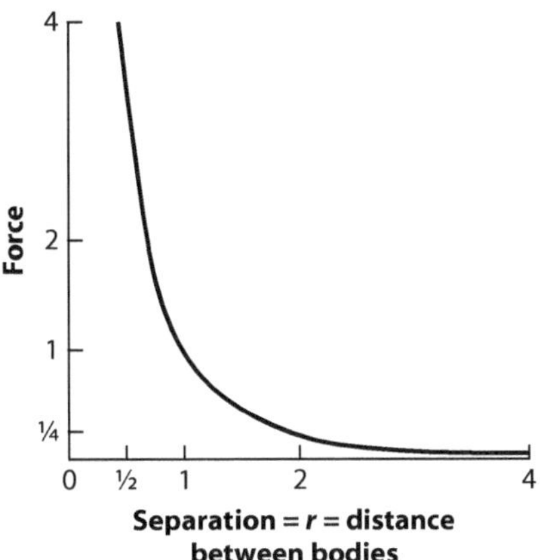

Abb. 4 Das reziprok quadratische Abstandsgesetz der Gravitation zwischen zwei Objekten der Massen M und m mit dem Abstand r zueinander wird gewöhnlich folgendermaßen geschrieben: $F = (GMm)/r^2$, wobei G die universelle Gravitationskonstante bezeichnet. Die Kurve illustriert, dass sich die Gravitationskraft, die eine Masse auf eine zweite Masse ausübt, umso mehr verringert, je größer das Quadrat ihres Abstandes wird. Das ist ein Beispiel einer nichtlinearen Beziehung. Lineare Zusammenhänge können einfach erkannt werden, weil sie in der grafischen Darstellung als Gerade erscheinen

Vertiefung 4.1. Ein nichtlineares Problem, das wir lösen können

Um die Umlaufbahn der Erde um die Sonne zu berechnen, müssen wir zwei Mengen nichtlinearer Gleichungen lösen: eine für die Beschleunigung der Erde um die Sonne und eine zweite für die Beschleunigung der Sonne um die Erde. Letztere ist aber praktisch vernachlässigbar, weil die Sonne so viel mehr Masse als die Erde besitzt, dass sie kaum auf die Anziehungskraft der Erde reagiert. Wenn wir den Effekt der Erde auf die Sonne vernachlässigen und dabei die Sonne als im Raum „feststehend" ansehen, erhalten wir eine sehr gut approximierte Umlaufbahn der Erde. So bleibt uns nur noch eine Menge nichtlinearer Gleichungen zu lösen. Und es stellt sich heraus, dass wir sie vollständig lösen können. Erstaunlicherweise ist es möglich, die nichtlinearen Gleichungen in lineare Gleichungen umzuwandeln, indem man sie in Bezug auf den Kehrwert des Abstandes von der Erde zur Sonne formuliert.

Die Bewegung der Erde (mit der Masse m) um die Sonne (mit der Masse M) kann durch die Lösung zweier Differenzialgleichungen bestimmt werden:

$$r^2(\mathrm{d}\theta/\mathrm{d}t) = a \text{ konstant},$$
$$m\left((\mathrm{d}^2r/\mathrm{d}t^2) - r\,(\mathrm{d}\theta/\mathrm{d}t)^2\right) = -(GMm)/r^2,$$

wobei r den Abstand von der Sonne zur Erde bezeichnet und der Winkel θ die Position der Erde auf ihrer Umlaufbahn um die Sonne angibt; G ist Newton's Universalkonstante der Gravitation. In diesem Modell betrachten wir weder die tägliche Erdrotation noch eine andere Drehung. Um diese Gleichungen zu kommen, müssen wir zuerst beweisen, dass die gesamte Bewegung in einer Ebene liegt und dann dass (r, θ) angemessene Koordinaten in dieser Ebene sind.

Als Nächstes transformieren wir sowohl die unabhängige Variable t als auch die abhängige Variable r, indem wir die erste Gleichung nutzen, welche ein mathematischer Ausdruck für der Erhaltung des Drehimpulses der Erde ist, wenn sie um die Sonne kreist. Das heißt, wir nutzen die erste Gleichung, um Ableitungen nach der Zeit t durch Ableitungen nach θ zu ersetzen. Dann formen wir die zweite nichtlineare Gleichung um, indem wir r durch eine neue Variable $u = 1/r$ ersetzten. Wir suchen nach einer Lösung, bei der die Zeit zum Zeitpunkt $t = 0$ beginnt, wenn die Erde ihren maximalen Abstand d von der Sonne hat. Wir messen auch θ von dieser Position aus, wenn sich die Erde mit der Geschwindigkeit v bewegt. Dann ist die umgeformte Gleichung gegeben durch:

$$\mathrm{d}^2u/\mathrm{d}\theta^2 + u = (GM)/\left(d^2v^2\right).$$

Diese Differenzialgleichung für u ist linear und hat konstante Koeffizienten. Sie kann genau gelöst werden, wobei eine allgemeine Lösung gegeben ist durch:

$$u = A\cos\theta + B\sin\theta + (GM)/\left(d^2v^2\right).$$

Wir bestimmen die Integrationskonstanten A und B aus der Bedingung bei $t = 0$. Schließlich transformieren wir u zum radialen Abstand r zurück. Mit einigen weiteren Umformungen kann das Ergebnis auch in der x-y-Ebene angegeben werden, wobei $r = \sqrt{x^2 + y^2}$ ist und

$$(x + ae)^2/a^2 + y^2/\left(a^2\left(1 - e^2\right)\right) = 1$$

gilt. Hier sind $a = d/(1 - e)$ und $e = v^2/v_c^2 - 1$ mit $v_c^2 = GM/d$. Wenn $0 < e < 1$ erfüllt ist, beschreibt die obige Gleichung eine Ellipse, welche die Umlaufbahn der Erde um die Sonne darstellt.

Das ursprüngliche nichtlineare Problem konnte also in ein lineares Problem umgewandelt werden, welches wir vollständig gelöst haben. Wenn wir zur ursprünglichen Variablen r zurückkehren, ist die Transformation $r = 1/u$ eine nichtlineare Beziehung, aber in diesem Stadium der gesamten Berechnung ist das eine unkomplizierte algebraische Übung. Der entscheidende Punkt ist, dass wir in der Lage sind, vorübergehend in genau dem richtigen Rechenschritt (über eine Variablentransformation) die Nichtlinearität zu entfernen, weshalb wir keine nichtlineare Differenzialgleichung mehr lösen müssen.

Wenn es drei oder mehr Körper gibt, die unter dem Einfluss der Anziehungskraft miteinander wechselwirken, besteht das Problem darin, dass die Gleichungen, die ihre Bewegung beschreiben, untrennbar wechselseitig voneinander abhängen sind, denn um die Bewegung eines Sterns oder Planeten zu berechnen, müssen wir wissen, wie die anderen Sterne oder Planeten auf diese noch nicht berechneten Bewegungen reagieren. Und das ist der Kern des Problem: Die Bewegung eines Körpers beeinflusst die anderen beiden und umgekehrt. Die Bewegungen können auf sehr komplizierte Weise rückgekoppelt werden. Die Transformationen, die es uns erlauben, die Nichtlinearität des Zweikörperproblems wegzutransformieren, reichen nicht aus, um die Bewegungen mehrerer Himmelskörper voneinander zu trennen. Der Lösungsweg ist immer noch nichtlinear. Eine vollständige Lösung ist nur in wenigen Spezialfällen möglich.

Ein vielleicht direkterer Weg, dieses Problem zu verstehen, ist die Betrachtung der Dynamik eines Systems, das wir uns selbst konstruieren. Wir können ein *Doppelpendel* bauen, indem wir zwei Stäbe so miteinander verbinden, dass das Ende des einen Stabes beispielsweise an einer Tischkante fixiert ist, während das andere Ende desselben Stabes mit einem zweiten Stab verbunden ist. Dieses einfache mechanische System, vergleichbar mit unseren Ober- und Unterarmen, die frei und weitgehend ohne Reibung an der Schulter und dem Ellenbogen schwingen, kann sich sehr interessant verhalten (Abb. 5).

Abb. 5 Ein Schreibtischspielzeug, das auf dem Prinzip des Doppelpendels aus Abb. 6 basiert

Wenn es nur einen Stab gäbe, wie beispielsweise bei einer alten Pendeluhr, dann würde er in seiner Ruhelage vertikal nach unten hängen. Und wenn wir den Stab zu einer Seite bewegen und loslassen, würde er in der vertikalen Ebene hin und her schwingen. Die Gravitation wirkt auf den Stab, und wenn es keine Reibung im Angelpunkt gäbe, würde der Stab für immer weiterschwingen. Die Bewegung eines einzelnen Pendels ist vollständig vorhersagbar, und die Bewegungsgleichung kann für die zukünftigen Bewegungen genau gelöst oder integriert werden – so wie Newton die Bewegung unseres Planeten um die Sonne vorhersagen konnte.

Wenn wir einen zweiten Stab am ersten befestigen, ändert sich die ganze Situation. Wenn wir das Paar nur ein kleines Stück aus der Vertikalen (in der gleichen Ebene) bewegen, pendelt es hin und her; entweder in die gleiche Richtung oder in die entgegengesetzte Richtung, wie in Abb. 6 angedeutet. Diese Bewegung wiederholt sich regelmäßig und ist vorhersagbar, da die Wechselwirkung zwischen den Stäben stets von linearem Verhalten beherrscht wird.

Wenn wir allerdings den zweiten Stab so auslenken, dass seine Oszillation in einer größeren Höhe – oberhalb des Tisches – beginnt, dann wird die darauffolgende Bewegung beider Stäbe sehr kompliziert und üblicherweise chaotisch werden. Wir betrachten nun den Fall, dass wir den zweiten Stab von einem Punkt weit über dem Tisch loslassen, und verfolgen die nachfolgende Bewegung seines freien Endes. In dem Moment, in dem wir loslassen, geben wir auch eine Bewegung an den zweiten Stab weiter. Wir führen dieses Experiment zweimal durch und lassen beide Male den zweiten Stab an der gleichen Position los, aber mit leicht unterschiedlichen Bewegungen. Was sehen wir, wenn wir beide Trajektorien dieser Experimente miteinander vergleichen?

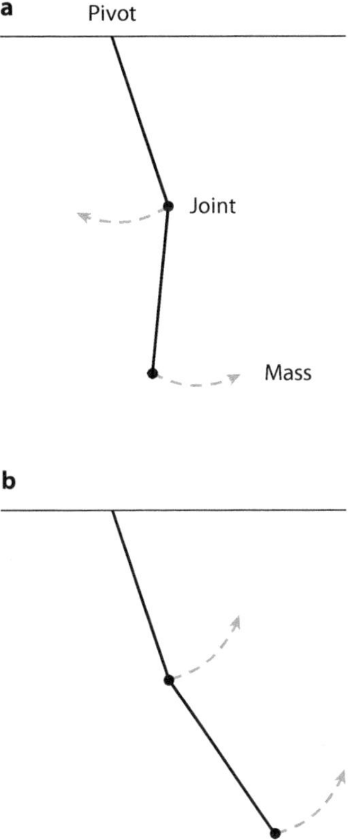

Abb. 6 Diese schematische Darstellung des Zweikomponentenspielzeugs aus Abb. 5 unterscheidet sich von dem vorherigen Zweikörperproblem der Himmelskörpermechanik. Dieses Modell kann sich unberechenbar verhalten, was Designer von beliebten Schreibtischspielzeugen ausnutzen. Die Zeichnung zeigt zwei Stäbe; der erste hängt von einem Tisch herunter und ist durch ein Gelenk mit dem zweiten Stab verbunden. Das Doppelpendel schwingt frei in einer vertikalen Ebene. Einfache, fast lineare, wiederkehrende und vorhersagbare Bewegungen der Stäbe treten auf, wenn die Schwingungsamplitude nicht sehr groß ist (wie hier dargestellt). In Abb. 7 zeigen wir grafisch das unvorhersagbare Verhalten dieses Systems, wenn Nichtlinearität eine größere Bedeutung erhält. (© Princeton University Press)

Wir stellen fest, dass die Stäbe eine Zeit lang ähnlich schwingen. Aber dann werden die Bewegungen vollkommen unterschiedlich. Diesen Effekt können wir in Abb. 7 sehen, in der die Trajektorien in *S* beginnen und in *X* auseinandergehen. Die beiden Experimente verlaufen dann grundverschieden. Das ist das Kennzeichen von Chaos.

Die Ursache von chaotischem Verhalten ist Rückkopplung. Wenn die beiden Stäbe miteinander verbunden sind, wirkt nicht nur die Gravitation auf sie, sondern die Bewegung des einen Stabes wirkt sich auch auf die Bewegung des anderen Stabes aus und umgekehrt. Das bedeutet, dass es eine Rückkopplung zwischen jeder Bewegung eines Stabes und der

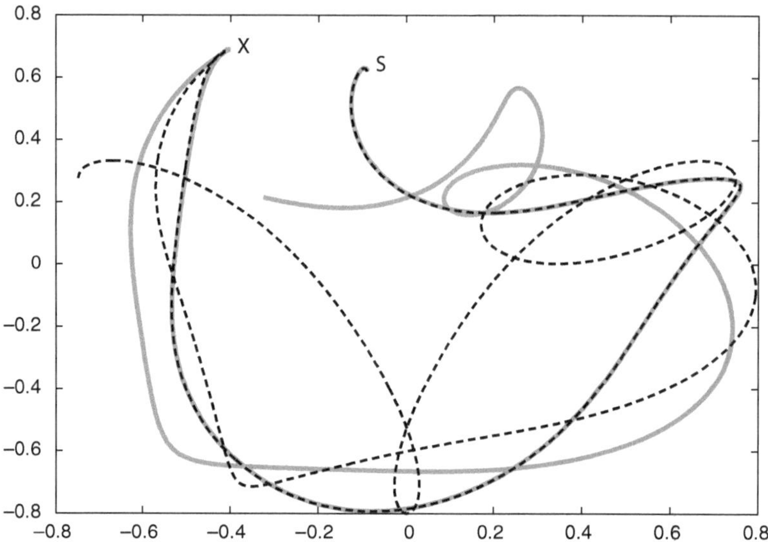

Abb. 7 Die Abbildung zeigt den Weg (oder die Trajektorie) des Endes des zweiten Stabes aus dem Experiment in Abb. 6, nachdem der Stab vom Punkt S weit über dem Tisch losgelassen wurde. Wir stellen uns diese Abbildung wie ein Foto mit einer sehr langen Belichtungszeit vor, wobei eine Lichtquelle am freien Ende des zweiten Stabes befestigt war. Wie bei Postkarten, die in der Stadt Autolichter bei Nacht zeigen, stellen die Kurven den Flug der Lichtquelle des Doppelpendels durch den Raum dar. Die beiden Kurven illustrieren die Bewegung des Endes des zweiten Stabes, nachdem es von der gleichen Position im Raum, aber mit leicht unterschiedlichen Winkelgeschwindigkeiten losgelassen wurde. Die Differenz von 40 Grad zu 40,1 Grad pro Sekunde macht weniger als 1 % aus. Beide Trajektorien beginnen in S, nahe der mittleren oberen Kante der Darstellung im Punkt (−0,1; 0,6). Die Trajektorien folgen demselben Weg, bis sie ab Punkt X nahe (−0,4; 0,7) sehr unterschiedlich verlaufen. (© Ross Bannister)

Bewegung des anderen Stabes gibt. Auf diese Weise können kleine Unterschiede in der Bewegung des ersten Stabes zunächst kleine Abweichungen der Bewegung des zweiten Stabes verursachen. Aber diese kleinen Abweichungen bei der Bewegung des zweiten Stabes beeinflussen auch die Bewegung des ersten Stabes (das ist die Rückkopplung). Diese kleinen Abweichungen führen häufig zu einem chaotischen, von Versuch zu Versuch sehr unterschiedlichen Langzeitverhalten.

Überwiegen die Rückkopplungen letztlich immer? Die Antwort hängt von der Situation und dem Zusammenhang ab. Wie wir zuvor gesehen haben, überwiegt im Falle kleiner Oszillationen manchmal auch die Linearität. Gibt es in einem wechselwirkenden System eine dominierende Kraft, wirkt sich dies positiv auf dessen Stabilität aus: Wie die Sonne die Bewegung der Planeten um sich herum letztlich beherrscht und lenkt, lenkt gleichermaßen jeder Planet die Bewegung seiner Monde um sich herum. So wird die Ordnung im Sonnensystem für eine sehr lange Zeit aufrechterhalten, obwohl es ein Vielkörperproblem ist.

Wann wechselwirken die Wetterpixel wie ein Doppelpendel und wann verhalten sie sich mehr wie die Planeten und Monde unseres Sonnensystems? Um diese Frage zu beantworten, müssen wir uns die Nichtlinearität in den Grundgleichungen anschauen, die unser Wetter beschreiben.

Vom Pendel zum Paket

Einen Heißluftballon zu steuern bedeutet, den Kampf gegen die Launen das Wetters aufzunehmen. Steve Fossett, der kühne amerikanische Abenteurer, der am 3. September 2007 verschwand, nachdem der Kontakt mit seinem Flugzeug abgebrochen war, war ein Mann, der sich sonst bei seinen Versuchen, mit einem Ballon die Welt zu umfliegen, allen Gefahren und Herausforderungen des Wetters gestellt hatte. Er war der erste Mensch, der in einem 13 Tage, 8 h und 33 min dauernden Alleinflug die Erde mit einem Ballon umrundete. Nachdem er am 19. Juni 2002 abgehoben war, legte er dabei 33.195 km zurück. Wenn wir innehalten und bedenken, dass Armstrong und Aldrin etwa 33 Jahre vor Fossets erfolgreicher Ballonfahrt auf dem Mond gelandet waren, eine Rundreise von mehr als 800.000 km, bekommen wir eine Vorstellung von der Herausforderung, der sich Fosset gestellt hatte. Einer von Fossetts Kollegen sagte: „Angenommen, die ganze Ausrüstung funktioniert, dann kommt es auf das Glück mit dem Wetter an.“

Selbst bei planmäßigem Ablauf – erfahrene Heißluftballonfahrer wissen, dass das fast nie der Fall ist – machen technische Schwierigkeiten, wie das Halten der korrekten Höhe, das Finden der richtigen Winde und der Umgang mit den Temperatur- und Wetterveränderungen, eine Ballonfahrt um die ganze Welt zu einem ungeheuer problematischen Vorhaben, ein Spiel, das einige Piloten mit einem dreidimensionalen Schachspiel vergleichen. Die Apollo-Besatzungen überließen Newtons Gravitationsgesetz die Führung. Der Punkt ist, dass die (letztendlich linearen) Berechnungen für die erste Apollo-Mission hinreichend genau auf modernen Schultaschenrechnern durchgeführt werden können. Im Gegensatz dazu fordert eine Ballonfahrt um die ganze Welt in unserer Atmosphäre selbst moderne Supercomputer heraus.

Wenn es im Allgemeinen schon schwer ist, für das Doppelpendel und das Dreikörperproblem eine genaue und vorhersagbare Lösung zu finden, wie sieht das dann wohl mit dem Verhalten von Eulers Fluidpaketen aus? Aus Kap. „2. Von Überlieferungen zu Gesetzen“ wissen wir, dass Bjerknes’ Modell auf den Gasgleichungen und auf Eulers Gleichungen der Fluidbewegung auf unserem Planeten, erweitert durch die thermodynamischen Gesetze der Wärme und der Feuchtigkeit, basiert. Eulers Gleichungen drücken Newtons zweites Bewegungsgesetz bezüglich der Änderungen der Windstärke und der Windrichtung aus, die durch Druck- und Dichteunterschiede in der Atmosphäre verursacht werden. Druck ist Kraft pro Fläche, daher führen Druckdifferenzen an den Oberflächen des Luftpaketes zu einer Gesamtkraft, die auf das Luftpaket wirkt.

Wir wissen, dass sich der Druck in der Atmosphäre im Laufe eines Tages von Ort zu Ort verändert. Weil diese Veränderungen (nahezu gleichzeitig) von dem Verhalten all der anderen Luftpakete abhängen, müssen wir uns mit einem enorm komplizierten nichtlinearen Problem beschäftigen. Und es ist auch ein raffiniertes Problem. Um das Wesen der Nichtlinearität zu verstehen, überlegen wir uns zunächst ein einfaches Experiment: Wie können wir berechnen, wie sich die Temperatur ändert, wenn wir in einer ruhigen Atmosphäre in einem Heißluftballon aufsteigen?

Angenommen, unsere Heißluftballonfahrt findet an einem windstillen Sommerabend statt. Während wir steigen, bemerken wir, dass die Temperatur fällt. Dies ergibt sich aus der Kombination zweier verschiedener Effekte. Während der Ballon aufsteigt, sinkt die Temperatur mit der Höhe. Des Weiteren gibt es während der Dämmerung auch eine Temperaturabnahme aufgrund des Sonnenuntergangs. Wenn wir die Änderung der Lufttemperatur im Ballonkorb über einen Zeitraum während unserer Fahrt erklären wollen, müssen wir beide Effekte betrachten. Der Einfachheit halber vernachlässigen wir alle horizontalen Bewegungen, sowohl die des Ballons als auch die der Luft (wie in Abb. 8 dargestellt).

Um einen Graphen der Temperaturänderung mit der Zeit während unserer Fahrt zu zeichnen, müssen wir drei Informationen kombinieren: 1) die Lufttemperaturänderung infolge des Sonnenuntergangs, welche das Maß der Temperaturänderung mit der Zeit an einem bestimmten Ort ist; 2) die Änderung der Lufttemperatur, wenn wir unsere Höhe in der Atmosphäre verändern, was die Temperaturänderung bezüglich der Position darstellt; und 3) die Aufstiegsrate – je schneller wir aufsteigen, desto schneller ändert sich die Temperatur insgesamt, wenn wir die ersten beiden Effekte kombinieren. Wenn unser Ballon angebunden ist, messen wir nur den ersten Effekt. Wenn wir zwei Ballons in zwei verschiedenen Höhen anbinden, würde die Differenz der gemessenen Temperaturen zu jedem festen Zeitpunkt den zweiten Effekt messen. Aber die Temperaturänderung in unserem Ballon bei Veränderung der Höhe hängt sowohl von (1) als auch von (2) ab, und ebenso von der Zeit, die das Aufsteigen dauert.

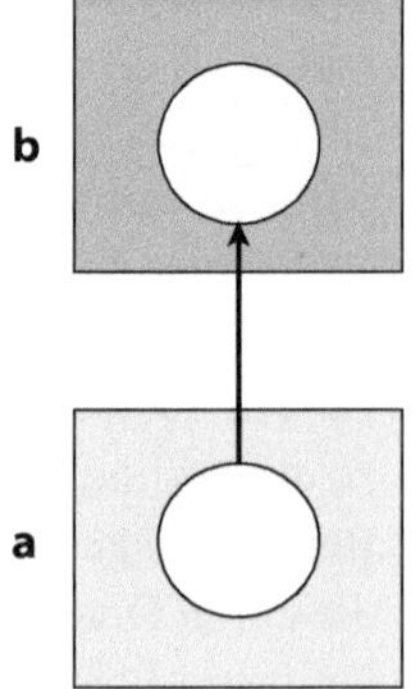

Abb. 8 Wenn der Ballon Position **b** erreicht hat, welche genau über **a** liegt, dann ist die Temperatur der Umgebungsluft niedriger, weil es später am Abend ist und die Höhe des Ballons größer ist als bei **a**; die Atmosphäre ist (gewöhnlicherweise) kälter, je höher wir aufsteigen – wie es bei diesem Flug der Fall war

Daher kann die Temperaturänderungsrate, die wir erfahren, wenn wir mit dem Heißluftballon nach oben steigen, wie folgt formuliert werden:

Änderungsrate unserer Temperatur = Änderungsrate der Temperatur am derzeitigen Ort + Aufstiegsgeschwindigkeit · Änderungsrate der Temperatur mit der Höhe.

Mit der Notation aus den Vertiefungen in Kap. „2. Von Überlieferungen zu Gesetzen“ und „3. Fortschritte und Missgeschicke“ kann dieser Ausdruck mithilfe der totalen Ableitung $\mathrm{D}/\mathrm{D}t$ für die Änderungsrate, die von dem Thermometer gemessen wird, welches mit der Geschwindigkeit w mit uns aufsteigt, folgendermaßen formuliert werden:

$$\mathrm{D}T/\mathrm{D}t = \partial T/\partial t + w\,(\partial T/\partial z)\,,$$

wobei T die Temperatur, t die Zeit und z unsere Höhe bezeichnen.

Diese Formel für die Temperaturänderung, die wir erfahren, wenn wir mit unserem Ballon fliegen, ist leicht zu verstehen. Wir addieren die Rate, mit der sich die Umgebung an unserem Ort abkühlt, zu dem Ergebnis, das wir aus der Multiplikation der Aufstiegsgeschwindigkeit mit der Temperaturänderung über die Höhe erhalten. Wenn wir bei den Messungen die gleichen Einheiten verwenden (beispielsweise Meilen oder Kilometer), erhalten wir so die gesuchten Zahlen. Um die Argumente zu vereinfachen, machen wir nun einige Annahmen, ohne die wichtigsten Eigenschaften aus dem Auge zu verlieren. Angenommen, die Lufttemperatur verändert sich in jeder Höhenlage in Abhängigkeit vom Sonnenstand, wie in Abb. 9 gezeigt. Außerdem soll die Temperaturabnahme mit der Höhe eine Gerade ergeben (eine lineare Beziehung zwischen Temperatur und Höhe bestehen), wie in Abb. 10; das Produkt einer konstanten Aufstiegsgeschwindigkeit mit einer solchen linearen Beziehung ergibt ebenfalls eine lineare Beziehung. Die „neue“ Gerade hat lediglich eine andere Steigung. Addieren wir schließlich den abkühlenden Effekt aufgrund des Sonnenuntergangs zu dem Produkt hinzu (dargestellt in Abb. 9), erhalten wir am Ende den linearen Zusammenhang, der in Abb. 11 den Gesamtrückgang unserer Temperatur auf − 5 °C in einer Höhe von 2 km um 6 Uhr abends zeigt.

All diese Rechnungen erscheinen nicht kompliziert. Sie sind etwas lang, aber linear. Allerdings steigen in der Praxis Heißluftballons nicht mit einer konstanten Geschwindigkeit auf. Wenn wir den Brenner nicht benutzen, steigt unser Ballon mit einer Geschwindigkeit auf, die von seinem Auftrieb abhängt. Dieser Auftrieb hängt von der Temperaturdifferenz zwischen der Luft im Ballon und der Umgebungsluft ab. Das bedeutet, dass der letzte Term in unserer Formel – Aufstiegsgeschwindigkeit · Temperaturänderung mit der Höhe – das Produkt zweier Terme ist, die nicht mehr voneinander unabhängig sind. Zudem kann sich die lokale Änderungsrate der Temperatur mit der Höhe verändern, und Temperaturen in unterschiedlichen Höhen können sich im Laufe des Abends unterschiedlich abkühlen.

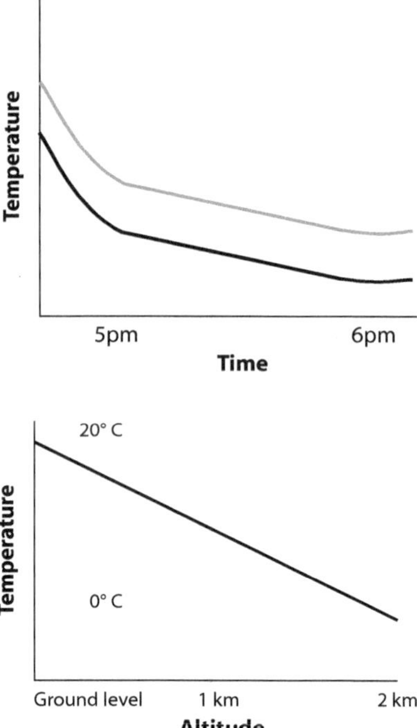

Abb. 9 Diese absteigende Kurve zeigt die Temperaturabnahme mit der Zeit in einer bestimmten Höhe. Die niedrigere (kältere) Kurve zeigt die Temperaturabnahme in einer größeren Höhe. Zwischen 5 Uhr und 6 Uhr nachmittags sinkt die Temperatur in allen Höhen, durch die der Ballon fliegt, gleichmäßig um 5 °C

Abb. 10 Die fallende Gerade zeigt die Temperaturabnahme von 20 °C auf 0 °C während eines Aufstiegs auf 2 km um 17 Uhr (mit der Steigung $\partial t/\partial z = -10$ °C/km)

Diese gegenseitigen Abhängigkeiten erschweren die Analyse erheblich; glücklicherweise wissen versierte Ballonfahrer, was zu tun ist, und wir können unsere Reise genießen. Verändert sich das Bewegungsmuster unseres Ballons, bedeutet das, dass wir durch eine andere Umgebung kommen, und diese Änderung beeinflusst wiederum unser Bewegungsmuster usw. Es gibt also eine nichtlineare Rückkopplung, und möglicherweise beeinflusst sie jede Berechnung der Luftbewegung, die wir durchführen. In der Praxis nutzen Ballonfahrer ihr Urteilsvermögen, um den Brenner einzusetzen. So gleichen sie diese Unregelmäßigkeiten aus und alles ist in Ordnung; vorausgesetzt, die Änderungen sind nicht zu groß – daher ist es von Vorteil, wenn man an einem ruhigen Abend aufsteigt.

Wir vervollständigen unsere Ballongeschichte, indem wir sie etwas analytischer betrachten. Wenn die Aufstiegsgeschwindigkeit von der Differenz der konstanten Temperatur im Ballon (der als ideal isoliert angenommen wird) zur Umgebungstemperatur abhängt, dann wird sie mit der Zeit zunehmen, weil die Umgebungsluft mit der Höhe kälter wird und der Auftrieb von der Temperaturdifferenz abhängt. Wir stellen fest, dass die lineare Beziehung der Änderungsraten, dargestellt in Abb. 11, mit der Zeit durch eine nichtlineare Beziehung ersetzt wird (sie ist keine Gerade mehr), was schematisch Abb. 12. zeigt. Wenn diese Situation andauert, wird der Ballon bis zur oberen Atmosphäre beschleunigt. Vorausgesetzt, er platzt nicht. In der Praxis kühlt die viel kältere Umgebungsluft das Gas im Ballon ab und

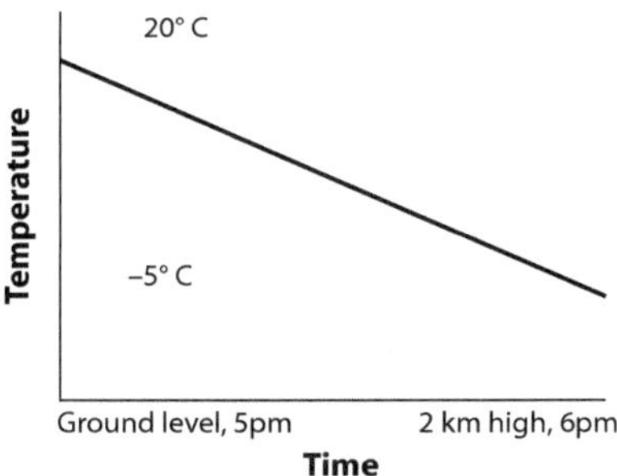

Abb. 11 Diese Gerade zeigt die Änderungsrate der Temperatur, der ein Heißluftballonfahrer ausgesetzt ist, wenn der Ballon mit einer konstanten Geschwindigkeit aufsteigt. Sie ist gegeben durch das Produkt der Aufstiegsgeschwindigkeit, hier 2 km/h, mit der Temperaturänderung von $-20\,^{\circ}\mathrm{C}$ in der Stunde (s. Abb. 10), plus Abkühlung durch die untergehende Sonne in Abb. 9, welche $-5\,^{\circ}\mathrm{C}$ in der Stunde entspricht. Wieder erhalten wir eine lineare Beziehung, dieses Mal mit der Steigung $\mathrm{D}T/\mathrm{D}t = -25\,^{\circ}\mathrm{C}$ pro Stunde

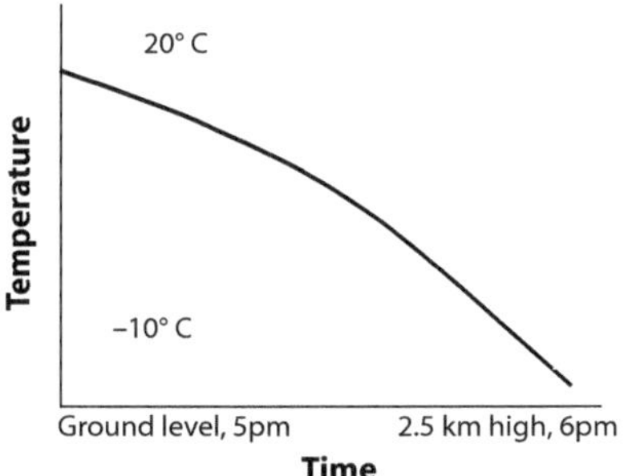

Abb. 12 Unter der Annahme, dass der Ballon sich nicht abkühlt, ist hier die Temperaturänderung mit der Zeit dargestellt, während der Ballon mit einer Geschwindigkeit aufsteigt, die von der Temperatur der Luft abhängig ist, durch die der Ballon kommt. Die Steigung der Kurve – also die Änderungsrate der Temperatur mit der verstrichenen Zeit – verändert sich mit der Zeit, was charakteristisch für eine nichtlineare Funktion ist

etwas Gas entweicht. Daher beginnen wir irgendwann zu sinken, es sei denn, der Ballonfahrer zündet wieder den Brenner.

Die Erläuterung der Heißluftballonfahrten hat uns ein wenig verdeutlicht, was mit den Berechnungen und dem Verständnis der Ableitung $\mathrm{D}/\mathrm{D}t$ bezüglich des Luftpaketes einhergeht. Unter gewöhnlichen Bedingungen treibt der Wind den Ballon auch horizontal. Aber was passiert, wenn der Wind, der den Ballon transportiert, vom Zustand des transportierten Luftpaketes abhängt? Luftpakete, die am Boden erwärmt werden, steigen in sogenannten thermischen Konvektionsblasen auf wie die Luftströmung in Bjerknes' beheizten Kamin in Abb. 6 im Kap. „1. Eine Vision wird geboren". Wenn das vertikal aufsteigende Luftpaket eine erhebliche Menge Wasserdampf enthält, kondensiert dieser letztendlich und es bilden sich

Abb. 13 Gezeigt sind Cumuluswolken, die vom Wind getragen werden. Für die Beschreibung dieser wachsenden Cumuluswolken ist es hilfreich, sich jede kleine Wolke als ein Luftpaket vorzustellen, welches sich in seinem neutralen Auftriebsniveau ähnlich einem Ballon bewegt. Aber was passiert, wenn die Wolken auch den Wind, der sie trägt, beeinflussen? – Das ist ein Rückkopplungsprozess, ein Paradebeispiel von nichtlinearem Verhalten. Die Entstehung von spektakulären Wolkenformationen ist unter anderem auf die „unsichtbare" Nichtlinearität von D/Dt zurückzuführen. (© Robert Hine)

Wolken. Je ausgeprägter dieser Prozess ist, desto größer sind die Wolken, wie beispielsweise in Abb. 13 zu sehen ist. Aber wenn sich Wolken bilden, wird die bei Kondensationsprozessen freigesetzte latente Wärme in das Luftpaket zurückgeführt, was sich weiter auf den Auftrieb auswirkt. Immer wenn sich konvektive Wolken entwickeln, können wir dieses Erscheinungsbild der nichtlinearen Rückkopplung beobachten. Allerdings kann auch ein trockener Wind mit konstanter Temperatur nichtlineare Rückkopplungen entwickeln, wie wir im nächsten Abschnitt erläutern werden.

Jenseits der Eine-Million-Dollar-Herausforderung

Ganz ähnlich wie in unserer Darstellung oben der Ballon vom Wind angetrieben wurde, stellen wir uns nun ein Luftpaket vor, das von einer Luftströmung transportiert wird. Wir machen uns dabei einen Gedankengang zunutze, welcher der Berechnung der Temperaturänderung ähnelt, mit dem Unterschied, dass nun die Vertikalbewegung des Fluidpaketes w durch die Euler'schen Gleichungen geleitet wird. Wir konzentrieren uns zunächst auf die Vertikalbewegung. Hier ist die Vertikalbeschleunigung sowohl zur Druckänderung mit der Höhe als auch zum Auftrieb unseres Luftpaketes proportional. Die Rate, mit der das erwärmte Paket durch den Auftrieb nach oben beschleunigt wird, ist nur konstant, wenn die Temperatur und die Dichte konstant sind. Aber aus dem Gasgesetz (aus Kap. „2. Von Überlieferungen zu Gesetzen") wissen wir, dass Druck, Dichte und Temperatur voneinander abhängen.

Das bedeutet, dass die Berechnung, wie sich die Temperatur eines Luftpaketes ändert, ein raffiniertes Zusammenspiel von Gasgesetz und den Euler'schen Gleichungen berücksichtigen muss. Dieses Zusammenspiel kann zu sehr kompliziertem Verhalten führen, weil sich die Aufstiegsgeschwindigkeit und die Temperatur eines Luftpaketes gegenseitig beeinflussen können und es normalerweise nicht einfach ist, solche Probleme mithilfe mathematischer Standardmethoden zu lösen. Wenn wir Abb. 8 betrachten, zeigt sich dieses Zusammenspiel im Produkt der letzten beiden Terme in unserer Formel für $\mathrm{D}/\mathrm{D}t$. Wenn die beiden Terme voneinander abhängen, haben wir eine nichtlineare Beziehung. Tatsächlich sind solche Rückkopplungsprozesse häufig die Ursache heftiger Wetterereignisse. Die Situation wird durch den Einfluss der Feuchtigkeit noch weiter verkompliziert. Wenn das Luftpaket feucht ist, führt Abkühlung zu Kondensation. Schließlich bilden sich Wolken (und es kann regnen), oder es entsteht Tau am Boden (beispielsweise in einer kalten Sommernacht). Durch die Kondensation von Wasserdampf wird Wärme an die Umgebungsluft abgegeben, sodass wir die Gasgleichung noch einmal berechnen müssen. Diese Freisetzung latenter Wärme durch den Kondensationsprozess ist vergleichbar mit dem Zünden des Brenners durch unseren Ballonfahrer, um die Luft im Ballon erneut zu erhitzen – normalerweise steigt der Ballon dann auf. Bei Gewittern spielen diesen Rückkopplungsprozess eine entscheidende Rolle, um ihre Energie freizusetzen und ihre spektakulären Cumulonimbuswolken (Ambosswolken) auszubilden, die mehr als 10 km in die Höhe ragen können.

Im vorherigen Abschnitt haben wir uns nur auf die vertikale Bewegung konzentriert. Als Nächstes suchen wir nach einer Formel, mit der wir die Änderungsrate der Windgeschwindigkeit und Windrichtung des Luftpaketes mit der Zeit (d. h. seine Beschleunigung) ausdrücken können. Das Messen der Änderungsrate der Windgeschwindigkeit, also der Beschleunigung des Luftpaketes, ergibt sich dann sowohl aus der Änderung der Windstärke und Windrichtung an einem bestimmten Ort als auch aus der Änderung der Windstärke und Windrichtung von einem Ort zu einem anderen.

Wir gehen die Berechnung Schritt für Schritt durch. Windrichtung und Windgeschwindigkeit können sich an einem bestimmten Ort ändern (was wir mit einer Wetterfahne bzw. einem Anemometer messen). Dieser Effekt erklärt den ersten Term nach dem Gleichheitszeichen in der folgenden Formel. Aber wir müssen auch die Änderung des Windes betrachten, wenn wir dem Luftpaket folgen, wie Abb. 14 skizziert. Weil sich die Bedingungen von einem Ort zum nächsten ändern können, genau wie sich die Temperatur mit der Höhe ändert. Die Änderungsrate der Windgeschwindigkeit des Luftpaketes von einem Ort zum nächsten ist daher durch die Änderungsrate des Windes von einem Ort zum nächsten, multipliziert mit der Änderung, mit der wir uns von dem Ort wegbewegen, gegeben.

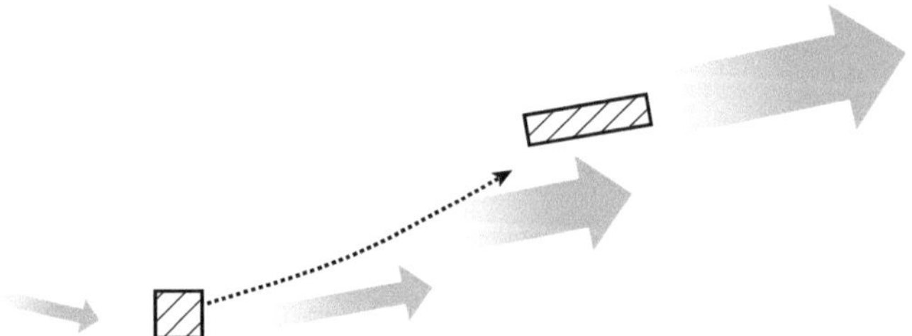

Abb. 14 Ein schraffiertes, rechteckiges Luftpaket bewegt sich mit dem Wind (wie ein Ballon oder eine kleine Wolke). Die Windstärke wird durch die relative Größe der Pfeile dargestellt. Wie stark ein Luftpaket beschleunigt wird, hängt von der Beschleunigung der Strömung an seinem aktuellen Ort ab und davon, wie stark die Strömung entlang seiner Trajektorie beschleunigt wird (dargestellt durch den gestrichelten Pfeil). Während es sich bewegt, kann sich unser Luftpaket ausweiten und angehoben werden, was die Situation noch komplizierter machen dürfte

Somit ist die Beschleunigung des Windes die Summe zweier Wirkungen:

$$\begin{gathered}\text{Gesamtbeschleunigung der Strömung} = \text{Beschleunigung am derzeitigen Ort}\\ + \text{ Windgeschwindigkeit} \times \text{Änderungsrate der Strömungsgeschwindigkeit in Richtung}\\ \text{der Luftpaketbewegung}\end{gathered}$$

Beachten Sie, dass der letzte Term wieder das Produkt zweier Terme ist, die von Windgeschwindigkeit und Windrichtung und deshalb voneinander abhängen, weshalb der Ausdruck nichtlinear ist. Daher hängt die Änderung der Windgeschwindigkeit vom Wind selbst ab, was auf eine Berechnung hinausläuft, in welchem Umfang „der Wind den Wind selbst weht"! Dies hat gelegentlich zur Folge, dass sich der Wind immer weiter beschleunigt und abhängig von seiner Umgebung fast unkontrolliert starke Stürme, Hurrikane oder Tornados entstehen. Typischerweise werden in großen Stürmen die Rückkopplungen von latenter Energie aus der kondensierenden feuchten Luft, die allein vom Wind transportiert wird, „gefüttert".

Wir müssen wissen, in welchem Maße die Beschleunigung auf die Änderung der Geschwindigkeit und Richtung des Luftpaketes an einem bestimmten Ort zurückzuführen ist und wie groß der Anteil ist, der auf die Bewegung des Paketes in eine bestimmte Richtung zurückgeht. Die letzte Angabe zeigt den Teufel im Detail: Um die Beschleunigung eines Luftpaketes in eine bestimmte Richtung zu berechnen, verlassen wir uns darauf, den Weg zu kennen, dem das Paket folgen wird – in anderen Worten, seine Bewegung. Aber solange wir die Gleichungen nicht gelöst haben, kennen wir die Bewegung nicht. Und es wird noch schlimmer. Die Druckgradientenkraft selbst hängt von der Luftbewegung ab – das heißt, von dem Wind, den wir berechnen möchten – ebenso wie die Dichte. Und diese wird von der Lufttemperatur beeinflusst, die wiederum von der Feuchtekondensation beeinflusst wird. Jede Rückkopplung beruht auf einer Rückkopplung, die auf einer weiteren Rückkopplung beruht. Diese Nichtlinearitäten treffen in unterschiedlichen Umgebungen zusammen und verursachen viele, viele ungebändigte und unterschiedliche Winde. Unsere Wettergleichungen, die unsere sieben Wetterpixelvariablen in Beziehung setzen, sind alle miteinander gekoppelt. Daher können wir uns vorstellen, dass sich die Temperatur, der Wind und insbesondere die Feuchte auf unzählig viele verschiedene Arten gegenseitig rückkoppeln können, wie in Abb. 15 angedeutet. Um bei diesem Problem voranzukommen, müssen wir diesen Gordischen Knoten entwirren.

Die Anwendung von Newtons zweitem Bewegungsgesetz auf ein Fluidpaket ergibt, dass der gegenwärtige Wind zu jedem Zeitpunkt die Änderung des Windes selbst beeinflusst. Rückkopplungsprozesse, wie wir sie mithilfe des Doppelpendels beschrieben haben, können daher die Vorhersagemöglichkeiten zukünftiger Ereignisse stark einschränken.

Eulers Aufsatz, in dem er die Gleichungen für die Bewegung einer idealen Flüssigkeit (ohne Wärme, Dichte, Reibung oder Feuchteprozesse und ohne Corioliseffekt) beschrieb, wurde im Jahr 1757 veröffentlicht; es war die Blütezeit der Anwendungen von Analysis und der Differenzial- und Integralrechnung auf physikalische Probleme. Das Tempo des Fortschritts bei der Lösung anderer Probleme war so hoch, dass Euler nach fünf Jahren bestürzt darüber war, dass niemand seine Gleichungen für Fluidbewegungen lösen konnte.

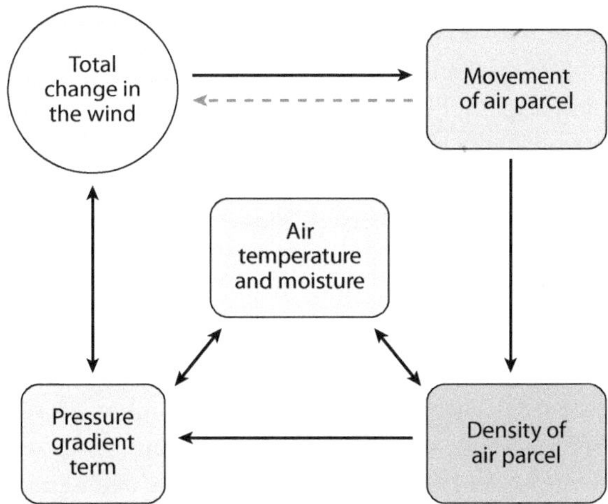

Abb. 15 Dieses Diagramm illustriert schematisch, wie die Kraft, die auf das Luftpaket wirkt (der Druckgradiententerm), eine Ursache für die Geschwindigkeitsänderung des Paketes darstellt; die sich verändernden Winde beeinflussen wiederum die Bewegung jedes einzelnen Luftpaketes. Aber diese Bewegung könnte auch eine Rückkopplung erzeugen, dargestellt durch den gestrichelten Pfeil, die den Wind selbst und den Druckgradiententerm verändert. Zudem wird die Bewegung durch den Druckgradiententerm durch die Änderung der Luftdichte verändert, welche wiederum mit der Luftbewegung verbunden ist. Lufttemperatur und Feuchte stehen ebenso mit der Dichte und dem Druck in Zusammenhang und liefern so viele weitere Möglichkeiten für Rückkopplungen. Zu unterschiedlichen Zeiten dominiert jeweils ein anderer Mechanismus, wodurch normalerweise ein bestimmtes Wetter entsteht. Aber die Fragen sind: Welche Mechanismen sind das und wann und wo treten sie auf?

Im Jahr 2000, fast ein Vierteljahrtausend nachdem die Gleichungen veröffentlicht worden waren, wurde ein Preis von einer Million Dollar für jeden ausgesetzt, der ohne jede einschränkende Annahme beweisen konnte, dass Lösungen von Gleichungen wie die von Euler immer existieren. Wir wissen, dass es bestimmte Lösungen gibt, und jedes Mal, wenn wir eine Wettervorhersage berechnen, lösen wir diese Art von Gleichungen mit approximierten, numerischen Methoden. Aber das ist nicht das Gleiche, wie zu beweisen, dass Lösungen im Allgemeinen und für alle Zeiten existieren. Wenn dieser Beweis gelingt, wird der Preis mehr als eine beachtliche finanzielle Belohnung sein: Der Gewinner wird sich zweifellos einen Platz in den Annalen der Mathematik und Physik verdienen. Der Preis wurde bis heute nicht eingelöst, und die Ausweglosigkeit des Problems liegt in seiner Nichtlinearität – in den Rückkopplungsprozessen, während der Wind weht und den Wind selbst verändert.

Nichtlinearität und Rückkopplungen sind zentral für die Dynamik unserer Atmosphäre und machen es im Grunde unmöglich, unsere Gleichungen explizit und analytisch zu lösen; algorithmische Verfahren und Supercomputer werden sogar für die „nur" approximative Wettervorhersage benötigt – dies zeigt überzeugend die weitreichenden Konsequenzen von Richardsons Ansatz.

Wir sehen also, wie schwierig es ist, die Rückkopplungseffekte mit einzubeziehen und verstehen dadurch, warum die Zirkulations- und die Wirbelsätze, die wir in den vorherigen Kapiteln erörtert haben, so wertvoll sind. Sie sagen uns, unter welchen Bedingungen Wirbelbewegungen fortbestehen werden, oder unter welchen Bedingungen sie verstärkt werden könnten. Wie Abb. 8 in Kap. „3. Fortschritte und Missgeschicke" zeigt, bewegt sich ein Hurrikan wirbelartig. Warum bleibt so ein ein Hurrikan trotz des örtlichen Chaos von Windböen und Regenschauern bestehen? Die Verbindung zwischen Zirkulation, Wärme und Feuchteprozessen hilft bei der Erklärung (Abb. 16). Zirkulationssätze sind so mächtig und nützlich, weil sie die Entwicklung einer Schlüsselvariablen beschreiben, der Wirbelstärke (Vorticity), die oft ein Erkennungsmerkmal großskaliger Wetterlagen ist.

Heute werden die Grundgleichungen mithilfe von Supercomputern gelöst, diese gehen ähnlich vor wie Richardson. Sie ermöglichen die Untersuchung eines weiten Spektrums nichtlinearer Phänomene mit ausreichender Genauigkeit und sind darüber hinaus in der Lage, das Wetter für die meisten Teile der Erde recht zuverlässig vorherzusagen, wenn auch nur für einige Tage. Aber trotz der Leistungsfähigkeit und der wachsenden Zuverlässigkeit von Computersimulationen können wir die Tatsache nicht leugnen, dass die Wettervorhersage auf einer Reihe von Gleichungen basiert, über die wir nur sehr wenig wissen. Zu Bjerknes' Zeit wusste man, wie die Umlaufbahnen von Planeten berechnet und vorhergesagt werden konnten. Jetzt, mit Einsteins Gravitationstheorie, können wir Theorien über den Beginn und das Ende des Universums formulieren und entsprechende Modelle berechnen. Durch viele Messungen wissen wir weit mehr über die Lösungen von Einsteins Gleichungen der allgemeinen Relativität, welche die großskalige Struktur des Universums beschreiben, als über die Lösungen von Eulers Gleichungen der Hydrodynamik. Genaugenommen wissen wir über die Gleichungen für die Wettervorhersage sogar noch weniger: Es gibt einfach zu

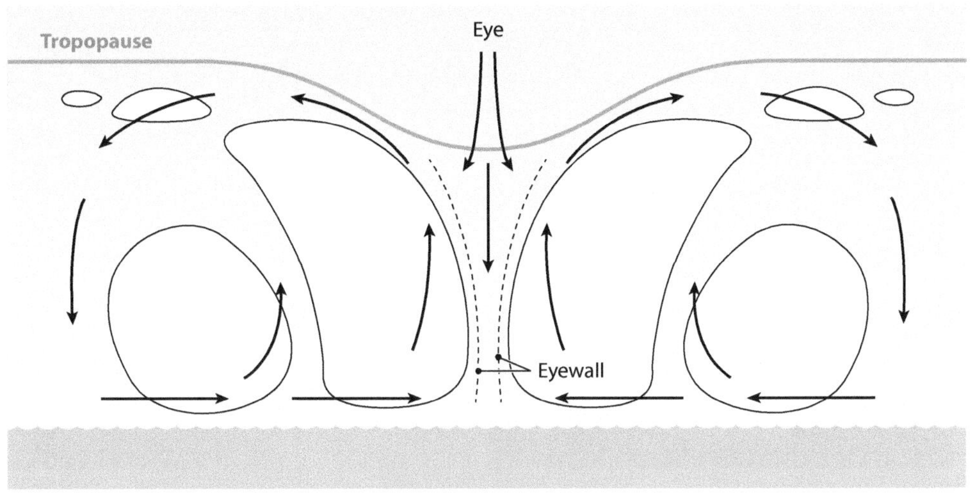

Abb. 16 Hurrikane entstehen, wenn eine positive Rückkopplung zwischen der Wärmeenergie aus der Kondensation von aufsteigendem Wasserdampf und sturmartigen Winden entsteht (s. Abb. 8 in Kap. „3. Fortschritte und Missgeschicke“). Der Transfer zwischen Wärmeenergie und mechanischer Energie der Winde kann mit dem einer großen Dampfmaschine (s. Abb. 13 in Kap. „2. Von Überlieferungen zu Gesetzen“) verglichen werden. Die Tropopause markiert den Rand zwischen der Troposphäre und der Stratosphäre; der Hurrikan bewegt sich über dem warmen tropischen Ozean, welcher den Wasserdampf liefert. Die Pfeile in der Mitte der Abbildung zeigen die absteigende, klare Luft innerhalb der dicken Wolkenwand, die das Auge des Hurrikans umschließt. (© Princeton University Press)

viele Details, die von zu vielen unterschiedlichen Rückkopplungsmechanismen beeinflusst werden.

Die nächsten großen Fortschritte in der Meteorologie würden gelingen, wenn man Wege finden könnte, großskalige, atmosphärische Strömungen so zu analysieren, dass die beherrschenden Mechanismen isoliert und dann mit einfacheren Modellen und Gleichungen beschrieben werden könnten. Ideen waren nötig, um das reale Verhalten vereinfacht darzustellen, und es gibt viele Wege, die Bewegungsgleichungen zu vereinfachen. Bjerknes' Zirkulationssatz war nur ein Weg, um weiter zu kommen. Tausende Forschungsaufsätze haben sich dieser Aufgabe gewidmet, aber welche Methode auch immer genutzt wird, früher oder später begegnen wir den nichtlinearen Termen und nicht nur denen, die darin daran beteiligt sind, wenn „der Wind den Wind weht“.

Abb. I Die beiden Planten Erde und Jupiter haben sehr unterschiedliche Atmosphären, aber die Bewegungen beider Planeten werden vom gleichen physikalischen Gesetz beschrieben. Mithilfe der Mathematik können wir die charakteristischen Eigenschaften isolieren, welche zu den von uns beobachteten, völlig unterschiedlichen Strukturen führen. Wenn wir die Rotation der Planeten berücksichtigen, können die Tiefe der Atmosphären, die Funktion der Wirbel und viele hervorstechende Unterschiede quantifiziert werden. (© NASA. Abdruck mit freundlicher Genehmigung)

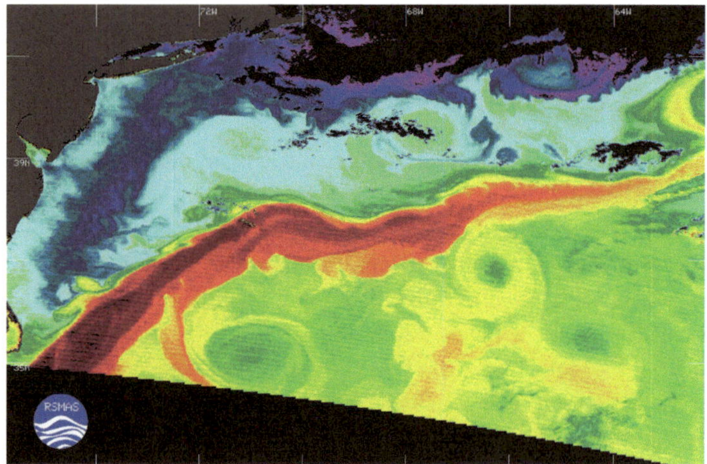

Abb. II Wirbel im Golfstrom vor der Ostküste der Vereinigten Staaten. Die rote Farbe zeigt wärmeres Wasser, das vom Golfstrom aus der Karibik durch den Nordatlantik transportiert wird. Die Dichte des Ozeanwassers hängt auch von seinem Salzgehalt ab – das kältere und frischere Wasser ist in Blau wiedergegeben. Die Wirbel ähneln den Tiefdrucksystemen, die wir in der Atmosphäre (z. B. in Abb. 3 in Kap. „1. Eine Vision wird geboren“) sehen können. Dieses Bild der Meeresoberflächentemperatur wurde an der University of Miami von Bob Evans, Peter Minett und Mitarbeitern erstellt (mit Messungen im Frequenzbereich von 11–12 μm). (© NASA. Abdruck mit freundlicher Genehmigung)

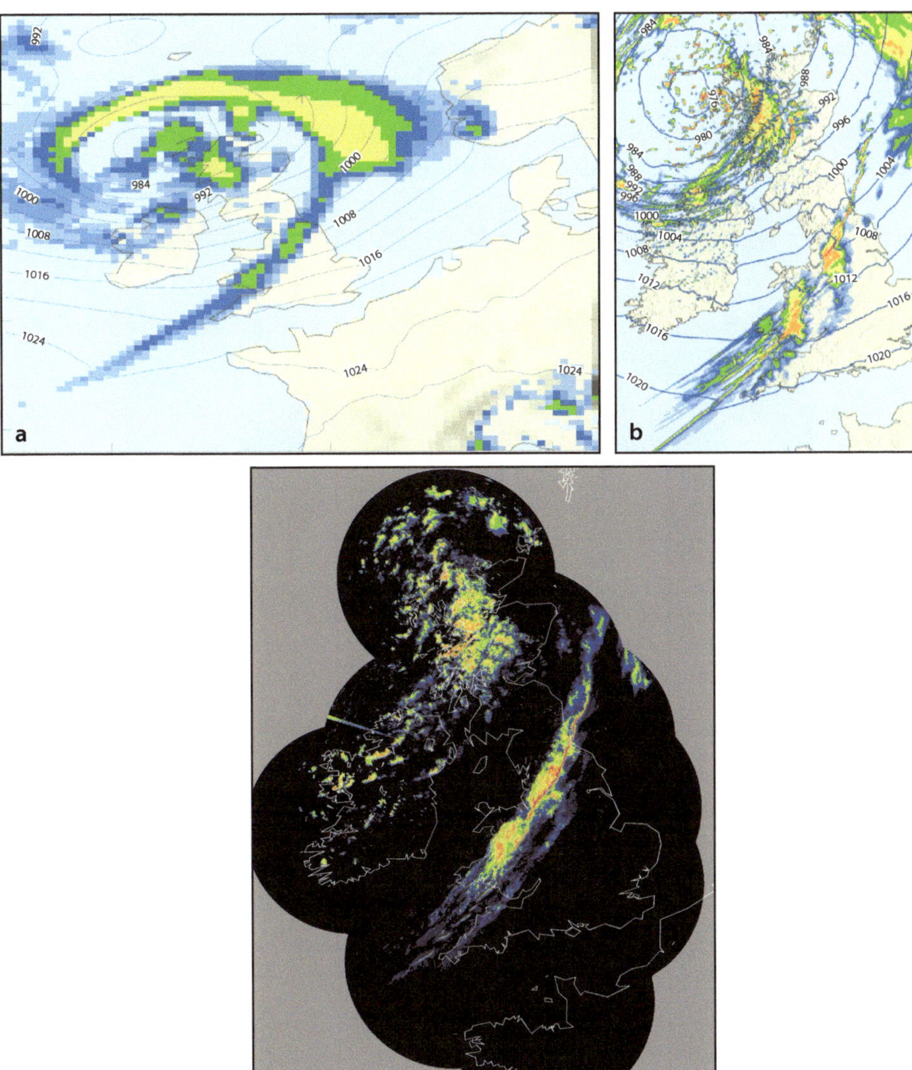

Abb. III Die drei Abbildungen zeigen zwei Vorhersagen eines Regenbandes über Ostengland (Abbildungen **a** und **b**) und ein Radarbild (Abbildung **c**), welches den beobachteten Niederschlag am 23. Mai 2011 angibt. Die gelbroten Farbtönungen kennzeichnen stärkeren Niederschlag. Die Konturen in den Abbildungen **a** und **b** sind Isobaren des mittleren Meeresspiegeldrucks. Das Mosaikmuster entsteht durch die begrenzte Auflösung der Modelle, wenn der Regen auf der Skala der Wetterpixel vorhergesagt wird. Abbildung **a** wurde mit einem globalen Modell mit einer Auflösung von 25 km und Abbildung **b** mit einem Regionalmodell mit einer horizontalen Auflösung von 1,5 km erstellt. Beachten Sie die Darstellungen in den beiden Bildern im Vergleich zur „Realität" in Abbildung **c**; die genauere Vorhersage in Abbildung **b** kann auf eine höhere Auflösung der Wetterpixel zurückgeführt werden. (© American Meteorological Society. Abdruck mit freundlicher Genehmigung)

Abb. IV Richardson stellte sich eine „Vorhersagefabrik" an einem Ort wie beispielsweise die Royal Albert Hall in London vor. 64.000 Menschen sitzen und arbeiten in fünf Kreisen. Jede Gruppe ist für die Wetterberechnung für ihren Teil des Globus verantwortlich und gibt dann die Information an ihre Nachbarn weiter. Einer „dirigiert" die riesige Anzahl der Berechnungen, sodass jede Gruppe diese zur gleichen Zeit ausführt und keine aus dem Takt kommt. In modernen Parallelrechnerverarbeitungen werden die Arbeiter durch einzelne Computer ersetzt. Aus *Le guide des Cités* von François Schuiten und Benoît Peeters. (© François Schuiten)

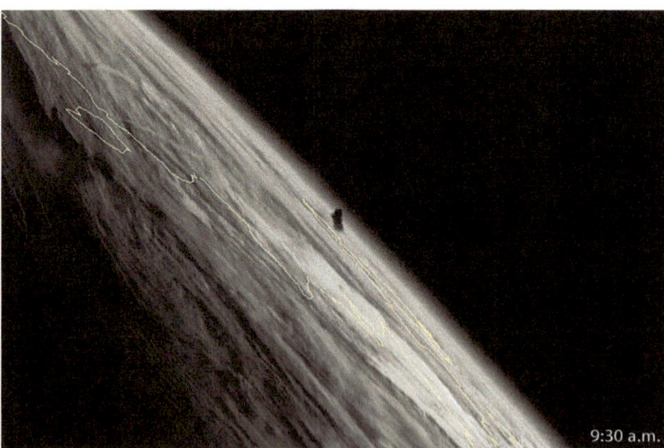

Abb. V Dieses Bild der Erdatmosphäre wurde von einem japanischen Wettersatelliten aufgenommen und zeigt die Eruption des Mount Redoubt in Alaska am 26. März 2009. Die Aschewolke des Vulkans steigt etwa 19,8 km auf, was eine beträchtliche Höhe und von Satelliten aus gut sichtbar ist. Die Troposphäre ist der unterste Teil der Atmosphäre, in der die meisten Wetterereignisse stattfinden und nur 9 km dick. Die Erde (mit einem durchschnittlichen Radius von 6341 km) hat daher eine sehr dünne „Hülle". Die Tatsache, dass die Atmosphäre relativ dünn ist und sie einen sich drehenden Planeten umschließt, erklärt, warum die hydrostatischen und geostrophischen Gleichgewichte in den Grundgleichungen so wichtig sind. (© NASA. Abdruck mit freundlicher Genehmigung)

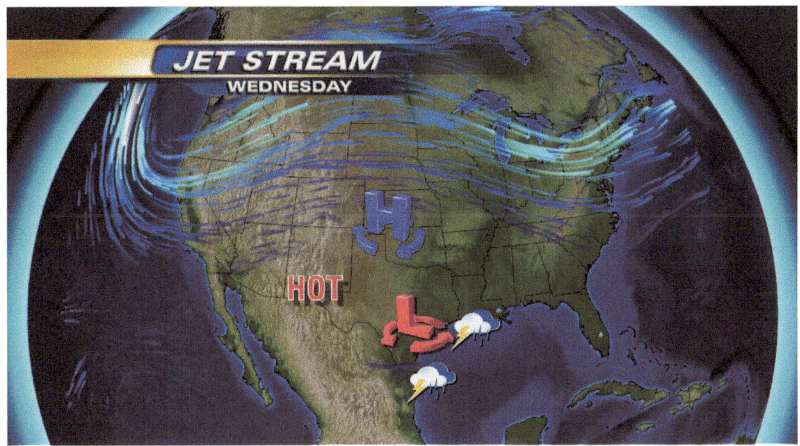

Abb. VI Die idealisierte Wettergrafik zeigt Hoch- und Tiefdrucksysteme über dem Panhandle und Südtexas. (Der Jetstream, durch die blauen Stromlinien dargestellt, besitzt die charakteristische Struktur einer Rossby-Welle)

Abb. VII Die großskaligen, wirbelnden Wolkenstrukturen über den Britischen Inseln wurden von einem Satelliten aufgenommen und sind von sehr großem Interesse für die Vorhersage. Die ebenfalls erkennbaren, viel kleinere Strukturen in den Wolken sind, selbst wenn sie lokale Gegebenheiten beeinflussen können, für die Meteorologen, die das Wetter für ein oder zwei Tage vorhersagen wollen, nicht so wichtig. Das stetige Wolkenband ist mit Warmfronten verbunden, während kältere, mit Regen einhergehende Wetterlagen dem Wolkenband aus dem Nordwesten folgen. (© NEODAAS/University of Dundee)

Abb. VIII Vom Weltraum aus betrachtet erkennen wir geriffelte Wolken (in der Mitte des Bildes), die in einer Höhe von 2 km über den schottischen Bergen auf Schwerewellen schließen lassen. Schwerewellen transportieren Luft nicht horizontal und mischen auch die verschiedenen Luftmassen nicht sehr stark. Sie helfen der Atmosphäre, sich den Bewegungen des Planeten anzugleichen. Aber das ist eine andere Geschichte. (© NEODAAS/University of Dundee)

Abb. IX Der Mittelgang der Kirche von Levenham, England, erbaut im Stil der englischen Spätgotik, welcher durch einfache geometrische Prinzipien – der Schwerpunkt auf den Mittelpfosten und horizontale Querbalken in den Fenstern – gekennzeichnet ist. Hier hilft uns die Geometrie, dass wir uns auf die hauptsächlichen statischen Kräfte konzentrieren können, welche das Gewicht dieses Gebäudes entgegen der Schwerkraft halten. Sobald die geometrischen Prinzipien in der Grundkonstruktion berücksichtigt sind, können die Steinmetze ihre kreativen Möglichkeiten ausleben und feine künstlerische Details hinzufügen. (© Claire F. Roulstone)

Abb. X Golden Gate Bridge, San Francisco. Beim Modellieren solcher Wolkenschichten werden für die Auftriebskräfte einfache geometrische Konzepte eingesetzt, die auf Skalierungen beruhen. Obwohl sich die feinen Details der Wolkenmuster Tag für Tag sichtbar verändern, berücksichtigen sie dabei die geometrischen Regeln und die Physik des Wasserdampfes. (Foto von Basil D. Soufi)

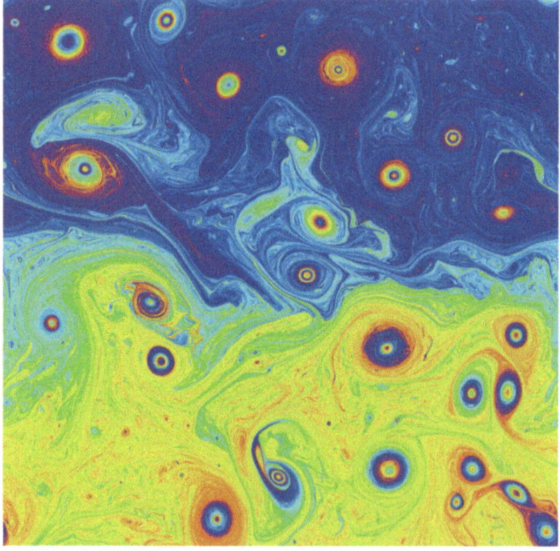

Abb. XI Der Hintergrund (oben Blau, unten Gelb) zeigt eine einfache, von links nach rechts verlaufende (Scher-) Strömung. Um die Turbulenz, die in dieser Strömung erzeugt wird, darzustellen, muss eine moderne Computerberechnung alle kleinen überlagerten Wirbel erfassen, erhalten und verfolgen. Die komplexen Details wurden hier mit einer feinen flächenerhaltenden Rechenmethode simuliert. (© David G. Dritschel. Abdruck mit freundlicher Genehmigung)

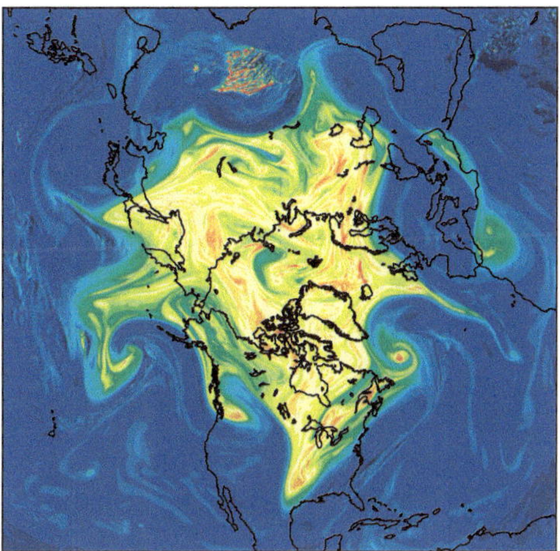

Abb. XII Die Berechnung der PV (auf einer Fläche von 315 K potenzieller Temperatur) erfolgte durch die Wind- und Temperaturfelder, welche aus einer numerischen Vorhersage für den 6. Februar 2011 stammen. Sie zeigt den Blick zur Erde von oberhalb des Nordpols. Die Transformation von den Wind- und Temperaturvariablen zur PV ermöglicht Meteorologen abzuschätzen, wie gut ein numerisches Modell die wichtigen Eigenschaften der Zyklonenentwicklung erfasst, welche hier als Wirbel am Rand der gelbgrünen Farbgebungen zu sehen sind. (© 2019 ECMWF)

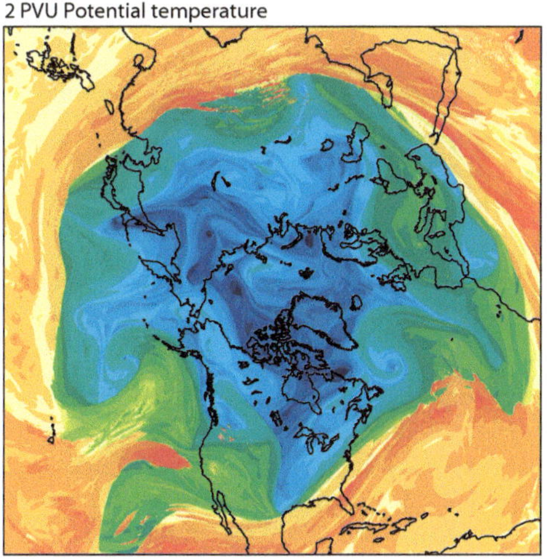

Abb. XIII Eine grafische Darstellung der potenziellen Temperatur auf einer Fläche konstanter potenzieller Vorticity (hier in der Tropopause, PV = 2). Diese Karten sind für Meteorologen unbezahlbar, insbesondere wenn sie den Ort und das Verhalten der Jetstreams an den gelbgrünen und dunkelblauen Rändern vorhersagen wollen. Solche Darstellungen zeigen, wie dynamische und thermodynamische Variablen in einer „Top-down-Sicht" der Atmosphäre zusammengefasst werden können, also die Mechanismen, die für die Entwicklung der großen Wettersysteme verantwortlich sind. (© 2019 ECMWF)

Abb. XIV Starker Regen über dem Ägäischen Meer, aufgenommen am 28. Oktober 2010 am Hafen von Chios, mit Blick auf die türkische Küste. Seefahrer und Bergsteiger sind von plötzlichen Wetteränderungen besonders gefährdet; die Herausforderung für moderne Computersimulationen besteht darin, vorherzusagen, wo und wann diese Änderungen auftreten werden. Das hier gezeigte Regenband mit Starkregen hat eine scharfe Kante, und das Aufspüren solcher Merkmale ist für Wettervorhersagemodelle eine Herausforderung. (© Rupert Holmes)

Abb. XV Vom Sonnensystem zum Erdsystem – unsere Geschichte beschreibt, wie sich Mathematiker heute auf Möglichkeiten konzentrieren, die detaillierten Wechselwirkungen und Rückkopplungen darzustellen, welche unsere Umgebung kontrollieren. Nach der griechischen Kosmogonie entsprang Gaia (die Erde) dem Chaos (der großen Leere). Die moderne Wissenschaft erklärt, wie Wärme und Feuchteprozesse die Wolken erzeugen und den Wind antreiben. Die Wirbel in den Wolken werden durch den Wind erzeugt, welcher Wärme und Feuchte um den Planeten verteilt. Zu welcher Art der Unvorhersagbarkeit führen diese Wechselwirkungen? Die Mathematik hilft uns dabei zu entscheiden, was wir über die Zukunft unseres Planeten sagen können. (Für die Wasseraufnahme danken wir dem Monroe County, Tennessee, Tourismusbehörde, Foto „Life“: © Michael G. Devereux; Foto der Erde: © NASA. Abdruck mit freundlicher Genehmigung. Foto „Land“: Public Domain. Mit freundlicher Genehmigung des U.S. National Park Service. Foto „Air“: © Rupert Holmes)

Zwischenspiel: Ein Gordischer Knoten

In der ersten Hälfte dieses Buches haben wir einen Weg erörtert, wie man das Wetter mithilfe eines Computers beschreiben kann. Wir haben Wetterpixel eingeführt, die ein Hologramm vom Wetter unseres Planeten entstehen lassen. Das Hologramm zeigt Wärme, Wind, Wolken und Regen zu bestimmten Zeiten und an jedem festen Ort in unserer Atmosphäre. Dann müssen wir, wie in einem Film, der aus einer zeitlichen Abfolge von Bildern zusammengesetzt ist, betrachten, wie sich die Wetterpixel im Laufe der Zeit ändern. Hierfür benötigen wir Regeln, die die Wechselwirkung eines jeden Pixels mit seinen Nachbarn und mit früheren Pixeln in Beziehung setzen. Wenn aber die Wetterpixel tatsächlich das aktuelle Wetter auf der Erde beschreiben sollen, das beispielsweise in Abb. 1 dargestellt ist, müssen die Regeln für die Änderung in jedem Wetterpixel unser Wissen über die Physik der Atmosphäre auf genau die richtige Weise wiedergeben.

Wenn wir die Regeln haben, wie sich das Wetter in den Wetterpixeln verändert wird, warum können wir nicht die Supercomputer, ähnlich wie es Richardson gemacht hatte, unermüdlich weiterarbeiten und das Wetter der nächsten 10 Jahre ausrechnen lassen? Die Antwort lässt sich in einem Wort zusammenfassen: Rückkopplung. Rückkopplungsschleifen sind im Wetter in Aktion und führen manchmal zu Stürmen in einer Größenordnung von Gewittern, Tornados oder auch tropischen Hurrikane.

Das Problem bei dem auf Regeln oder Gesetzen basierenden Reduktionismus, also dem Berechnen von Lösungen mithilfe einfachster arithmetischer Modelle, wie es Richardson gemacht hatte, besteht darin, dass unsere Wahl der Pixelgröße und der Zeitschritte immer den Umfang begrenzen wird, in welchem wir die verschiedenen physikalischen Prozesse lösen können. Rückkopplungen zwischen Abkühlung, Kondensation und Wind treten in gewissem Maß zu jeder Zeit und in der gesamten Atmosphäre auf. Nachdem wir unsere Pixel und Grundregeln ausgewählt haben, müssen wir die Berechnung so einrichten, dass am Ende das herauskommt, was wirklich passiert, und kein ein Zufallsprodukt entsteht.

I. Roulstone und J. Norbury, *Unsichtbar im Sturm*,
https://doi.org/10.1007/978-3-662-48254-4_6

Abb. 1 Erde und Jupiter. Die Strömungen und Strukturen in den beiden Bildern sehen sehr unterschiedlich aus, aber dennoch haben sie einige Gemeinsamkeiten. Die Strömungen werden durch die gleichen mathematischen Gleichungen beschrieben, die wir am Ende des zweiten Kapitels kennengelernt haben. Wirbel sind in den Atmosphären beider Planeten allgegenwärtig, aber die genaue Bewegung ist unterschiedlich. Die Herausforderung bei der Simulation von Strömungen mithilfe von Computermodellen besteht darin, Software zu entwickeln, die solche Unterschiede darstellen und berücksichtigen kann, auch wenn der Computercode auf denselben Gleichungen beruht. (© NASA. Abdruck der Fotos mit freundlicher Genehmigung der NASA)

Darum müssen wir allumfassende, ganzheitliche Prinzipien bestimmen, welche die Regeln erfüllen. Bjerknes' Zirkulationssatz ist eines der Elemente, die uns helfen, das aktuelle Wetter zu simulieren, während wir das ignorieren, was theoretisch passieren könnte.

Unsere erste Aufgabe in der zweiten Hälfte dieses Buches ist es, den Knoten aus Ursache und Wirkung zu lösen. Er besteht aus verschiedenen fein, aber robust miteinander verbundenen Arten nichtlinearer Rückkopplungen – bei denen die Wirkungen die Ursachen tatsächlich verändern. In Kap. „5. Begrenzung der Möglichkeiten" und „6. Die Metamorphose der Meteorologie" beschreiben wir, wie diese Denkweise zur ersten erfolgreichen, wenn auch stark vereinfachten, computerbasierten Wettervorhersage führte, die von einem Team in Princeton im Jahr 1950 durchgeführt wurde. In Kap. „7. Mit Mathematik zum Durchblick" blicken wir in die Zukunft und ermitteln die grundlegenden, ganzheitlichen Prinzipien, etwas überraschend mithilfe der Geometrie, sodass wir die Regeln für die Pixelentwicklung in den abstrakten Wetterlebensgeschichte-Räumen unserer Computermodelle verbessern können.

In Kap. „8. Im Chaos vorhersagen“ bewerten wir schließlich die gegenwärtige Lage. Selbst mit den optimistischsten Annahmen über die Computer- und Satellitenentwicklung in den nächsten zwei Jahrzehnten werden wir nicht in der Lage sein, den Einfluss aller Flugzeuge, Züge, Autos und Gebäude – ganz zu schweigen von den Schmetterlingen – auf die Atmosphäre zu quantifizieren. Wir werden nicht alle kleinen Wechselwirkungen und Rückkopplungen im Wetter kennen oder vorhersagen können. Daher müssen wir unsere Fähigkeit weiterentwickeln und verfeinern, die wesentlichen Eigenschaften des Wetters auf unserem Planeten trotz aller derzeit unbekannten Details vorherzusagen. Das Verständnis der mathematischen Grundlagen der Wettermodelle hilft uns dabei, sowohl die Beschreibung der Wetterpixel als auch die Regeln für die zeitliche Entwicklung der Pixel zu verbessern. Ein Erfolg bei diesem Vorhaben – einer zeitgemäßen Anpassung von Bjerknes’ Vision – wird die Zuverlässigkeit erhöhen, mit der Computervorhersagen für Wetter und Klima in diesem Jahrhundert erstellt werden können.

5. Begrenzung der Möglichkeiten

Das quantitative Modell, das Bjerknes geplant und Richardson umgesetzt hat, ist eine Bottom-up-Sicht des Wetters. Es enthält so viele Details wie möglich und konzentriert sich darauf, wie lokale Luftströmungen ihre Umgebungen beeinflussen und mit ihnen wechselwirken. Sobald wir erst einmal die Gesetze aufgeschrieben haben, welche die detaillierte Physik der Kräfte und Winde, der Wärme und der Feuchtigkeit beherrschen, können wir fortfahren und das Wetter – die Folge dieser komplexen Wechselwirkungen – simulieren. Das Problem dieses Reduktionismus nach Descartes besteht darin, dass die vielen Einzelteile auf enorm komplizierte Weise wechselwirken können.

Die Wissenschaftler der Bergener Schule arbeiteten die wichtigsten Eigenschaften bestimmter Wettersysteme heraus und entwickelten aus diesen Ideen eher qualitative Modelle. Aus den vielen möglichen Phänomenen, welche die Grundgleichungen erlauben, wurden die Kernmechanismen der bekannten Wetterlagen bestimmt. Aber es gab noch keine mathematische Beschreibung, durch welche diese allgegenwärtigen Wetterphänomene direkt mit den Grundgleichungen in Beziehung gesetzt werden konnten. Indem er eine Methode entwarf, um eines der konzeptionellen Modelle zu quantifiziere, das in der Bergener Schule entwickelt worden war, schuf ein junger schwedischer Meteorologe die erste mathematische Beschreibung von großskaligem, wiederkehrendem Wetter. Dieses Kapitel handelt von seinem bemerkenswertem Lebenswerk – das genauso bedeutend ist, wenn auch auf ganz andere Weise, wie jenes von Bjerknes.

Auf der Spur von Bjerknes' Vision

Leutnant Clarence LeRoy Meisinger stieg am 14. März 1919 von Fort Omaha, Nebraska, mit einem Heißluftballon auf und berichtete einen Monat später im *Monthly Weather Review* des U.S. Weather Bureau darüber. Der künstlerisch veranlagte und talentierte Autor wurde 1895 in Plattsmouth, Nebraska, geboren und beendete im Mai 1917, unmittelbar nach dem

I. Roulstone und J. Norbury, *Unsichtbar im Sturm*,
https://doi.org/10.1007/978-3-662-48254-4_7

Kriegseintritt der Vereinigten Staaten in den Ersten Weltkrieg, erfolgreich sein Studium der Astronomie an der Universität von Nebraska. Gleich darauf, im Juni 1917, trat er der Armee bei und spielte in der Kapelle des 134. Infanterieregiments das Waldhorn. Im April 1918 wurde Meisinger zum neuen meteorologischen Wetterdienst des US Army Signal Corps versetzt. Bald wurde er Leiter des Wetterbüros am Fort Omaha, wo die Armee ihre Ballon-Ausbildungsschule unterhielt und Meisinger eine Zulassung zum Ballonpiloten erlangte.

So begann Meisingers Liebesaffaire mit den höheren Luftschichten. Seine Hingabe ist in seinem Bericht unschwer zu erkennen: „Der Heißluftballon schwebte über einem sanft gewellten Nebelmeer, weich wie Daunen, zart gefärbt wie Perlmutt". Und über den Köpfen strömte eine „Schicht aus Alto-Cumuli, durch die aufgehende Sonne opal gefärbt, und seinen irisierenden Glanz stets verändernd (…) Diese Reise (…) ermöglichte es uns, in die Windzirkulation einer starken Zyklone vorzudringen und ein Teil davon zu werden."

Nach seiner Kriegsausbildung begann Meisinger im September 1919 im U.S. Weather Bureau in Washington zu arbeiten, wobei er unter anderem als Wissenschaftler bei der Herausgabe der Zeitschrift des Wetterbüros, dem *Monthly Weather Review,* mitwirkte. Er schrieb sich als Doktorand ein, und im Jahr 1922 promovierte er mit seiner Arbeit über „The Preparation and Significance of Free-Air Pressure Maps for the Central and Eastern United States" (Die Aufbereitung und die Bedeutung von Luftdruckkarten für die mittleren und östlichen Vereinigten Staaten) (Abb. 1). Meisingers Hinwendung zur Luftfahrt mit ihren Ballonfahrten, Flügen mit Luftschiffen und zunehmend auch Flugzeugen, brachte ihn zu der Erkenntnis, dass das Verständnis der oberen Luftströmungen für den Schutz der Piloten und Passagiere bei schlechtem Wetter von großer Bedeutung sei. Nur waren ausgerechnet dort Beobachtungsdaten am wenigsten verfügbar. Nachdem er seine Doktorarbeit in der *Review* veröffentlicht hatte, galt Meisinger in den Vereinigten Staaten als führender Meteorologe auf dem Gebiet der Aerologie.

Bis zum Frühjahr 1924 beteiligten sich Meisinger und sein Pilot Leutnant James T. Neely an einer Reihe von Ballonflügen, die in Scott Field im Süden von Illinois starteten. Beide waren ausgebildete und erfahrene Ballonfahrer und wollten die Luftbewegungen im Inneren von Zyklonen erforschen. Die Bergener Wissenschaftler hatten sich durch systematische Beobachtungen eine detaillierte Einsicht in diese Wettersysteme, vorwiegend auf Meereshöhe, erarbeitet, und nun war es an der Zeit, diese Wettersysteme auch in der Höhe zu untersuchen. Allerdings war das Wetter in diesem April und Mai ungewöhnlich problematisch, und ihr letzter Flug, um Daten zu sammeln, fand am 2. Juni statt.

Als die Sonne unterging, verursachte das Abkühlen des Ballons einen Abstieg auf fast 300 m. Sie warfen Ballast ab und der Ballon stieg wieder auf mehr als 1500 m auf, begann allerdings auch schnell wieder zu sinken. In einer Höhe von circa 300 m warfen sie wieder Ballast ab. Sie stiegen wieder auf, dieses Mal auf fast 1800 m. Und wieder fielen sie schnell ab, versuchten Ballast loszuwerden und stiegen wieder in der instabilen, gefährlichen Luft auf – dieses Mal sogar bis auf über 2200 m. Einmal mehr folgte ein schneller Abstieg, aber diesmal schlugen sie in der Nähe von Milmine, Illinois, auf dem Boden auf. Durch den Aufprall löste sich noch mehr Sandballast. Als der Ballon noch einmal aufstieg, wurden

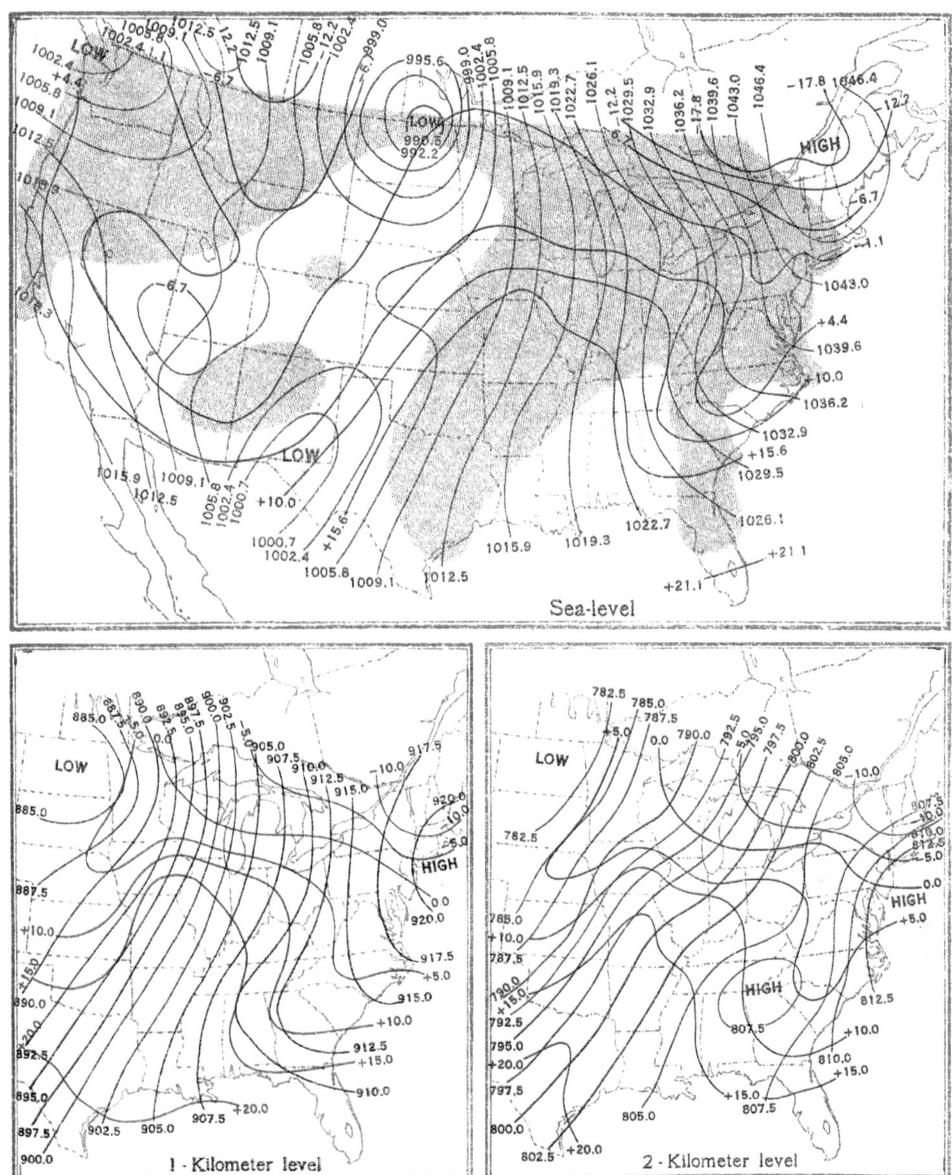

Abb. 1 In seiner frühen Arbeit katalogisierte Meisinger die Zugbahnen von Zyklonen über dem Mittleren Westen. Er erkannte, dass im Fliegen die Zukunft lag und Wissenschaftler auch die oberen Luftbewegungen in den Höhen, in denen geflogen wurde, verstehen mussten. Diese Abbildung entstammt Meisingers Aufsatz „The Preparation and Signifcance of Free-Air Pressure Maps for the Central and Eastern United States". (*Monthly Weather Review* vol 50, no. 9, Sept 1922/American Meteorological Society)

sie von einem Blitzschlag getroffen, der Meisinger das Leben kostete. Neely versuchte, mit dem Fallschirm aus dem brennenden Ballon zu springen, aber er stürzte in den Tod.

Von Beginn an mussten beide Männer die Risiken gekannt haben, die mit ihrem Projekt verbunden waren, aber was trieb Meisinger an, sein Leben auf diese Weise zu riskieren? Manches deutet darauf hin, dass er sich dazu verpflichtet fühlte, die Wissenschaft, die in Bjerknes' Vision steckte, weiterzuentwickeln. Die beharrliche Weigerung der praktischen Meteorologen, die neuen Ideen aus der Bergener Schule zu übernehmen, schockierten Meisinger ebenso wie Bjerknes. Die bahnbrechenden Aufsätze aus Bergen, welche die entscheidenden Eigenschaften von Stürmen in den mittleren Breiten beschrieben, wurden im Februar 1919 im *Monthly Weather Review* veröffentlicht. Aber die amerikanischen Meteorologen taten ihre Ideen mehr oder weniger sofort ab. Dennoch veröffentlichte Meisinger ein Jahr später in der *Review* seinen eigenen Aufsatz, in dem er auffällige Parallelen zwischen dem norwegischen Zyklonenmodell und einem heftigen Sturm über den Vereinigten Staaten beschrieb. Sein Eintreten für Ballonfahrten, um die meteorologische Wissenschaft voranzubringen, wurde verstärkt, nachdem im Jahr 1929 ein belgischer Meteorologe ein Ballonrennen in Alabama gewonnen hatte, der seinen Ballon so in Stellung bringen konnte, dass er aus starken Winden über der Warmluftfront einer fortschreitenden Zyklone Geschwindigkeit gewinnen konnte, so wie es von der Bergener Schule beschrieben wurde (und wie es in Abb. 9 in Kap. „3. Fortschritte und Missgeschicke" gezeigt ist). Heute wird Meisingers Hingabe und sein Beitrag zu seinem Fach jedes Jahr von der Amerikanischen Meteorologischen Gesellschaft mit der Clarence-LeRoy-Meisinger-Auszeichnung für junge, herausragende Meteorologen geehrt.

In den späten 1920er-Jahren muss Vilhelm Bjerknes zu Recht Stolz auf den Erfolg der Bergener Schule gewesen sein. Aber aus verschiedenen Briefen und Korrespondenzen ist ersichtlich, dass er auch enttäuscht war, weil sein ursprüngliches Manifest für die Vorhersage, das auf dem unmittelbaren Gebrauch der physikalischen Gleichungen basierte, unbestreitbar fehlgeschlagen war. Wie können Wetterstrukturen verstanden werden, die sich durch die komplex miteinander verbundenen Prozesse entwickeln, die in den sieben Grundgleichungen verborgen sind? Der Durchbruch kam in den 1930er-Jahren, als ein junger Mathematiker, der sich der Meteorologie zugewandt hatte, einen Weg fand, das Vorhersagepotenzial von Bjerknes' Satz zu nutzen. Die Ausbildung des jungen Wissenschaftlers wurde, genau wie bei Meisinger, durch Bjerknes' Enthusiasmus inspiriert, den er während seines fast zweijährigen Aufenthalts an der Bergener Schule persönlich miterleben konnte.

Carl-Gustaf Rossby (Abb. 2) wurde 1898 in Stockholm geboren, in dem Jahr, als unsere Geschichte begann. Rossby spezialisierte sich auf mathematische Physik und schloss im Jahr 1918 sein Studium an der Hochschule Stockholm ab. Danach ging er an die Bergener Schule, beobachtete die Methoden des dortigen Teams und arbeitete in Anwesenheit des Lehrmeisters (s. Abb. 5 in Kap. „3. Fortschritte und Missgeschicke"). Im Sommer des darauffolgenden Jahres 1920 arbeitete er am Geophysikalischen Institut in Leipzig, das von Bjerknes mitbegründet worden war. Im Sommer 1922 besuchte Rossby das Preußische Aeronautische Observatorium in Lindenberg nahe Berlin, bevor er nach Stockholm zurückkehrte und sich von 1922 bis 1925 am Schwedischen Meteorologischen Institut weiterbildete.

Abb. 2 Carl-Gustaf Rossby (1898–1957). Im Vorwort des Rossby-Gedenkbandes (welches ursprünglich für die Feier zum seinem sechzigsten Geburtstag vorgesehen war) schrieben seine Kollegen: „Mit seinem Tod im Alter von 58 Jahren verloren die Wissenschaft und viele Freunde einen Mann mit starkem Charakter, Intellekt, und unbezähmbarem Geist und Energie, eine bedeutende Figur in der rasanten Entwicklung der Meteorologie in den letzten drei Jahrzehnten." (© MIT Museum. Mit freundlicher Genehmigung)

Im gleichen Zeitraum arbeitete er auch mit Unterstützung des berühmten Mathematiker Erik Ivar Fredholm an seiner Doktorarbeit. Rossby fand sogar die Zeit, im Jahr 1923 auf dem ozeanografischen Schiff *Conrad Holmboe* im Osten Grönlands durch das Packeis zu reisen. Bis zu seinem frühen Tod im Jahr 1957 setzte er seinen rastlosen Lebensstil fort.

Im Jahr 1925 brach Rossby in die Vereinigten Staaten auf, wo er 25 Jahre blieb. Während dieses Vierteljahrhunderts revolutionierte er sowohl die angewandte als auch die theoretische Meteorologie in den USA. Obwohl er äußerst gescheit, wissbegierig und sehr gut ausgebildet war, verbrachte Rossby die ersten sieben Jahre damit, die Ideen aus der Bergener Schule zu übernehmen und in seiner eigenen mathematischen Sprache zu formulieren. Mitte der 1930er-Jahre kam Rossby zu dem Schluss, dass die rotierenden Wettersysteme mehr Bezug zu den Westwinden in der oberen Troposphäre haben als zur Bergener Polarfront. Dennoch, den Namen „Bergen" in seinem Lebenslauf stehen zu haben, war nach seinem Umzug in die Vereinigten Staaten in jedem Fall von Vorteil.

Horace R. Byers zufolge wurde Rossby anfangs ein Schreibtisch in der hintersten Ecke im U.S. Weather Bureau zur Verfügung gestellt, was eine undurchüberwindbare Barriere für die überschwänglichen Pläne des jungen Schweden bedeutete. Byers, 1906 geboren, verbrachte 1928 bis 1948 viel Zeit damit, Rossby bei der Verwirklichung seiner ehrgeizigen Pläne zu helfen, anfangs in der Welt des kommerziellen Flugverkehrs, später am Massachusetts

Institute of Technology (MIT) und an der Universität von Chicago. Auch andere erkannten Rossbys großes Potenzial; schon im Jahr 1927 wurde er von der Guggenheim Stiftung unterstützt, wie auch von der U.S. Navy durch Francis Reichelderfer.

Der 1895 geborene Reichelderfer kannte als Navy-Pilot eines Doppeldeckers die praktische Seite des Wetters. Und er erkannte (nach einer geglückten Flucht im Dezember 1919), dass für einen Piloten die Kenntnis des Wetters den Unterschied zwischen Leben und Tod ausmachen konnte. Während der berühmte Pilot Richard Byrd sehr viele internationaler Flüge unternahm, um die Nützlichkeit der Luftfahrt zu demonstrieren, lobte er Rossbys Vorhersagepraktiken, während er die des Wetterbüros verhöhnte. In der Folge wurde Rossby vom Wetterdienst zur Persona non grata erklärt.

Aufgrund seines Erfolges bei den Vorhersagen für die Luftfahrt wurde Rossby nach Kalifornien eingeladen, wo er den ersten Wetterdienst für eine Test-Airline aufbaute, die zwischen Los Angeles und San Francisco fliegen sollte. Im Jahr 1928 wurde Rossby vom Guggenheim-finanzierten Department of Meteorology am Massachusetts Institute of Technology (MIT) gebeten, einen Graduiertenkurs aufzubauen, den anfangs vier Navy-Offiziere belegten.

Als er Anfang 30 war, wurde Rossby von der Mehrheit seiner Kollegen akzeptiert und hoch geschätzt, im Laufe dieses Lebensjahrzehnts auch immer mehr von den Behörden. Im Jahr 1939, nachdem er gerade die amerikanische Staatsbürgerschaft erhalten hatte, wurde Rossby gefragt, ob er die Stelle als stellvertretender Chef für Forschung und Entwicklung am U.S. Weather Bureau unter seinem neuen Leiter Reichelderfer annehmen wolle. Zusammen modernisierten sie die Behörde. Im Jahr 1941 ging Rossby nach Chicago, um das Meteorologische Institut an der University of Chicago zu leiten. Obwohl er dort 10 Jahre lang blieb – eine lange Zeit für ihn – ging er weiterhin viel auf Reisen. Rossby lockte viele führende Wissenschaftler an das Institut und beeinflusste ihre Forschung so stark, dass einige Autoren den Begriff der „Chicago Schule“ verwendeten.

Rossby wurde Präsident der Amerikanischen Meteorologischen Gesellschaft (AMS) und half bei der Gründung einiger Zeitschriften, die heute zu den meistgelesenen Fachzeitschriften in der Meteorologie zählen. Während seiner Zeit als Präsident der AMS gab er der Gesellschaft neue Ziele vor. Dazu gehörte die Unterstützung der Zusammenarbeit zwischen staatlichen und privaten Wetterdiensten, die Förderung der Forschung in „ökonomischer Meteorologie“ und der Ausbildung in der Meteorologie. Bis heute verfolgt die internationale meteorologische Gemeinschaft diese Ziele.

Rossby war einer der Ersten, der sich über die Gefahren der Luftverschmutzung und über sauren Regen äußerte; im Jahr 1956 kam er sogar auf die Titelseite des Time Magazine, das einen Artikel über das aufkommende Thema Luftverschmutzung und Umwelt brachte. Aber all diese Erfolge hatten nichts mit seinem gewaltigen Beitrag für die Wissenschaft selbst zu tun. Seine frühere Zeit an der Bergener Schule, wo er von brillanten Forschern umgeben war, zahlten sich nun aus.

Historiker schreiben, dass Rossby bemerkenswerte Charakterzüge besaß, die zu seinem Erfolg als Multitalent beitrugen. Er hatte die Fähigkeit, sich sowohl in die wirtschaftliche als auch in die akademische Welt hineinzudenken und entsprechend zu handeln. Sein organisatorisches Können, seine hervorragenden Kommunikationsfähigkeiten und sein außergewöhnliches Urteilsvermögen machten ihn zu einer Führungsfigur, die andere begeistern konnte. Aber er hatte auch einen großen Wissensschatz und Einfallsreichtum, was ihn zu einem gelehrten Wissenschaftler machte, der dazu fähig war, neue Vorhersagemethoden zu entwickeln.

Der Wissenschaftler und Institutsleiter war daher beides, Theoretiker und Praktiker: Mit seinen natürlichen Fähigkeiten als mathematischer Physiker und praktischer Meteorologe, war er mit genau den richtigen Fertigkeiten ausgerüstet, um ein derart facettenreiches Gebiet wie die Meteorologie voranzubringen. Trotz seiner Ausbildung in den qualitativen und grafischen Methoden der Bergener Schule, war er in vielen Dingen wie Richardson – er wollte auch die Mathematik praktischen nutzen. Genau wie Bjerknes kannte er jedoch auch die damit verbundenen enormen Hindernissen. Er ließ sich von dem Rätsel fesseln, in welchem Verhältnis die konzeptionellen Modelle des Bergener Teams zu den Grundgleichungen standen und wie wir auf die nützlichen Informationen zugreifen können, die in diesen geheimnisvollen mathematischen Gesetzen versteckt sind.

Um einen mathematischen Ansatz für das Verständnis der atmosphärischen Bewegung zu entwickeln, war es notwendig, einfachere, quantitative Beschreibungen der großskaligen Wetterstrukturen zu finden, die die Bergener Wissenschaftler so klar identifiziert hatten. Die Grundgleichungen beinhalten viele äußerst komplexe Wechselwirkungen und Rückkopplungen. Aber die Unmengen an detaillierten, lokalen, physikalischen Wechselwirkungen erzeugen immer wieder eine relativ kleine Anzahl wiederkehrender, größerer Phänomene, wie beispielsweise die Fronten und die Antizyklonen, die wir typischerweise mit dem täglichen Wetter in den mittleren Breiten in Verbindung bringen. Während sie Tag für Tag über unsere Kontinente und Ozeane ziehen, lassen die geregelten, zusammenhängenden, großskaligen Wettersysteme die lokalen Nebel und Winde unbedeutend erscheinen; dabei stellen sie nur eine kleine Teilmenge der zahllosen möglichen Fluidbewegungen dar, die durch eine Unzahl vieler lokaler Wechselwirkungen in den kleinsten Skalen erzeugt werden können (s. Abb. 12 in Kap. „3. Fortschritte und Missgeschicke“ und Abb. VII im Farbteil vor Kap. „*Zwischenspiel:* Ein Gordischer Knoten“). Obwohl die qualitativen Eigenschaften des „Wetters“ von der Bergener Schule immer besser verstanden wurden, lieferten Analysen der Gleichungen keine offensichtliche Erklärung für die Allgegenwart dieser Eigenschaften.

Man erkannte, dass wir sehr viel über die Strukturen, die meist alle paar Tage wiederkehren, erfahren können, indem wir nur einige wesentliche Mechanismen untersuchen. Diese können in Form relativ einfacher mathematischer Modelle quantifiziert werden. Einfache Modelle haben bereits die Frage beantwortet, wie man Gezeiten in unseren Ozeanen vorhersagen kann. Der grundsätzliche Verlauf von Ebbe und Flut – ein ungefähres Maß für das Ansteigen und Absinken des Wasserpegels – wird von einem Modell der Wechselwirkungen zwischen Erde, Sonne und Mond berechnet. Alle detaillierten Wellenbewegungen, die vom Wind oder durch Schwappen des Wassers gegen die Küstenlinien entstehen, werden – wie viele andere Faktoren – vollständig vernachlässigt. Um beispielsweise die Verzögerung der

Flut zu berechnen, wenn das Wasser um Inseln herum und an örtlichen Küstenlinien durch Kanäle hindurch strömt, werden lokale Regeln verwendet, die auf jahrzehntelangen Beobachtungen beruhen. Außergewöhnlich starke Fluten und Ebben werden durch bestimmte Ausrichtungen von Erde, Mond und Sonne verursacht. Sturmfluten bei starken Gezeiten können schwere Schäden anrichten, was die Vorhersage von Tiefdruckgebieten zusätzlich verkompliziert. Aber all das basiert auf dem vereinfachten Modell des Systems Erde-Mond-Sonne. Jetzt müssen wir wie bei den Gezeiten auf ähnliche Weise die wesentlichen Faktoren eingrenzen, die das Verhalten unserer Atmosphäre bestimmen.

Bis zu den frühen 1930er-Jahren hatte sich Rossby mit der Frage beschäftigt, wie man die großskalige Bewegung von Zyklonen, Fronten und den gesamten Luftmassen inmitten der komplexen, nichtlinearen Mathematik von Luftbewegungen, in der Anwesenheit von Wärme und Feuchtigkeit verstehen und vorhersagen könnte. So etwas wurde in der meteorologischen Wissenschaft bisher noch nie versucht. Aber das Ziel war klar, und Rossby warf in den frühen 1930er-Jahren folgende Frage auf: „Wie können die allgemeinen Gleichungen der Hydrodynamik, die vor mehr als einem Jahrhundert formuliert worden sind, angepasst werden, sodass sie eine widerspruchsfreie und mathematisch gangbare Beschreibung der großskaligen Bewegungen der Atmosphäre ergeben?" Rossby bahnte den Weg zu einer Antwort. Und im nächsten Kapitel werden wir beschreiben, wie einem der Menschen, die er inspirierte, der vollständige Durchbruch gelang. Aber bevor wir auf diese Ereignisse eingehen, erklären wir, dass der Schlüssel für die Lösung des Problems darin besteht, zunächst die Größen zu identifizieren, die während der einzelnen Wechselwirkungen konstant bleiben, was aus der Struktur der Gleichungen selbst abgeleitet werden kann.

Ordnung bewahren

Alle physikalischen Gesetze besitzen eine auffallende Gemeinsamkeit, die auch in Rossbys Arbeit eine entscheidende Rolle spielt. In *The Character of Physical Law* (Vom Wesen physikalischer Gesetze) widmete der amerikanische Physiker Richard Feynman den Prinzipien, die sich als wichtiger Bestandteil aus den physikalischen Gesetzen herausbilden, ein ganzes Kapitel. Es geht um die *Erhaltungssätze,* die in unserer Geschichte bereits eine große Rolle gespielt haben. Sie spielten in Halleys und Hadleys Theorien eine zentrale Rolle und sind Kernstück von Helmholtz' und Kelvins Theoremen zu Wirbelstärke (vorticity) und Zirkulation einer idealen Flüssigkeit. Darüber hinaus sind sie auch für die Erklärung der Rolle, welche die Energie spielt, von grundlegender Bedeutung. Und natürlich ist auch der Zirkulationssatz von Bjerknes ein weiteres Beispiel.

Aber was ist ein Erhaltungssatz eigentlich? In Bezug auf praktische Anwendungen bedeutet er, dass eine Größe oder eine Zahl aus Messungen berechnet und dann immer wieder berechnet werden kann, während die Natur viele Änderungen durchlebt; und dabei stellen wir fest, dass ihr numerischer Wert derselbe bleibt. Das heißt, dass sich ihr Wert nicht verändert. Er bleibt also trotz vieler kleiner oder möglicherweise größerer Ereignisse, die während des Prozesses eintreten können, „erhalten".

Wir veranschaulichen diese Idee zunächst durch das gleiche Beispiel, das auch Feynman in seinem Buch beschreibt. Angenommen, wir saßen in der Nähe zweier Schachspieler. Wir nehmen weiter an, dass wir nur das Brett und ab und zu die Figuren sehen können: Wir kennen die Regeln nicht; aber wir versuchen sie herauszufinden. Nachdem wir uns einige Spiele angesehen haben, werden wir erkennen, dass viele, viele denkbare Kombinationen des Spiels möglich sind. Inmitten dieser Unzahl möglicher Bewegungen bemerken wir, dass von allen Spielfiguren nur die Läufer immer auf Feldern stehen, die dieselbe Farbe haben wie das Feld, auf dem sie starteten. Ganz gleich, wann wir während des Spiels hinsehen, der Läufer vom weißen Feld wird immer auf einem weißen Feld stehen. Vorausgesetzt, der Läufer wurde nicht geschlagen. Also „erhalten" Läufer die Farbe des Feldes, auf dem sie starteten, obwohl sie möglicherweise während des Spiels viele verschiedene Züge gemacht haben. Die anderen Figuren scheinen die schwarzen und weißen Felder während ihrer Züge zufällig zu besetzen, aber Läufer bleiben immer auf derselben Farbe. Das ist die Natur eines Erhaltungssatzes. Es ist eine Erscheinungsform bestimmter zugrunde liegender Prinzipien.

Die Erhaltungssätze, mit denen wir uns befassen, folgen aus den physikalischen Gesetzen – wir lernen nichts fundamental Neues, aber solche Informationen sind oft hinter Details versteckt. Im Schachspiel folgt die Erhaltung der Farbe eines jeden Läufers sofort aus den Regeln: Läufer bewegen sich nur entlang der Diagonalen; folglich bleiben sie immer auf der gleichen Farbe. Die anderen Schachfiguren müssen sich nicht entlang der Diagonalen vorrücken, können sich also auf Feldern beider Farben bewegen.

In der Physik sind die Prinzipien, die aus den Gleichungen folgen, oft sehr subtil – aber enorm mächtig. Sie erlauben uns häufig, nützliche Information zu gewinnen, ohne die Differenzialgleichung explizit oder genau für jedes Detail lösen zu müssen. Mit anderen Worten: Sie helfen uns, Probleme zu vereinfachen oder Strukturen zu erkennen, auch wenn es viele Milliarden Variablen gibt, die auf sehr komplizierte Art wechselwirken.

Auf ähnliche Weise, wie in einem Schachspiel die Figuren nur bestimmte, verschiedene Bewegungen machen dürfen, wodurch den Strategien der Spieler Grenzen gesetzt werden, so erkennen wir auch, dass Erhaltungssätze in der Natur Zwangsbedingungen an die Entwicklungen der Systeme stellen. Die Existenz eines Erhaltungssatzes bedeutet, dass sich die Größen, die sich sonst unabhängig voneinander verändern, in der Praxis nicht verändern. Das kann uns helfen, Strukturen in komplizierten Mustern zu erkennen, denn auch wenn sich die Dynamik eines Systems stets verändert, müssen die Änderungen so erfolgen, dass die Erhaltungssätze gelten. Eines der bekanntesten Beispiele eines Erhaltungssatzes beobachten wir bei der Pirouette eines Eiskunstläufers. Wenn sich ein Eiskunstläufer dreht und dabei seine Arme in Richtung Körper zieht oder sinken lässt, beschleunigt sich seine Drehbewegung. Das liegt an der Erhaltung seines *Drehimpulses.*

Der Drehimpuls ähnelt dem Impuls eines Objektes, das sich auf einer geraden Linie bewegt – wenn ein bewegtes Objekt gegen uns stößt, spüren wir diesen Impuls; er ist gegeben als Produkt der Masse des Objektes mit seiner Geschwindigkeit. Wenn sich ein Objekt mit konstanter Rotationsgeschwindigkeit auf einem Kreis bewegt, besitzt es einen Impuls, der proportional zum Abstand des Objektes von der Drehachse ist, um die das Objekt kreist.

Abb. 3 Die Erhaltung des Drehimpulses hilft uns, die Bewegung der Sterne in einer Galaxie zu verstehen. Hier kreisen Millionen leuchtender Sonnen auf einer Scheibe, die sich um ihre Achse dreht. Mithilfe von Erhaltungssätzen können wir die Rotation von Galaxien untersuchen, ohne die Bewegung der einzelnen Sterne berechnen zu müssen. (© Arndt_Vladimir / Getty Images / iStock)

Dieser sogenannte Drehimpuls ist durch das Kreuzprodukt des Impulses mit dem Radius des Kreises definiert. Wenn wir an eine Scheibe denken, die mit einer konstanten Geschwindigkeit rotiert, dann wissen wir, dass sich ein Punkt nahe dem Rand der Scheibe schneller durch den Raum bewegt als ein Punkt, der näher am Zentrum der Scheibe liegt, auch wenn beide Punkte in einer bestimmten Zeit dieselbe Anzahl an Umdrehungen zurücklegen. Rotierende Galaxien (Abb. 3) und sich frei drehende Scheiben (zum Beispiel Frisbee-Scheiben) zeigen alle die Eigenschaft der Drehimpulserhaltung.

Kehren wir zum Eiskunstläufer zurück. Ganz gleich, wie kompliziert die Figur ist – wenn sich der Eisläufer dreht und seine Position mit den Armen relativ zu seinem Körper verändert, beeinflusst diese Bewegung die Rotation auf eine vorhersagbare Weise. Wenn man aus den Gleichungen folgern kann, dass der Gesamtdrehimpuls eines rotierenden Systems konstant bleibt, verändern sich die Verteilung der Materie und die Rotationsgeschwindigkeit in einem solchen rotierenden System nicht unabhängig voneinander.

Wie in Kap. „2. Von Überlieferungen zu Gesetzen" erwähnt, nutzten die frühen Pioniere unserer Geschichte Erhaltungssätze auf intuitive Weise. Halley erkannte, dass Luftmassen erhalten bleiben müssen – wenn Luft aus einer Region herausströmt, dann muss sie durch Luft ersetzt werden, die in diese Region hineinströmt, und während Luft strömt, kann sie nicht plötzlich verschwinden. Das mag zunächst nicht sehr tiefgründig erscheinen, aber es liegt einem Prinzip zugrunde, welches durch eine der Gleichungen für Fluidbewegungen ausgedrückt wird – dem Prinzip der *Massenerhaltung*. Dieses Prinzip, zusammen mit dem Gedanken des Auftriebs, der durch die Archimedische Hydrostatik erklärt wird, lieferte Halley die Grundlage für seine Theorie der allgemeinen Zirkulation der Wärme aus den Tropen hin zu den Polen. Hadley machte den nächsten Schritt, indem er die Idee des Drehimpulses mit einbrachte. Er merkte an, dass die nordöstlichen und südöstlichen Winde nahe des Bodens innerhalb der Tropen und Subtropen „anderswo ausgeglichen werden müssen"; sonst würde sich das ganze System verändern und eine Verlangsamung der Drehbewegung der Erde mit sich bringen. Diese scheinbar harmlose Bemerkung hinsichtlich der Notwendigkeit großskaliger atmosphärischer Bewegungen, um die Winde in den Tropen auszugleichen, ist tiefgreifend. Das zeigt uns, wie Hadley das Problem auffasste. Der Jurist hatte die Bedeutung des Prinzips der Drehimpulserhaltung für das rotierende System Erde-Atmosphäre erkannt: Die Idee, dass das Drehmoment („Drehkraft") erhalten bleibt, impliziert die Notwendigkeit der Existenz von Westwinden in den mittleren Breiten. In der Tat sind die Konzepte der Erhaltung so leistungsfähig, dass weder Halley noch Hadley in ihren gesamten Veröffentlichungen eine einzige Gleichung aufschreiben mussten, um ihre Theorien zu erklären.

Als Nächstes zeigen wir, warum der Satz von Kelvin so nützlich ist. Wir beginnen mit der Erweiterung der Idee des Drehimpulses auf Luftbewegungen um den gesamten Planeten. Betrachten wir einen Luftgürtel oder ein Luftband, welches sich nach Osten bewegt und sich entlang der nördlichen Breiten des Wendekreises des Krebses um die ganze Erde erstreckt. Angenommen, dieses Luftband treibt langsam nach Norden, dann stellt sich die Frage, wie sich die Windstärke ändern könnte.

Die Berechnung der Bewegung einer solchen Luftmasse ist ein interessantes meteorologisches Problem (nicht zuletzt wegen Halleys und Hadleys Theorien der allgemeinen atmosphärischen Strömungen). Indem wir Kelvins Zirkulationssatz nutzen, können wir wichtige allgemeine Tatsachen über die Bewegung ableiten, ohne in allen Einzelheiten die Kräfte, Windgeschwindigkeiten und Druckwerte berechnen zu müssen, welche die Bewegungsgleichungen ausmachen. Zuerst vernachlässigen wir die Auswirkungen von Temperaturschwankungen in der Atmosphäre. Dann kann der Satz von Kelvin genutzt werden – zumindest für eine gute Näherung. Er sagt uns sofort, dass der nach Norden treibende Luftgürtel eine zyklonale Bewegung entwickelt (wenn man von einem Satelliten über dem Nordpol herabblickt, entgegen dem Uhrzeigersinn) und Westwinde erzeugt werden. Da die Gesamtzirkulation erhalten bleibt, während die sich nach Osten bewegende Luft nach Norden weht, verringert sich der Durchmesser des Gürtels, und er bewegt sich schneller nach Osten (Abb. 4).

Der Drehimpuls des gesamten Luftgürtels, der um unseren Planeten rotiert, ist ein nützliches Konzept, um das Auftreten von Passatwinden zu erklären (oder Veränderungen des Jetstreams, wie wir später erörtern werden). Normalerweise wollen wir aber örtlich begrenz-

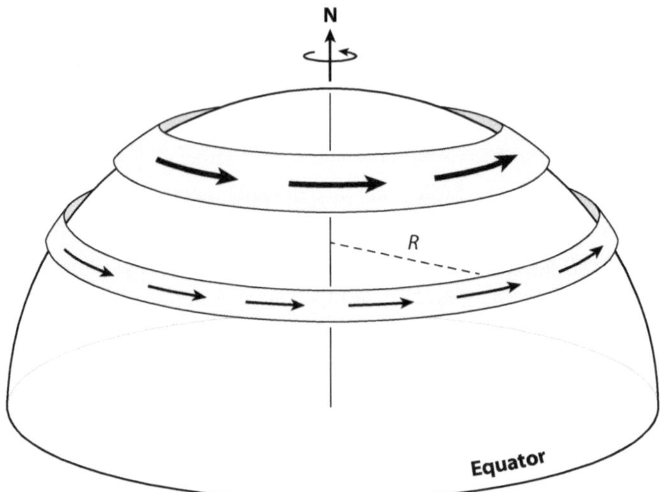

Abb. 4 Das gesamte Band der nach Osten wehenden Luft mit Geschwindigkeit V driftet Richtung Norden. Das Band hat einen Abstand R zur Rotationsachse der Erde. Weil der Drehimpuls pro Einheitsmasse ($2\pi RV$) konstant bleibt und zugleich die Länge $2\pi R$ des Bandes kleiner wird, muss die Geschwindigkeit V zunehmen. Daher bemerken wir stärkere Westwinde. Wenn wir uns die Luftmasse in einem Band vorstellen, betrachten wir den gesamten Drehimpuls der Luftmasse. Wenn wir stattdessen nur ein einzelnes Luftpaket betrachten, ist auch der Drehimpuls eines einzelnen Luftpaketes erhalten. Der „Gesamtdrehimpuls" kann über die Zirkulation dargestellt werden, wie in den Sätzen Kelvins und Bjerknes'. Dies stellt sich oft als hilfreicher heraus

te Phänomene analysieren, wie beispielsweise Stürme. Die Zirkulation oder die Wirbelstärke in den Luftpaketen sind dann deutlich praktischere Größen. Wir nutzen den Zirkulationssatz, um zu zeigen, dass rotierende Luftmassen, die sich in Richtung ihrer lokalen vertikalen Rotationsachse zusammenziehen, zyklonal zirkulieren (das heißt vom Satelliten darüber aus beobachtet gegen den Uhrzeigersinn). Die entgegengesetzte Rotation tritt ein, wenn sich die drehenden Luftmassen ausdehnen.

Wenn wir unsere Perspektive ändern und uns die Bewegung der Atmosphäre auf regionalen Skalen von einigen hundert Kilometern ansehen, statt über mehrere tausend Kilometer, erkennen wir, dass sich Luftmassen immer noch nach diesen Regeln verhalten. Diese wirbelnde Bewegung ist typisch und wird in den Hoch- und Tiefdrucksystemen der mittleren Breiten beobachtet. Auch eine Reihe von anderen wichtigen Regeln kann aus den Zirkulationssätzen abgeleitet werden. Und Bjerknes' Erweiterung von Kelvins Ergebnissen, die darin bestand, unabhängige Druck-und Dichtevariationen mit einzubeziehen, die auf Effekte wie beispielsweise Erwärmungen zurückzuführen sind, hat weitreichende Konsequenzen. Diese Folgerungen aus der Zirkulation gehen von idealisierten Strömungen aus und vernachlässigen lokale Ereignisse wie beispielsweise Windböen – und sind tatsächlich meist unabhängig davon.

Es mag stimmen, dass es angesichts der Launen des Wetters äußerst unwahrscheinlich ist, dass solche idealisierten Situationen überhaupt eintreten. Wie wir in Kap. „*Vorspiel:* Neuanfänge" gesehen haben, stellt sich jedoch heraus, dass der Zirkulationssatz mit überraschender Genauigkeit genutzt werden kann. Eine lokale Version dieses Satzes untermauert bestimmte „Faustregeln", welche Meteorologen nutzen. Und sie ist zentral für Rossbys Arbeit. Die Rotation von Luftmassen folgt einem viel detaillierteren, lokalen Erhaltungssatz, der die Strukturen still und leise organisiert – ein Satz, den Bjerknes als so wichtig erkannt hatte und den Rossby auf beeindruckende Weise aufzeigte (worauf wir im letzten Abschnitt dieses Kapitels eingehen werden).

Bis Rossbys letztendlich Erfolg hatte, musste er mehrere wichtige Phasen durchlaufen. Der erste Schritt war die Erkenntnis, wie sich eine Großwetterlage über einen Zeitraum von etwa einer Woche verändern wird, und die Herausforderung bestand darin, ein mathematisch behandelbares Modell zu entwerfen, welches die wesentlichen Aspekte dieses Problems erfasste.

Der richtige Mann

Rossbys Bemühungen um den Durchbruch einer Mathematik des Wetters begannen am MIT in Boston. In den 1930er-Jahren untersuchten Rossby und seine Kollegen Wetterkarten, auf denen sie die Druckstrukturen eingezeichnet hatten, die sie aus einer Mittelung der Druckwerte über Fünftageszeiträume berechnet haben. Indem sie solche Durchschnittswerte untersuchten, entfernten sie die schnelleren Fluktuationen, die durch die Bewegung der einzelnen Hoch- und Tiefdruckgebiete von einem Tag zum nächsten erzeugt wurden. Die daraus resultierenden Karten zeigten die großen Zugbahnen der Tiefs, wie beispielsweise auf der Karte in Abb. 5b zu sehen ist. Wenn wir die Region um Nordamerika über einen Zeitraum von mehreren Wochen betrachten und die Zugbahn einzelner Tiefs beobachten, dann würden die gemittelten Druckkonturen auf Rossbys Karte ungefähr parallel verlaufen und die Wege dieser Systeme festlegen. Die Druckstrukturen sind im Allgemeinen größer als die einzelnen Wettersysteme. Nicht alle Hoch- und Tiefdruckgebiete folgen genau denselben Zugbahnen. Für bestimmte Regionen, in denen sich Hoch- oder Tiefdruckgebiete besonders oft bilden, führte Rossby den Begriff „Aktionszentrum" ein.

Im Winter weisen Wetterkarten normalerweise mindestens fünf solcher Zentren auf: die Island- und Aleutentiefs und die Hochs über dem asiatischen Raum, über den Azoren und über dem Pazifik. Es wurde beobachtet, dass eines oder mehrere dieser Zentren häufig in zwei Teile zerfallen. Wenn die Karten der Druckänderungen jedoch für größere Höhen aufgezeichnet wurden, waren die Zentren nicht länger als solche erkennbar und erschienen lediglich als lokale Schwankungen. Acht Kilometer darüber, in der dünneren Atmosphäre, gleicht das Wetter in den mittleren Breiten mehr einem Wellenband, das unseren Planeten umkreist, wie Abb. VI und VII im Farbteil vor Kap. „*Zwischenspiel:* Ein Gordischer Knoten" zeigen.

Die Entdeckung dieser Strukturen warf sofort eine Frage auf, die im Jahr 1940 von Rossby wie folgt zusammengefasst wurde: „Existieren bestimmte bevorzugte Strukturen,

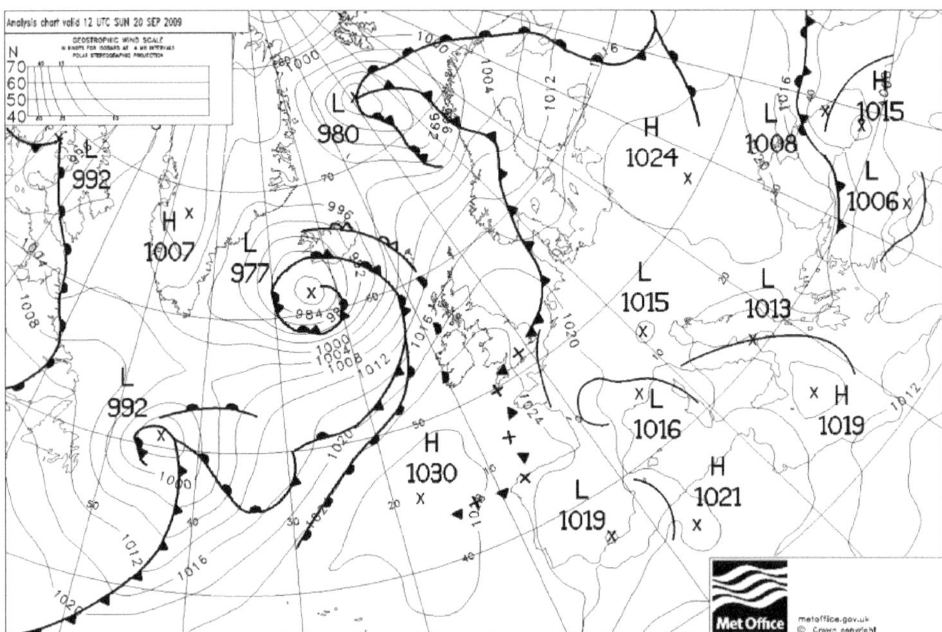

Abb. 5 Obere Abb. (**a**) Dieses Satellitenbild zeigt eine Wolke mit einem Trio von Tiefdrucksystemen über dem Nordatlantik. Es ist ein massives Wolkenband zu sehen, mit dem warme Luft einhergeht. Die Warmfronten und die Okklusion zusammen mit dem Tief mit einem Druck von 977 mbar werden in der unteren Abb. b gezeigt. Hinter der Kaltfront gibt es ein getüpfeltes Muster viel kleinerer Wolken, die zu lokalen Regenschauern führen. (© NEODAAS / University of Dundee.) Untere Abb. (**b**) Diese synoptische Karte der Wetterlage aus oberen Abb. zeigt einem Meteorologen die Hauptmerkmale – die Lage der Fronten und die Druckkonturen (Isobaren). Drei Tiefdrucksysteme mit den Druckwerten 992, 977 und 980 mbar in ihren Zentren folgen einer Zugbahn. Solche Muster versuchte Rossby zu quantifizieren und zu verstehen. (© Crown Copyright, Met Office)

die sich leichter einstellen als andere, wann wird eine willkürliche Strömung dazu neigen, stationär zu sein, und wann wird sie sich verändern und bewegen?" Quantitative Antworten auf diese Fragen würden den Meteorologen, die eine Wettervorhersage eine Woche im Voraus anstreben, wertvolle Informationen liefern. Wenn wir uns an Richardsons Misserfolg 15 Jahre zuvor erinnern, als er die Änderung des Druckes über einen Sechsstundenzeitraum an nur zwei Orten vorhersagte, beginnen wir das Ausmaß der Aufgabe zu erkennen, vor die Rossby eine Gruppe am MIT stellte: Sie konnten diese Fragen nicht beantworten, indem sie einfach Richardsons Modell und seine numerischen Techniken nutzten.

Die Art und Weise, wie sich Rossby daran machte, die Änderungen der Druckstrukturen zu berechnen, war recht erstaunlich. Sorgfältig hatte Richardson alle Gleichungen für die vielen Variablen dargelegt, und viele, wenn nicht sogar die meisten Phänomene mit eingeschlossen, die diese beeinflussen. Richardson hatte sogar überlegt, Staub als Variable in seinen Gleichungen mit einzubeziehen, da an seinen Partikeln bekannterweise Regentropfen kondensierten.

Rossby dagegen zog Ockhams sprichwörtliches Rasiermesser und machte sich mit aller Macht an den Grundgleichungen zu schaffen. Er wollte ein Atmosphärenmodell erschaffen, welches das wöchentliche Durchschnittsverhalten der Atmosphäre widerspiegelte. Wie eine Klimastatistik, in der nachgeschlagen werden kann, ob ein Ort im Herbst warm und trocken oder im Sommer nass ist. Um sich auf die Mathematik des „mittleren Wetters" zu konzentrieren, vernachlässigte Rossby die Effekte der Reibung, der Geografie der Erde und die Effekte übermäßiger oder variierender Sonneneinstrahlung und der Sonnenwärme. Zudem ließ Rossby Regen und die Effekte kondensierenden Wasserdampfes außer Acht.

Durch all diese Vereinfachungen könnte sein Atmosphärenmodell auf den ersten Blick sehr uninteressant wirken. Die täglich treibende Kraft der Sonnenwärme und die Gegenwart von Wasserdampf, um Wolken und Regen zu erzeugen, sind wesentliche Bestandteile des Wetters, die wir täglich erleben. Aber Rossbys Absicht war es, einen Mechanismus zu isolieren, der die gesamten Druckstrukturen erzeugt, die das Wetter über die großen Ozeane und Kontinente treiben; diese waren Rossbys „Aktionszentren". Er wollte den entscheidenden Mechanismus identifizieren, der die großen Bewegungen auf der planetaren Skala steuert.

Wie wir auf Abb. V im Farbteil vor Kap. „*Zwischenspiel:* Ein Gordischer Knoten" sehen können, bildet die Troposphäre (der untere Teil der Atmosphäre, in dem der überwiegende Teil des Wettergeschehens wie beispielsweise Wolken- und Regenbildung stattfindet) eine relativ dünne Schicht um die Erde, und wir müssen nur etwa die ersten unteren zehn Kilometer der Atmosphäre betrachten. Rossby nahm an, dass diese zehn Kilometer dicke Schicht eine konstante Dichte habe und keine Konvergenz der Luft erlaube. In der Horizontalen betrachtete er viel größere Skalen: Eine typische Zyklone hat einen Durchmesser von etwa 800 km, und Abstände dieser Größenordnung definieren unsere Vorstellung von „großen Skalen" in der Horizontalen.

Mit der Annahme, dass die Atmosphäre eine konstante Dichte habe, eliminierte Rossby Schallwellen aus seinem Modell. Schallwellen entstehen, wenn Luft ausreichend schnell komprimiert wird. Sie sind allgegenwärtig – wenn wir Vögel, das Dröhnen des Autoverkehrs

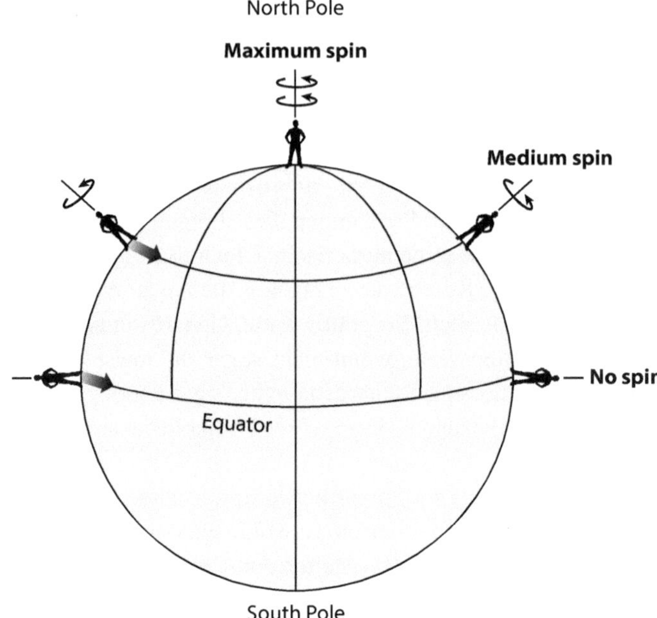

Abb. 6 Diese Zeichnung der Erde zeigt die Veränderungen von Drehbewegungen auf dem Planeten in lokal senkrecht zur Oberfläche weisenden Richtung. Wenn wir am Nordpol stehen, ist unsere Eigendrehung am höchsten (angedeutet durch die gekrümmten Pfeile über unserer Figur, die sich wie Eiskunstläufer in Zeitlupe dreht). Wenn wir hingegen am Äquator stehen, drehen wir uns nicht um eine lokale senkrechte Achse, selbst wenn wir von der sich drehenden Erde im Weltraum herumgeschleudert werden. Der Coriolisterm in den Bewegungsgleichungen (den auch Rossby in seinem Modell beibehielt) ist gegeben durch $2\omega \sin(\varphi)$, wobei φ den Breitengrad und ω die Winkelgeschwindigkeit der Erde bezeichnet. Folglich ist der Term am Äquator ($\varphi = 0°$) gleich null und am Nordpol ($\varphi = 90°$) gleich 2ω. Auf dem Bild ist auch Breitengrad 45 dargestellt, wo die Eigendrehung einen mittleren Wert annimmt. (© Princeton University Press)

oder weit entfernten Donner hören. Aber obwohl Schallwellen ein Teil der vollständigen Lösung der nicht approximierten Grundgleichungen sind, stehen sie nicht unmittelbar im Interesse der Wettervorhersage.

Trotz seiner Annahmen bewahrte Rossby einen wesentlichen Faktor, der das „Wetter" in dieser sehr einfachen Welt kontrolliert: die Änderung des Coriolisparameters mit dem Breitengrad. Wie in Kap. „2. Von Überlieferungen zu Gesetzen" erwähnt, erkannte Ferrel, dass die Erdrotation eine große Wirkung auf die Luftströmung im Wettersystem hat und dass der Coriolisparameter dazu führt, dass der Wind öfter entlang der Druckkonturen weht, als über sie hinweg. Daher ist der Coriolisparameter für sich nach Osten bewegende Wettersysteme von Bedeutung, die auch in eine Nordsüdrichtung driften. Indem er nur die Änderungen des Coriolisparameters bewahrte, besaß Rossby ein einfaches Modell, dessen Lösungen im Begriff waren, die Einsicht in die Bewegung solch großskaliger Wettersysteme zu revolutionieren. Er lieferte eine Erklärung, wie die Erdrotation einfache Strukturen im Wetter erzeugen konnte

Das „Rossby-Rezept" zur Isolierung des dominierenden Prozesses bei großskaligen Bewegungen der Wettersysteme kombinierte diese einfachen Annahmen mit sehr viel Sachkenntnis. Rossby konzentrierte sich auf die Wirbelstärke (vorticity), und das Ergebnis war durchaus bemerkenswert. Durch Anwendung eines Erhaltungssatzes zeigte er, dass die Wirbelstärkenverteilung für den stationären oder progressiven Charakter der großskaligen Bewegungen entscheidend ist. Das werden wir im nächsten Abschnitt erläutern.

Von Beginn an war es Rossbys Ziel, die großskaligen Wetterlagen zu verstehen, welche in den Druckkarten beobachtet wurden. Aber in seinem Lösungsweg eliminierte er den Druck aus den Gleichungen. In Vertiefung 3.2 haben wir gesehen, dass wir eine Gleichung für die Wirbelstärke erhalten, wenn wir die vereinfachten horizontalen Impulsgleichungen auf genau die richtige Art und Weise ableiten und subtrahieren. Wenn wir die Änderungsrate der Wirbelstärke der Strömung berechnen, verschwindet die Druckgradientenkraft aus den resultierenden Bewegungsgleichungen. Einfach ausgedrückt „drängt" die Druckgradientenkraft das Fluidpaket voran, kann es aber nicht drehen. Daher können diese Kräfte nicht direkt die Wirbelstärke eines Fluidpaketes verändern. Wir betrachten nun eine Folge dieser Wirbelstärkenerhaltung.

Rossbys Walzer

Um eine der berühmtesten und nützlichsten Formeln der Meteorologie herzuleiten, nutzte Rossby die Wirbelstärkenerhaltung in einer Atmosphäre gleichmäßiger Dicke und Temperatur. Um zu erkennen, wie er auf diese Weise sein Verständnis der grundlegendsten Eigenschaften hinter der Entstehung von Wettersystemen verbesserte, schauen wir uns zunächst die Wirbelstärke selbst etwas genauer an.

Meteorologen sprechen von „relativer Wirbelstärke", „planetarer Wirbelstärke" und von „absoluter Wirbelstärke", was das Ganze zunächst noch unübersichtlicher macht. Die relative Wirbelstärke ist ein Maß für die Wirbelhaftigkeit relativ zur Erdoberfläche. Sie ähnelt dem Drehimpuls eines Eiskunstläufers, der an einem Punkt auf dem Eis eine Pirouette macht. Wir vernachlässigen die Tatsache, dass sich das Eis als Teil der Erde auch weiterbewegt (zum Beispiel wandert die Eislaufbahn bei 50° Nord, in New York oder Chicago, bedingt durch die Erdrotation mit ungefähr 1000 km/h ostwärts). Die planetare Wirbelstärke beschreibt die Wirbelhaftigkeit auf Meereshöhe, mit Bezug zur Erdrotation. Angenommen, die Atmosphäre ruhe relativ zur Erde, sodass ein Beobachter absolute Ruhe erfahren würde, dann wäre die planetare Wirbelstärke eines solchen Zustandes der Atmosphäre immer noch ungleich null (weil sich der Beobachter noch mit der Erdrotation dreht, wie ein Zuschauer aus einem Raumschiff oder vom Mond aus sehen könnte); daher der Begriff „planetare Wirbelstärke".

Die planetare Wirbelstärke wird ausschließlich durch ihren Breitengrad bestimmt: Sie ist null am Äquator und an den Polen maximal, wie in Abb. 6 dargestellt. Meteorologen und

Ozeanografen verwenden vor allem die absolute Wirbelstärke – ein Maß für die absolute Rotation eines Fluidpaketes –, weil sich der Erhaltungssatz auf diese Größe bezieht. Die absolute Wirbelstärke ist die Summe aus der Wirbelstärke relativ zur rotierenden Erde und der auf die erdeigene Rotation (um die Erdachse) bezogenen Wirbelstärke (die planetare Wirbelstärke). Es ist schwer, die relative Wirbelstärke zu messen, zu berechnen und vorherzusagen, daher ist es unser Ziel, eine Regel (d. h. einen Erhaltungssatz) für die absolute Wirbelstärke zu nutzen, um so auf die relative Wirbelstärke eines Luftpaketes als Differenz zweier Größen zu schließen, die beide leichter zu messen und daher bekannt sind – die absolute und die planetare Wirbelstärke des Luftpaketes.

In einer horizontalen Schicht einer idealisierten Atmosphäre gilt für die absolute Wirbelstärke eines horizontal bewegten Luftpaketes bei konstanter Temperatur ein Erhaltungssatz. Daher muss sich die relative Wirbelstärke auf eine bestimmte Weise verändern, um die Veränderungen der planetaren Wirbelstärke des Luftpaketes auszugleichen: Die Summe beider Wirbelstärken muss konstant bleiben. Dadurch gibt es bestimmte Zwangsbedingungen an die Zugbahnen (Trajektorien) jeder Luftsäule, und bestimmte Strömungsmuster entstehen. Das bedeutet, dass Winde, die Luftpakete zu verschiedenen Breitengraden transportieren, eine Veränderung der Wirbelstärke verursachen, welche die bekannten Änderungen der

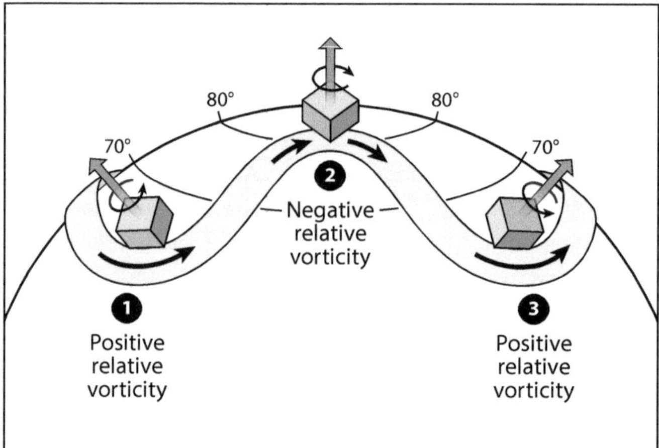

Abb. 7 Wir betrachten eine Luftmasse ohne relative Wirbelstärke bei 70° Nord. Sie bewegt sich nun 10° nach Süden und erhält den Wert ihrer Gesamtwirbelstärke. Die planetare Wirbelstärke bei (1) (ungefähr 60° Nord) ist kleiner als bei 70° Nord, da (1) näher am Äquator liegt; damit die absolute Wirbelstärke konstant bleibt, ist die relative Wirbelstärke in (1) positiv. Die zusätzliche lokale Wirbelstärke bewegt die Luftmasse in (1) Richtung Pol. Genauso ist die planetare Wirbelstärke in (2) (bei ungefähr 80° Nord) größer als im Breitengrad 70° Nord, da (2) näher am Pol liegt. Deshalb ist die relative Wirbelstärke in (2) negativ. Diese negative lokale Wirbelstärke bewegt das Luftpaket zurück Richtung Äquator. Der gesamte Kreislauf wiederholt sich, und im Grunde genommen könnte die nach Osten wandernde Luftmasse immer weiter zwischen 60° und 80° Nord schwanken. (© Princeton University Press)

Abb. 8 Rossby-Wellen, betrachtet aus der Vogelperspektive über dem Nordpol. Die Konturen zeigen, in Dekametern, die Höhenangaben der 500-mbar-Druckflächen. Bei einem Höhenfeld gilt: je niedriger die Fläche, desto kälter und dichter ist die Luft. Hier ist eine ECMWF-Höhenfeld-Analyse, gemittelt über 10 Tage vom 21. bis 31. Juli 2010, dargestellt. In diesem Zeitraum herrschte eine extreme Hitzewelle über Russland (siehe den Hochdruckrücken über Zentralrussland), und Pakistan war von großen Überschwemmungen betroffen. (© 2019 ECMWF)

planetaren Wirbelstärke ausgleicht. Diese Änderungen beeinflussen den Wind (Rückkopplung) und bewirken, dass die Luftpakete wieder zu den Breitengradlinien zurückkehren. In einer idealen Welt würden die Luftpakete immer weiter wie ein schwingendes Pendel vor und zurück oszillieren, wie in Abb. 7 skizziert ist. Rossby berechnete eine einfache Formel für diese Oszillation (s. Vertiefung 5.1). Dieser Vorgang zeigt uns ein weiteres Mal, wie uns die Erhaltungsprinzipen helfen können, komplizierte nichtlineare Probleme zu lösen. Rossbys Formel erklärt bestimmte Grundzüge der Luftströmung auf der Nordhemisphäre, dargestellt in Abb. 8.

Rossby löste seine Gleichungen, und die mathematischen Muster zeigten – zum ersten Mal in der Geschichte – gute Approximationen der Druckmuster, die Solberg in seinem Bergener Modell der Polarfront entdeckt hatte. Diese Wellen sind sehr großskalig, dehnen sich über Tausende von Kilometern von Westen nach Osten aus und wurden unter dem Namen *Rossby-Wellen* bekannt. Sie bewegen sich meistens in Richtung Westen und das mit ihnen zusammenhängende Wetter nach Osten. Auf diese Weise konnte Rossby den Meteorologen eine sehr einfache Formel für die Berechnung der Geschwindigkeit solcher Wellen liefern – wahrscheinlich die berühmteste Gleichung der meteorologischen Literatur im 20. Jahrhundert.

Vertiefung 5.1. Rossby-Wellen in der oberen Atmosphäre

Rossbys Modell stützte sich auf folgende Gleichung, welche die Erhaltung der absoluten Wirbelstärke ζ eines Luftpaketes beschreibt:

$$\mathrm{D}\zeta/\mathrm{D}t = \mathrm{D}\zeta_s/\mathrm{D}t + \beta v = 0.$$

Dabei bezeichnen ζ_s die relative Wirbelstärke, β die Änderungsrate des Coriolisparameters bezüglich eines Breitengrades ($\beta a = 2\omega \cos\phi$ mit dem Erdradius a) und v den Nordwind. Wir verwenden wieder die Notation aus Kap. „2. Von Überlieferungen zu Gesetzen“. Wenn es keine Erdrotation gäbe ($\omega = 0$), dann wäre diese Gleichung identisch mit dem Helmholtz-Theorem, das dem Satz von Kelvin für kleine Luftpakete entspricht. Die Gleichung, so wie sie oben geschrieben wurde, ist nichtlinear, weil die totale Ableitung die Änderung der Wirbelstärke auf der Bahnkurve des Luftpaketes beschreibt und vom Wind abhängig ist. Rossby linearisierte die Gleichung zu einer zonalen Strömung mit einer gleichmäßigen, nach Osten gerichteten Geschwindigkeit U. Er betrachtete kleine Störungen u' und v' um die zonale Strömung. Im Fall einer einfachen sinusförmigen Störung der Wellenlänge L, die vom Breitengrad unabhängig ist, ist die Störung durch folgenden Ausdruck gegeben:

$$v' = \sin[(2\pi/L)(x - ct)],$$

wobei c die Phasengeschwindigkeit bezeichnet. Die Phasengeschwindigkeit ist die Geschwindigkeit der Ausbreitung der wellenförmigen Störung nach Osten. Das Einsetzen dieser Störung in eine linearisierte Gleichung führt zu:

$$c = U - (\beta L^2)/(4\pi^2).$$

Das ist Rossbys berühmte Gleichung. Die Wellen sind stationär, wenn die Phasengeschwindigkeit gleich null ist (das heißt $c = 0$), das bedeutet, dass gilt:

$$U = (\beta L_0^2)/(4\pi^2) \text{ bzw. } L_0 = 2\pi\sqrt{(U/\beta)}.$$

Daher wandern Wellen mit einer Wellenlänge größer als L_0 nach Westen und kürzere Wellen nach Osten – ein sehr einfaches Kriterium, aber eines, das sich für Meteorologen als außerordentlich wertvoll erwiesen hat.

Die Gesamtzahl n der Wellen um den Breitenkreis ϕ ist gegeben durch

$$nL = 2\pi a \cos\phi.$$

Rossbys Vorhersagen stimmen gut mit Beobachtungen überein, wie zum Beispiel in den Abb. 8 und 9 gezeigt wird.

Gewöhnlich erstreckt sich die Wellenlänge bzw. ein Wellenberg und ein Wellental einer Rossby-Welle in ihrer Ost-West-Ausdehnung über etwa 5000 km (ungefähr über den Nordatlantik – s. Abb. 8). Die Untersuchung, ob der Abstand der Tief- und Hochpunkte größer oder kleiner als die durch die mittleren Winde berechneten Wellenlängen ist (Rossbys Berechnungen sind in Abb. 9 dargestellt), ermöglicht die Abschätzung ihrer anschließenden Bewegung. Rossby konnte den Meteorologen eine einfache Formel für die Geschwindigkeit der Wellenfortpflanzung bezüglich ihrer Wellenlänge liefern, sodass Meteorologen abschätzen konnten, wohin und mit welcher Geschwindigkeit Zyklonen als Nächstes ziehen werden.

TABLE II

STATIONARY WAVE LENGTH IN KM AS FUNCTION OF ZONAL VELOCITY (U) AND LATITUDE (φ)

φ \ U	4 m/sec	8 m/sec	12 m/sec	16 m/sec	20 m/sec
30°	2822 km	3990 km	4888 km	5644 km	6310 km
45°	3120	4412	5405	6241	6978
60°	3713	5252	6432	7428	8304

TABLE III

VELOCITY DEFICIT ($U-c$) AS FUNCTION OF NUMBER OF PERTURBATIONS (n) AND LATITUDE (φ)

φ \ n	2	3	4	5	6	7
30°	150.7 m/sec	67.0	37.7	24.1	16.7	12.8
45°	82.0	36.5	20.5	13.1	9.1	6.7
60°	29.0	12.9	7.3	4.6	3.2	2.4

Abb. 9 Tabellen II und III stammen aus dem Aufsatz von Rossby und Kollegen aus dem Jahr 1939 und zeigen die Schätzungen von Geschwindigkeit und Wellenlängen. Mit Bezug auf Abb. 8 konnte Rossby erfolgreich vorhersagen, dass eine Struktur wie Wellen Nummer 5 auf ungefähr 45°N eine Geschwindigkeitsdifferenz ($U - c$) des Grundstromes U und der Phasengeschwindigkeit c von etwa 13 m/s hat, was eine ungewöhnliche, westwärtige Bewegung impliziert. (© *Journal of Marine Research.* Abdruck mit freundlicher Genehmigung)

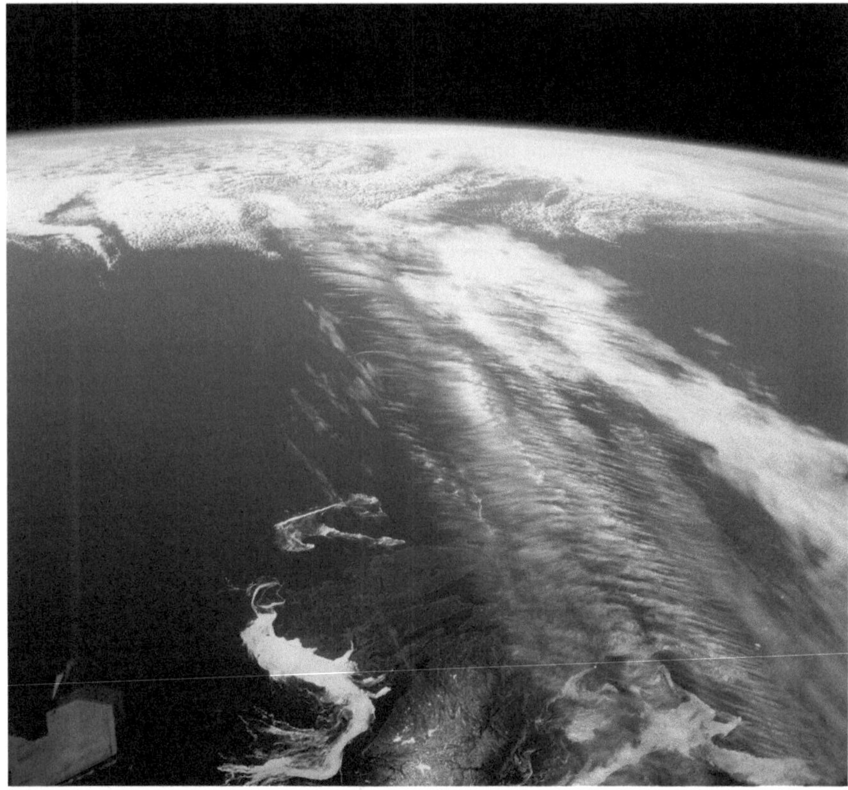

Abb. 10 Der Jetstream über den Ostprovinzen Kanadas im Mai 1991. Zu erkennen ist, wie der Jetstream auf der nördlichen Hemisphäre Cape Breton Island überquert. Während der Wintermonate kann der Weg, den der Jetstream über die Vereinigten Staaten und Südkanada nimmt, bedeutenden Einfluss auf unsere Wetterbedingungen haben. (© NASA. Abdruck mit freundlicher Genehmigung)

Es stellt sich heraus, dass ein mäandernder großer Luftfluss, der häufig in einer Höhe von fünf bis acht Kilometern und mit Geschwindigkeiten von mehr als 300 km/h in Richtung Osten durch die Atmosphäre strömt, das Wetter auf unserem Planeten entscheidend beeinflusst. Er ist unter dem Namen *Jetstream* bekannt. Jetstreams sind schnell strömende, relativ schmale Luftströmungen, die sich meist in der oberen Troposphäre befinden, wie beispielsweise der „Wolkenfluss" in Abb. 10. Die großen Jetstreams unserer Erdatmosphäre strömen nach Osten. Ihre Wege haben typischerweise eine wellenartige Form und können sich in zwei oder mehr Äste aufspalten. Normalerweise haben die nördliche und die südliche Hemisphäre jeweils einen polaren und einen subtropischen Jet. Der Polarjet auf der Nordhemisphäre verläuft über den mittleren bis nördlichen Breiten, das heißt über Nordamerika, Europa und Asien, während der Polarjet auf der südlichen Hemisphäre meist das ganze Jahr die Antarktis umkreist. Die 576 und 552 Konturen, die in Abb. 8 die Erde umkreisen, zeigen typische Jetstreams. Wie die Jetstreams auf Zustandsänderungen unserer Atmosphäre reagieren, könnte die Großwetterlagen der Zukunft stark beeinflussen.

Das Zusammenspiel von Rossby-Wellen, Polarfront und Jetstreams ist äußerst wichtig für die Wettervorhersage. Ein Jetstream, der sich über Nordamerika bewegt, zusammen mit den einhergehenden Wettersystemen, ist in einer konventionellen Wetterkarte zu erkennen, wie beispielsweise in Abb. VI im Farbteil vor Kap. „*Zwischenspiel:* Ein Gordischer Knoten". Auf genau die Gemeinsamkeiten in den Abb. 7 und 8 hatte sich Rossby konzentriert (obwohl Jetstreams erst nach dem Zweiten Weltkrieg entdeckt wurden) – die gemeinsamen Eigenschaften zeigen, wie die Rotation die gegenwärtigen, zeitabhängigen, komplizierten Fluidbewegungen bestimmt.

Rossbys entscheidende Gedanken und Ergebnisse wurden in den Jahren 1936 und 1939 in zwei Aufsätzen vorgestellt. Im Jahr 1940 veröffentlichte er einen weiteren Aufsatz, in dem er seine Ergebnisse zusammenfasste. In der Einleitung hierzu bemerkt er: „Die meisten der nachfolgend präsentierten Ergebnisse können mithilfe von Bjerknes' Zirkulationssatz, welcher den Meteorologen in den letzten 40 Jahren zugänglich war, leicht gewonnen werden. Unter diesen Umständen ist es eher überraschend, dass noch kein systematischer Versuch unternommen wurde, die planetaren Strömungsmuster in der Atmosphäre zu untersuchen." Aus seiner Arbeit entstand ein Modell, das die theoretische Meteorologie in Gang setzte. Viele Jahrzehnte lang stützten sich die Wettervorhersagen auf Erweiterungen von Rossbys Arbeit.

Rossby vernachlässigte zwar einen großen Teil (tatsächlich fast alle) physikalischen Details in der Herleitung seiner Gleichung, betrachtete aber für jedes Luftpaket die Erhaltung von Masse und von Wirbelstärke; ebenso erhalten seine idealisierten Modelle die Gesamtenergie. Somit identifizierte Rossby das „Rückgrat" des Wetters. Auf ähnliche Weise, wie die Wirbelsäule des Menschen das Körpergewicht gegen die Gravitation stützen muss und Muskeln arbeiten, um den Körper zu bewegen und auszubalancieren, liefern diese Erhaltungsprinzipien den Grundzustand des Gleichgewichtes der Atmosphäre und steuern die entsprechenden Bewegungen. Sobald wir „im Gleichgewicht" sind, beginnt die Theorie, ein Verständnis des immer wechselnden Wetters zu liefern.

Wie Bjerknes im Jahr 1898 erkannte, gibt es aber in vielen interessierenden Strömungen, wie beispielsweise in den Fischereigewässern vor der schwedischen Küste und in den Schichten unserer Atmosphäre, in denen sich die Wolken bilden, sowohl Temperatur- als auch Dichteänderungen. Wir brauchen deshalb sowohl für das Konzept der Erhaltung der Wirbelstärke als auch für die stark idealisierten Rossby-Wellen-Theorie eine sorgfältiger ausgearbeitete Version. Diese realistischere Theorie ist bekannt als Erhaltung der *potenziellen Vorticity,* und sie hat ihren Ursprung in Rossbys Arbeiten in den 1930er-Jahren.

Der unsichtbare Choreograf

Rossbys Bemühungen um eine griffige mathematische Beschreibung von Großwetterlagen mündeten in einem Konzept, das wahrscheinlich eines der leistungsfähigsten in der heutigen Meteorologie ist. Es ist eine logische Konsequenz aus Bjerknes' Zirkulationssatz und kann leicht aus den Grundgleichungen abgeleitet werden. Dieses Konzept heißt potenzielle Vorticity (oder in meteorologischer Kurzform: PV – für potential vorticity). Mit dem Wort „potenziell" wird ausgedrückt, dass in der PV – im Gegensatz zur gewöhnlichen Wirbelstärke – thermische Prozesse enthalten sind, die in der Atmosphäre stattfinden. Die potenzielle Vorticity eines Luftpaketes wird durch das Skalarprodukt seiner Rotation mit dem Temperaturgradienten entlang der Rotationsachse berechnet. Dies scheint etwas kompliziert zu sein – und es ist wirklich alles andere als einfach –, aber die Idee zahlt sich aus, da die PV das Verhalten des gesamten Wettersystems bestimmt, wie wir in Abb. 11 sehen werden.

In seinem Aufsatz aus dem Jahr 1940 veröffentlichte Rossby eine erste Erweiterung seines ursprünglichen Modells, um die horizontale Konvergenz des Luftstromes und die dazugehörigen Dichteänderungen zu berücksichtigen. In etwa zur gleichen Zeit arbeitete Hans Ertel, ein Professor für Geophysik in Berlin, an dem Problem, Temperaturänderungen in die Vorticitygleichung zu integrieren. Aus der Vereinigung ihrer Arbeiten resultierte das, was wir heute unter PV verstehen.

Die Erweiterung der PV auf Situationen, in denen Temperaturänderungen wichtig sind, wird durch die Einführung einer weiteren Größe erleichtert. Diese Größe heißt potenzielle Temperatur (s. Vertiefung 5.2) und wird mit Θ bezeichnet, um sie von der gewöhnlichen Temperatur zu unterscheiden.

Wenn wir uns Rossbys einfaches Modell genauer ansehen und die Wärme- und Feuchteprozesse mit einbeziehen, die für die Erzeugung rotierender Luftstrukturen in der Atmosphäre entscheidend sind, stellt sich heraus, dass es nicht die Wirbelstärke ist, die erhalten bleibt, sondern eine Kombination aus Wirbelstärke und (dem Gradienten von) einer thermodynamischen Variablen, wie beispielsweise der potenziellen Temperatur. Im Grunde genommen verwandelte Rossby Bjerknes' Zirkulationssatz in eine Angabe über das Verhalten der Wirbelstärke, indem er sich auf eine abgeflachte Scheibe oder auf ein säulenförmiges Paket thermisch isolierter Luft konzentrierte. Dieses liegt zwischen verschiedenen Schichten in der Atmosphäre, die durch Werte der potenziellen Temperatur charakterisiert sind.

Vertiefung 5.2. Potenzielle Temperatur misst Wärmeenergie

Die *potenzielle Temperatur* eines Luftpaketes beim Druck p wird formal als die Temperatur definiert, die ein Paket haben würde, wenn es adiabatisch (ohne Wärmeaustausch) zum Referenzdruck p_0 auf Meereshöhe gebracht werden würde. Wir nutzen Θ als Bezeichnung für die potenzielle Temperatur. Für die potenzielle Temperatur der Luft ergibt sich folgende Formel:

$$\Theta = T(p_0/p)^\gamma,$$

wobei T für die aktuelle absolute Temperatur des Luftpaketes (gemessen in Kelvin) und γ für eine Konstante steht. Wenn sich ein Ballon oder ein Luftpaket isolierter Luft ausdehnt, bleibt der Wert von Θ nur konstant, wenn es über die Oberfläche des Ballons, im Gesamten betrachtet, keinen Austausch von Wärmeenergie gibt. Daher ist die Konstanz von Θ mit der Erhaltung der thermischen Energie der Luftpakete verbunden, wenn diese sich bewegen und ihre Form in einer Umgebung mit variablem Druck ändern.

Die potenzielle Temperatur erlaubt uns, Temperaturänderungen mit Rossbys Verallgemeinerung zu kombinieren und konvergierende Luftströmungen einzubinden. Wir erklären die PV, indem wir die Drehung einer Luftsäule betrachten, während sie im Querschnitt kleiner wird (konvergiert) und sich dabei in der Länge senkrecht nach oben streckt (Abb. 12).

Wir stellen uns diese Säulen als physikalische Realisierung einer markierten Menge von Luftpaketen vor, bei denen die Rotation eine wesentliche Eigenschaft der Luftbewegung darstellt. Wir erinnern uns an die Dynamik eines Eisläufers bezüglich seines Drehimpulses, welche eine ähnliche Rolle spielt wie die konzeptionellen Luftsäulen, wenn wir die Dynamik der Atmosphäre bezüglich der PV verstehen wollen. Zunächst denken wir uns zwei Flächen, die nahezu horizontal übereinander liegen, wie zwei Decken in der Atmosphäre. Die untere Fläche ist dadurch gekennzeichnet, dass ihre potenzielle Temperatur den Wert Θ_{BOTTOM} hat, während die Luftpakete auf der oberen Fläche durch die potenzielle Temperatur Θ_{TOP} charakterisiert sind.

Nun stellen wir uns weiter eine Säule (rotierender Luft)vor, die sich zwischen zwei solchen Θ-Flächen erstreckt, während sie wandert. Wenn die Luftsäule im Querschnitt kleiner wird (konvergiert), aber die gleiche Menge Luft beinhaltet, muss sie sich vertikal ausdehnen (Abb. 12). Wenn wir uns an den sich drehenden Eisläufer erinnern, sollte nun relativ zu ihrer Umgebung auch die Rotationsrate dieser Säule – ihre relative Wirbelstärke – zunehmen. Wir können vermuten, dass eine Größe existiert, welche die Drehung mit der Konvergenz verbindet und konstant bleibt. Wenn wir uns an den Eisläufer zurückerinnern und uns entsinnen, dass die Wirbelstärke hier die Drehung ist, dann könnten wir vermuten, dass die gesuchte Größe das Verhältnis von absoluter Wirbelstärke der Säule zur „Höhe" der rotierenden Säule sein könnte. Diese Vermutung erweist sich als richtig.

Die absolute Wirbelstärke der Säule ist die Summe der planetaren Wirbelstärke ζ_p und der relativen Wirbelstärke ζ_s (der griechische Buchstabe ζ (Zeta) wird üblicherweise als Bezeichnung für die Wirbelstärke verwendet). Die PV der Säule ist dann die absolute Wirbelstärke geteilt durch die Höhe der Säule H, was in Formeln wie folgt ausgedrückt werden kann:

$$PV = (\zeta_p + \zeta_s)/H. \tag{1}$$

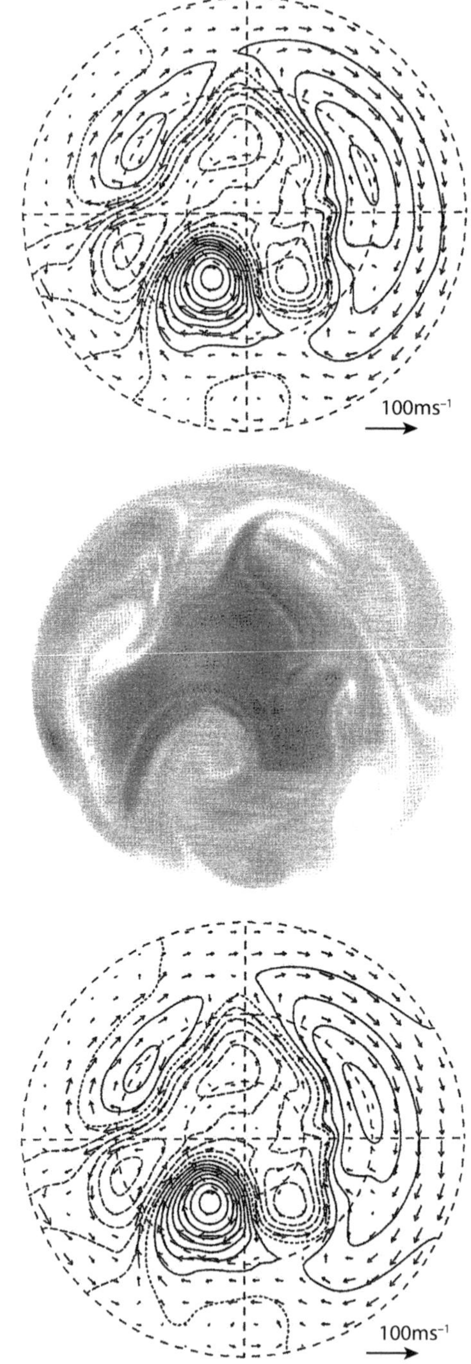

Abb. 11 Die obere Abbildung zeigt die Windvektoren und Höhenkonturen (Linien mit demselben Wert der Variablen H) der Simulation einer idealisierten Strömung in einer Hemisphäre. In der zweiten Abbildung ist die PV dargestellt, berechnet aus der absoluten Wirbelstärke und der Höhe. Die untere Abbildung zeigt wieder die Windvektoren und die Höhenkonturen, dieses Mal aber berechnet aus der PV mit der unter dem Namen „PV-Invertierung" bekannten Methode. Es ist schwer, Unterschiede zwischen der ersten und dritten Abbildung zu erkennen; was daher bestätigt, dass die PV alles, was wir über großskalige Strömungsstrukturen wissen müssen, umfasst. Reproduzierte Abbildung aus „Potential Vorticity Inversion on a Hemisphere" von Michael E. McIntyre und Warwick A. Norton, *Journal of the Atmospheric Sciences* 57: 1214–35. (© American Meteorological Society. Abdruck mit freundlicher Genehmigung)

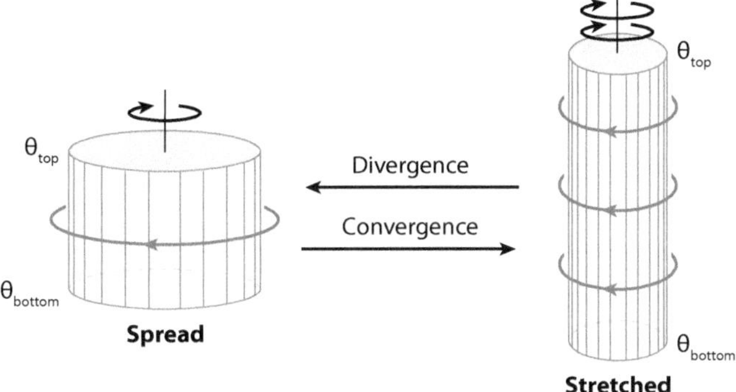

Abb. 12 Die Konvergenz und die Streckung einer Luftsäule begleitet von einer Zunahme seiner Drehgeschwindigkeit erinnert an einen sich drehenden Eiskunstläufer. Jede Säule erstreckt sich zwischen zwei Luftflächen, charakterisiert durch die potenziellen Temperaturen Θ_{BOTTOM} und Θ_{TOP}. Diese Säulen bestehen während ihrer Bewegung aus den gleichen Luftpaketen. (© Princeton University Press)

Für atmosphärische Strömungen, in denen die PV konstant ist, muss, wenn H kleiner wird (sich zum Beispiel halbiert), auch die absolute Wirbelstärke $(\zeta_p + \zeta_s)$ proportional zu H abnehmen (sie muss sich also auch halbieren). Indem sie den Luftsäulen folgten, die sich zwischen den entsprechenden konstanten Θ-Flächen bewegten, fanden Rossby und Ertel heraus, unter welchen Bedingungen die PV konstant ist, also die Bedingungen, unter denen die PV eine Erhaltungsgröße ist.

Wir verwenden jetzt die obige Definition der PV, um zu erklären, wie eine Strömung über eine Bergkette eine Rossby-Wellenstruktur erzeugen kann. Wie in Abb. 13 dargestellt, betrachten wir eine nach Osten verlaufende Strömung über eine Bergkette, welche von Norden nach Süden ausgerichtet ist (wie beispielsweise die Anden). Angenommen, die relative Wirbelstärke dieser Strömung westlich der Berge sei gleich null und die nach Osten gerichteten Komponenten der Strömung blieben über den gesamten Bereich gleich. Die planetare Wirbelstärke ζ_p einer solchen Strömung ist ungleich null (weil wir nicht am Äquator sind). Wenn die Säule über die Bergkette weht, flacht sie ab und H nimmt ab. Wenn also die PV erhalten bleibt, muss auch die absolute Wirbelstärke, die Summe der planetaren und relativen Wirbelstärke, abnehmen. Zunächst bleibt die planetare Wirbelstärke ζ_p konstant, was eine positive relative Wirbelstärke ζ_s erzeugt. Unter der Annahme, dass die nach Osten gerichtete Komponente der Strömung gleich bleibt, muss eine nach Norden gerichtete Komponente der Strömung erzeugt werden. Daher bewegt sich unsere Säule nach Norden. Aber nun beginnt die planetare Wirbelstärke ζ_p größer zu werden. Also muss sich der Wert der relativen Wirbelstärke verringern, um das Anwachsen von H in der Summe $\zeta_p + \zeta_s$ auszugleichen. Die absolute Wirbelstärke wird verringert, indem eine nach Süden gerichtete Komponente der Strömung erzeugt wird. Wir haben eine Rossby-Oszillation um einen dazwischenliegenden Breitengrad initiiert, die theoretisch, wenn nichts anderes

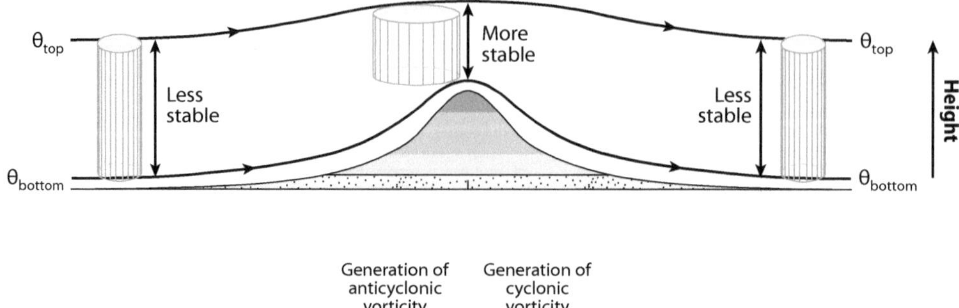

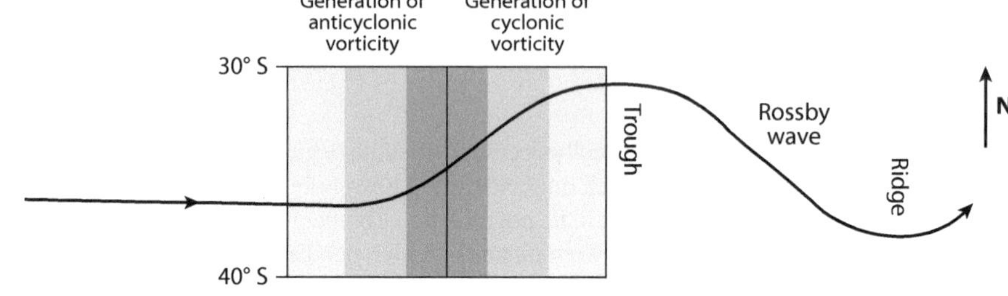

Abb. 13 Hier sind schematisch Luftpakete dargestellt, welche die Anden überqueren. Wenn die Luft ostwärts wandert, beginnt eine leichte Nordsüdoszillation, welche eine Rossby-Welle erzeugt. Die Luftsäule liegt zwischen zwei Luftebenen, die durch bestimmte Θ-Werte gekennzeichnet sind. Wenn vom Flachland kommende Luft über eine Bergkette strömt, finden Konvergenzen statt. Das Gegenteil passiert auf der windabgewandten Seite der Bergkette. Bei Überquerung der Bergkette führt die Wirbelstärkenänderung der Luftsäule zu charakteristischen Wolken und Wetterstrukturen, die sich auf der Leeseite der Berge bilden, zum Beispiel über Hochebenen, wenn die Luft von Westen nach Osten über die Anden strömt. Modifizierte Abb. aus B. Geerts and E. Linacre, „Potential Vorticity and Isentropic Charts," http://www-das.uwyo.edu/~geerts/cwx/notes/chap12/pot_vort.html. (© Princeton University Press)

passiert, ewig weiterlaufen wird, während das Luftpaket Richtung Osten um den Planeten wandert.

Einmal mehr werden bei der Typisierung von Wettersystemen Erhaltungssätze sichtbar – trotz der Komplexität der Winde, des Druckes, der Regenfälle und der Temperaturfluktuationen in all ihren Einzelheiten. Die Aussage, dass sich die absolute Wirbelstärke einer wärmeisolierten Luftsäule im Einklang mit dem Strecken und Schrumpfen der Säule verändern muss, gilt immer. Der möglicherweise recht komplizierte Luftstrom wird durch dieses Gesetz in seiner Bewegung eingeschränkt. So wie die sich drehende Eiskunstläuferin die Erhaltung des Drehimpulses nutzt, um schwierige Figuren mit der Bewegung ihrer Arme auszuführen, bewahrt unsere Luftsäule, obwohl sie sich auf komplizierte Art und Weise bewegt, den Wert der PV, den sie bereits hatte, als wir begannen die Säule zu betrachten und ihr zu folgen. Die Änderung der relativen oder lokalen Wirbelstärke wechselwirkt mit ihrer direkten Umgebung und hilft so unserer Säule sich zu bewegen, wodurch sich wiederum ihre lokale Wirbelstärke verändert. Die Erhaltung der PV erlaubt uns, den Gordischen Knoten dieser nichtlinearen Rückkopplung zu lösen.

Bjerknes hatte gezeigt, dass Zirkulation erzeugt werden kann, wenn sich die Temperatur verändert, was unter anderem für die Entwicklung von Zyklonen wichtig ist; Rossby bewies, dass die Luft einer zusätzlichen, wichtigen Randbedingung ausgesetzt ist, während diese Änderungen der Zirkulation geschehen, nämlich der Erhaltung der PV. Meistens ändern sich sowohl die Wirbelstärkenvariable (die von der Luftbewegung abhängt) als auch die Temperaturvariable. Diese PV-Bedingung, dass sich all die Variablen auf genau die richtige Art verändern müssen, damit die PV (während sie der Bewegung folgt) weiter konstant bleibt, ist daher ein wichtiger Steuermechanismus in der Atmosphäre – wie ein Schiedsrichter, der versucht, das Gleichgewicht zwischen den auf das Luftpaket wirkenden konkurrierenden Kräften zu halten.

Seit Anfang der 1940er-Jahre wurde die PV in zwei Richtungen weiterverfolgt. In der ersten wurde Rossbys Theorie mathematisch weiterentwickelt, was zur heutigen „quasigeostrophischen Theorie" führte (und die wir in den folgenden Kapiteln näher erörtern werden). Die zweite Richtung konzentrierte sich auf die Analyse der Wetterkarten selbst. Betrachtet man die Entwicklung der numerischen Wettervorhersage in den letzten 30 Jahren, die auf computergenerierten Lösungen der vollständigen Bewegungsgleichungen basiert, so hat die Bedeutung der potenziellen Vorticity für die Analyse von Wetterkarten abgenommen. Ihre Einbindung in Computersimulationen bleibt bis heute problematisch; wir werden in den Kap. „7. Mit Mathematik zum Durchblick" und „8. Im Chaos vorhersagen" ausführlicher darüber berichten.

In den 1940er- und 1950er-Jahren war Ernst Kleinschmidt ein großer Pionier in Bezug auf die Verwendung der potenziellen Vorticity als ein meteorologisches Werkzeug. Er erkannte die Möglichkeit, Wind-, Druck- und Temperaturfelder aus der PV abzuleiten. Kleinschmidt baute auf der Arbeit von Ertel auf; beide wurden ins Forschungsinstitut in Stockholm eingeladen, das Rossby in den 1950er-Jahren gegründet hatte. Kleinschmidt behielt zwar die Erhaltungseigenschaften der potenziellen Vorticity bei, aber die Gleichungen wurden komplizierter. Wir gehen in Kap. „7. Mit Mathematik zum Durchblick" ausführlicher auf die Mathematik der PV und der potenziellen Temperatur ein: Zusammen liefern sie Meteorologen ein leistungsstarkes Werkzeug für die Diagnose der Bewegung in der Atmosphäre.

Diese Entwicklung des „PV-Thinking", wie Meteorologen es nennen, brachte viele Fäden der theoretischen Meteorologie mit der praktischen Vorhersage zusammen. Um zur PV-Gleichung zu gelangen, müssen wir den Druck und die Dichte aus den Gleichungen entfernen – sogar das Windfeld wird ein nebensächliches Phänomen. Dabei entstanden neue Herausforderungen, bekannt unter dem Begriff „PV-Invertierung", hier werden Windfelder und Temperatur zusammen mit dem Druck aus den PV-Feldern wiederhergestellt.

Aber welche Auswirkungen haben diese Erhaltungsprinzipien – der Masse, der Energie, der Feuchtigkeit, und der PV – auf die numerische Wettervorhersage? Letzten Endes haben wir leistungsstarke Supercomputer, die sich durch die Berechnungen arbeiten, welche für die Erstellung von Vorhersagen aus den Bewegungsgleichungen notwendig sind, wobei sie nicht nachprüfen, ob die Erhaltungssätze erfüllt sind. Interessieren sich nur die Theoretiker für diese Themen, oder haben sie einen praktischen Wert?

Die Antwort liegt in der Beobachtung, dass die Computermodelle – obwohl sie auf den Gesetzen der Physik basieren – in ihren Computerprogrammen nicht zwangsläufig auch die exakten Folgerungen dieser Gesetze übernehmen. Aufgrund der ständig präsenten kleinen Fehler und Approximationen wird eine numerische Darstellung der Gesetze der Bewegung, der Wärme und der Feuchtigkeit, die wir in Kap. „2. Von Überlieferungen zu Gesetzen" beschrieben haben, nicht automatisch Bjerknes' Zirkulationssatz erfüllen; folglich „kennen" die Simulationen nicht automatisch die Zwangsbedingungen, welche von den Erhaltungssätzen an die Entwicklung der Wettersysteme gestellt werden. Wir müssen sehr hart arbeiten, um ein solches Wissen in die Computermodelle zu integrieren, doch derartige Anstrengungen sind zweifellos ein wichtiges Thema in der aktuellen Forschung.

Wenn wir numerische Schemata entwickeln, welche diese Erhaltungseigenschaften besser darstellen, reduzieren wir die Wahrscheinlichkeiten erheblich, dass sich belanglose Fehler aufschaukeln und damit die Simulationen stark verändern. Wenn wir die wichtigen Eigenschaften des Wetters erkennen – eine davon ist die PV –, können wir darüber nachdenken, wie wir Computerberechnungen dazu bringen, dem aktuellen Wetter zu folgen und es vorherzusagen.

6. Die Metamorphose der Meteorologie

Rossby hatte den Gordischen Knoten der nichtlinearen Rückkopplungen in den Bewegungen der Atmosphäre gelöst, wenn auch nur für die großskaligen Jetstreams in den mittleren Breiten. Als Nächstes beschreiben wir, wie Meteorologen auf beiden Seiten des Atlantiks bezüglich der Entstehung von Zyklonen und ihren begleitenden Warm- und Kaltfronten umzudenken begannen – Themen, mit denen sich Wetterforscher auf der ganzen Welt beschäftigen.

Rossbys Erklärung für das Dahinschlängelns des Jetstreams war nicht zuletzt wichtig, weil die Polarfront – das Schlachtfeld zwischen der warmen, tropischen Luft und der kälteren Polarluft – seit mehr als 20 Jahren ein wesentlicher Bestandteil des Modells war, das die Bergener Schule über Lebensgeschichte von Zyklonen entwickelt hatte. Diese Sicht änderte sich in den 1940er-Jahren grundlegend, als mit präziser Mathematik gezeigt wurde, dass realistische Zyklonenmodelle ohne die Notwendigkeit großer Temperaturgegensätze, wie entlang der Polarfront, formuliert werden konnten. Zwischen 1945 und 1955 änderte sich die Meteorologie auf zwei Arten maßgeblich: Physikalisches Verständnis kombiniert mit neuartiger Mathematik führte zu einem fundamentalen Wandel im Verständnis der Entstehung von Zyklonen und Fronten. Außerdem gab die aufkommende Technologie der elektronischen Rechner den Meteorologen ein leistungsstarkes, neues Werkzeug an die Hand, mit dem sie Wetter und Klima simulieren und vorhersagen konnten. Hier folgt die Geschichte über die Entstehung der modernen Meteorologie und Wettervorhersage.

Brainstorming in Princeton

Am 9. April 1951 verstarb Vilhelm Bjerknes in seiner Heimatstadt Oslo, im hohen Alter von 89 Jahren, am Ende einer der mit Sicherheit wichtigsten Epochen der Meteorologie und insbesondere der Wettervorhersage. Sein Nachruf in der Londoner *Times* liest sich wie folgt:

I. Roulstone und J. Norbury, *Unsichtbar im Sturm*,
https://doi.org/10.1007/978-3-662-48254-4_8

> Professor Vilhelm Friman Koren Bjerknes, ein Doyen der norwegischen Wissenschaft, verstarb Montagnacht im Alter von 89 Jahren in Oslo. Geboren im Jahr 1862, studierte er in Norwegen und Deutschland und wurde 1893 zum Professor der Mechanik und der mathematischen Physik an die Universität Stockholm berufen. Dort blieb er, bis er im Jahr 1907 an die Universität Oslo wechselte, wo er eine ähnliche Anstellung erhielt. Währenddessen wurde er vom Carnegie Institut Washington zum Research Associate gewählt, eine Position, die er bis 1946 innehatte. Nachdem er von 1913 bis 1917 kurze Zeit als Professor der Geophysik an der Universität Leipzig verbracht hatte, ging er zurück nach Norwegen, um die Leitung des Geophysikalischen Instituts Bergen zu übernehmen. Im Jahr 1918 gründete er den Wetterdienst in Bergen. Er hatte den Lehrstuhl der Physik an der Universität Oslo in den Jahren 1926 bis 1932 inne. Auch im Alter war sein Geist rege und nicht beeinträchtigt, und er arbeitete noch lange nach seiner Pensionierung weiter.

Seine Bergener Schule hatte eine neue Generation führender Meteorologen hervorgebracht, deren Ideen das meteorologische Denken verändert haben. Bjerknes muss zu Recht stolz auf ihren Erfolg gewesen sein.

Bjerknes wurde gerade alt genug, um noch mitzuerleben, wie die nächste wichtige Ära der Wettervorhersage anbrach – der Übergang in das moderne Zeitalter mit dem Einsatz von elektronischen Rechnern. Bei seinem Versuch, Bjerknes' Vision zu realisieren, war Lewis Fry Richardson von Bleistift, Papier, Büchern voller mathematischer Tabellen und den Verwüstungen des Ersten Weltkrieges umgeben gewesen. Knapp ein Jahr nach dem Ende des Zweiten Weltkrieges wurde der zweite ernsthafte Versuch gestartet, eine Vorhersage mithilfe der Gesetze der Physik zu erstellen. Doch statt eines Einzelnen, der in einer armseligen Unterkunft hinter den Schützengräben arbeitete und darauf wartete, den verwundeten Soldaten zu helfen, beschäftigte sich nun ein ganzes Team führender Wissenschaftler im Forschungshochleistungszentrum des modernen Amerika mit der neuen Technologie elektronischer Rechner.

Der Zweite Weltkrieg mag eine unwillkommene Unterbrechung für die Wissenschaftler und ihre Programme gewesen sein, aber er führte auch dazu, dass Prozesse auf verschiedenen Gebieten beschleunigt und viele neue Ideen entwickelt wurden. Zahlreiche technologische Fortschritte wurden gemacht, einschließlich der Entwicklung von Radargeräten und Computern. Mehrere Jahre nach dem Krieg begann das Radar eine zentrale Rolle in der Wettervorhersage zu spielen. Die Entwicklung von Computern wurde vorangetrieben, um bei dringenden Problemen zu helfen, wie beispielsweise im Bestreben, den Enigma-Code zu knacken. Und auch die Wettervorhersage selbst war bei vielen Operationen während des Konflikts entscheidend. Der Einfluss des Wetters und die Wettervorhersagen der Meteorologen während des Zweiten Weltkrieges sind gut dokumentiert: die deutsche Ostfront in Russland brach im harten Winter 1941/1942 zusammen, General Eisenhower hat die Wahl des Tages für den Beginn der Operation Overlord aufgrund genauer Wettervorhersagen getroffen und auch der umfangreiche Einsatz von Schiffen und Flugzeugen im Westpazifik hing von den Wetterbedingungen ab.

Erfahrungen aus dem Ersten Weltkrieg bestätigten sich: Wettervorhersagen waren für militärische Operationen lebenswichtig. Daher entstanden in der Nachkriegszeit viele

Wetterforschungsprogramme aus militärischen Mitteln, die weiterhin aufrechterhalten wurden. Der Krieg hatte zur Gründung von Netzwerken vieler Wetterbeobachtungsstationen geführt, die benötigt wurden, um Flugzeugoperationen zu erleichtern. Diese Netzwerke wurden nach dem Krieg ausgeweitet, um den stark zunehmenden Bedarf der zivilen Luftfahrt zu decken. Meteorologen besaßen nun großflächig umfangreiche Daten vom Zustand der Atmosphäre, was zu einer globaleren Sicht auf das Wetter führte. Sogar der theoretischen Meteorologie wurde ein bedeutender Anstoß gegeben, als im Jahr 1943, nach Klagen des Militärs, Rossby maßgeblich bei der Eröffnung eines neuen Instituts an der Universität von Puerto Rico beteiligt war, um tropisches Wetter zu verstehen und junge Leute besser für die Vorhersage auszubilden.

In den vorherigen Kapiteln erwähnten wir, wie das Verständnis der Passatwinde und der Ozeanströmungen die Seefahrt im 19. Jahrhundert verändert hatte. Und wir berichteten, wie der Beginn der Luftfahrt in den 1920er- und 1930er-Jahren die Wissenschaft vorantrieb, weil man die Luftströmungen in der mittleren Atmosphäre verstehen wollte. Wieder einmal trieb eine Revolution im Personenluftverkehr – dieses Mal durch düsengetriebene Flugzeuge, die höher als Luftschiffe und Propellerflugzeuge fliegen und regelmäßig große Entfernungen über dem Atlantik, Pazifik und Indischen Ozean zurücklegen konnten – den Bedarf für eine bessere Vorhersage und weltweite Datenabdeckung voran, sowohl am Boden als auch in der höheren Atmosphäre. Im Zweiten Weltkrieg wurden Flugzeuge, die über den Nordpazifik nach Westen flogen, manchmal von sehr ungünstigen Winden erfasst, sodass sie schließlich umkehren mussten, wenn sie wegen Treibstoffmangels ihre Ziele nicht erreichen konnten. Das Fliegen entlang der Jetstreams kann auf einem Langstreckenflug sehr viel Zeit sparen. Wenn moderne Fluggesellschaften ihre Routen planen, brauchen sie gute Vorhersagen, wo die Jetstreams liegen, um daraus einen Vorteil ziehen zu können.

Unsere Geschichte über den modernen Gebrauch von Computern in der Wettervorhersage beginnt Ende August 1946, am Institute for Advanced Study in Princeton, New Jersey. Hier fand eine der bedeutendsten Konferenzen in der Geschichte der Wettervorhersage statt, die von einem einzigen Mann angeregt wurde. Zuvor, am 8. Mai, schrieb John von Neumann (Abb. 1), ein Mathematikprofessor am Institute for Advanced Study, einen Antrag an das Amt für Forschung und Erfindungen der Marine. Er bat um Unterstützung für ein Projekt, dessen Ziel eine „Untersuchung der Theorie der dynamischen Meteorologie" war, „um sie zugänglich für elektronische, digitale, automatische Hochgeschwindigkeitsberechnungen zu machen". Schon das Verfassen des Briefes an sich war aus mehreren Gründen außergewöhnlich. Zunächst war von Neumann ein hervorragender reiner Mathematiker – eine Spezies, von der allgemein geglaubt wurde, dass sie praktische Probleme scheute – und daher einer der letzten Menschen, von denen man annahm, dass er sich an einer solchen Unternehmung beteiligen könnte. Zweitens stellte sich die Frage, warum das Navy Department, sofern es daran interessiert war, das Leistungspotenzial der neuen Computer zu nutzen, ausgerechnet die Meteorologie und Wettervorhersage als das wichtigste Problem auswählen sollte?

Abb. 1 John von Neumann (1903–1957) wurde in Budapest geboren, ging im Alter von 27 Jahren nach Princeton und wurde mit 30 Jahren neben Albert Einstein einer der ersten sechs Professoren am neugegründeten Institute for Advanced Study. Diese Position hatte er bis zum Ende seine Lebens inne. Von Neumanns rasanter Aufstieg ist spiegelt sein Genie wieder. Als er in die Vereinigte Staaten zog, hatte er bereits eigenhändig die präzisen mathematischen Grundbausteine der neu entdeckten Theorie der Quantenmechanik formuliert – die Physik der atomaren und subatomaren Materie. (© Everett Collection / picture alliance)

Das erste Rätsel kann damit beantwortet werden, dass von Neumann auch ein hervorragender Logiker, angewandter Mathematiker und Ingenieur war, der sich schon früh mit abspeicherbarer Programmierung beschäftigt hat. Durch diese konnten Computerprogramme so geschrieben werden, dass das gleiche Programm wiederholt auf Probleme angewendet werden konnte, wobei die Eingabedaten von einer bestimmten Aufgabe zur nächsten variierten – so wie bei der Wettervorhersage. Auf die zweite Frage gibt es keine so eindeutige Antwort. Aber von Neumann – ein Veteran des Manhattan-Projektes, in dem die erste Atombombe entwickelt wurde – war davon überzeugt, dass einige der hartnäckigsten mathematischen Probleme in der Hydrodynamik lagen. Er schrieb: „Unsere derzeitigen analytischen Methoden scheinen für die wichtigen Probleme, die bei der Lösung nichtlinearer partieller Differenzialgleichungen auftreten, ungeeignet zu sein, und darüber hinaus auch bei allen Arten nichtlinearer Probleme der reinen Mathematik. Dass dies wahr ist, zeigt sich insbesondere auf dem Gebiet der Hydrodynamik. Nur die einfachsten Probleme wurden hier analytisch gelöst."

Von Neumann entsprach nicht dem Urbild eines Mathematikprofessors: Er wurde ursprünglich zum Chemie-Ingenieur ausgebildet. Während er in den 1920er-Jahren in Deutschland unterrichtete, zog ihn das Berliner Nachtleben mit seinen Kabaretts besonders an. In Amerika führten seine hochangesehene Position am Institute for Advanced Study, seine

Partyliebe und sein Lebensstil in den führenden sozialen Kreis dazu, dass sein Wort bald in der Gesellschaft viel galt. Von Neumann suchte nach einer echten wissenschaftlichen Herausforderung für die modernen Computer, und die Wettervorhersage war eine solche Herausforderung. Er musste zuerst die Regierung und andere Körperschaften von der Durchführbarkeit des Projektes überzeugen, für dessen Finanzierung beachtliche Summen benötigt wurden. Auf diese Weise kombinierte von Neumann Genialität mit Pragmatismus. Und er war vor allem entschlossen, die intellektuellen, organisatorischen und finanziellen Hürden, welche sich ergeben würden, zu überwinden.

Am 11. Januar 1946 erschien in der *New York Times* ein Artikel, in dem bekannt gegeben wurde, dass „dem Weather Bureau, der Navy und der Armee Entwürfe für die Entwicklung eines neuen elektronischen Rechners mit angeblich erstaunlichem Potenzial präsentiert wurden, der auf revolutionäre Weise bei der Lösung der Geheimnisse langfristiger Wettervorhersagen helfen könnte." Von Neumanns entschied sich dafür, sich auf die Meteorologie zu konzentrieren, weil er das Problem mathematisch verstehen wollte und es als für das Militär sehr wichtig erachtete. Philip Thompson zufolge, einem Pionier der numerischen Wettervorhersage in den 1950er-Jahren, betrachtete von Neumann das Problem der Wettervorhersage aufgrund der Wechselwirkungen und Nichtlinearitäten als das schwierigste, das man sich vorstellen konnte – eines, das die Leistungsfähigkeiten der schnellsten Rechengeräte viele Jahre herausfordern würde. Als nationalistischer „Falke" wollte von Neumann, dass sein Land in Sachen Wettervorhersage an der Spitze steht.

Rossby wurde hinzugezogen, nachdem er von Neumann in Princeton besucht hatte, um über seine Pläne zu reden. Anschließend schrieb er an den Direktor des nationalen Wetterbüros und empfahl, das Projekt in Angriff zu nehmen. Insbesondere im Hinblick auf „Professor Neumanns außergewöhnliches Talent (…) wäre es wünschenswert für uns, sein ständiges Interesse an der Meteorologie zu fördern." Von Neumann hatte darauf gedrängt, so bald wie möglich mit dem Meteorologieprojekt zu beginnen, obwohl die institutseigenen Computer noch mehrere Jahre nicht betriebsbereit sein würden, denn die Theoretiker mussten noch das zugrunde liegende meteorologische Problem verstehen, bevor sie den Versuch unternehmen konnten, einen Computer tatsächlich zu programmieren – der Fehlschlag von Richardsons Vorhersage war nicht vergessen. Der richtige Algorithmus würde entscheidend sein, und von Neumann war mit etlichen wichtigen Entwicklungen in der numerischen Differenzialrechnung vertraut, die entscheidend für den Erfolg des Computerprojektes waren. Aber auch wenn man die Ursache von Richardsons Misserfolg zum Teil verstanden hatte, waren die Grundgleichungen immer noch zu anspruchsvoll für die ersten elektronischen Rechner: Jemand musste eine alternative mathematische Formulierung des Problems der Wettervorhersage entwickeln, mit der die neuen Maschinen umgehen konnten.

Eine Konferenz, die vom 29. bis 30. August 1946 stattfand, trug den einfachen Namen „Conference in Meteorology". Tatsächlich war es die erste Konferenz, über den Gebrauch von Computern für die numerische Wettervorhersage. In seinem historischen Rückblick bemerkte George Platzman, dass es nicht ungewöhnlich sei, dass Menschen, die an einer historisch bedeutenden Veranstaltung teilnehmen, sich währenddessen nicht darüber bewusst sind, welche Bedeutung dieser Moment für den zukünftigen Verlauf der Geschichte haben würde. Aber der etwa zwanzigköpfigen Elite der meteorologischen Gemeinschaft, die sich unter Neumanns Organisation in Princeton versammelt hatte, war sehr klar, was der Vorschlag eines koordinierten Programms mit dem Ziel, das Wetter durch automatische Berechnungen vorherzusagen, bedeutete. Rossby hatte eine entscheidende Rolle dabei gespielt, die mathematische Theorie der Wetterlagen im vorangegangenen Jahrzehnt weiterzuentwickeln. Seine Chicago-Schule war ein internationaler Erfolg, und es wurde daher selbstverständlich angenommen, dass er eine führende Rolle bei der Konferenz spielen würde. Aber Rossby war schon im Begriff, in sein Heimatland zurückzukehren, um ein neues Forschungszentrum in Stockholm aufzubauen. Dennoch war er sich über die Bedeutung des Princeton-Projektes absolut bewusst und verfolgte die darauf folgenden Entwicklungen mit großem Interesse.

Zu dem Treffen kam auch ein brillanter junger Meteorologe, Jule Charney (Abb. 2). Er hatte gerade seine Abschlussarbeit fertiggestellt, in der er sich mit einem neuen mathematischen Ansatz für das Verständnis der Entwicklung von Zyklonen befasst hatte. In seiner Doktorarbeit, die 1947 im *Journal of Meteorology* der amerikanischen Meteorologischen Gesellschaft veröffentlicht wurde, griff er fast das gesamte Problem auf. Deren Veröffentlichung kündigte die Ankunft einer führenden Figur in der Wissenschaft der Wettervorhersage an. Dieses *Journal of Meteorology* war von Rossby gegründet worden. Dieser hatte während des Krieges dabei geholfen, das Ausbildungsprogramm für Meteorologen an der University of California in Los Angeles (UCLA) unter der Leitung von Jack Bjerknes und Jorgen Holmboe zu starten – Letzterer war Charneys Doktorvater. Im Sommer 1946 war Charney jedoch noch weitgehend unbekannt. Erst seine Beteiligung an von Neumanns Projekt würde

Abb. 2 Charneys Kommilitonen an der UCLA amüsierten sich auf seine Kosten über ein Cartoon in der Studentenzeitung. In der Überschrift des Originals sagt der strebsame Doktorand zu der Lady im Abendkleid: „ ... und da das hypergeometrische Differenzialgleichungen mit logarithmischen Singularitäten sind...". Glücklicherweise war Elinor verständnisvoll, und sie heirateten im Jahr 1946. *The Atmosphere: A Challenge.* (© American Meteorological Society. Abdruck mit freundlicher Genehmigung)

ihn an die Spitze seines Fachgebiets bringen, insbesondere seine Rolle bei der Aufgabe, jeden und nicht zuletzt sich selbst davon zu überzeugen, dass die Fallstricke von Richardsons Berechnung vermieden werden konnten.

Bei der Meteorologie-Konferenz von 1946 hat es keine sonderlich erwähnenswerten Äußerungen oder gar Antworten gegeben. Aber man hatte das Problem dargelegt, die Wissenschaftler hatten sich kennengelernt und die unterschiedlichen Sichtweisen angehört. Von Neumann zog die Parallele zu einem erfolgreichen Bergsteigerteam: Konnten sie den „Everest" der ersten computergestützten Wettervorhersage besteigen?

Indem Rossby die Erhaltung der absoluten Wirbelstärke nutzte, hatte er den ersten Schritt getan, um zu erklären, wie und warum die großskaligen atmosphärischen Strömungen in den mittleren Breiten die von uns beobachteten, sich relativ langsam entwickelnden Wetterstrukturen der Hoch- und Tiefdruckgebiete verursachen. In seiner Dissertation arbeitete Charney heraus, wie einzelne Wettersysteme in großskaligen, ostwärts wehenden zonalen Windstrukturen in der oberen Atmosphäre entstehen, welche Rossby untersucht hatte. Im August 1946 zeichnete sich für die Konferenzteilnehmer ab, dass die Antwort auf die 64.000-Dollar-Frage nur einen Schritt entfernt und in den Methoden zu finden war, die Rossby und Charney entwickelt hatten – auch wenn dies zu dem Zeitpunkt noch niemand erkannt hatte. Die Aufgabe bestand nicht darin, in Richardsons Fußstapfen zu treten und sich mit allen Details und Schwierigkeiten erneut auseinanderzusetzen, sondern einen völlig neuen Weg zu beschreiten. Es war nicht so sehr die Frage, *wie* man vorhersagt, sondern eher *was* man vorhersagt – und die Mathematik würde für die Antwort eine entscheidende Rolle spielen.

Ein wichtiger Beitrag war Rossbys Entdeckung der großskaligen Mäanderwellen, die inzwischen seinen Namen tragen. Es stellte sich heraus, dass Wellenbewegungen in der Atmosphäre allgegenwärtig sind. Das mag zunächst nicht sehr offensichtlich sein. Neben den gut bekannten Schallwellen gibt es noch viele andere Arten von Wellenbewegungen, jede mit ihrer eigenen charakteristischen räumlichen Skala und Frequenz. Wie in Abb. 8 in Kap. „5. Begrenzung der Möglichkeiten" gezeigt wird, sind Rossby-Wellen Tausende von Kilometern groß, während in Abb. 3 viel kleinskaligere Wellen in den Altocumuluswolkenstrukturen zu sehen sind, die sich über Entfernungen in zweistelligen Kilometerbereichen erstrecken können. Die Aufgabe war zu erkennen, welche Wellen für die Vorhersage wichtig sind.

Wellen gibt es überall

In Abb. 8 in Kap. „5. Begrenzung der Möglichkeiten" und Abb. 3 sind zwei sehr unterschiedliche Typen von Wellenbewegungen zu erkennen, beide weisen jedoch eine gleichmäßige räumliche Struktur auf. Diese Strukturen werden im Wesentlichen durch die gleiche Mathematik beschrieben. Physiker und Mathematiker kennen die quantitative Beschreibung einer Wellenbewegung. Daher stellt sich eine faszinierende Frage: Können wir mithilfe der Grundgleichungen der Meteorologie, die wir aus Kap. „2. Von Überlieferungen zu Gesetzen"

Abb. 3 Regelmäßige, weiße Riffelungen in Altocumuluswolken sind Merkmale von Auftrieb, die durch Oszillationen des Luftdruckes verursacht werden und als Schwerewellen bekannt sind. Zwischen Schwerewellen und der Luftströmung, in der sie sich bilden, gibt es nur wenige Wechselwirkungen und Rückkopplungen. Altocumulus lenticularis, fotografiert von Stratfield Mortimer, Berkshire, England, am 1. Juli 2007. (© Stephen Burt)

kennen, die Allgegenwart und die Vielfältigkeit von Wellenbewegungen erforschen? Falls das möglich ist, sind wir dann in der Lage, die Mathematik zu nutzen und uns auf das Verhalten von Wellen zu konzentrieren, die für die Vorhersage wichtig sind? Der Weg zu den Rossby-Wellen nutzt das nahezu lineare Verhalten des Erhaltungssatzes der absoluten Wirbelstärke, ausgewertet nahe eines sehr einfachen Zustandes der Atmosphäre. Der Zustand kann zum Beispiel durch ein Windfeld charakterisiert sein, das in den höheren Höhen gleichmäßig nach Osten weht.

Es stellte sich heraus, dass die von Rossby verwendete Methode verallgemeinert werden kann. Bei seinem Bestreben, großskalige Strukturen zu identifizieren, vereinfachte Rossby seine Gleichung der Wirbelstärkenerhaltung, um zu einem System zu gelangen, das er „mit Bleistift und Papier" lösen konnte. Er nahm an, dass eine Lösung als Summe eines gleichmäßigen und einfachen Strömungsmusters – ein „Grundzustand" – überlagert von einer kleinen Störung (zum Beispiel durch den Druck) dargestellt werden kann. Mit dieser Annahme und mit ihrer mathematischen Formulierung können Lösungen der Störungen direkt mithilfe der Mathematik gefunden werden, ohne die Hilfe von leistungsstarken Computern in Anspruch nehmen zu müssen. Der entscheidende Punkt ist, dass die Grundströmung nicht von den kleinen Störungen beeinflusst wird – es gibt keinen Rückkopplungsmechanismus, den wir normalerweise bei nichtlinearen Problemen finden. Folglich können verschiedene Gesichtspunkte der Strömungsmuster einzeln untersucht werden – ohne die komplizierten Effekte der Rückkopplungsprozesse betrachten zu müssen, die in der Realität auftreten.

Am Anfang des vierten Kapitels haben wir darauf hingewiesen, dass kleine Wellen auf der Oberfläche eines Teichs sehr genau durch eine lineare Theorie beschrieben werden können, aber dass wir für die Beschreibung von brechenden Wellen an Stränden nichtlineare Gleichungen benötigen. In diesem Zusammenhang stellen wir uns kleine Wellen auf einem Teich als kleine Störungen um den Ruhezustand vor, welcher durch ruhiges, flaches Wasser charakterisiert sei. Die kleinen Wellen haben auf das tiefere Wasser nur sehr geringen Einfluss und lassen es im Wesentlichen ungestört. Aber die Wellen, die sich am Strand brechen, sind im Vergleich zur Wassertiefe am Ufer nicht so klein, und das gesamte Wasser ist in Bewegung (typischerweise bewegen sie auch den Sand und die Kieselsteine mit). In diesem Fall können wir die Strömung nicht in einen ungestörten Teil und einen Teil, den wir als Störung betrachten, aufteilen.

Dieses Konzept entwickeln wir nun mathematisch weiter. Wenn es eine einfache, stationäre Lösung des ganzen Problems gibt, können wir die nichtlinearen Rückkopplungen in dem System entwirren und minimieren, indem wir das gerade beschriebene Verfahren anwenden. Hier bedeutet „stationär", dass sich Größen an einem bestimmten Ort nicht mit der Zeit verändern, etwa die Windstärke und die Windrichtung. Dann fügen wir sanfte Wellenbewegungen zu der einfachen, stationären Lösung hinzu. Dieses Verfahren heißt *Störungstheorie.* Bei diesem Verfahren werden nichtlineare Gleichungen approximiert, indem das nichtlineare Problem durch eine Serie einfacher Probleme ersetzt wird – die sich, wie wir im Folgenden erklären werden, als linear herausstellen. Jedes Hinzufügen einer kleinen Wellenbewegung verbessert das Ergebnis sukzessive.

Ein Beispiel für ein nichtlineares Problem, dessen Lösung mittels Störungstheorie gefunden werden kann, ist die Schwingung eines Pendels ohne Reibung. Wir haben das Doppelpendel in Kap. „4. Wenn der Wind den Wind weht" vorgestellt (s. Abb. 6 in Kap. „4. Wenn der Wind den Wind weht"), und nun betrachten wir einen einzelnen schwingenden Stab, vergleichbar mit dem Mechanismus in einer alten Standuhr aus Abb. 4. Newtons Gesetz sagt uns, dass die Beschleunigung des Pendelstabes in Richtung der Vertikalen durch die Gravitation verursacht wird, die bestrebt ist, die Masse nach unten zu ziehen, wie wir in Abb. 4 skizzieren. In Abb. 5 zeigt die durchgezogene Kurve den Wert der Rückstellkraft, die bezüglich des Winkels zur Vertikalen dargestellt ist. Wenn das Pendel schwingt, zeichnet es die durchgezogene Linie. Um herauszufinden, wo es sich zu einem bestimmten Zeitpunkt befindet, brauchen wir eine Beziehung zwischen dem Winkel zur Vertikalen und der verstrichenen Zeit.

Die durchgezogene Kurve in Abb. 5 ist eine *Sinuskurve,* die durch die aus der Trigonometrie bekannten Sinusfunktion beschrieben werden kann. Die Differenzialgleichung, welche die Änderungen des Winkels des Pendels mit der Gravitationskraft in Zusammenhang bringt, ist eine nichtlineare Gleichung. Studenten der Naturwissenschaften erkennen

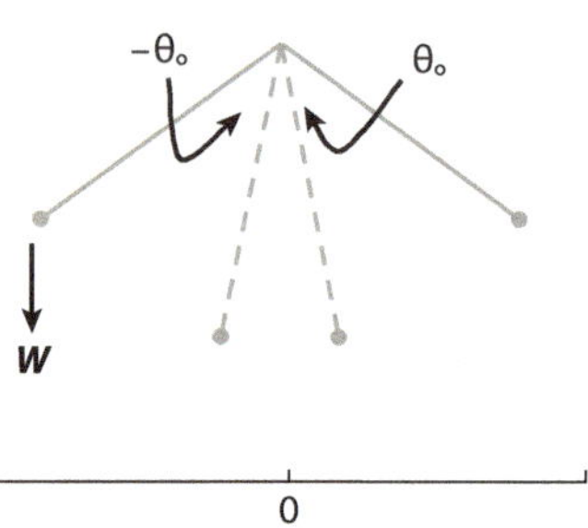

Abb. 4 Das Foto auf der linken Seite zeigt ein schwingendes Pendel im Glaskasten einer antiken Standuhr. Die Abbildung daneben gibt schematisch ein Uhrpendel wieder, dessen Positionen zu unterschiedlichen Zeitpunkten durch die gestrichelten und durchgezogenen Linien dargestellt werden (die durchgezogene Linie zeigt den höchsten Punkt einer Oszillation mit sehr großer Amplitude). Das Gewicht *W* wirkt vertikal nach unten auf den Stab und lenkt ihn in seine stationäre, herunterhängende Position unter den Angelpunkt bei 0. Aber das Pendel schwingt aus der Vertikalen weiter nach rechts. Wenn es keinen Energieverlust aufgrund von Reibung gibt, schwingt das Pendel von seinem Startwinkel links ($-\Theta_0$) bis zu seinem Winkel Θ_0 auf der rechten Seite. Diese schwingende Bewegung findet immer wieder zwischen seinen äußersten Winkeln Θ_0 und $-\Theta_0$ statt. Linke Abb.: (© masterrobert – www.Fotolia.com)

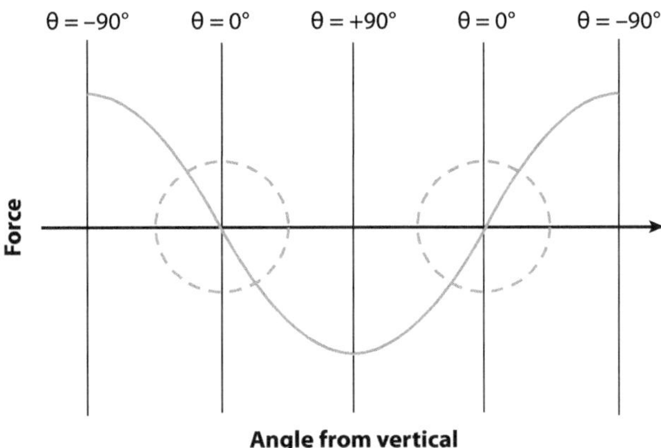

Abb. 5 Während das Pendel zwischen den Winkeln Θ_0 und $-\Theta_0$ hin und her schwingt, wobei hier $\Theta_0 = 90°$ ist, wird die Rückstellkraft (als durchgezogene Kurve) bezüglich des Winkels Θ, den das Pendel mit seiner Vertikalen einschließt, dargestellt (die Werte von Θ sind entlang des horizontalen Pfeils wiedergegeben, der eine gesamte Schwingung hin und zurück, beschreibt). Innerhalb der gestrichelten Kreise sieht man den fast linearen Anteil der durchgezogenen Linie

schnell, dass das Lösen der Gleichung, um den Winkel des Pendels zu einem bestimmten zukünftigen Zeitpunkt zu ermitteln, sehr schwierig ist, weil die Antwort nicht durch einfache mathematische Funktionen ausgedrückt werden kann.

Wenn wir uns die Kurve allerdings näher ansehen, stellen wir fest, dass die Beziehung zwischen der Rückstellkraft und dem Änderungswinkel fast eine Gerade ist, sofern der Winkel klein genug ist – das Pendel also nur wenige Grad aus der Vertikalen ausgelenkt wird. In diesem Fall ist die Beziehung fast *linear.* Wie man in Abb. 5 an der durchgezogenen Kurve innerhalb der gestrichelten Kreise sieht. Daher werden kleine Oszillationen des Pendels, wie die in Abb. 4 durch gestrichelte Linien angedeuteten Schwingungen, durch eine lineare Gleichung approximiert, die sowohl exakt als auch einfach gelöst werden kann. So kann die schwingende Bewegung für alle Zeiten vorhergesagt werden. Aber ist die tatsächliche, nichtlineare Bewegung genau vorhersagbar? Ja, denn trotz der kleinen nichtlinearen Rückkopplungen reicht hier der Energieerhaltungssatz aus, um jede chaotische Bewegung zu kontrollieren.

In Kap. „4. Wenn der Wind den Wind weht" haben wir das chaotische Verhalten diskutiert, welches auftritt, wenn ein zweites Pendel an das erste gehängt wird (s. Abb. 6 in Kap. „4. Wenn der Wind den Wind weht"). In diesem Fall kann der Energieerhaltungssatz den Rückkopplungsprozess nicht ausreichend kontrollieren und der „Schmetterlingseffekt" der chaotischen Bewegung tritt ein. Das bedeutet, dass das zukünftige Verhalten unvorhersagbar wird. Verhält sich unsere Atmosphäre wie ein vorhersagbares einzelnes Pendel oder wie ein unvorhersagbares Doppelpendel?

Der Störungsansatz wurde in den letzten Jahrhunderten sehr erfolgreich bei der Vorhersage von Ereignissen angewendet, die in astronomischen Kalendern eingetragen

Abb. 6 Im Jahr 1936 schloss Eric Eady (1915–1966) am Christ's College, Cambridge, seinen BA (Bachelor of Arts) in Mathematik ab und arbeitete ab dem Jahr 1937 für das britische Met Office als technischer Offizier. Während des Zweiten Weltkrieges bedeutete die Meteorologie für Eady sowohl Beruf als auch Hobby. Ohne Beratung und Ermutigung nutzte er seine freie Zeit, das Fachgebiet, um das sich auch sein beruflicher Alltag drehte, voranzubringen. Am Ende des Krieges entschied sich Eady dafür, sich der theoretischen Meteorologie zu widmen. Nachdem er seine früheren Forschungsarbeiten ausgebaut hatte, erhielt er im Jahr 1948 vom Imperial College London seine Doktorwürde. Zu dem Zeitpunkt hatte er bereits Jack Bjerknes kennengelernt, der ihn 1947 nach Bergen einlud. Kurz danach folgten Einladungen von von Neumann nach Princeton und von Rossby nach Stockholm. Nur ein kleiner Bruchteil seiner Arbeiten wurde je veröffentlicht. In seinem Nachruf im *Quarterly Journal of the Royal Meteorological Society* wird sein Aufsatz „Long Waves and Cyclone Waves" (Lange Wellen und Zyklonenwellen) beschrieben als „eine ausgezeichnete Zusammenfassung seiner früheren Arbeit, die klar und strukturiert eine logische Erweiterung der physikalischen Hydrodynamik von V. Bjerknes und dessen Schule darstellt. Verstärkt durch sein physikalisches Wissen und seine leidenschaftliche Wissbegier, war es das Äußerste dessen, was durch einen formal analytischen Ansatz erreicht werden kann." (© N. Phillips)

wurden. Können wir den Einfluss der anderen Planeten vernachlässigen, wenn wir das Sonne-Erde-Mond-System modellieren, um Sonnen- oder Mondfinsternisse vorherzusagen? Im Fall des Sonnensystems dominiert der Einfluss der Sonne, und wir erreichen eine bemerkenswert gute Simulation der Planetenbewegungen um die Sonne, wenn wir die Wechselwirkungen der anderen Planeten vernachlässigen und in den Gleichungen nur das Gravitationsfeld der Sonne nutzen. Dieses Vorgehen funktioniert, weil die Masse der Sonne etwa tausendmal so groß wie die Summe der Massen der anderen Planeten ist (genau wie eine extrem dominante Persönlichkeit in einer Gruppe von Menschen). Daher ist die

Gravitationswechselwirkung der weit auseinanderliegenden Planeten sehr viel kleiner. Wir addieren die Gravitationskorrektur, die sich aus jedem Planeten ergibt, und beginnen eine begründete Störungsrechnung.

Die Bedeutung der Abhängigkeit der Corioliskraft vom Breitengrad, die Rossby in den großskaligen Bewegungen der geschichteten Luftmassen erkannte (wie wir in Kap. „5. Begrenzung der Möglichkeiten“ erläutert haben, s. Abb. 6 in Kap. „5. Begrenzung der Möglichkeiten“), untermauert die Nützlichkeit seiner Störungsmethode. Die relative Masse der Sonne im Vergleich zu den Massen der Planeten ist so groß, dass die Störungsmethoden in der Astronomie außerordentlich gut funktionieren. In der Atmosphäre sind die verschiedenen Größenordnungen der Rückstellkräfte nicht so klar erkennbar. Daher sind die Wechselwirkungen viel feiner. Obwohl uns Störungsansätze einen wertvollen konzeptionellen Einblick in die komplizierten Strukturen von Wind und Regen geben, können sie nicht willkürlich und auch nicht die *ganze* Zeit über genutzt werden, und sie ergeben auch keine Vorhersagen mit Genauigkeiten, die mit denen der Astronomie vergleichbar sind.

Die Mathematik, die die zukünftigen Verhaltensweisen von Systemen vorhersagt, wie beispielsweise die der schwingenden Pendelmodelle, ist unter dem Namen *dynamische Systemtheorie* bekannt. Die Pendelmodelle finden häufig Anwendung in den Gebieten der Naturwissenschaft und der Ingenieurwissenschaften, welche Schwingungs- oder Wellenbewegungen untersuchen. Wie wir am Anfang von Kap. „4. Wenn der Wind den Wind weht“ erwähnten, kann auf ähnliche Weise die Bewegung kleiner Wellen durch eine lineare Theorie beschrieben werden. Das Wasser des Teiches schwappt auf und ab, bis es durch die Schwerkraft in seine Ruhelage zurückkehrt. Das geschieht gewissermaßen analog zu unserem Beispiel, in dem die Schwerkraft unser schwingendes Pendel in seine nach unten gerichtete Ruhelage zurückbringt. Wenn sich die Luft nahezu in einem Ruhezustand befindet, erlaubt uns das Anwenden der Störungstheorie auf die Grundgleichungen der Atmosphäre, Oszillationen des Luftdruckes zu erkennen. Wenn es genügend Wasserdampf gibt, erscheinen sie als Wolkenwellen. Es ist möglich, zu einer Formel zu kommen, die als Dispersionsrelation bekannt ist; Rossbys berühmte Formel aus Vertiefung 5.1 ist hierfür ein Beispiel. Die Dispersionsrelation sagt uns, wie die Ausbreitung einer Wellenstörung mit der Länge der Welle zusammenhängt. Andere physikalische Parameter des Problems können dabei hinzukommen. Das Hauptproblem, das schließlich Charney und seinen Kollegen nach dem Treffen in Princeton klar wurde, bestand darin, sich – unter allen möglichen Wellenbewegungen in der Atmosphäre – auf die Zyklonenwellen zu konzentrieren, die in Abb. VII im Farbteil vor Kap. „*Zwischenspiel*: Ein Gordischer Knoten“ dargestellt sind und das großskalige Wetter beherrschen.

Skalen und Symphonien

Die Dynamik der Atmosphäre ist sehr viel komplizierter als Pendel- oder planetare Bewegungen. Wir besuchen die Küste, um einen weiteren Aspekt des Problems zu erläutern, mit dem sich Charney auseinandersetzte. Nachdem wir mehrere Stunden am

Strand gesessen haben, werden uns zwei sehr unterschiedliche Typen von Bewegungen des Meeres bewusst. Zunächst gibt es Wellen, die sich sehr regelmäßig am Strand brechen. Aber es gibt auch die langsamen Auf- und Abbewegungen der Gezeiten; der Übergang vom niedrigsten zum höchsten Wasserstand dauert normalerweise sechs Stunden. Wir nennen das sich im Zeitraum von Minuten abspielende Verhalten der brechenden Wellen „schnell" und das über Stunden andauernde Verhalten der Gezeiten „langsam". (Natürlich gibt es noch viele andere, normalerweise sehr kleine Wellen am Strand.) Wenn wir Ebbe und Flut vorhersagen wollen, konzentrieren wir uns nicht auf jede einzelne, kleine Welle. Auf ähnliche Weise wollen wir schnelle und langsame Bewegungen in der Atmosphäre identifizieren, weil sie in der Wettervorhersage für den nächsten Tag sehr unterschiedliche Rollen spielen.

Die schnelleren Wellen können in Form von Wolken beobachtet werden, die über unsere Köpfe hinwegziehen. Abb. 3 zeigt die kleineren, schnelleren Wellen in den Wolken. Diese Streifenbildungen lassen die Existenz von bestimmten schnelleren Wellen im Luftdruck erkennen, den Schwerewellen. Die langsameren, längeren, eher gezeitenartigen Wellen werden in der Bewegung von ganzen Wolkenschichten widergespiegelt, die sich über Hunderte Kilometer ausdehnen. Die Abfolge kleiner Wellen innerhalb der Wolke spiegeln Kämme wieder, die aufgrund aufsteigender Luft entstehen und auf schnellere Wellen hinweisen. Die aufgestiegene Luft sinkt wieder ab, weil sie eine höhere Dichte als ihre Umgebungsluft hat. Das Herabsinken dauert (normalerweise) mehrere Minuten lang. Wenn die Luft absinkt, verschwinden die Wolken, weil der Wasserdampf der Wolke verdunstet, woraufhin die Luft wieder aufzusteigen beginnt. Wenn Flugzeuge durch solche wellenartigen Wolken fliegen, wird der Flug üblicherweise als turbulent beschrieben.

Neben dem Transport von Luftmassen fungiert die dynamische Atmosphäre jeden Tag als Beförderer von Schall- und Schwerewellen. Das Berechnen dieser beiden Arten von Wellenbewegungen ist weniger wichtig, wenn man das Wetter für den kommenden Tag oder für die nächste Woche prognostizieren möchte, weil wir in erster Linie die stündlichen Änderungen der großskaligen Druckstrukturen benötigen – wie sie die geschwungenen Wolken aus Abb. VII im Farbteil vor Kap. „*Zwischenspiel:* Ein Gordischer Knoten" zeigen. Die Existenz von Schall- und Schwerewellen in den Gleichungen für kompressible Fluidbewegungen bedeutet, dass die mathematische und computergestützte Analyse sehr kompliziert wird. Charney nannte solche schnelleren Wellenbewegungen „meteorologisches Rauschen". In die von der Bergener Schule entwickelten qualitativen Theorien über Zyklonen gehen Überlegungen solcher Bewegungen nicht mit ein; konzeptionell können sie vernachlässigt werden. Sie aus genauen Berechnungen zu entfernen, ist viel schwieriger und verlangt Einfallsreichtum. Indem er Approximationen der Grundgleichungen verwendete, fand Charney langsam heraus, wie man solche Wellen aus der mathematischen Analyse entfernen konnte.

In einem Brief vom 12. Februar 1947 an Leutnant Philip Thompson vom Institute for Advanced Study, erläuterte Charney die Probleme der numerischen Wettervorhersage, welche die Gleichungen, die Richardson verwendet hat, als Grundlage haben. Dabei ging er auch auf die Probleme bei der Identifikation der atmosphärischen Bewegungen ein, die wichtig sind, um Vorhersagen zu erstellen. Er verglich die Atmosphäre mit einem Musikinstrument, auf dem wir Melodien spielen können. Hohe Töne sind die Schallwellen und tiefe Töne die schwerfälligeren, langen Wellen, die Rossby entdeckte. Er behauptete, dass die Natur eher ein Musiker aus Beethovens als aus Chopins Schule sei und nur gelegentlich in der Oberstimme Arpeggios spielt, und wenn dann mit leichter Hand. Charney bemerkte, dass uns die langsamen Bewegungen bekannt sind, und dass nur die Akademiker am MIT und an der NYU (New York University) die Obertöne kennen.

Bevor wir Charneys Durchbruch näher beschreiben, der den Weg für die ersten erfolgreichen Wettervorhersagen auf einem Computer ebnete, fassen wir seine Doktorarbeit zusammen – ein bahnbrechender Beitrag zur systematischen Anwendung der Störungstheorie auf einfache Wellen in einem gleichmäßigen Grundstrom der Atmosphäre. Wie wir in Kap. „5. Begrenzung der Möglichkeiten" näher erklärt haben, konnten die großen Sturmzugbahnen, entlang derer die Zyklonen über den Mittleren Westen Nordamerikas und über den Nordatlantik an die Küsten von Westeuropa wandern, in ihren Grundzügen mithilfe der Erhaltungssätze verstanden werden. Während Rossby-Wellen im Grunde genommen bleibende Erscheinungen sind, werden Wettersysteme auf diesen Zugbahnen geboren, und sie wachsen und vergehen in der Regel etwa innerhalb von einer Woche auch wieder. Die Bemühung, den Lebenszyklus der Zyklonen zu quantifizieren, führte zu einigen der größten geistigen Leistungen der meteorologischen Wissenschaft im 20. Jahrhundert.

Nachdem die Bergener Schule die Polarfront entdeckt hatte, stützten sich in den 1920er- und 1930er-Jahren die meisten Theorien über Zyklonen auf die scharfe Grenze zwischen der warmen tropischen Luft und der kalten Polarluft (s. Abb. 13 in Kap. „3. Fortschritte und Missgeschicke"). Diese Front ist ein Gebiet in unserer Atmosphäre, in dem kleine, aber bedeutende Änderungen des temperaturgesteuerten Luftdruckes entstehen. Wir nennen eine Strömung stabil, wenn solche kleinen Änderungen nicht wachsen; andernfalls ist sie instabil. Gesucht ist eine Theorie, die auf den gröberen Approximationen von Rossby aufbaut und die Windänderungen so mit den thermischen und Feuchtigkeitsprozessen koppelt, dass sie eine Instabilität ermöglicht, damit sich eine Zyklone aus einer anfänglich kleinen Druckstörung entwickeln kann.

Im Gegensatz dazu zeigten in den 1930er-Jahren immer mehr Beobachtungen der oberen Atmosphäre, dass „die Anzahl der Flächen frontaler Störungen am Boden die relativ kleine Menge großer Wellen und Wirbel in den oberen Niveaus deutlich übersteigt", wie Charney 1947 formulierte. Es sei „(...) natürlich zu versuchen, die Bewegung von langen Wellen bezüglich der Eigenschaften der allgemeinen Westströmungen ohne Bezug auf Fronten zu erklären". Diese Faktoren halfen dabei, das meteorologische Denken in den 1940er-Jahren weg von den niedriger gelegenen Polarfronten hin zu den höheren Westwindzonen in der mittleren bis oberen Atmosphäre zu lenken. Dank der immer öfter durchgeführten Windmessungen wurde erkannt, dass die Windstärke mit der Höhe annähernd linear zunimmt. Wenn man diesen Effekt mit dem Temperaturgradienten vom Äquator zum Pol verbindet, ist der resultierende Grundzustand ein vielversprechenderer Anfangspunkt, von dem aus der auslösende Mechanismus untersucht werden kann, der für die Ausbildung der bekanntesten Wettersysteme in den mittleren Breiten verantwortlich ist – die allgegenwärtigen Zyklonen.

Wie so oft in der Wissenschaft wurde das Problem von zwei Menschen zu ähnlichen Zeiten, aber an weit entfernten Orten angegangen. Zwei sehr unterschiedliche Wissenschaftler hatten in den 1940er-Jahren zwei ganz verschiedene Antworten auf die Frage nach der Geburt von Zyklonen hervorgebracht. Wie bereits angemerkt, veröffentlichten Charney 1947 in den Vereinigten Staaten und Eric Eady 1949 im Vereinigten Königreich ihre Theorien. Charneys Aufsatz wird als einer der wichtigsten Beiträge zur theoretischen Meteorologie des 20. Jahrhunderts betrachtet, denn er veränderte unsere Kultur. Indem er zeigte, dass die intuitiveren Ergebnisse von Rossby systematisch (mathematisch) aus den Gesetzen der Meteorologie abgeleitet werden konnten, veränderte sich unsere Haltung zu mathematischen Verfahren in Bezug auf die Grundgleichungen. Sein Aufsatz aus dem Jahr 1947 ermutigte andere, mathematisch präziser zu arbeiten, und führte, neben der wohlbekannten, traditionelleren Untersuchung atmosphärischer Daten, die Analyse der Gleichungen als valide Art der Beweisführung ein.

Charneys Aufsatz aus dem Jahr 1947 ist auch heute noch nicht einfach zu verstehen – der Artikel ist eine „Tour de Force“ bezüglich der mathematischen Analyse des Problems. Er trägt den Titel „The Dynamics of Long Waves in a Baroclinic Westerly Current“ (Die Dynamik langer Wellen im baroklinen westlichen Grundstrom) und wurde im Oktober 1947 im *Journal of Meteorology* veröffentlicht (heute heißt diese Zeitschrift das *Journal of Atmospheric Sciences*). Der junge Charney hält in der Einleitung nichts zurück, wenn er schreibt: „Die großskaligen Wetterphänomene in den außertropischen Bereichen der Erde sind mit großen wandernden Wirbeln (Zyklonen) verbunden, die in einem Band aus vorherrschenden Westwinden wandern. Eines der fundamentalen Probleme in der theoretischen Meteorologie ist die Erklärung der Entstehung und der Entwicklung dieser Zyklonen.“ Gegen Ende der Einleitung schreibt er: „Diese Arbeit stellt eine klare physikalische Erklärung für die Instabilität der Westwinde vor und begründet die notwendigen Kriterien (...), die jede genaue mathematische Betrachtung der baroklinen Wellen erfüllen muss.“ Diese *baroklinen Wellen* werden so genannt, weil der Druck sowohl von der Dichte als auch von der Temperatur abhängig ist. Charney nannte sie „Zyklonenwellen“.

Eric Eadys (Abb. 6) Ansatz ist mathematisch und konzeptionell direkter, und er ist heute ein wesentlicher Bestandteil in universitären Meteorologievorlesungen. Die Eady-Welle, wie seine Lösung heute genannt wird, muss heutzutage jeder Student des Fachgebietes kennen. Um seine Ideen zu erklären, wies Eady auf eine interessante Analogie zu Darwins Evolutionstheorie hin. Er stellte sich vor, dass die wellenförmigen Störungen mit ihren leicht unterschiedlichen horizontalen Skalen gegeneinander antreten, um zu überleben. Diejenigen mit der maximalen Wachstumsrate würden schnell die anderen beherrschen, und das System würde sich am wahrscheinlichsten wie diese Welle entwickeln. Eady erklärt: „Wäre es nicht so, dass die ‚natürliche Selektion‘ ein sehr realer Prozess ist, würden Wettersysteme in ihrer Größe, Struktur und in ihrem Verhalten sehr viel mehr variieren.“ Seine Theorie der natürlichen Selektion schlägt vor, dass die dominierenden Störungen eine Wellenlänge von etwa 4000 km haben sollten. Diese werden heute als noch nicht ausgereifte Zyklonenwellen außerhalb der Tropen betrachtet. Ihr noch nicht ausgereifter Zustand ist noch linear und kann daher mit den von Charney und Eady entwickelten Theorien beschrieben werden.

Vertiefung 6.1. Das Problem der langen Wellen: Eadys Paradigma

Eadys Modell besteht aus einem ostwärts ziehenden zonalen Grundstrom U und einem fallenden Temperaturgradienten nach Norden (der den Temperaturunterschied vom Äquator zu Pol in der Westwindzone simulierte). Indem Eady nur ein begrenztes Gebiet in den gemäßigten mittleren Breiten betrachtete, vernachlässigte er Rossbys Änderungen des Coriolisparameters. Der Wind ändert sich mit der Höhe und dies gleicht den horizontalen Temperaturgradienten aus. Das Ergebnis ist unter dem Namen *thermische Windbeziehung* bekannt. Eady stellte sich dann einen „starren Deckel" oben auf seinem Modell der Atmosphäre vor, welcher die Effekte der Stratosphäre vereinfacht darstellt. Kern seines Modells ist ein realistischerer Grundzustand, zu dem er eine wellenförmige Störung folgender Form addierte:

$$A(z)\exp[ik(x-ct)]\,\sin(\pi y/L) \qquad (1)$$

Hier sind x und y die Ost- und Nordkoordinaten, k die zonale Wellenzahl, c die Phasengeschwindigkeit, $i=\sqrt{-1}$, L die horizontale Längenskala und $A(z)$ eine unbekannte Amplitude, die von der Höhe z abhängig ist.

Nachdem er diesen Ansatz in die Grundgleichungen eingesetzt hatte, fand er heraus, dass unter bestimmten Bedingungen die Phase *imaginär* wird und daher das Produkt $-ic$ exponentiell mit der Zeit wächst – das Kennzeichen von Instabilität. Die Ergebnisse dieser Berechnungen stimmen gut mit Computersimulationen überein, wie in Abb. 7 dargestellt.

Charney und Eady machten den ersten Schritt zu einem Störungsverfahren, welches den Rückkopplungsknoten lösen sollte. Daher kann die Theorie nur die wellenförmigen Störungen mit kleineren Amplituden beschreiben. Die lineare Theorie ist nicht länger gültig, wenn eine Zyklone (wie in Abb. VII im Farbteil vor Kap. „*Zwischenspiel:* Ein Gordischer Knoten") erkennbar wird, denn dann ist der Grundzustand nichtlinear. Jedoch war der Grundzustand der Atmosphäre, der sowohl von Eady als auch von Charney angenommen wurde, realistischer als der in Rossbys früherer Arbeit. Der Grundzustand, den sie stören wollten, umfasste die verstärkten Westwindzonen in der mittleren Atmosphäre und die Abnahme der Temperatur in Richtung des Pols. Beide konnten die Energie liefern, die für die wachsenden Störungen gebraucht wurde, und auch ausreichend viel Energie, sodass ihre Lösungen das Wachstum einer idealisierten Zyklone erkennbar modellieren konnten.

Inspiriert durch von Neumanns Projekt, das Wetter zu berechnen, leistete Charney bald nach seiner bahnbrechenden Doktorarbeit über die Entwicklung von Zyklonen einen weiteren wichtigen Beitrag zur Meteorologie. In einem Artikel mit dem Titel „On the Scale of Atmospheric Motions" (über die Größenordnung atmosphärischer Bewegungen), der 1948 in der Zeitschrift *Geofysiske publikasjoner* (Geophysikalische Veröffentlichungen)

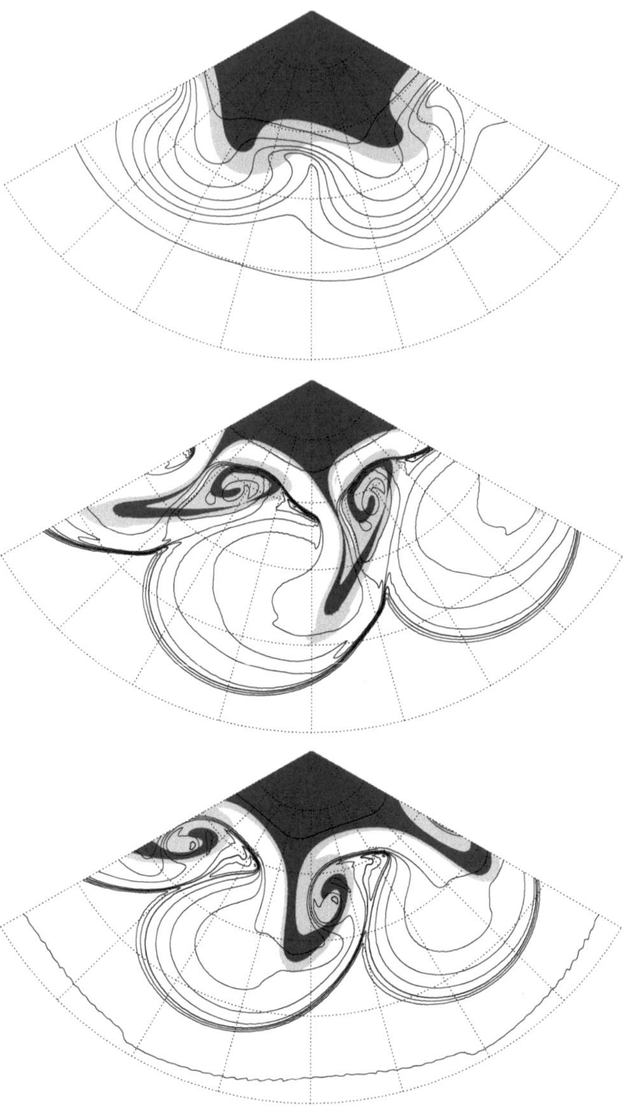

Abb. 7 Moderne Computersimulation der Luftströmung über dem Nordatlantik, die sich über einen achttägigen Zeitraum entwickelt. Das erste Bild zeigt die Strömung vier Tage nach dem anfänglich linearen Zustand aus Vertiefung 6.1, während auf dem zweiten Bild die starken Warm- und Kaltfronten, die sich bis zum sechsten Tag ausgebildet haben, und auch der Beginn einer Okklusion zu sehen sind. Die Schattierung stellt die potenzielle Vorticity in einer bestimmten Höhe in der Atmosphäre dar, und die Kurven sind Konturen bestimmter potenzieller Temperaturen (s. Vertiefung 5.2). (© John Methven)

erschien, legte er eine fundamentale Theorie dar, welche die theoretische Meteorologie für die nächsten 50 Jahre revolutionieren sollte; er lichtete einige der bisher undurchdringbaren, durch Nichtlinearität verursachten, geistigen Nebel. Seine Einleitung ist ein weiteres Mal klar formuliert (wenn auch am Anfang etwas bescheidener):

> In einem kürzlich veröffentlichten Artikel mit dem Titel *The Dynamics of Long Waves in a Baroclinic Westerly Current* betont der Autor, dass bei einer Untersuchung der atmosphärischen Wellenbewegungen das Problem der Integration durch die gleichzeitige Existenz einer diskreten Menge von Wellenbewegungen, die alle die Bedingungen des Problems erfüllen, höchst kompliziert ist (...) Während nur die langen, sich träge ausbreitenden Wellen für die Untersuchung von großskaligen Phänomenen wichtig sind, ist man durch die Allgemeingültigkeit der Bewegungsgleichungen gezwungen, mit jedem der theoretisch möglichen Wellentypen fertigzuwerden (...) Diese enorme Allgemeinheit, bei der die Bewegungsgleichungen auf das gesamte Spektrum möglicher Bewegungen angewendet werden – auf Schallwellen ebenso wie auf Zyklonenwellen –, begründet vom meteorologischen Standpunkt her gesehen einen ernstzunehmenden Fehler in den Gleichungen (...) Das bedeutet, dass der Forscher Veränderungen der großskalieren Bewegungen der Atmosphäre berücksichtigen muss, die meteorologisch nur eine kleine Bedeutung haben, aber dazu beitragen, dass die Integration der Gleichungen so gut wie unmöglich wird.

Charney machte sich daran, uns von der Last, die er „meteorologisches Rauschen" nannte, zu befreien – von der Masse irrelevant kleiner Details im Druckfeld, von denen sich einige in kleinen Strukturen in den Wolken zeigen, wie beispielsweise auf den Fotos in Abb. VII und VIII im Farbteil vor Kap. „*Zwischenspiel:* Ein Gordischer Knoten" zu sehen ist.

Charneys Intuition brachte ihn dazu, nach einem Grundzustand und der dazugehörigen Wellenbewegung zu suchen, die sich in einem approximierten *geostrophischem Gleichgewicht* befindet – das Gleichgewicht zwischen dem dominierenden horizontalen Druckgradienten und den Corioliskräften, welches das Buys-Ballo'sche Gesetz erklärt. Das war ein wichtiger Schritt: Bisher wurden Methoden der Störungstheorie auf Grundzustände angewendet, die räumlich und zeitlich konstant waren. Nun wollte Charney einen

$$\frac{\text{horizontal acceleration}}{\text{horizontal coriolis force}} \sim \frac{10/10^6}{10^{-4}} \sim \frac{1}{10},$$

$$\frac{\text{vertical acceleration}}{\text{acceleration of gravity}} \sim \frac{CW}{gS} \lesssim \frac{C^2H}{gS^2} \sim \frac{10^2 \times 10^4}{10 \times 10^{12}} \sim 10^{-7},$$

Abb. 8 Die obere Gleichung aus Charneys Aufsatz des Jahres 1948 zeigt seinem Berechnung des Verhältnisses der typischen Größenordnung der Horizontalbeschleunigung zum Corioliseffekt. Der Corioliseffekt dominiert etwa um den Faktor zehn und begründet somit geostrophisches Gleichgewicht (Buys-Ballot-Gesetz, wie es von Ferrel verstanden wurde). Die untere Gleichung ist Charneys Berechnung des Verhältnisses in der Vertikalen und begründet damit das hydrostatische Gleichgewicht. Wir weisen darauf hin, dass die typische Vertikalbeschleunigung deutlich kleiner als die Beschleunigung durch die Gravitation ist. *The Atmosphere: A Challenge.* (© American Meteorological Society. Abdruck mit freundlicher Genehmigung)

Grundzustand einführen, der sich langsam entwickelte und räumliche Struktur besaß. Das Ergebnis einer solchen Strategie ist ein neuer Ansatz, ein System nichtlinearer Gleichungen, sodass die direkte Linearisierung durch einen realistischeren Zustand des Grundstromes verallgemeinert wird. Diese Vorgehensweise ergibt ein Modell, das noch relativ einfach und mit Bleistift und Papier analysierbar ist.

Die Terme in den Grundgleichungen der großskaligen atmosphärischen Bewegungen haben sehr unterschiedliche Größenordnungen – die Effekte der Erdrotation (der Corioliseffekt) und die horizontale Druckgradientenkraft sind nahezu gleich groß und etwa zehnmal größer als die horizontalen Beschleunigungen (Abb. 8). In seinem Aufsatz aus dem Jahr 1948 stellte Charney die Rangfolge der typischen Größenordnungen der Hauptkräfte auf.

Das geostrophische Gleichgewicht, das approximative Gleichgewicht dieser beiden Hauptterme in den horizontalen Kräftegleichungen, bestimmt den Großteil der Dynamik der Wettersysteme. Daher müssen wir nur die kleineren Beschleunigungsterme approximieren. Weil diese den größten Anteil der Nichtlinearität verursachen und weil sie mit analytischen Schwierigkeiten verbunden sind (wie in Kap. „4. Wenn der Wind den Wind weht" erklärt wurde), wird durch die Approximation die nichtlineare Rückkopplung in überschaubare Teile aufgeteilt. Allerdings sollten solche Vereinfachungen die Bedeutung dieser kontrollierenden Einflüsse berücksichtigen. Das heißt, statt die horizontalen Newton'schen Gesetze zu nutzen, um die Windänderungen vorherzusagen, schlug Charney vor, diese zu nutzen, um den geostrophischen Wind selbst zu prognostizieren, um dann die kleinen Änderungen, die sich aus den geringeren Beschleunigungen ergeben, zu korrigieren und somit den Gordischen Knoten etwas zu lösen. Damit war der Vorschlag in Charneys zweitem Aufsatz deutlich ambitionierter: die einfachen Westwinde des Grundzustandes seines ersten Aufsatzes durch (nichtlineare) geostrophische Winde zu ersetzten und dann die Fluktuationen um den geostrophischen Zustand mit einem Störungsverfahren zu berechnen.

Einer der Höhepunkte in Charneys Artikel aus dem Jahr 1948 (etwa in der Mitte des Textes) ist die Aussage, dass „die Bewegung großskaliger atmosphärischer Störungen durch die Gesetze der Erhaltungen der potenziellen Temperatur und der absoluten potenziellen Wirbelstärke beherrscht wird, und durch die Bedingungen, dass die horizontale Wirbelstärke quasi-geostrophisch und der Druck quasi-hydrostatisch sind." Eine solche Sichtweise wird heute *quasigeostrophische* (oder kurz QG) *Theorie* genannt. Verschiedene Meteorologen meinen – vielleicht auch bei einem Drink an der Konferenzbar –, dass das meiste, was man bis heute über die Dynamik der Atmosphäre und der Ozeane verstanden hat, immer noch aus der Anwendung der QG-Theorie kommt. Wenn wir die Widerspenstigkeit der Euler'schen Gleichungen betrachten – auch ohne die zusätzlichen Erschwernisse, welche die Wärme- und Feuchteprozesse mit sich bringen –, dann muss dieses Zitat aus Charneys Aufsatz als eine der erfolgreichsten und fundiertesten Aussagen der modernen Meteorologie eingeordnet werden. Seine Bemerkung unterstreicht auch die Bedeutung von Erhaltungssätzen und gerechtfertigen Näherungen. Mithilfe seiner musikalischen Analogie hatte er die verschiedenen Teile des Orchesters erkannt. Er verstand die Regeln, wie eine angenehme Harmonie erzielt werden konnte, indem er diese Teile ausbalancierte, obwohl seine Musik von der niedrigeren Tonlage dominiert wurde.

Charneys Aufsatz von 1948 legte das mathematische Fundament für die Beschreibung von großskaligen Bewegungen in der Atmosphäre. Letztendlich hatte er ein ausreichend realistisches Wettergeschehen in den Grundzustand der Atmosphäre eingebunden, sodass die QG-Theorie für den Rest des 20. Jahrhunderts der Maßstab blieb. Charney hatte die dynamische Meteorologie der vorhergehenden 100 Jahre zusammengeführt, was zeigte, wie groß die Bedeutung der großskaligen Zirkulationen auch für kleinskaliges Wetter ist. Und ihm war es gelungen, das Wetter zum ersten Mal auf eine mathematisch vorhersagbare Weise zu beschreiben. In gewissem Sinne schuf er eine mathematische Beschreibung dessen, worin Meteorologen bisher ausgebildet wurden: auf einer Wetterkarte eine sehr geglättete Sicht des Wetters zu erkennen. Er konnte aus der allgemeinen Lösung die Bewegungen entfernen, die Meteorologen für ihre Wettervorhersagen normalerweise instinktiv vernachlässigen – die Schwerewellen, die Schallwellen und andere kleinskaligere Phänomene.

Das geostrophische Gleichgewicht wird durch eine horizontale Strömung um die Druckkonturen charakterisiert, und es erklärt die vorherrschenden Winde in sich entwickelnden Zyklonen. Die Gesamtbewegung einer Zyklone kann durch die Erhaltung der potenziellen Vorticity auf der großräumigen synoptischen Skala, in der die Zyklonen leben, verstanden werden. Daher erklären Rossby-Wellen die zeitlich gemittelten Wege dieser Wettersysteme um die Polarfront, und die QG-Theorie wird eingesetzt, um die Entwicklung von Zyklonen zu erklären, die aus den Instabilitäten in Strömungen mit horizontalen Temperaturgradienten entstehen. Die vorherige Erläuterung läuft auf eine außergewöhnliche Top-down-Sicht der Kernprozesse hinaus, welche wir für genaue Wettervorhersagen benötigen. Darüber hinaus sind die Konzepte, die einige sehr starke Zwangsbedingungen an die Bewegung der Atmosphäre im Beisein von Wärme- und Feuchtigkeitsprozessen enthalten, unter der Komplexität der vollständig nichtlinearen Gleichungen vergraben, die wir für die Wettervorhersage nutzen. Wie können wir dann sicherstellen, dass die automatisierten Berechnungen der Milliarden von Einzelheiten genau stimmen – und dabei die Prinzipien und die gerade erläuterten Einschränkungen berücksichtigen –, sodass letztendlich das richtige „große Bild“ des Wetters für die nächste Woche herauskommt und nicht ein turbulentes, chaotisches Durcheinander, welches die Nichtlinearität nicht selten zulässt? Dieses Problem betrachten wir in den folgenden Kapiteln.

Die Klarheit und Tiefe in seinem Aufsatz von 1948 hatte sich Charney während seiner Zeit als Doktorand durch seine Forschungsdialoge mit Rossby an der Universität von Chicago und durch sein Engagement bei von Neumanns Projekt angeeignet. Nach dem Zweiten Weltkrieg erhielt Charney ein Stipendium, um nach Stockholm zu reisen und Kontakt mit europäischen Meteorologen aufzunehmen. Im Anschluss besuchte er Chicago, um Rossby und dem dortigen Forschungsteam seine Doktorarbeit zu erklären. Nachdem Charney und Rossby feststellten, dass sie sich instinktiv verstanden und denselben Erfindungsreichtum besaßen, verschob Charney seine Reise nach Europa, und sie diskutierten acht Monate lang fast jeden Tag miteinander. Die intensive Zusammenarbeit mit Rossby sollte sein Leben verändern – und als Charney gebeten wurde, das Princeton-Projekt zu leiten, führte diese zur modernen Wettervorhersage.

Das Analysieren von Wellenbewegungen durch eine Störungstheorie um einen einfachen Grundzustand ist der Grundstein in Charneys Doktorarbeit. Die Störungstheorie verrät uns, ob eine wellenartige Störung klein und wellenförmig bleiben oder ob sie wachsen wird. Im Fall wachsender Oszillationen kommt ein Punkt, an dem die lineare Theorie ungültig wird. Aber die lineare Theorie sagt uns, unter welchen Umständen Wellen größer werden. Charneys Aufsatz von 1948 hatte gezeigt, wie man einen komplexeren Grundzustand, einen Zustand, der Rückkopplungsprozesse erlaubt, unter Verwendung des geostrophischen Windes stören kann. Wir könnten glauben, dass das ein Schritt zurück sei – letzten Endes ist nichtlineare Rückkopplung ja genau das Phänomen, das wir überwinden wollen –, aber Charney baute die Idee der Skalierung in seine Gleichungen ein. So wird die Nichtlinearität dort beibehalten, wo sie gebraucht wird, um auf diese Weise das Wetter, das mit Zyklonen einhergeht, realistischer beschreiben zu können: in den Erhaltungssätzen und Gleichgewichten, welche die Entwicklung von Zyklonen und Fronten steuern. In Kap. „5. Begrenzung der Möglichkeiten", Abschn. „Der richtige Mann", stellten wir uns vor, dass Rossby bildlich gesprochen ein Rasiermesser nahm, um aus den Grundgleichungen alles, bis auf die Terme, die für die Beschreibung großskaliger Wellenbewegungen notwendig sind, wegzuschneiden; hier könnten wir Charney mit einem Chirurgen vergleichen, der mit einem Skalpell nur die störenden Wellen entfernt – eine schwierige und subtile Operation.

Die hydrostatischen und geostrophischen Modelle von Charney und Eady, mit denen die erste große Veränderung in der Meteorologie in den späten 1940er-Jahren eintrat, lieferte ein Fundament für die zweite große Umwandlung: die Erstellung numerischer Vorhersagen auf den allerersten elektronischen Computern.

Die zweite Runde

Charney hatte die theoretische Meteorologie verändert, das war eine enorme Leistung und in erster Linie durch die Frage motiviert worden, die 1946 während der Meteorologie-Konferenz in Princeton gestellt worden war. Später, im Jahr 1950, wurde ein stark vereinfachtes, praktisches Wettermodell entwickelt, das eine numerische Integration mithilfe endlicher Differenzen und einem festem Gitter möglich machte. Ganz im Gegensatz zu Richardsons Berechnungen wurden nun dafür die neuen elektronischen Computer eingesetzt.

Am Ende der Konferenz wusste die Gruppe immer noch nicht, wie man die Fallstricke von Richardsons Versuch vermeiden könnte. Es wurde zur Kenntnis genommen, dass Charney einige ziemlich abstruse Äußerungen über die Filterung von Schwerewellen machte, die zum Scheitern von Richardsons Vorhersage beigetragen hätten. Aber niemand schenkte dieser Idee viel Aufmerksamkeit. Wie sein Briefwechsel 1947 mit Thompson zeigt, war noch nicht einmal ein Jahr vergangen, als Charney begann, eine allgemeine Methode für die

Filterung des „meteorologischen Rauschens“ zu formulieren. Dabei konzentrierte er sich bei der eher bescheidenen Computerleistung auf die Vorhersage der „tiefen Akkorde“ und vernachlässigte die schnelleren Prozesse der „hohen Töne“. Rossby wollte immer noch die vollständigen Gleichungen benutzten, ähnlich jenen, die Richardson verwendet hatte. Laut Charneys Aussagen in einem Interview, das im Charney memorial volume veröffentlicht wurde, hatte Rossby noch nicht erwogen, ein viel einfacheres Modell zu nutzten, welches das hochfrequente Rauschen filterte.

Tatsächlich formulierte Charney, während er sich mit dem neuen Computerprojekt befasste, in Stockholm und Bergen die Konzepte, die wir im vorherigen Abschnitt erörtert haben. Hier hatte er einige Monate ungestörten Nachdenkens gehabt, was für diese Ideen sehr förderlich war. Dank seines Erfolgs seiner Doktorarbeit, sollte er das Team in Princeton leiten. Das war eine kluge Entscheidung von Neumanns, der auch Eady und Arnt Eliassen (einer der bekanntesten Meteorologen dieser Zeit) einlud, das Team zu besuchen und sich ihm anzuschließen. Charney, Rossby und von Neumann hatten sehr unterschiedliche Charaktere – sie waren unterschiedlich alt und in unterschiedlichen Phasen ihrer beruflichen Laufbahn –, aber sie alle besaßen eine ähnliche Ausbildung zum mathematischen Physiker. Der Erfolg, den das Team erreichen sollte, beruhte zum großen Teil auf ihren Fähigkeiten, Ideen auszutauschen und aus den gegenseitigen Stärken zu profitieren.

Das Team musste nicht daran erinnert werden, wie schwierig präzise Messungen der in der Realität auftretenden Abweichungen der Bewegungen vom geostrophischen Gleichgewicht und von der horizontalen Konvergenz der Luftbewegung waren. Wie wir in Kap. „3. Fortschritte und Missgeschicke“ erklärt haben, erschwert das Problem der akkuraten Messungen die Kontrolle der Fehler, die auftreten, wenn man die auch von Richardson verwendeten Gleichungen lösen möchte. Charney hatte erkannt, dass sich die Fehler in den Computerberechnungen der Druckstrukturen normalerweise nur anfänglich in Form von Schwerewellen äußern. Aber das würde ausreichen, um zu einem derart katastrophalen Fehler zu führen, wie ihn schon Richardsons Berechnungen erzeugt hatten. Für dieses Problem eine Lösung zu finden war genauso wichtig wie eine Maschine zu erhalten, mit der die zeitaufwendigen Berechnungen durchgeführt werden konnten.

Während Richardson versucht hatte, nahezu jeden Effekt in sein Modell zu integrieren, erkannte Charney, dass Einfachheit das Wesentliche war. Es mussten Maßnahmen ergriffen werden, um die Fehler zu kontrollieren, die durch die hochfrequenten Schwerewellen auftraten. Denn diese verdeckten das für die Vorhersage erforderliche niederfrequente (gezeitenartige) Signal der Druck- und Windfelder. Leistungsfähige Computer alleine würden das Problem nicht verhindern; außerdem würde ein mit Richardsons Gleichungen berechnetes Modell die Fähigkeiten der Computertechnologie, die ihnen zur Verfügung stand, weit überschreiten.

Charney erkannte, dass die QG-Theorie weiter vereinfacht werden musste, bevor sie eine Form hatte, in der sie auf einem Computer wie geplant umgesetzt werden konnte. Schließlich kam er zu dem Schluss, dass die Gleichung, auf die es hinauslief, keine andere als Rossbys Gleichung der absoluten Wirbelstärkeerhaltung war, die wir in Kap.

„5. Begrenzung der Möglichkeiten", Abschn. „Rossbys Walzer", erörtert haben. Er kam zu seinen Schlussfolgerungen erst um 1949, also einige Jahre, nachdem er während der Konferenz in Princeton neben Rossby gesessen und sie beide über das Problem nachgedacht hatten, wie man Schwerewellen weglassen oder herausfiltern könnte. Für die Vorhersage wurde Rossbys Gleichung der Erhaltung der absoluten Wirbelstärke verwendet, und dabei wurden keine Vertikalbewegungen berücksichtigt. Weil die vertikale Bewegung bei verschiedenen Phänomen wie beispielsweise bei der Energieumwandlung eine entscheidende Rolle spielt, die wiederum für den Antrieb von Zyklonenwellen, für Wolkenbildung, Schnee und Regen notwendig ist, handelt es sich bei der Vernachlässigung der Vertikalbewegungen um eine drastische Approximation. Damit ermöglichten Charneys und Rossbys Theorien, verändernde Druckstrukturen über begrenzte Zeiträume von ein bis zwei Tagen vorherzusagen – zwar nicht für einen längeren Zeitraum, aber es war ein Anfang!

Das entscheidende Werkzeug bei diesem Projekt war die Rechenmaschine ENIAC *(Electronic Numerical Integrator and Computer),* die sowohl in Bezug auf ihr Design als auch auf ihre Konstruktion die erste öffentliche, für mehrere Zwecke einsetzbare, elektronische, digitale Rechenmaschine war (Abb. 9). Sie war im Dezember 1945 betriebsbereit. Die Maschine war riesig – größer als ein Bus – und sie hatte weniger als ein Millionstel des Leistungsvermögens eines modernen Mobiltelefons! Historisch gesehen war der erste programmierbare

Abb. 9 ENIAC an der Moore School of Electrical Engineering, University of Pennsylvania. (Foto der U.S. Army)

Computer der streng geheime Colossus von Bletchley Park in England, mit dem der Enigma-Code im Zweiten Weltkrieg geknackt wurde, aber das war keine „Mehrzweckmaschine".

ENIAC besaß 18.000 Elektronenröhren (die wie Glühlampen aussehen und auch etwa genauso groß sind), 70.000 Widerstände, 10.000 Kondensatoren und 6000 Schalter. Seine 42 Hauptschalttafeln waren entlang von drei Wänden in einem großen Raum angeordnet und erforderten eine Leistung von 140 kW. Ein moderner PC erzeugt Wärme, und wenn man mehrere Computer anschaltet, erwärmen sie einen Raum. ENIAC verbrauchte so viel Energie wie fast 500 Desktop-PCs. Ein entscheidender Bestandteil von ENIAC war das Lochkartengerät, das als großer Schreib-Lesespeicher für Daten diente.

Das Ablesen wurde von Lochkartenlesern ausgeführt, die auch die Eingabe-Lochkarten schreiben. Diese Lochkarten glichen altmodischen, steifen Karteikarten von Büchereien, mit dem Unterschied, dass sie gelocht wurden, um Daten in einer kodierten Form zu speichern. Normalerweise lieferte eine Kiste solcher Karten die Eingabedaten für den Computer; die Karten mussten in der richtigen Reihenfolge angeordnet sein. Wehe, ein nachlässiger Programmierer ließ die Kiste auf den Boden fallen und musste all die Karten wieder richtig ordnen.

ENIAC konnte zwei Zahlen in ungefähr 0,2 ms addieren und in 2 bis 3 ms multiplizieren. Der Computer wurde als fest verdrahtete Maschine entworfen. Auf ähnliche Weise, wie alte Schaltkästen benutzt wurden, um Telefonanlagen und Vermittlungen zu steuern, mussten Programme, welche die Berechnungen ausführten, mit ENIAC „verkabelt" werden, was das Programmieren sehr mühselig und zeitaufwendig machte. Gespeicherte Programme – die Grundlage der uns heute bekannten Computer – traten in der Zeit, in der ENIAC bereits in Betrieb war, zum ersten Mal in Erscheinung. In einem abgespeicherten Programm können einzelne Befehle als Zahlen in einem Direktzugriffsspeicher abgespeichert werden. Ein solches Programm besteht aus einem Repertoire von allgemeinen Befehlen, sodass die Lösung eines Problems durch den Computer nur unter Verwendung dieser Befehle erfolgen kann.

Ein Artikel, der von Charney, von von Neumann und einem weiteren norwegischen Meteorologen, Ragnar Fjørtoft, im November 1950 in der Zeitschrift *Tellus* veröffentlicht wurde, beschreibt das erste große Ergebnis des ENIAC-Projektes. Weil jeder Zeitschritt mindestens eine Stunde lang war und die Raumschritte in Ost-West-Richtung ungefähr 800 km betrugen, konnten nur die einfachsten und langsamsten Bewegungstypen berechnet werden. Und sogar das benötigte eine Woche Rechenzeit. Das ist der Grund, warum Charney und sein Team ein sehr einfaches Modell finden mussten, das nur diese Lösungstypen enthielt. Abb. 10 veranschaulicht die Schwierigkeit, feine Details auf groben Gittern darzustellen.

Wie funktioniert das numerische Modell, das die sich verändernden Druckstrukturen voraussagt? Die Idee ist erfreulich einfach. Weil die Bewegungsgleichung der Erhaltungssatz für die absolute Wirbelstärke ist, wird in der Berechnung zunächst nur die Rotationsbewegung des Windes verwendet, was eine begründete erste Approximation in der mittleren Troposphäre darstellt. Die meisten Konvergenzen und Divergenzen des Windes finden darüber

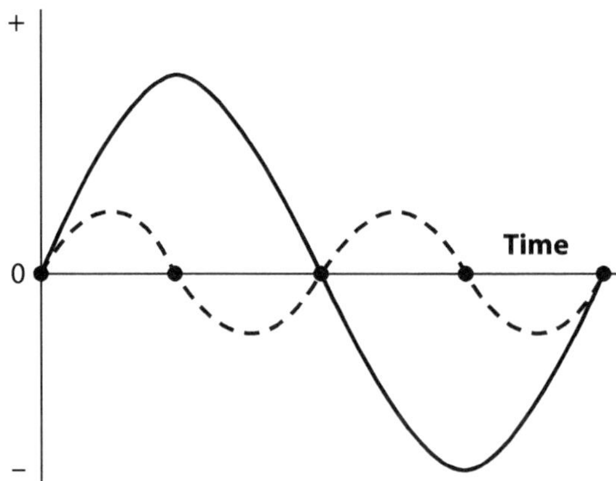

Abb. 10 Die durchgezogene Kurve zeigt eine Welle über eine ganze Wellenlänge. Die gestrichelte Kurve gibt eine schnellere Welle mit halber Wellenlänge und doppelter Frequenz wieder. Wenn wir die langsamere Welle in Computerpixeln darstellen wollen, benötigen wir mindestens fünf Pixel (auf der Zeitachse dargestellt durch fünf fette Punkte): ein Pixel am höchsten Wert, ein Pixel am Tiefpunkt und drei an den Orten, an denen die Welle die Achse quert (und die Welle den Wert 0 annimmt). Wenn wir die beiden Wellen in diesen Pixeln darstellen, „sehen" wir nur die langsamere Welle. Denn die Pixelwerte für die kürzere, schnellere Welle sind null. Daher können wir sie nicht „sehen". Wir bräuchten mindestens doppelt so viele Pixel, um die schnellere Welle zu sehen – aber dann würden wir eine noch schnellere Welle übersehen

(auf dem Cirruswolkenniveau) und darunter (vom Boden bis zum Cumuluswolkenniveau) statt, wie in Abb. 11 skizziert.

Im Einklang mit den Ideen, die wir in Kap. „5. Begrenzung der Möglichkeiten" entwickelt haben, stellen wir uns die Atmosphäre als eine einfache, dünne Lufthülle vor (wie in Abb. V im Farbteil vor Kap. „*Zwischenspiel:* Ein Gordischer Knoten" gezeigt). Dabei betrachten wir die Erdoberfläche als unteren Rand und als oberen Rand die Tropopause, über der die Stratosphäre liegt. In der Troposphäre, dem Bereich zwischen diesen beiden Grenzen, findet der Großteil unseres Wetters statt. Wir prognostizieren bestimmte Luftströmungen, indem wir nur die Wirbelstärke in der Mitte dieser Schicht simulieren. Das bedeutet, dass es, bezugnehmend auf Abb. 11, zwischen dem Boden und der Tropopause eine Fläche gibt, auf der die Konvergenz nahezu null ist – wo sich die Luft horizontal nur sehr wenig „zusammenquetscht". Der Großteil von Konvergenz und Divergenz findet oberhalb oder unterhalb dieser mittleren Niveaufläche statt. Näher an der Meeresoberfläche und näher an der Tropopause wird die Luftströmung durch eine Kombination aus Wirbelstärke und Konvergenz beschrieben. Die Änderung des Druckes auf Meeresspiegelhöhe kann durch die konvergierenden und divergierenden Luftströmungen erklärt werden, die sich über dem Boden bewegen und die wir als Hoch- und Tiefdruckgebiete bezeichnen. Die Lösungen, die wir berechnen möchten, sind geglättete Versionen des Bildes in Abb. VII im Farbteil vor

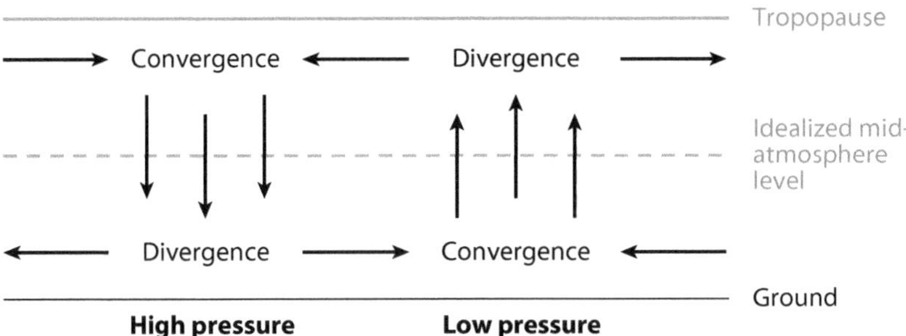

Abb. 11 Dies ist eine typische großskalige Windstruktur in einem Querschnitt der Atmosphäre bis ungefähr 9 km über dem Boden und mit einer horizontalen Ausdehnung von mehreren Tausend Kilometern. Abhängig von der vorhandenen Feuchtigkeit verteilen sich in den niedrigeren Höhen (etwa die ersten 3 km über dem Boden) viele Cumuluswolken, während wir in den höheren Niveaus (ab ungefähr 6 km) hauptsächlich Cirruswolkentypen finden. Die Computerberechnungen wurden für das idealisierte mittlere Niveau von etwa 500 mbar durchgeführt, wo sowohl nach oben als auch nach unten verlaufende Vertikalbewegungen zu sehen sind. Es wurde allerdings kein Versuch unternommen, die Vertikalbewegungen direkt zu berechnen, und man nahm an, dass die Konvergenz in der mittleren Höhe null ist

Kap. „*Zwischenspiel:* Ein Gordischer Knoten", bei denen alle Details – ausgenommen die großskaligen Rotationsströmung – vernachlässigt werden.

Die Wettervorhersagen wurden mithilfe von Karten der Druckmuster am Boden erstellt, daher benötigte man eine Verbindung des mittleren Atmosphärendruckes mit dem Luftdruck auf Meeresspiegelhöhe. Bjerknes selbst hatte hierfür Druckkarten für eine bestimmte „Höhe" gezeichnet. Diese Höhe ist genau genommen diejenige der 500-mbar-Fläche, welche beispielsweise in Abb. 12 dargestellt ist. Daher ist eine der wichtigsten Variablen, die wir vorhersagen wollen, meteorologisch ausgedrückt einfach als „Höhe" bekannt. Statt Druckänderungen auf der Erdoberfläche oder in einer konstanten Höhe über N.N. darzustellen, zeigen meteorologische Karten die Höhe einer konstanten Druckfläche, einer sogenannten *isobaren Fläche* über dem Meeresspiegel (s. Abb. 12).

In Gebieten, in denen es keine horizontalen Druckänderungen gibt, sind konstante Höhenflächen und isobare Flächen parallel. Aber aufgrund der Änderungen der Luftdichte steigt eine Fläche konstanten Druckes zur warmen, weniger dichten Luft auf. Wir können uns vorstellen, wie wir Luft in einem Ballon erwärmen und beobachten, wie sich der Ballon ausdehnt. Genauso dehnt sich auch eine Luftschicht aus und steigt auf. In ähnlicher Weise sinkt kältere, dichtere Luft. Diese Transformationen zwischen Höhe und Druck bedeuten, dass wir Druck als eine Vertikalkoordinate nutzen können (d. h. als Höhenmaß), was heutzutage in der Meteorologie und in einigen numerischen Wettervorhersagemodellen üblich ist.

Um ein intuitives Gefühl zu bekommen, wie die Wirbelstärke mit dem Höhenfeld zusammenhängt, stellen wir uns die Höhenkarte der 500-mbar-Druckfläche wie eine Karte vor, welche die Höhe über dem Meeresspiegel in einer bergigen Region zeigt (Abb. 12 und 13).

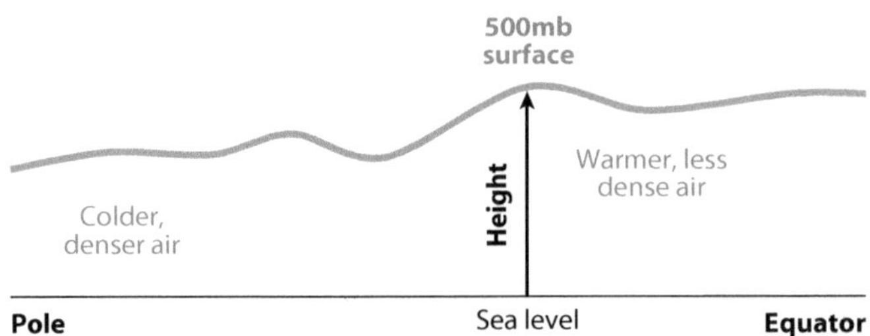

Abb. 12 Die Kurve zeigt die 500-mbar-Druckfläche. Ihre Erhebung über der Meeresoberfläche ist als „Höhe" bekannt, die von der Dichte (und daher auch von der Temperatur) der Luft darunter abhängig ist. Die Fläche liegt typischerweise etwa 5 km über dem Meeresspiegel

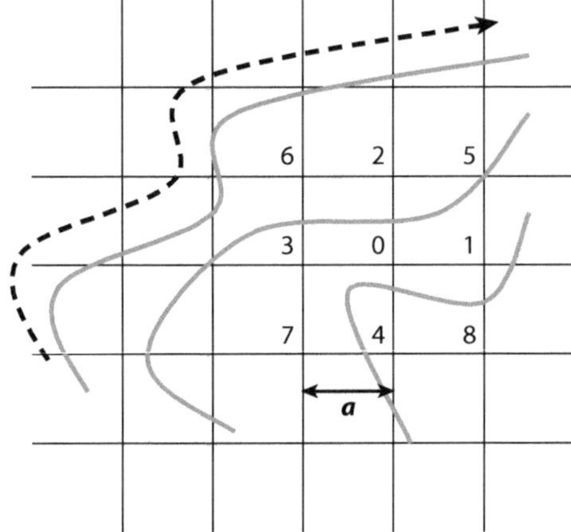

Abb. 13 Die Höhenkonturen sind als durchgezogene Kurven dargestellt und stellen die Topografie der 500-mbar-Fläche dar. Wir zeigen den geostrophischen Wind als gestrichelte Kurve, der parallel zur links gelegenen durchgezogenen Kurve weht. Die Eckpunkte der Pixel werden üblicherweise Gitterpunkte genannt und sind mit Zahlen beschriftet. Wir schätzen oder interpolieren die Höhe in jedem dieser Gitterpunkte folgendermaßen: Betrachte für Punkt 1 die Kontur, die zwischen den Punkten 1 und 8 in einer Höhe von 5500 m liegt, und die Kontur zwischen den Punkten 0 und 2 in einer Höhe von 5300 m. Daraus wird für Punkt 1 ein Wert zwischen 5500 und 5300 interpoliert. Diese Interpolation wird für alle Punkte in dem Gebiet durchgeführt

Auf Wanderkarten ist das Gelände umso steiler, je näher die Höhenlinien beieinanderliegen; auf ähnliche Art und Weise wissen wir, dass der Wind umso stärker ist, je näher die „Höhenkonturen" auf den Wetterkarten beieinanderliegen. Wenn wir uns nun vorstellen, auf der Spitze eines „Hügels" in dieser Landschaft zu stehen, die eine sanft hügelige, wellige konstante Druckfläche darstellt, dann kann die Wirbelstärke der Strömung mit der Rate in Beziehung gebracht werden, mit der sich die *Steigung* der Landschaft verändert. Die Wirbelstärke auf dieser Druckfläche ist also proportional zur Flächenkrümmung.

Im Kern des mathematischen Modells, das beim ENIAC-Projekt verwendet wurde, lag die Gleichung für die Erhaltung der absoluten Wirbelstärke. In diesem Modell befinden sich die Winde im geostrophischen Gleichgewicht, was bedeutet, dass sie parallel zu den Höhenkonturen wehen, wie in Abb. 13 dargestellt. In einer statischen Atmosphäre verändern sich der Druck, die Temperatur und die Dichte auf eine bestimmte Weise mit der Höhe. Für eine Aufeinanderfolge von Druckwerten (zum Beispiel 100 mbar, 200 mbar, ... 1000 mbar) konstruieren wir jede Höhenfläche, indem wir die Methode wiederholen, die in Abb. 12 gezeigt wird. Bisher haben wir Wetterpixel betrachtet, die sich in verschiedenen Höhenlagen in der Atmosphäre befinden, wobei wir die Höhenlage bezüglich eines Abstandsmaßes gemessen haben. Diese neue Konstruktion ermöglicht uns eine Sichtweise, in der die Höhenlage der Pixel durch Druckflächen gemessen wird. So wird unsere Druckwertfolge (100 mbar, 200 mbar, ... 1000 mbar) zu neuen Vertikalkoordinaten (mit 1000 mbar auf Meeresniveau und etwa 100 mbar am oberen Ende unserer Atmosphäre).

Die numerische ENIAC-Wettervorhersage läuft wie folgt ab: Angenommen, wir betrachten eine 500-mbar-Höhenkarte, wie sie beispielsweise in Abb. 13 skizziert ist und die synoptische Situation um 12 Uhr mittags an einem bestimmten Tag zeigt. Wir legen ein Pixelgitter über die Karte und durch einen Interpolationsprozess (d. h., wir arbeiten uns von den Ecken der Quadrate dorthin vor, wo die tatsächlichen Konturen liegen) lesen wir die Konturenhöhe in jedem Punkt unseres Gitters ab. Wenn wir dieses Verfahren, welches in Abb. 13 beschrieben wird, durchgeführt haben, haben wir in jedem diskreten Punkt auf dem Pixelgitter den Wert des Höhenfeldes abgeschätzt, das heißt, wir haben die stetigen Konturenfelder in endlich viele diskrete Werte umgewandelt. Die Differenz eines Gitterpunkthöhenwertes zu seinem nächsten Nachbarn gibt die Ableitung der Höhe in die Richtung des Nachbarn in dem Gebiet an. Aus diesen Ableitungen können wir dann den geostrophischen Wind berechnen. Technisch gesprochen, ist der geostrophische Wind in Ostwestrichtung im Punkt 0 proportional zur Differenz der Höhenwerte in den Punkten 4 und 2, geteilt durch den zweifachen Abstand der Punkte $2a$ (Abb. 13).

Der Erhaltungssatz sagt aus, dass die Konturen der absoluten Wirbelstärke vom geostrophischen Wind transportiert werden. Die Wirbelstärke wird aus den geostrophischen Winden durch eine sehr einfache arithmetische Summe berechnet. In dem in Abb. 14 gezeiten Beispiel wird die Wirbelstärke im Punkt 0 ermittelt, indem die Werte der Höhenfelder in den Punkten 1, 2, 3 und 4 addiert werden, dann viermal der Wert des Feldes im Punkt 0 abgezogen und schließlich durch das Quadrat des Gitterabstandes $a \cdot a$ geteilt wird. Daher ist die Wirbelstärke gleich null, wenn jeder Gitterwert genau der Mittelwert seiner nächstliegenden vier Nachbarn ist.

Zu jedem Gitterpunktwert der Wirbelstärke addieren wir den Wert des Coriolisparameters an diesem Punkt. Somit erhalten wir, gemäß Kap. „5. Begrenzung der Möglichkeiten", die absolute Wirbelstärke als Summe der lokalen und planetaren Wirbelstärken. Diese Berechnungen werden in dem Gebiet an jedem Gitterpunkt durchgeführt, und dann werden diese Werte in einem zweiten Gitter grafisch dargestellt. Indem wir das zweite Gitter verwenden, können wir nun die Ableitungen (oder Änderungsraten) der Wirbelstärke berechnen; diese

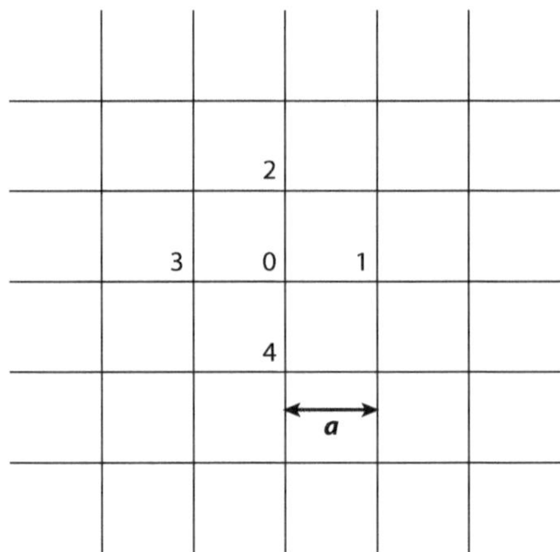

Abb. 14 Wir zeigen als Beispiel einen Ausschnitt für die Nummerierung des Gitters für die Werte der Wirbelstärke. Die Wirbelstärke in 0 ist die Summe der Höhen in 1, 2, 3 und 4 minus viermal den Wert der Höhe in 0, geteilt durch $a \cdot a$. Damit ist die Wirbelstärke ein Maß für die Abweichung der Höhe in 0 vom Mittel ihrer nächsten Nachbarn

werden für den Wirbelstärke-Transportterm in der Gleichung benötigt. Abermals werden sie mithilfe der endlichen Differenzen der Wirbelstärken in jedem Gitterpunkt berechnet. Weil wir an einem Gitter mit Rändern arbeiten, ebenso wie Richardson auch, müssen wir bei den Berechnungen der Ableitungen am Gitterrand einige Approximationen durchführen.

Die Gleichung, die wir lösen, ist von besonderer Art, denn sie erlaubt uns, die Werte vom Gitterrand ins Gitterinnere glatt zu erweitern. Wenn wir die Änderungsraten der Höhe mit der Zeit an den Rändern der Region kennen, können die entsprechenden Werte an allen inneren Punkten berechnet werden. Wir betrachten einen Zeitschritt von beispielsweise einer Stunde. Dann wird das Höhenfeld für beispielsweise 13 Uhr berechnet, indem die gerade berechnete Ableitung (die stündliche Änderung) zum Wert des Höhenfeldes um 12 Uhr addiert wird. Wenn wir die ganze Operation wiederholen, produzieren wir Schritt für Schritt eine Vorhersage nach dem folgenden Algorithmus:

Höhe um 13 Uhr = Höhe um 12 Uhr + Gesamtänderung der Höhe während einer Stunde um 12 Uhr

Somit folgen die grundlegenden numerischen Verfahren Richardsons Ideen, aber das Modell ist viel einfacher, und die Berechnungen wurden dieses Mal von einer Maschine übernommen, die systematisch alle Gitterpunkte für jeden Zeitschritt durchgearbeitet hat.

Das Druckfeld wird aus der oben berechneten Wirbelstärke über die Integration der sogenannten *Balancegleichung* berechnet. Diese Gleichung sagt uns, wie das Höhenfeld mit der Wirbelstärke zusammenhängt; wir erhalten die Winde, welche sich entlang der Höhenstrukturen, dem geostrophischen Windgesetz entsprechend, bewegen (s. Abb. 13). Aus den Windfeldern berechnen wir die Änderungen der Strukturen; dann wiederholen wir den ganzen Prozess für den nächsten Zeitschritt und so weiter. So entstand die erste numerische Wettervorhersage auf dem ENIAC-Großrechner.

Es schneit in Washington!

ENIAC führte alle Berechnungen für die Simulationen aus, aber alle Vorbereitungen dazu – die Eingabe der benötigten Parameter und die Erfassung der berechneten Werte – bedeutete Handarbeit. Menschen mussten Lochkarten herstellen, mit denen die Maschine gefüttert wurde. Das erste Programm, entwickelt von Charney und von von Neumann, benötigte nicht nur die Vorbereitung der Anweisungen für ENIAC, sondern auch Anweisung für eine kleine Armee von Bedienern. Für die Erzeugung eines einzelnen Zeitschritts der Simulation mussten insgesamt 16 Operationen ausgeführt werden. Sechs davon wurden von ENIAC ausgeführt und zehn Arbeitsschritte erforderte die Handhabung der Lochkarten. Jede ENIAC-Operation produzierte über den Lochkartendrucker die Ausgaben. Anschließend mussten die Lochkarten sortiert werden, um eine Eingabe für die nachfolgenden Operationen zu erzeugen. Was sich von Neumann ausgedacht hatte, um die Herstellung der Lochkarten mit den ENIAC-Berechnungen zu verbinden, war genial.

Erneut gibt Platzmanns historischer Rückblick die Geschichte perfekt wieder:

> Am ersten Sonntag im März 1950 reiste eine arbeitsfreudige Gruppe aus fünf Meteorologen in Aberdeen in Maryland an (ein starker Gegensatz zu den 64.000 Arbeitern, die sich Richardson vorgestellt hatte), um ihre Rollen bei einer außergewöhnlichen Unternehmung zu spielen. Im vereinbarten Zeitrahmen von nur zwei bis drei Jahren hatten sie in Princeton die Vorarbeiten für ihr Vorhaben geleistet, aber eigentlich hatten sie nur genau das nachgespielt, was L. F. Richardsons Vision (ca. 40) Jahre zuvor gewesen war. Sie begannen mit ihrer Arbeit in Aberdeen am Sonntag, dem 5. März 1950 um 12 Uhr mittags und arbeiteten 33 Tage und Nächte lang, 24 h mit nur wenigen Pausen. Das Skript für ihre langwierige Arbeit war von John von Neumann und Jule Charney geschrieben worden.

Ihr Ziel war eine 24-h-Vorhersage für den 14. Februar 1949 in Nordamerika. Naturgemäß hatten die Mitglieder des Teams entschieden, ihre Ideen zu testen, indem sie versuchten ein bekanntes Ereignis zu reproduzieren, bei welchem sowohl die Anfangsbedingungen für die Vorhersage als auch die tatsächlichen Wetterentwicklungen gut dokumentiert waren. Am Ende des 13. Tages wurde eine 12-h Vorhersage fertiggestellt, und am Ende ihrer verfügbaren Zeit an der Maschine hatten sie vier 24-h-Vorhersagen erstellt: eine Vorhersage für den 14. Februar und eine weitere für den 31. Januar 1949. Die Rechenzeit (also die tatsächliche Zeit, die der Computer für das Projekt benötigte) dieser Vorhersage war fast genauso lange wie die Zeit, welche die wirklichen Entwicklungen benötigten, nämlich 24 h. Der menschliche Einsatz war enorm, aber die Ergebnisse waren sehr ermutigend.

Die Vorhersage des nächsten Tages wurde zuerst durch 24 Schritte von je einer Stunde erstellt, aber als man erkannte, dass die Ergebnisse nahezu gleich waren, wurden die Zeitintervalle zunächst auf zwölf Zwei-Stunden-Schritte und schließlich auf acht Zeitschritte, über drei Stunden verlängert. Das war der Vorteil, der aus dem Einsatz eines Programms resultierte, das sich nur auf die Zyklonenbewegung konzentrierte – Charneys kleine Anmerkung zur Atmosphäre: „Als nur acht Zeitschritte statt 24 gemacht wurden, wurde der Prozess dreimal schneller, und die Berechnung auf ENIAC dauerte nur 11 Tage."

Das Gebiet, das von den ENIAC-Vorhersagen abgedeckt wurde, war Nordamerika, der Atlantische Ozean, ein kleiner Teil Europas und der östliche Teil des Pazifischen Ozeans. Weil es schwieriger war, Beobachtungsdaten über den Ozeanen zu erhalten und weil am westlichen Rand des Gebietes ein Ozean lag, war sich das Team über die Fehler bewusst, welche erzeugt werden konnten. Die Daten, die für den Start der Vorhersage benutzt wurden, waren von Hand interpolierte Daten aus Karten des U.S. Weather Bureaus für 0300 GMT (3 Uhr mittlere Greenwich-Zeit) für die Tage, für die Vorhersagen erstellt wurden: den 5. Januar, den 30. Januar, den 31. Januar und den 13. Februar 1949. An diesen Tagen wurde das Wetter von sehr großskaligen Ereignissen dominiert, welche man erfolgreich zu simulieren hoffte. Wir zeigen in Abb. 15 die Ergebnisse der Berechnungen für den 5. Januar 1949.

Obwohl die Struktur der Konturen in der Vorhersage und des tatsächlichen Wetters ungefähr gleich waren, war die ENIAC-Vorhersage für den 5. Januar dürftig. Das System, das sie untersucht hatten, war ein intensives Tiefdruckgebiet über den Vereinigten Staaten, und sie schafften es nicht, die richtige Geschwindigkeit zu prognostizieren, mit der sich das System über den Kontinent hinwegbewegte. Auch die Form des Tiefdruckgebietes war verzerrt. Die Vorhersage für den 30. Januar dagegen enthielt einige sehr ermutigende Ergebnisse. Die Verlagerung und die Verstärkung eines viele hundert Kilometer langen Tals eines Tiefdruckgebietes über den westlichen Vereinigten Staaten in etwa 110 Grad West war gut prognostiziert, wie auch die großskalige Verlagerung des Windes von NW nach WSW und die Zunahme des Druckes über Westkanada. Über der Nordsee war die Verstärkung eines Tiefs an diesem Tag richtig vorhergesagt, ebenso wie auch der Zerfall der Höchstwertes eines Hochdrucksystems über Frankreich. Die Vorhersage für den nächsten Tag war noch besser; die anhaltende Drehung der Nordwestwinde über der Nordsee und ihre Erweiterungen nach Südwesteuropa wurden richtig prognostiziert. Erfolgreiche Vorhersagen der Drucktiefpunkte über dem Land führten normalerweise zu besseren Vorhersagen von Regen und Schneefall. Daher waren die Ergebnisse sehr ermutigend.

Am 13. Februar traten die beobachteten Änderungen vor allem über der Westküste Nordamerikas und im Atlantischen Ozean auf und waren somit schwer vorherzusagen und zu verifizieren. Natürlich war das für die Überlegungen zur Einsatzfähigkeit ein großes Problem, denn es zeigte die Schwierigkeiten, die der Datenmangel über den Meeresregionen mit sich brachte, wo ein Großteil des Wetters in Nordamerika und Europa entstand.

Die ersten motorbetriebenen Flugzeuge flogen nur einige hundert Meter weit und ihre Flüge endeten oft mit Abstürzen. Die erste elektronische Wetterberechnung stieß an ähnliche Grenzen, aber sie hatte funktioniert! Nun konnten effektivere „Vorhersagemaschinen" entwickelt werden, und das Zeitalter der computerbasierten Vorhersage begann. Innerhalb weniger Jahre wurden von verschiedenen Gruppen in Europa und Amerika numerische Vorhersagen erstellt. Die Leistung und die Kapazität der Maschinen wuchs schnell. So wurden auch die Simulationen immer besser, und es konnten immer mehr Details vorhergesagt werden.

In dem Artikel, den Charney und seine Kollegen im *Tellus* veröffentlicht hatten, erläuterten sie die Defizite der Vorhersage, und sie versuchen die Fehler, die auftraten, zu begründen.

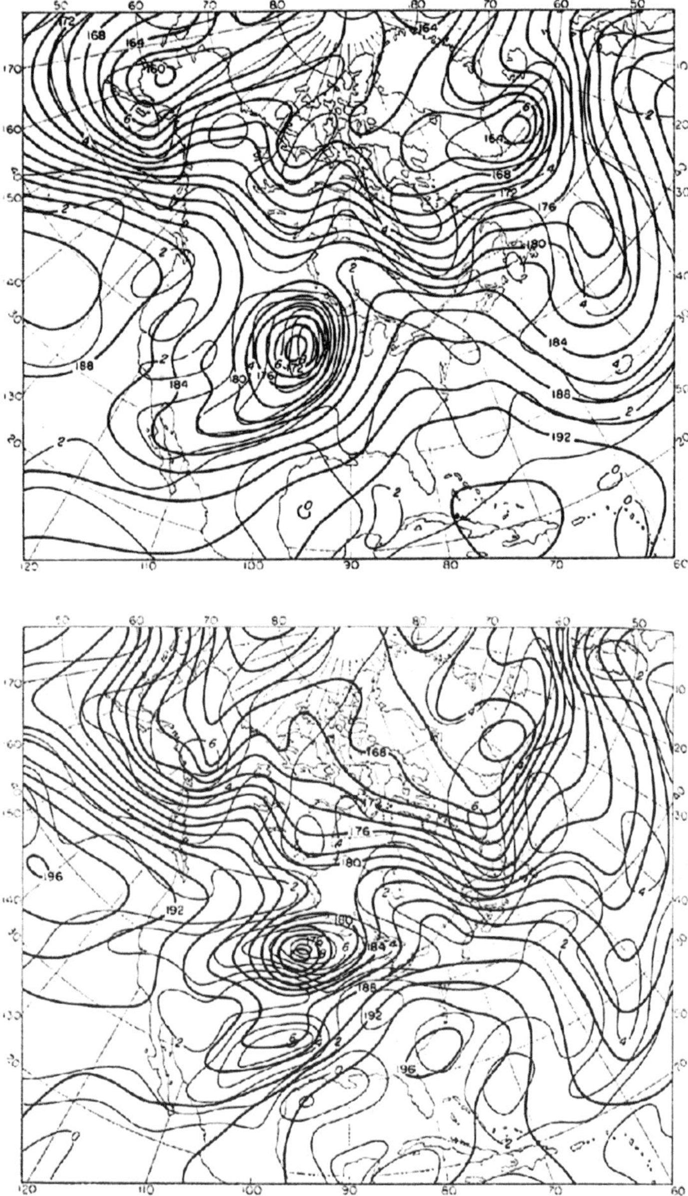

Abb. 15 Der „Härtetest": Die obere Karte zeigt die Analyse der synoptischen Situation um 3 Uhr am 5. Januar 1949 und die untere Karte ist die Vorhersage für diese Zeit, wie sie von ENIAC berechnet wurde. Die dicken Linien sind die 500 mbar geopotenziellen Höhen und die dünnen Linien die absolute Wirbelstärke. Die Karten sind eine Kopie aus: J. G. Charney, R. Fjørtoft, und J. von Neumann, *Numerical Integration of the Barotropic Vorticity Equation,* Tellus 2, no. 4 (1950): 237–54. Abdruck mit freundlicher Genehmigung

In Erinnerung an Richardson identifizierten sie erstens die Defizite des Modells durch das Vernachlässigen physikalischer Prozesse und Dynamiken, erkannten zweitens die Fehler, die mit den Anfangskarten einhergingen, aus denen die Vorhersagen erstellt wurden, drittens die Fehler der Bedingungen an die Ränder des Gebiets und stellten viertens die Fehler fest, die mit dem Ersetzen der Differenzialgleichungen durch die Gleichungen aus endlichen Differenzen einhergehen.

Diese Probleme sind noch heute relevant. Wir betrachten zunächst den letzten Punkt. Charney und seine Kollegen bezeichneten die Unterschiede, die durch das Ersetzen der Differenzialgleichung durch die Gleichungen mit endlichen Differenzen entstehen, als *Rundungsfehler*. Diese „Fehler" sind unvermeidbar, wenn man Wetterpixel (endlicher Größe) benutzt, um sich nahtlos verändernde Variablen dazustellen. Die Berechnung lassen eher die Pixel als die ursprünglichen Variablen sich entwickeln. Folglich kann es passieren, dass die endlichen Differenzen das Endergebnis verfälschen. Um die Bedeutung dieses Fehlers in ihren Vorhersagen zu quantifizieren, untersuchten sie unter anderem die Werte des Wirbelstärkenfeldes – da die genauen Differenzialgleichungen einen Erhaltungssatz für die absolute Wirbelstärke ausdrücken, sollten die Werte der absoluten Wirbelstärke erhalten bleiben, wenn sie sich mit der Strömung mitbewegen. Bei der Überprüfung der Karten entdeckte Charneys Team, dass sich die Minima der Wirbelstärke im Vergleich zu den Anfangskarten veränderten, obwohl sie eigentlich während der Vorhersage erhalten bleiben müssten. Aber das war nicht der Fall. Sie bemerkten auch Veränderungen der Wirbelstärkestrukturen in der Vorhersage des Tiefdruckgebietes am 5. Januar. Diese Abweichungen mussten ihre Ursache in den Rundungsfehlern haben.

Im Allgemeinen ist es sehr schwierig, Teile eines Fehlers einer bestimmten Ursache zuzuweisen, wie die, welche Charney und seine Kollegen ausgemacht hatten. Ein wichtiger Faktor bei ihren Überlegungen war die Einfachheit des Modells selbst (erster Faktor), denn sie hatten ja Rossbys Erhaltungssatz verwendet, der davon ausgeht, dass sich der Wind mit der Höhe nicht ändert und dass es keinen Mechanismus gibt, der die Effekte von Erwärmung und Abkühlung des Windes darstellt. In der realen Atmosphäre bleibt die absolute Wirbelstärke streng genommen nicht perfekt erhalten, und es gibt Mechanismen, wie beispielsweise Feuchteprozesse, die Wirbelstärke erzeugen oder vernichten. Die Vernachlässigung dieser Effekte führt dazu, dass die Modellsimulationen irgendwann von der Realität abweichen müssen. Weil sie sich nur auf die wirklich großskaligen Eigenschaften in der Atmosphäre konzentrierten und lediglich versuchten, das Verhalten einer Variablen (der Wirbelstärke) in einer bestimmten Höhe zu simulieren, waren sie vor der Durchführung der Experimente der Auffassung, dass Rossbys Gleichungen ein geeignetes Modell für ihre Zwecke seien. Jedoch kamen sie zu dem Schluss, dass die Effekte der Wärme- und Feuchteprozesse über Zeitskalen von 24 h in der mittleren Troposphäre manchmal nicht vernachlässigt werden konnten. Selbst wenn die Wärme- und Feuchtigkeitseffekte klein sind, können sie für wichtige strukturelle Änderungen des Windfeldes verantwortlich sein – die kleinen Vertikalbewegungen, die zuvor in Abb. 11 vernachlässigt wurden, haben tatsächlich manchmal eine große Bedeutung.

Die Hauptquelle für Unsicherheiten in der Vorhersage ist die Festlegung der Anfangsbedingungen (zweiter Faktor). Wenn die Karte fehlerhaft ist, mit der die Vorhersage gestartet wird, gibt es wenig Hoffnung, dass die Vorhersage vollständig richtig sein wird. Zum Beispiel kann sich ein Tiefdruckgebiet, das über Nordamerika zieht, in Richtung Atlantik bewegen, wo es weniger gut beobachtet wird (das war sicherlich 1950 der Fall, und auch heute gestaltet es sich noch teilweise schwierig, alle Höhenniveaus der Atmosphäre mit Satelliten zu erforschen). Die ENIAC-Berechnungen wurden mithilfe handgezeichneten Karten der Meteorologen gestartet, und die Werte der Variablen, die durch Konturen auf den Karten angezeigt wurden, mussten an den Gitterpunkten des Modells interpoliert werden. Das schafft einen erheblichen Spielraum, Fehler in den Prozess einzuführen, welche nicht nur darauf hinauslaufen, dass die Gitterpunktwerte „falsch" sind, sondern auch – und das ist in vielerlei Hinsicht gravierender –, dass die Werte von einem Gitterpunkt zum nächsten nicht mit den beobachteten Wettermustern übereinstimmen.

Dieser zweite Punkt ist entscheidend. Wir erinnern uns daran, dass die Atmosphäre, wie im ersten Teil dieses Kapitels besprochen, großskalige Gleichgewichte aufweist, sodass zum Beispiel die mittleren Windfelder nahezu im geostrophischen Gleichgewicht liegen. Das bedeutet, dass es naturgemäß eine Einschränkung gibt, wie sich die Werte der Höhenfelder von einem Pixel zum nächsten verändern können. Dort, wo es viele Beobachtungen gibt, können die Meteorologen normalerweise recht präzise abschätzen, wie groß der Wert einer bestimmten Variablen im nächsten Pixel sein sollte. Aber das Problem wird sehr viel größer, wenn es nur wenige Beobachtungsdaten gibt oder wenn man sich mit Pixeln auseinandersetzt, die weit entfernt von einer hohen Beobachtungsdichte liegen. Bei modernen Vorhersagen erhalten Beobachtungen unterschiedliche Bedeutung, je nachdem wie weit sie von einem Pixel entfernt sind und wie sehr wir ihnen vertrauen, wie wir in Kap. „8. Im Chaos vorhersagen" näher besprechen werden. Aber im Jahr 1950 war man auf die Methoden der manuellen Interpolation angewiesen – meist waren es wohlbegründete Vermutungen. Zum Schluss des Buches beschreiben wir, wie sich der Schwerpunkt von „richtigen" Vorhersagen hin zu „bestmöglichen" Vorhersagen verlagerte.

Charney schickte Richardson, der gerade lang genug lebte, um mitzuerleben, wie sich sein Traum erfüllen sollte, eine Kopie der Ergebnisse. Richardson bat seine Frau Dorothy, sich zu den Ergebnissen von Charneys Team zu äußern. Sie kam zu dem Schluss, dass das Computermodell einen etwas besseren Dienst geleistet hatte als die kartenbasierte Vorhersage, die im Grunde genommen zu Persistenz führte – dass also das Wetter von morgen genauso wie das Wetter von heute sein würde. In einem seiner letzten wissenschaftlichen Briefe gratulierte Richardson Charney zu seinem Erfolg und fügte zum Schluss freundlich hinzu, dass die ENIAC-Berechnungen ein gewaltiger Fortschritt seiner eigenen Arbeit seien, die an der letzten Hürde fehlgeschlagen war.

Auch wenn eine Zeitlang nur Testläufe durchgeführt wurden, die mit bekannten Beobachtungen verglichen wurden, waren die anschließenden Fortschritte in der frühen numerischen Wettervorhersage sehr ermutigend. Am 6. November 1952 ereignete sich über Washington D.C. ein besonders heftiger Schneesturm, und diesen Sturm ein Jahr später nachzuvollziehen, erwies sich als schwieriger Test für die neuen Modelle. Wieder einmal war Charney beteiligt, und er hatte offensichtlich kein bisschen an Begeisterung für das ganze Vorhaben verloren. An einem frühen Morgen, als die Karten des Sturmes 1952 fertig waren, rief Charney Harry Wexler, den Forschungsdirektor des U.S. Weather Bureau an: „Harry, es schneit in Washington wie verrückt!" Harry, der gerade noch seine Nachtruhe genossen hatte, war begeistert.

Am 28. April 1954, 40 Jahre nach der Publikation von Vilhelm Bjerknes mit dem Titel „Meteorologie als exakte Wissenschaft" hielt der Präsident der Royal Meteorological Society in London, Sir Graham Sutton, seine jährliche Rede vor der Gesellschaft. Sie trug den Titel „The Development of Meteorology as an Exact Science" (Die Entwicklung der Meteorologie als eine exakte Wissenschaft). Er definierte eine „exakte Wissenschaft" als eine, die quantitative Verfahren zulässt, und er unterschied sie von einer rein beschreibenden Zusammenfassung von Wissen, das aus Beobachtungen gewonnen wurde. Er bezeichnete exakte Wissenschaften als Zweige der mathematischen Physik und hinterfragte gleichzeitig sogleich, in welchem Ausmaß die Meteorologie (und insbesondere die Vorhersage) einen solchen Status erlangt hatte. Mehr als ein Jahr später wurde eine Abschrift seiner Rede im *Quarterly Journal of the Royal Meteorological Society* veröffentlicht. In seinem Vortrag bezieht sich Sutton auf „L. F. Richardsons sonderbares, aber anregendes Buch". Natürlich meinte er dabei die Veröffentlichung aus dem Jahr 1922 mit dem Titel *Weather Prediction by Numerical Process* (Numerische Wettervorhersage). Sutton merkt an, dass „heute nur wenige Meteorologen die Möglichkeit einräumen würden, dass Richardsons Traum realisiert werden könnte. Was mich betrifft, ich glaube nicht daran." Eine harte Meinung. Sie war so etwas wie ein „Schock inmitten des Neuanfangs", denn Sutton war zugleich auch der Generaldirektor des British Meteorological Office. In den frühen 1950er-Jahren, zu Beginn des modernen EDV-Zeitalters, war das Met Office in die Forschung der numerischen Wettervorhersage eingestiegen. Britische Forscher schlossen sich vielen anderen Wissenschaftlern auf der ganzen Welt an und wollten endlich die Launenhaftigkeit des Wetters und die riskanten Vorhersagen bezwingen. Ausgerüstet mit neuen Computern und mit der meteorologischen Theorie eines halben Jahrhunderts, die aus Bjerknes' Ideen entstanden war, sah es für viele so aus, als ob das Thema Wetter endlich vorwärts käme.

Wenn wir den kleinen Erfolg von ENIAC betrachten, warum war ein Regierungsrat wie Sutton bei einer solch vielversprechenden neuen Entwicklung auf einem Gebiet der Wissenschaft, das für uns alle nützlich sein würde, so pessimistisch? Mit Sicherheit erkannte er das Potenzial, das die Anwendung von Computern bei Problemen der numerischen Wettervorhersage besaß. Einige der ersten Aufgaben, mit denen er seine Mitarbeiter am Met Office betraute, zielten auf dieses Problem ab. Aber obwohl einigen seiner besten Wissenschaftler daran arbeiteten, war Suttons Prognose einer besseren Wettervorhersage merklich trist und düster. Sutton hatte die technologischen Fortschritte berücksichtigt, und trotzdem war er pessimistisch, weil er sich ganz pragmatisch überlegte, ob numerische Vorhersagen tatsächlich durchführbar waren. Er hob die Bedeutung der Instabilitäten in der Atmosphäre hervor, wie sie in den Theorien von Charney und Eady beschrieben werden – feine Strukturen in den

Wind- und Temperaturfeldern waren verdächtige Anzeichen von Instabilitäten –, und er kam dann zu der logischen Schlussfolgerung, dass durch den Mangel an Beobachtungen die Aussicht, die Entwicklung von Wettersystemen richtig vorherzusagen, sehr schlecht wäre. Und das war eine sehr gut begründete Schlussfolgerung. Heute unterstützen uns Satelliten dabei, diesen Datenmangel zu beheben. Darüber hinaus helfen uns eine verbesserte Radartechnik und die Entwicklung von Messsensoren, welche die Atmosphäre in unterschiedlichen Wellenlängen absuchen, die Atmosphäre unterhalb der obersten Wolkenschicht zu erfassen, wo ein Großteil des interessanten Wetters entsteht.

Dennoch hatte das Princeton-Team 1950 in der Geschichte der theoretischen Meteorologie und praktischen Wettervorhersage einen Meilenstein geschaffen. Recht überraschend geschah dies mit einem sehr einfachen, jedoch mathematisch robusten Modell der Atmosphäre. Nützliche Informationen wurden aus einer sehr stark vereinfachten mathematischen Sicht des „Wetters" gewonnen. Vielleicht ist die Einstellung, die damals gegenüber der Nützlichkeit des Wirbelstärke-Erhaltungssatzes herrschte, noch überraschender. Es wurde angenommen, dass die Berechnungen mehr oder weniger nur die Genauigkeit einer linearen Prognose hatten. Die Feinheiten des nichtlinearen Rückkopplungsmechanismus zwischen dem Wirbelstärkenfeld und dem Windfeld, welches die Wirbelstärke bewegt, wurden nicht vorhergesagt.

Obwohl sie vielversprechend waren, benötigten die Berechnungen der ersten Ergebnisse von ENIAC fast genauso viel Zeit, wie das Wetter für seine Änderung brauchte. Und das Endergebnis war sicherlich nicht besser als das, was auch ein Mensch hätte prognostizieren können. Die manuellen Lochkartenoperationen beanspruchten dabei einen Großteil der Zeit. All das Lesen, Drucken, Reproduzieren, Sortieren, Einlesen und Auffüllen der Karten wurde per Hand ausgeführt. Etwa 100.000 Karten brauchte man für eine 24-h-Vorhersage. Schon im Jahr 1950 erkannten Charney und seine Kollegen, dass die Art der Maschine, die für das Institute for Advanced Study gebaut worden war, nicht so viel manuelle Hilfsarbeit benötige und den Zeitaufwand halbieren würde – eine 24-h-Vorhersage könnte in nur 12 h erstellt werden und wäre somit eine echte Vorhersage. (Es sei darauf hingewiesen, dass Peter Lynch vom Met Éireann und University College, Dublin, die ursprüngliche ENIAC-Berechnung 2008 auf einem Smartphone implementierte. Sein Programm ist in der Lage, die ENIAC-Ergebnisse in nur wenigen Sekunden zu reproduzieren, einschließlich eines Bildes! Das Programm heißt PHONIAC und es ist fast 100.000 mal schneller als ENIAC.)

Wie Charney gezeigt hatte, vernachlässigen diese sehr einfachen Modelle einen grundlegenden und wichtigen physikalischen Prozess. Die Temperaturänderung nach Norden macht es möglich, dass die verfügbare potenzielle Energie in kinetische (also Bewegungs-) Energie des Windfeldes umgewandelt wird. Dieser Energietransfer ist für die Entwicklung von Stürmen und Hurrikanen und allgemein für die Entwicklung von Zyklonen entscheidend. Bis eine effektive Methode gefunden wurde, um die Atmosphäre in der Vertikalen zu „schichten", wie es gegen Ende des vorherigen Kapitels beschrieben wurde, waren computerbasierte Prognosen von Zyklonenentwicklungen stark eingeschränkt.

Bevor die numerische Wettervorhersage eine verbreitete und bewährte Methode werden konnte, mussten die Computermodelle so weit vorangebracht werden, dass mehrere Höhen- oder Druckniveaus in der Atmosphäre berücksichtigt werden konnten. Das würde den Meteorologen eine wichtige Waffe liefern – die Druckflächenkarten. Der entscheidende Schritt war, nicht nur die Änderung des Druckes in der Mitte der Troposphäre zu prognostizieren, sondern auch die Änderungen näher am Boden. Das Zwei-Schichten-Modell, aus offensichtlichem Grund so genannt, verknüpfte das, was in der Mitte der Atmosphäre passiert, mit dem, was auf der Erdoberfläche geschieht. Die Schlüsselvariable, welche die Verbindung liefert, ist die Vertikalbewegung: Wenn es keine vertikale Bewegung gäbe, wären die Bewegungen in unterschiedlichen Höhen unabhängig voneinander. Aber aus Beobachtungen wissen wir, dass das nicht zutreffen kann. Die überraschende Lösung dieses Problems bestand darin, die Vertikalbewegung nicht direkt zu berechnen, sondern durch indirekte Anpassung auf berechnete Konvergenzniveaus in jeder Schicht. Ein Drei-Schichten-Modell, von den schwedischen Forschern intensiv genutzt, erwies sich als sehr effektiv. Als die Leistungsfähigkeit der Computer und die Zuversicht der Forscher zunahm, wurden mehr und mehr Schichten in die Modelle eingebaut. In den 1970er-Jahren wurden normalerweise noch zehn bis zwölf Schichten betrachtet, zu Beginn des 20. Jahrhunderts nutzten die meisten Wetterzentren dagegen bereits mehr als 50 Schichten in ihren Modellen.

Auch wenn wir heute die Gleichungen und die Technologie, vor allem Satelliten und Computer haben, so gibt noch immer zahlreiche Unbekannte und Fehler, und wir sind fortwährend darum bemüht, die physikalischen Hintergründe besser zu verstehen. In seinem Artikel aus dem Jahr 1951 „The Quantitative Theory of Cyclone Development" (Die quantitative Theorie der Zyklonenentwicklung) bemerkt Eady mit der für ihn charakteristischen Einsicht:

> Die praktische Bedeutung eines Beweises für die Instabilität der Bewegung ist offensichtlich. Wie gut auch immer unser Beobachtungsnetzwerk sein mag, in der Praxis ist der Anfangszustand der Bewegung nie genau bekannt, und wir wissen nie, welche Störungen unterhalb einer bestimmten Fehlergrenze liegen. Da die Störungen exponentiell wachsen können, wird (letztendlich), wenn der Zeitraum der Vorhersage erhöht wird, auch die Fehlergrenze in der Vorhersage exponentiell wachsen (...) Nach einiger Zeit (...) wird der mögliche Fehler so groß werden, dass er die Vorhersage wertlos macht.

Er schließt den Absatz mit der Bemerkung ab: „Folglich ist die Langzeitvorhersage notwendigerweise im weitesten Sinne ein Zweig der statistischen Physik: Sowohl unsere Fragen als auch unsere Antworten müssen über Wahrscheinlichkeiten ausgedrückt werden."

Eady spielte auf die Effekte des Chaos an. Diese Probleme wurden von dem noch relativ unbekannten Edward Lorenz am MIT aufgegriffen, wie wir in Kap. „7. Mit Mathematik zum Durchblick" erläutern werden.

7. Mit Mathematik zum Durchblick

Im Jahr 1948 zeigte Charney in seiner Veröffentlichung „On the Scale of Atmospheric Motion“ (Über die Größenordnung atmosphärischer Bewegungen), wie wir mithilfe des hydrostatischen- und geostrophischen Gleichgewichtes, zusammen mit der Erhaltung der potenziellen Temperatur und der potenziellen Vorticity, viel über das Wetter in den gemäßigten Breiten erfahren können. 15 Jahre später veröffentlichte Edward Lorenz einen Aufsatz mit dem harmlos klingenden Titel „Deterministic Nonperiodic Flow“ (Deterministische nichtperiodische Strömungen), in dem er folgerte, dass Menschen niemals eine langfristige Wettervorhersage werden erstellen können. Würde Chaos alle bisherigen Leistungen der theoretischen Meteorologie zunichte machen? In diesem vorletzten Kapitel zeigen wir, wie die unterschiedlichen Ergebnisse und Schlussfolgerungen von Charney und Lorenz durch eine einzige mathematische Struktur verbunden werden können. Indem wir die Mathematik nutzen, können wir die qualitativen Eigenschaften und die regel- und unregelmäßigen Verhaltensweisen von Wettersystemen erfassen und in die Computersimulationen integrieren.

Ein Schmetterling schlüpft

Um 700 v. Chr. schrieb der Philosoph Hesiod die *Theogenie,* ein Werk über Kosmologie und Kosmogonie, in dem er unter anderem die Entstehung und Abstammung der Götter schilderte. Er beschrieb das „Chaos“ als klaffende Lücke zwischen Himmel und Erde, welche aus nichts anderem bestehe als aus „formloser Materie und unendlichem Raum“. Wenn man sich den Himmel als einen Ort vorstellt, an dem die Ungewissheit besiegt wurde, und wenn die rauen Realitäten des Lebens auf der Erde bedeuteten, dass das Morgen nicht sicher ist, dann war das Chaos das Hindernis, welches den Sterblichen eine deterministische Sicht auf das Universum verwehrte. Chaos wird oft als Hindernis für die Wissenschaft und für unsere Fähigkeit, die Welt um uns herum zu verstehen, betrachtet. Es sieht oft so aus, als würde das Chaos den Wissenschaftlern den sprichwörtlichen Teppich unter den Füßen wegziehen:

I. Roulstone und J. Norbury, *Unsichtbar im Sturm,*
https://doi.org/10.1007/978-3-662-48254-4_9

Es bestätigt, was wir alle „wissen" – dass die Wissenschaft der Vorhersage auf manchen Gebieten, wie beispielsweise in der Wirtschaft, Medizin oder in der Wettervorhersage, nicht unfehlbar ist. Das ist ein Grund, warum Chaos in den letzten Jahren so viel Aufmerksamkeit auf sich gezogen hat. Dennoch sind Chaos und Mathematik, mit der wir Chaos studieren, alles andere als formlos. Innerhalb dieser scheinbaren Leere liegen Strukturen und viele sehr praktische mathematische Ideen verborgen.

Bereits Charney und Eady wussten, dass sich unvermeidbare Ungenauigkeiten in die Wettervorhersage einschleichen würden. Das unvollständige Verständnis physikalischer Prozesse, vor allem wenn man Wolken, Niederschlag und Eisbildung mit einbezieht, aber auch in Bezug auf Wechselwirkungen von beispielsweise Windböen mit Bäumen oder Bergen und die rationellen Näherungen bei den computerbasierten Methoden schränken den Rahmen ein, in dem zuverlässige Wettervorhersagen erstellt werden können. Die Geschichte des Chaos begann im Jahr 1972, als der amerikanische Meteorologe Edward Lorenz (Abb. 1) die Bemerkung machte, dass der Flügelschlag eines Schmetterlings über Brasilien einen Tornado über Texas auslösen könnte. (Um genau zu sein, war es der Organisator einer Konferenz, der diese „Schmetterlingsflügel" einführte, da Lorenz nicht rechtzeitig einen Titel

Abb. 1 Edward N. Lorenz (1917–2008) wurde in West Hartford, Connecticut, geboren und erhielt seine akademische Ausbildung am Dartmouth College, an der Harvard University und am MIT. Lorenz arbeitete von 1948 bis 1955 am damaligen Department of Meteorology des MIT, bevor er zunächst zum Assistenzprofessor und schließlich zum Professor berufen wurde. Er erhielt zahlreiche Auszeichnungen und Preise; so wurde ihm im Jahr 1991 der Kyoto-Preis verliehen. Das Komitee stellte fest: „Lorenz' größter wissenschaftlicher Erfolg war die Entdeckung des deterministischen Chaos, eines Prinzips, das einen weiten Bereich der Grundlagenwissenschaften stark beeinflusst und seit Sir Isaac Newton eine der stärksten Veränderungen in unserer Sicht auf die Natur hervorgebracht hat." Mit freundlicher Genehmigung des MIT Museum

und eine Zusammenfassung für seinen Vortrag eingereicht hatte. Daher improvisierte der Organisator, der die „Mövenflügel-Analogie" von Lorenz aus dessen vorherigen Vorträgen kannte.)

Zuvor, in den 1950er-Jahren, hatte Lorenz nach periodischen Strukturen im Wetter gesucht, ebenso wie Poincaré nach periodischen Lösungen des Dreikörperproblems gesucht hatte. Lorenz' ursprüngliches Ziel war der Beweis, dass sich numerische Modelle, die auf voraussagenden, physikalischen Gesetzen beruhten, immer besser für die Vorhersage erweisen würden als statistische Vorhersagemethoden, die auf Information vergangener Ereignisse basierten. Ein Beispiel: Betrachten wir bewölkte Tage in Seattle. Wenn es im Juli durchschnittlich zehn Tage lang bewölkt ist, könnte dann eine computerbasierte Lösung der Wettergleichungen die Bewölkung für eine bestimmte Woche in Seattle richtig vorhersagen?

Um diese Vermutung zu testen, entschied sich Lorenz dazu, unter Verwendung eines sehr einfachen numerischen Wettermodells nach einer *nichtperiodischen* Lösung der Gleichungen zu suchen, also einer Lösung, die sich nie auf die gleiche Weise wiederholt. Der wesentliche Punkt ist der folgende: Angenommen, die Atmosphäre wiese Nichtperiodizität auf, dann können die Vorhersagemethoden, welche vergangene Aufzeichnungen nutzen, noch so gut sein, sie werden nie nichtperiodisches Verhalten erfassen, da per Definition der zukünftige Zustand eines Systems nie genauso wie sein vorheriger sein wird.

Ende der 1950er-Jahre, standen Lorenz dank der inzwischen gestiegenen Leistungsfähigkeit von Computern die Werkzeuge für die Bewältigung einer solchen Aufgabe zur Verfügung. Er hatte Zugang zu einem Computer, der 60 Multiplikationen pro Sekunde durchführen konnte und einen Speicher von 4000 Wörtern besaß – für heutige Standards primitiv, aber ausreichend für das Modell einer sehr einfachen „Atmosphäre". In dem Modell, das Lorenz auswählt hatte, ist die einzige Erscheinungsform des „Wetters" das Zirkulieren eines Fluids, wenn es von unten erwärmt wird. Diese Art der Bewegung tritt auf, wenn wir langsam einen Topf Suppe erwärmen. In der Atmosphäre steigt warme Luft auf und kühle Luft sinkt ab. Das passiert jeden Tag an vielen Orten und führt zu Cumuluswolken, manchmal zu Regen oder Schnee, gelegentlich sogar zu heftigen lokalen Phänomenen wie Gewittern oder Tornados.

Lorenz' Konvektionsströmungen waren annähernd kreisförmig und viel regelmäßiger als sie in den Zellen in Abb. 2 dargestellt sind: Kalte Luft aus der oberen Atmosphäre sinkt in eine Region herab, und warme Luft nahe das Bodens steigt dabei in eine andere Region auf. Sein Atmosphärenmodell enthält zwei horizontale Flächen, die unterschiedlich erwärmt werden – genauso wie eine Flüssigkeit in einem Kochtopf, nämlich wenn der Boden des Topfes erwärmt wird und oben die Flüssigkeit abkühlt. Lorenz entschied sich dazu, die zentralen Eigenschaften der Fluidbewegung zu simulieren, indem er die Mathematik auf nur drei Gleichungen für die Variablen X, Y und Z reduzierte: X misst die Intensität der Konvektionsbewegung, Y gibt die Temperaturdifferenz zwischen den aufsteigenden und absinkenden Strömungen an, und Z misst die Größe, mit der die Temperaturänderungen mit der Höhe von einer linearen Beziehung abweichen.

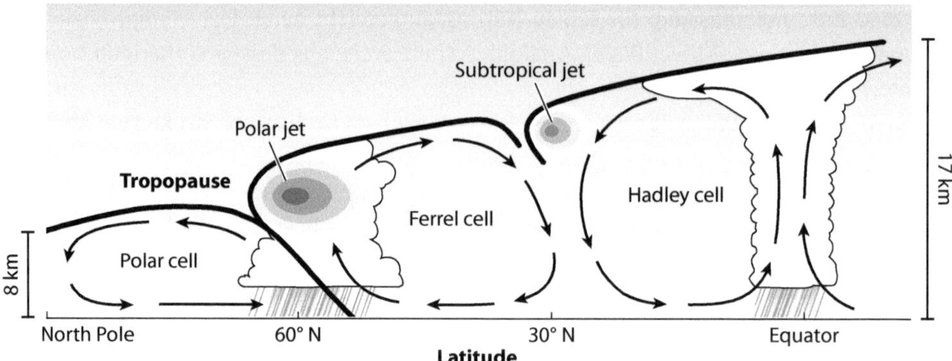

Abb. 2 Diese idealisierte Skizze zeigt in einem Querschnitt der Erdatomsphäre vom Nordpol bis zum Äquator das typische Verhalten der Atmosphäre im April oder Mai. In den Tropen und in den mittleren Breiten werden durch Aufwinde feuchter, wärmerer Luft konvektive Wolken erzeugt. Das Konvektionsmodell von Lorenz ist ein einfaches Modell einer dieser „Zellen". Aufgrund der unterschiedlichen Erwärmung verändert sich die Höhe der Wolken vom Äquator zum Pol. Skalierungsregeln quantifizieren diese Höhenänderungen und erlauben uns, trotz (möglicherweise chaotischer) Konvektionsströmungen solch allgemeine Skizzen anzufertigen. (© Princeton University Press)

Die drei Lorenz-Gleichungen, die in Abb. 3 angegeben sind, verbinden die Änderungsraten $\mathrm{d}X/\mathrm{d}t$, $\mathrm{d}Y/\mathrm{d}t$ und $\mathrm{d}Z/\mathrm{d}t$ mit den Variablen X, Y und Z durch trügerisch einfach wirkende algebraische Ausdrücke der Addition und Multiplikation. Aber es stellt sich heraus, dass die Gleichungen eine komplizierte und reichhaltige mathematische Struktur besitzen,

Lorenz-Gleichungen

$$\frac{\mathrm{d}X(t)}{\mathrm{d}t} = \sigma Y(t) - \sigma X(t)$$

$$\frac{\mathrm{d}Y(t)}{\mathrm{d}t} = \rho X(t) - Y(t) - X(t)Z(t)$$

$$\frac{\mathrm{d}Z(t)}{\mathrm{d}t} = X(t)Y(t) - \beta Z(t)$$

Abb. 3 Die drei Variablen X, Y und Z hängen alle von der Zeit t ab. $X(t)$ stellt die Intensität der Konvektionsströmung dar, $Y(t)$ bezeichnet die Temperaturdifferenz zwischen den aufsteigenden und sinkenden Strömungen, und $Z(t)$ stellt die Differenz zwischen der tatsächlichen Temperatur des Fluids und einem bestimmten linearen Temperaturprofil dar. Die drei Konstanten σ, ρ und β bestimmen das Verhalten der Lösung. Die beiden Produktterme $-X(t)Z(t)$ in der zweiten Gleichung und $X(t)Y(t)$ in der dritten Gleichung geben die nichtlineare Rückkopplung in dem System wieder. Computerlösungen der Lorenz-Gleichungen erzeugen Werte von $X(t)$, $Y(t)$ und $Z(t)$ – eine Zahlenliste zu bestimmten Zeitwerten t, die in Tabelle 1 in Abb. 4 wiedergegeben ist. Um Platz zu sparen, gab Lorenz nur jede fünfte Zahlenreihe an mit der sich seit 1963 Tausende wissenschaftlicher Veröffentlichungen auseinandergesetzt haben. Diese Reichhaltigkeit kommt aus der Nichtlinearität, welche sich aus den Termen $X(t)Z(t)$ und $X(t)Y(t)$ ergibt. Einer der Rückkopplungsprozesse entsteht durch die Reaktion der inneren Temperatur, wenn der Auftrieb zunimmt. Weil wärmere Fluide schneller aufsteigen, ändern sich die Temperaturprofile und somit auch die Temperaturdifferenz, welche den Auftrieb verursacht. Dieser Effekt verändert wiederum die Rückkopplungen und so weiter. Aber welche Konsequenzen hat das für die Vorhersage der zukünftigen Zustände?

Das numerische Verfahren, das Lorenz anwendete, ließ das „Wetter" in sechsstündigen Zeitschritten voranschreiten. Er programmierte den Computer so, dass er in jedem fünften Zeitschritt, also alle 30 h der Simulation, drei Variablen ausgab. Das „Wetter" für einen Tag zu simulieren, benötigte auf diese Weise ungefähr eine Minute Rechenzeit, das Drucken der Zahlen dauerte deutlich länger als die eigentliche Berechnung. Um den Ausdruck der Ergebnisse lesbarer zu machen, verkürzte er die Zahlen auf drei Dezimalstellen; er druckte beispielsweise 1,078 statt 1,078634 aus.

Nachdem sich viele Seiten Ausdrucke angehäuft hatten, schrieb Lorenz ein anderes Programm, um die Ergebnisse als Graphen darzustellen und so einfacher die Strukturen in den Zahlen zu entdecken (Abb. 4 und 5). Er untersuchte diese Strukturen; und in der Tat schienen sie zufällig zu sein, etwa so, wie wir auch erwarten würden, dass zirkulierende Strudel in einem sanft kochenden Wasserkessel niemals in genau der gleichen Weise wiederkehren. Eine Tages sah er sich seine Ergebnisse genauer an, weil er sichergehen wollte, dass sie reproduzierbar waren. Er wiederholte ein Experiment, indem er die Zahlen nahm, die aus der Maschine herausgekommen waren, und sie wieder als Startbedingungen für einen neuen Durchgang eingab. Lorenz erwartete, dass bei seinem zweiten Experiment dieselbe Kurve herauskommen sollte. Zunächst waren die Lösungen gleich, aber dann begannen sie sich auseinander zu bewegen, bis sie scheinbar keine Ähnlichkeit mehr miteinander hatten – wie in unserem Doppelpendelexperiment, welches in Abb. 6 in Kap. „4. Wenn der Wind den Wind weht" beschrieben wird (s. auch Abb. 14).

War das ein Zufall? Lorenz versuchte es wieder und kam zu dem gleichen Ergebnis. Er vermutete, dass die Ursache in kleinen Fehlern bei der Dateneingabe lag, aber er hatte nicht gedacht, dass das zu so unterschiedlichen Ergebnissen führen könnte. Seit Newton wurde für gewöhnlich angenommen, dass kleine Fehler auch nur geringe Auswirkungen verursachten. In diesem Fall war der Effekt aber riesig. Lorenz vermutete schließlich ein technisches Problem mit dem Computer. Vielleicht war eine Röhre überhitzt, was nicht selten vorkam.

Bevor er einen Ingenieur anrief, den den Computer kontrollieren sollte, begann Lorenz darüber nachzudenken, welche weiteren Ursachen zu einem solchen Fehler führen könnten. Er überprüfte seine früheren Berechnungen, und nach einiger Zeit erkannte er, dass die Berechnungen mit seinem Computer mit sechs Dezimalstellen ausgeführt wurden, er aber Zahlen mit nur drei Dezimalstellen als Startpunkt verwendet hatte. Lorenz überlegte, ob es möglich sei, dass er den Fehler verursacht hat, weil er nur die ersten drei Dezimalstellen verwendet hatte. Ein Fehler von etwa 0,2 % könnte für den Misserfolg seines „Eineiige Zwillinge"-Experiments verantwortlich sein.

Abb. 4 Kopien der tatsächlichen Ergebnisse aus Lorenz' Aufsatz aus dem Jahr 1963. Der anfängliche Anstieg und dann Abfall der Y-Werte, die in der dritten Spalte in Tabelle 1 aufgeführt sind, ist in seiner Fig. 1 gezeigt. In den unteren Graphen dort ist erkennbar, dass sich diese Variable zufällig verhält; es ist keine klare Struktur erkennbar. Lorenz und einige seiner Kollegen wetteiferten darum vorherzusagen, wann die Kurve das nächste Mal ihr Vorzeichen wechseln würde. Niemand fand eine sichere Gewinnstrategie. *Journal of the Atmospheric Sciences* 20 (1963): 130–41. (© American Meteorological Society. Abdruck mit freundlicher Genehmigung)

TABLE 1. Numerical solution of the convection equations. Values of X, Y, Z are given at every fifth iteration N, for the first 160 iterations.

N	X	Y	Z
0000	0000	0010	0000
0005	0004	0012	0000
0010	0009	0020	0000
0015	0016	0036	0002
0020	0030	0066	0007
0025	0054	0115	0024
0030	0093	0192	0074
0035	0150	0268	0201
0040	0195	0234	0397
0045	0174	0055	0483
0050	0097	−0067	0415
0055	0025	−0093	0340
0060	−0020	−0089	0298
0065	−0046	−0084	0275
0070	−0061	−0083	0262
0075	−0070	−0086	0256
0080	−0077	−0091	0255
0085	−0084	−0095	0258
0090	−0089	−0098	0266
0095	−0093	−0098	0275
0100	−0094	−0093	0283
0105	−0092	−0086	0297
0110	−0088	−0079	0286
0115	−0083	−0073	0281
0120	−0078	−0070	0273
0125	−0075	−0071	0264
0130	−0074	−0075	0257
0135	−0076	−0080	0252
0140	−0079	−0087	0251
0145	−0083	−0093	0254
0150	−0088	−0098	0262
0155	−0092	−0099	0271
0160	−0094	−0096	0281

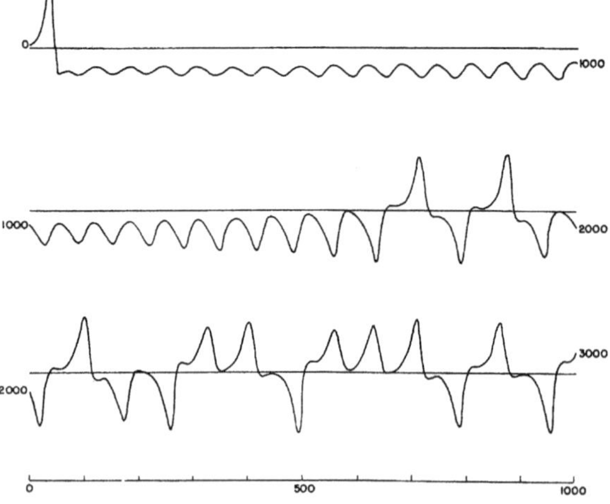

FIG. 1. Numerical solution of the convection equations. Graph of Y as a function of time for the first 1000 iterations (upper curve), second 1000 iterations (middle curve), and third 1000 iterations (lower curve).

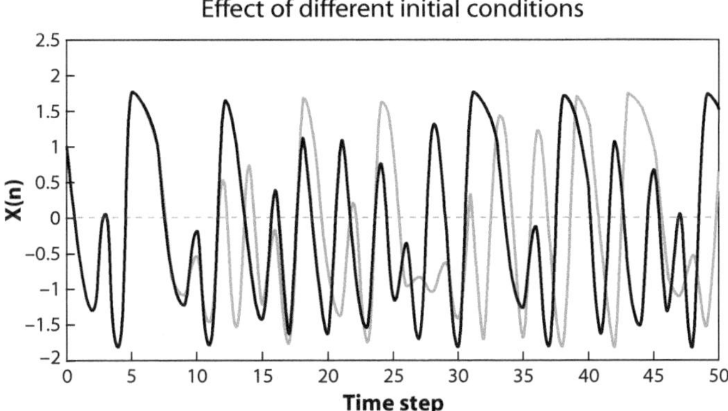

Abb. 5 Zwei Lösungen der Lorenz-Gleichungen (eine ist durch die schwarze und die andere durch die graue Kurve gegeben), die aus leicht unterschiedlichen Anfangsbedingungen starten. Anfangs liegen beide Kurven noch übereinander, aber bei Zeitschritt 10 entfernen sie sich langsam. Der Effekt eines sehr kleinen, Unterschiedes am Anfang wird sichtbar. Am Ende gibt es keine erkennbare Beziehung mehr zwischen den Kurven. Beide Kurven scheinen sehr zufällig zu oszillieren. (© 2019 ECMWF)

Es stellte sich heraus, dass diese sehr kleinen Fehler schwerwiegende Konsequenzen nach sich zogen und *tatsächlich* für die Abweichung der Lösungen verantwortlich waren. Lorenz hatte die empfindliche Abhängigkeit der Lösungen von ihren Anfangszuständen entdeckt und damit das Chaos. Wir können sicherlich die Genauigkeit unserer Rechnungen verbessern, indem wir die fehlenden Nachkommastellen berücksichtigen, oder? Lorenz erkannte, welche kritischen Folgen dies für die Wettervorhersage hatte: In seinem „Spielzeugmodell" war ein Fehler in der dritten Nachkommastelle zwar korrigierbar, aber in der realen Welt sind viel größere Fehler unvermeidbar. Wir können Wetterpixelwerte niemals mit hundertprozentiger Genauigkeit messen, und es gibt in den Modellen weit weniger Beobachtungen als Datengitterpunkte – oft fehlen Daten über schwer erreichbaren Land- und Seeflächen. In der Zusammenfassung seines Aufsatzes aus dem Jahr 1963 schreibt Lorenz: „Wenn unsere Ergebnisse hinsichtlich der Instabilität von nicht periodischen Strömungen auf die Atmosphäre angewendet werden, die augenscheinlich nicht periodisch ist, dann deuten sie an, dass eine langfristige Vorhersage mit keiner Methode möglich ist, es sei denn, die Anfangsbedingungen sind ganz genau bekannt. Angesichts der unvermeidbaren Ungenauigkeit und Unvollständigkeit der Wetterbeobachtungen scheint es keine genauen Langzeitvorhersagen zu geben." Enthüllte also seine Entdeckung die große Kluft zwischen deterministischer Wissenschaft und Realität, die durch Chaos verursacht wird? Waren die Träume von Bjerknes und Richardson von einer Wettervorhersage zerplatzt?

Auch heute noch bereiten Fehler in den Anfangsbedingungen Meteorologen großen Ärger. Aber Lorenz' Artikel aus dem Jahr 1963 ist nicht nur wegen seiner weltbewegenden Schlussfolgerungen in Bezug auf die Vorhersagbarkeit berühmt. Aus unserer heutigen Sicht liegt die Besonderheit seiner Veröffentlichung in der Art und Weise, mit der er die Untersuchung eines sehr einfachen Wettermodells anging. Wenn wir die Ergebnisse von

Lorenz betrachten und nachvollziehen, wie er sie interpretiert hat, erkennen wir, dass er tatsächlich neue Verfahren entwickelt hatte, um Informationen aus Systemen zu extrahieren, die für chaotisches Verhalten verantwortlich sind.

Wie also wandte Lorenz Poincarés Ideen an? Es war die neue Art und Weise Computerergebnisse zu betrachten, was ihm die Suche nach nicht periodischen Lösungen der Gleichungen erleichterte. In Abb. 5 sind die Lösungen gegen die Zeit aufgetragen. Sie zeigen ein scheinbar formloses, aber annähernd oszillierendes Verhalten. Abb. 6 zeigt die grafische Darstellung der Ergebnisse seiner numerischen Integration. Dabei wurden die Achsen so gewählt, dass sie zwei der Variablen darstellen. Die Kurve entsteht durch die in Abhängigkeit von der Zeit gezeichneten Punkte $(Y(t), Z(t))$. So werden die Lösungen durch Kurven im Raum beschrieben, der von diesen Achsen aufgespannt wird. Weil sich die Kurven selbst überdecken, wenn sich ihr Verhalten wiederholt, hätte er mit dieser Darstellung regelmäßige Strukturen in den Lösungen erkennen können. Allerdings liegen die Kurven, über die Zeit betrachtet, nie genau übereinander. Und so hatte Lorenz das nicht periodische Verhalten der konvektiven Zellen gefunden.

Zudem entdeckte Lorenz, dass die scheinbar zufälligen Kurven oder Lebensgeschichten in den Abb. 4 und 5 tatsächlich eine neue Struktur aufweisen. Wenn sie im dreidimensionalen Raum der X-, Y- und Z-Koordinaten gezeichnet werden, liegen die meisten

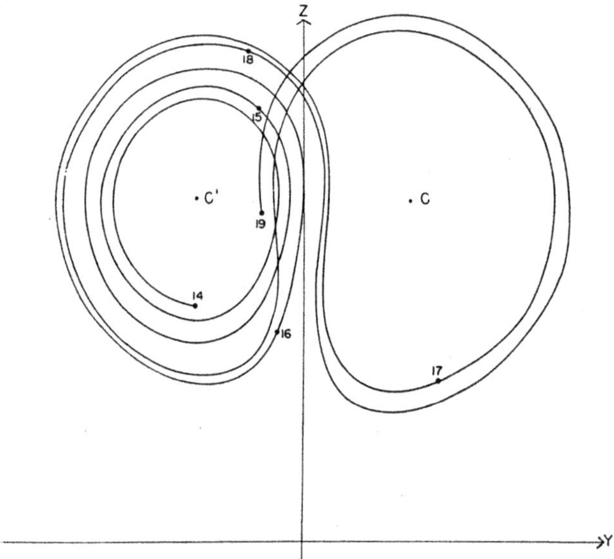

Abb. 6 Lorenz' Durchbruch: Diese Abbildung zeigt eine versteckte Struktur, die in den Abb. 4 und 5 nicht einfach zu entdecken war. Hier ist die Variable $Y(t)$ gegen $Z(t)$ aufgetragen. Während die Zeit t voranschreitet, wird jeder neu berechnete Punkt gezeichnet und mit dem vorherigen Punkt durch einen Graphen verbunden, was dann die spiralförmigen Kurven ergibt. *Journal of the Atmospheric Sciences* 20 (1963): 130–41. (© terms and conditions provided by American Meteorological Society and Copyright Clearance Center)

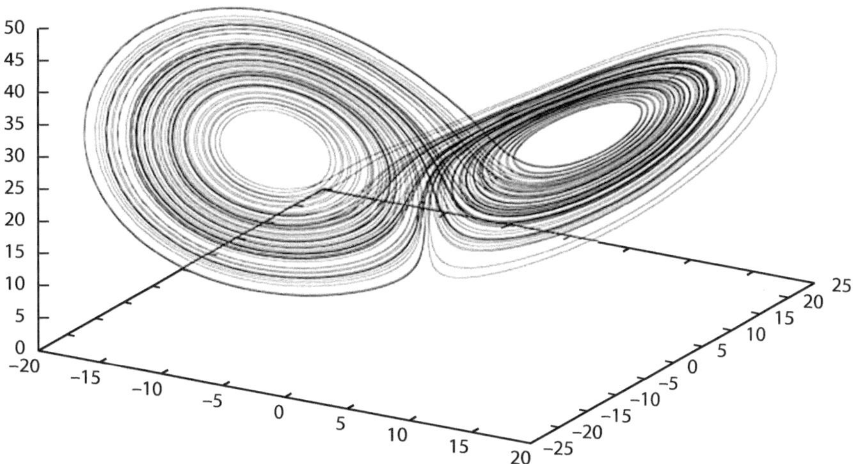

Abb. 7 Der Lorenz-Attraktor als Zusammenfassung der Informationen aus den Abb. 5 und 6 in einer einzelne Kurve oder Lebensgeschichte im X, Y, Z-Raum. Es ist deutlicher sichtbar, wie sich alle drei Variablen abhängig voneinander verändern. Der Begriff „Attraktor" weist darauf hin, dass der Weg immer nahe zweier scheiben- oder flügelförmiger Flächen liegt und allmählich das meiste dieser Schmetterlingsflügel ausfüllt – obwohl wir erwarten könnten, dass die Kurve zufällig verläuft (wie die Kurve in Abb. 5). (© Princeton University Press)

Oszillationen nah an den „Schmetterlingsflügeln" aus Abb. 7. Das chaotische Verhalten zeigt sich im *Übergang* von einem Flügel zum anderen. In Lorenz' Experiment bedeutet dieser Übergang, dass sich die Drehrichtung des Fluidpaketes ändert. Seine bemerkenswerte Darstellung erfasst eine wichtige qualitative Eigenschaft des physikalischen Systems, welche in den traditionellen Methoden, Ergebnisse wiederzugeben, nicht erkennbar war. Lorenz wendete die abstrakten Vorstellungen von Strömungen auf Zahlen aus einem Computer an. Dies machte das Fachgebiet für Wissenschaftler und Ingenieure zugänglich. Als sie die Ideen von Lorenz auf Strömungen anwendeten, entdeckten sie Chaos in vielen verschiedenen Einsatzbereichen.

Hinter dem Porträt eines Schmetterlings

Lorenz entdeckte ein Muster, das typisch für chaotisches Verhalten ist. Bestimmte Systeme erzeugen erkennbare, aber nicht genau wiederkehrende Strukturen. Um diese neuen Strukturen zu verstehen, brauchen wir auch ein wenig neue Mathematik.

Das wichtigste Werkzeug, das Lorenz (und Poincaré) für unverzichtbar hielten, um Chaos zu untersuchen, war so etwas wie eine mathematische Antiquität – die Geometrie. In den vergangenen Jahrhunderten gehörte die Konstruktion von Dreiecken, Kreisen und Geraden mit Lineal und Zirkel zu einer guten Hochschulbildung. Die Beschreibung der Geometrie, die jetzt folgen wird, ist nicht umsonst, weil sie sowohl auf elementar statische als auch auf dynamische Zustände der Atmosphäre anwendbar ist und uns ermöglicht zu sehen, wie dieses antike Mess- und Rechenwerkzeug für moderne Supercomputersimulationen von Wetter und Klima genutzt werden kann. Dabei machen Computer scheinbar nichts weiter als Zahlen zu produzieren – Abermilliarden von ihnen.

Geometrisches Denken hat viele der wichtigsten Entwicklungen der Menschheit herbeigeführt und untermauert, auch wenn die geometrischen Prinzipien selbst oft sehr einfach sind. Seit etwa 640 v. Chr. hatten die alten Griechen Geometrie als eigenständige Denkweise entwickelt. Euklid von Alexandria (ca. 300 v. Chr.) wird als Vater der Geometrie gesehen, und seine Arbeit *Elemente* ist immer noch ein klassisches Werk. Als Geometrie im wahrsten Sinne des Wortes als „Wissenschaft von der Vermessung der Erdoberfläche" begann, gab es viele praktische Anwendungen, wie beispielsweise das Besteuern von Bauernhöfen – proportional zur landwirtschaftlich genutzten Fläche. Weil diese viel kleiner als die gesamte Oberfläche unseres Planeten waren, nutzte man die entwickelte (ideale) euklidische Geometrie auf einer unbegrenzten, perfekt ebenen Fläche (oder „Ebene", wie sie die Mathematiker nennen). Bis 250 v. Chr. war die Geometrie auf die Astronomie angewendet worden, wobei Planetenbewegungen durch Kreise beschrieben wurden, auf Verhältnisse und Muster, die Harmonien in der Musik erklärten, sowie auf Land- und Gebäudevermessungen einschließlich Konstruktionsprinzipien der Symmetrie und des „Goldenen Schnitts", der von vielen Künstlern verwendet wird.

Wenn wir uns heute umsehen, erkennen wir, dass Geometrie in unserem Leben eine wichtige Rolle spielt. Die offensichtlicheren Gebiete sind Architektur (s. Abb. IX und X im Farbteil vor Kap. „Zwischenspiel: Ein Gordischer Knoten"), Innenarchitektur und satellitengestützte Navigation, die auf dem Land, dem Meer und in der Luft genutzt wird; aber es gibt auch andere, weniger deutliche Entwicklungen, wie beispielsweise bei Software für bildgebende Verfahren in der Medizin. Neben all den praktischen Vorteilen liefert uns die Geometrie (wie alle mathematischen Disziplinen) einen Weg der *Beweisführung* und ist in dieser Hinsicht mehr als nur eine geeignete Sprache für die Beschreibung des Universums.

Um zu verstehen, wie und warum die Geometrie in der modernen mathematischen Physik eine zentrale Rolle spielt, müssen wir zunächst verstehen, warum sie ihre bedeutende Stellung in der Mathematik an die neuen Ideen, die während der Renaissance aufkamen, verloren hat. Bis zum Beginn des 17. Jahrhunderts wurden Berechnungen meist mithilfe geometrischer Konstruktionen durchgeführt – ein handfestes grafisches Rechenverfahren –, die in erster Linie auf den Raum, in dem wir leben, begrenzt waren. Das neue Zeitalter der intellektuellen Entwicklung nach 1650 brachte die Algebra und die Infinitesimalrechnung, welche ein neues leistungsfähiges und effizientes Verfahren für das Lösen praktischer Probleme auf fast jedem Gebiet der mathematischen Wissenschaft darstellten. Mathematiker folgten daraufhin einer weitgehend allgemein akzeptierten Agenda und rückten die Geometrie in den Hintergrund. Nachdem fast 2000 Jahre lang Beweise nach Euklid durchgeführt worden waren, schwang das Pendel anerkannter Weisheit ins gegenteilige Extrem. Die neue Methode, mit welcher auf geschickte Art und Weise geometrische Figuren durch abstrakte Symbole ersetzt werden konnten, rückte in den Vordergrund.

Die Hauptfigur in unserer Geschichte hier ist derselbe Mann, der die Prinzipien der guten wissenschaftlichen Praxis formuliert hat, die wir in Kap. „2. Von Überlieferungen zu Gesetzen" beschrieben haben, René Descartes (Abb. 8). Im Jahr 1637 warf Descartes sprichwörtlich Lineal und Zirkel fort. Er erkannte, dass jedes geometrische Problem auf eines reduziert werden konnte, für das man nur die Längen von bestimmten Linien und die Winkel zwischen den Linien kennen musste. Es gab Regeln, wie die Längen der Linien in Form von *Koordinaten* gefunden werden konnten. Jeder, der schon einmal das Ortsverzeichnis und die Feldeinteilung in einem Straßenatlas benutzt hat, um einen bestimmten Ort auf einer Karte zu finden, hat den wesentlichen Bestandteil von Descartes' Arbeit benutzt. Dahinter steckt die Idee, dass ein Punkt im Raum durch eine Menge von Zahlen, die seine Position kennzeichnen, angegeben werden kann. Zum Beispiel kann jeder Punkt auf der Erdoberfläche durch seinen Breiten- und Längengrad gekennzeichnet werden. Der Abstand zwischen zwei Punkten auf einer flachen Karte kann dann mit der Koordinatenangabe, einem Lineal und dem entsprechenden Maßstab oder auch mit Formeln (wie sie moderne GPS-Systeme nutzen) ganz einfach berechnet werden.

Abb. 8 Descartes (1596–1650) war ein wissbegieriger Mensch. Während seiner Schulzeit war er von schwacher Gesundheit und durfte sich bis 11 Uhr in seinem Bett ausruhen – etwas, das er für den Rest seines Lebens beibehielt, weil er es als erforderlich für seine Kreativität betrachtete. Seine Mathematik lieferte uns die Grundlage aller modernen Berechnungen. Im Jahr 1649 lud Königin Christina von Schweden Descartes nach Stockholm ein. Sie bestand darauf, dass er jeden Morgen um 5 Uhr aufstand, um ihr beizubringen, wie man Tangenten und Kurven konstruierte. Descartes brach mit seinen Lebensgewohnheiten und nachdem er einige Monate jeden Sonnenaufgang beobachtet hatte, verstarb er im Alter von 54 Jahren. Er wurde in Stockholm begraben, aber 17 Jahre nach seinem Tod wurden seine sterblichen Überreste nach Frankreich gebracht und in Paris bestattet. Die französische Nation ehrte Descartes, indem sie seinen Geburtsort in Touraine nach ihm umbenannten. Frans Hals, Porträt von René Descartes, ca. 1648, Louvre, Paris

In seiner einzigen veröffentlichten mathematischen Schrift, *Discours de la méthode,* schrieb Descartes über Mathematik, Optik, Meteorologie und Geometrie. Im *Discours* legt er ein Grundschema für das dar, was wir heute analytische Geometrie nennen. In einem 100 Seiten langen Anhang mit dem Titel „La géométrie" (Die Geometrie) machte er sich an die Lösung geometrischer Probleme durch den Einsatz von Algebra. Diese Arbeit war der erste Schritt in Richtung einer gänzlich neuen und leistungsfähigen Methode in der Mathematik, und sie sollte eine der einflussreichsten Publikationen auf diesem Gebiet werden.

Descartes bezog Algebra nicht nur in die Geometrie mit ein, um einen Punkt durch eine Zahlenmenge darzustellen, sondern auch, um Linien und Kurven durch Gleichungen zu beschreiben. Zur Beweisführung gehörten nun Regeln für das Rechnen mit Symbolen statt mit Zahlen. So konnten unendlich viele Fälle von Lösungen einer abstrakten Gleichung gleichzeitig überprüft werden, statt nur eine Lösung in konkreten Zahlen für einen bestimmten Fall. Außerdem war es einfacher, eine algebraische Lösung eines Fremden zu überprüfen als dessen geometrische Konstruktion. Zum ersten Mal in der Geschichte wurden Probleme der Geometrie zu Verfahren vereinfacht, die numerisches Vorgehen (d. h. algebraische Umformungen) mit einer Liste von Zahlen enthielten.

Die Bedeutung dieser Arbeit liegt in der Tatsache, dass sie Analogien zwischen geometrischen Kurven, oder Bildern im Raum, und algebraischen Gleichungen herstellte, welche durch die Umformung von Ausdrücken mit Symbolen gelöst werden konnten, die wiederholbaren Routinen oder Regeln unterworfen waren. So wurde eine wichtige Grundlage für programmierbare Rechenmaschinen geschaffen, welche Hunderte Jahre später solche Lösungsverfahren schnell und genau ausführen würden. Heute ändert sich der Trend wieder. Maschinen arbeiten regelmäßig sehr lange Zahlenlisten gemäß vorgegebener Regeln ab –, und wir wollen herausfinden, ob sich eine deutlich erkennbare Geometrie hinter diesen extrem langen Rechnungen verbirgt. Indem wir die wichtigen qualitativen Eigenschaften des ursprünglichen physikalischen Problems bezüglich seiner Geometrien erfassen, können wir mithilfe der geometrischen Strukturen unsere Rechenmethoden verbessern. Heute erkennen wird, dass sich die Wahrheit der Zahlen in Strukturen oder in einer bedeutungsvollen Geometrie zeigt.

In „La géométrie" führte Descartes eine weitere Neuheit ein: die Notation für Potenzen, mit der „y mal y" als y^2 geschrieben werden konnte. Geschickt zeigte er, wie man diese Variablen miteinander multiplizieren und dividieren kann. Zuvor beschrieb y nur eine Länge, y^2 musste also eine Fläche sein. Aber Descartes abstrahierte diesen Prozess vollständig, sodass die Arithmetik (und später die Algebra) vollkommen unabhängig von jeglicher physikalischen Basis wurde. Dadurch wurden die Dimensionen der Größen rein abstrakt, was bedeutete, dass allgemeine algebraische Ausdrücke mit unterschiedlichen Potenzen aufgeschrieben werden konnten, wie beispielsweise $y^2 + y^3$. Gäbe man den Größen Dimensionen oder Einheiten so wäre eine Addition nicht erlaubt, denn wie können wir sinnvoll eine Fläche zu einem Volumen addieren, wie diese Produkte immer aufgefasst wurden? Aber Descartes hatte diese Rechnungen von ihren physikalischen Deutungen gelöst und ihnen eine Bedeutung für die Umformung abstrakter Symbole verliehen. In diesem Sinn hat ein moderner Computer keine wirkliche Beziehung zur realen Welt, sondern ist eine abstrakte Rechenmaschine. Ein Computer weiß nicht, ob y eine Länge, ein Preis oder ein Blutdruck ist – er folgt nur seinen Regeln, die in den Programmen festgelegt sind, und die Interpretation der Ergebnisse überlässt er seinen Nutzern. Wenn der Computer also Variablen berechnet, die beispielsweise die Luft umher bewegen, müssen wir Nutzer sicher sein, dass das Programm die Gesetze berücksichtigt, die die physikalische Realität verkörpern, die hinter den Berechnungen steckt.

Die Vorstellung, dass die Mathematik, welche die Wetterentwicklung lenkt, unabhängig davon sein sollte, ob wir Abstände in Meilen oder Millimetern messen oder Geschwindigkeiten in Knoten oder Metern pro Sekunde, befindet sich im Einklang mit der Vorstellung, dass ein Computer den Werten der Wetterpixel keine physikalische Bedeutung zuordnet. Wird Druck am besten mit einer Quecksilbersäule in Zoll oder in Millimetern oder über das atmosphärische Gewicht auf Meereshöhe gemessen? Wir könnten die Variablen beliebig neu skalieren oder die Art und Weise ändern, mit der wir all unsere Wetterpixelvariablen messen; zudem könnten wir die Referenzniveaus ändern, in denen wir messen. Aber letztendlich müssen wir immer die gleiche „Antwort" erhalten. Das tatsächliche Wetter kann nicht davon abhängen, wie wir es messen. Diese Ideen der Skalierungen stehen im Einklang mit den Sichtweisen, die wir in Kap. „6. Die Metamorphose der Meteorologie" vorgestellt haben, wo Charney die dominierenden Terme in unseren Wettergleichungen identifiziert hat. Durch die Anwendung von Skalierungen können wir mit der Geometrie wichtige qualitative Eigenschaften der physikalischen Welt erkennen – ihre grundlegende Form –, unabhängig davon, wie wir die Größen messen.

Im letzten Viertel des 17. Jahrhunderts entwickelten Newton und Leibniz die Ideen hinter der Differenzial- und Integralrechnung, und die Algebra spielte bei der Entwicklung dieser ungeheuer wichtigen Technik eine zentrale Rolle. Mitte des 18. Jahrhunderts war diese abstrakte Denkweise in Mode. Der französische Mathematiker Joseph-Louis Lagrange schuf 1788 mit der *Mechanique analytique* einen imposanten Klassiker, in dem er damit prahlte, dass der Leser keine Diagramme oder Abbildungen finden würde, welche die Seiten überladen würden: Geometrie sollte gemieden werden, und Mechanik sollte durch die Analysis, die neue Mathematik von Newton, Leibniz und ihren Zeitgenossen, erklärt werden. Paradoxerweise sollte sich gerade durch diese Veröffentlichung die Geometrie zurück in die Mathematik schleichen und in der modernen Physik Einzug halten. Aber die „neue Geometrie" war abstrakt und musste nicht mehr an den Raum, in dem wir leben, in Verbindung stehen.

Die Kernidee, die von Lagrange in seiner analytischen Betrachtung der Theorie der Bewegung in Abhängigkeit von Kräften eingeführt wurde, waren die sogenannten *generalisierten Koordinaten.* Während Koordinaten immer im Sinne einer Maßangabe gedacht und genutzt wurden, um Positionen oder Konfigurationen im physikalischen Raum zu beschreiben, nutzte Lagrange die Koordinaten mehr abstrakt. Er betrachtete auch die Geschwindigkeit als Koordinate. Beispielsweise würde Lagrange Winkel statt nur Orte zur Beschreibung der Dynamik einsetzen, wenn das bequemer ist, so wie wir in Kap. „6. Die Metamorphose der Meteorologie“ Winkel nutzten, um die Bewegung des Doppelpendels zu beschreiben. Wenn wir das Sonnensystem in sogenannter Lagrange'scher Darstellung beschreiben wollen, müssen wir nicht nur die Orte aller Planeten (ihre Konfiguration), sondern auch ihre Bewegung angeben. In anderen Worten: Die Lagrange'sche Beschreibung besteht aus einer mathematischen „Momentaufnahme“ der Konfiguration *und* aus der Beschreibung der Bewegung eines Systems zu jedem Zeitpunkt. Zu jedem Zeitpunkt, so behauptete Lagrange, gäben die Lage und die Geschwindigkeit alles an, was wir über den Zustand eines Systems oder eines Körpers wissen müssen, der von Newton'scher Mechanik bestimmt wird, um jede zukünftige Lage und Bewegung des Systems vorherzusagen. Generalisierte Koordinaten beschreiben einen abstrakten Raum, der aus diesen Variablen zusammengesetzt ist. Sie liefern eine Leinwand für die Bilder, die Lorenz 200 Jahre später entdecken sollte.

Mit dem Zustandsraum von Lagrange wenden wir die Geometrie nicht nur auf die statische Welt um uns herum an – die Welt, wie sie auf einem Foto wiedergegeben wird – sondern auch auf die sich verändernde Welt, wie in einem Film. So wie statische Kräfte die räumliche Geometrie von Gebäuden und Brücken oder den Ruhezustand unserer Atmosphäre stützen, so können dynamische oder sich verändernde Kräftekonstellationen, die mit der Bewegung im Zustandsraum verbunden sind, durch eine neue Geometrie beschrieben werden, welche Raum und Zeit mit einbezieht.

Ironischerweise hat uns ausgerechnet Lagrange, der das Konzept der generalisierten Koordinaten entwickelt hat, um die Geometrie aus der Mechanik und Physik zu entfernen, die perfekte Bühne geliefert, um zu zeigen, dass moderne Vorstellungen von Geometrie ein wesentlicher Bestandteil der mathematischen Physik sind. Diese sehr alternative Anwendung von Lagranges Werk begann mit der Arbeit eines irischen Wunderkindes, William Hamilton (Abb. 9).

Hamilton forschte an der Verbindungsstelle von Mathematik und Physik. Zwei Jahrhunderte zuvor hatte Pierre de Fermat (berühmt durch den „großen Fermat'schen Satz“) ein Prinzip formuliert, nach welchem das Licht immer den Weg wählt, der die Zeit für seine Reise minimiert. Licht wandert immer so schnell zu seinem Ziel, wie es kann, ob durch den leeren Raum auf einer Geraden (welche die kürzeste Verbindung zwischen zwei Punkten darstellt) oder durch ein optisches Medium – wie beispielsweise Wasser, das die Lichtstrahlen brechen kann. Hamilton griff Fermats Prinzip auf und verfasste eine allgemeine mathematische Beschreibung der Optik. Er formulierte seine Ideen bereits im Alter von 17 Jahren in einem Aufsatz, den er dem *Royal Astronomer of Ireland*[1] vorlegte. Binnen zehn Jahren wurde der Aufsatz in zweierlei Hinsicht bedeutsam: Erstens wurde Hamilton im Alter von 27 Jahren selbst zum *Royal Astronomer of Ireland,* und zweitens hatte er erkannt, dass dieselben Ideen auch auf die Mechanik der Bewegung angewendet werden können.

Hamiltons Konzept brachte das zum Ausdruck, was wir heute als Geometrie eines *Zustandsraumes* bezeichnen. Ein Zustandsraum ist etwas sehr praktisches: Ganz einfach

[1]Anmerkung der Übersetzerin: „Royal Astronomer of Ireland“ ist ein Titel, verbunden mit einer Professorenstelle für Astronomie am Trinity College in Dublin.

Abb. 9 Sir William Rowan Hamilton (1805–1865) wurde in Dublin geboren. Noch bevor er ein Jahr alt wurde, kam er in die Obhut seines Onkel, eines Geistlichen. Durch diesen erhielt William eine umfassende Erziehung, er lernte 13 Sprachen und entwickelte sein lebenslanges Interesse an der Dichtkunst – in späteren Jahren wurde er ein Freund von William Wordworth. Als er Zerah Colburn begegnete, dem amerikanischen Wunderkind im Kopfrechnen, begann er sich für die Mathematik zu interessieren. Begeistert von Colburns Fähigkeiten, besorgte sich Hamilton eine Ausgabe von Newtons *Arithmetica unversalis,* mit deren Hilfe er sich Geometrie und Differenzial- und Integralrechnung aneignete. Später las er dann die *Principia* und daran anschließend *Laplaces Méchanique céleste*

formuliert, bietet er die Möglichkeit, *alle denkbaren* Zustände eines Objektes oder Systems darzustellen. Wir erinnern uns, dass sich das Wort *Zustand* in den Beispielen der Mechanik, die Hamilton (und Lagrange) betrachteten, auf die Lage *und* die Bewegung eines Objektes bezieht (Mathematiker nennen diesen Raum *Phasenraum*). Wenn wir beispielsweise während eines Fußballspiels ein Bild aufnehmen und dieses Bild einem Freund schicken, der das Spiel nicht ansieht, dann wird er die Position oder Konfiguration der Spieler in genau dem Moment sehen, in dem wir das Bild aufgenommen haben. Vielleicht kann er sich vorstellen, in welche Richtung sich all die Spieler und auch der Ball bewegen. Weil die aktuellen Bewegungen aber nicht gezeigt werden, ist jedoch nicht sicher, was als Nächstes passieren wird. Wenn wir das gleiche Bild in einem Zustandsraum aufnähmen, dann würden wir alle Orte und auch die Bewegungen aller Spieler in diesem Augenblick erfassen – und Lagrange zeigte, dass es von nun an keine Unsicherheit mehr geben würde. Für einen Mathematiker ist ein Zustandsraum eine abstrakte, aber präzise Art und Weise, wie wir Orte und Bewegungen (in der Mechanik streng genommen den Impuls und nicht die Geschwindigkeit) darstellen können: wo wir uns befinden *und* wohin wir gehen. Letztendlich hat dieser Zustandsraum jedoch zu viele Dimensionen, um ihn direkt zu visualisieren. Das ist der Preis, den wir bezahlen müssen. Für ein Objekt, das sich in unserem dreidimensionalen Raum bewegt, brauchen wir sechs Koordinaten. Daher wird die Geometrie, die wir einführen werden, einigermaßen schwer vorstellbar sein.

Um das Wesentliche zu erfassen, konzentrieren wir uns zunächst auf ein mechanisches Problem, bei dem der Zustandsraum möglichst einfach und leicht zu veranschaulichen ist – er ist nur zweidimensional, mit einer Koordinate für die Position und einer für die Bewegung. Wir betrachten als Beispiel die Bewegung eines einfachen Pendels, so wie das Pendel einer altmodischen Standuhr. Wir beginnen, indem wir die Achsen zeichnen, die die Position und die Geschwindigkeit des Pendels relativ zu seinem Ruhezustand angeben. Die Zahlen auf der horizontalen Achse geben ein Maß für die Lage bezüglich des Winkels an, den das Pendel mit der Vertikalen einschließt. Die Zahlen auf der vertikalen Achse messen die Bewegung des Pendels bezüglich der Winkeländerung, also seine Rotationsgeschwindigkeit. Diese Achsen bilden den Zustandsraum. In Abb. 10 skizzieren wir eine Schwingung des Pendels in diesem Zustandsraum.

Wir stellen uns nun ein anderes Experiment vor, bei dem wir das Pendel weiter nach links auslenken und es dann loslassen. Dieses Mal schwingt das Pendel in einem größeren Bogen. Wenn wir die Bewegung im Zustandsraum zeichnen, ist die neue Bahn ein größerer Kreis. Wenn wir in dem Augenblick ein Foto von dem Pendel machen, in dem es durch die hängende Ruheposition schwingt und dieses Foto einem Freund zeigen, kann dieser uns nicht sagen, welches Experiment wir fotografiert haben. Aber das Bild vom Zustandsraum ist präzise. Es

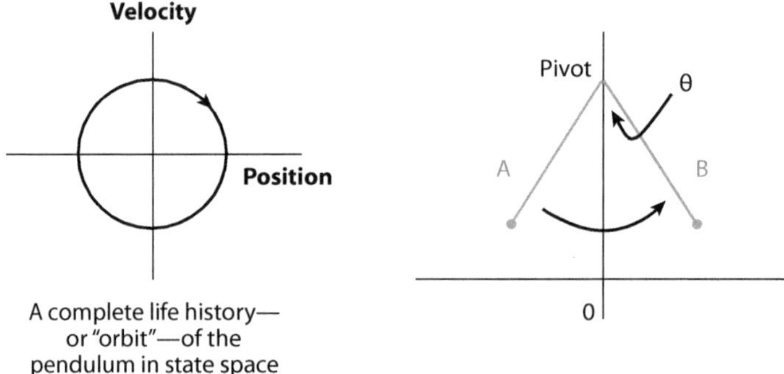

Abb. 10 Die Grafiken zeigen, wie wir eine Bahn im Zustandsraum zeichnen können (links abgebildet), welche die Schwingung eines einfachen Pendels (rechts abgebildet) darstellt. Im Zustandsraum repräsentiert die horizontale Achse den Winkel Θ des Pendels zur Vertikalen, während die vertikale Achse die Geschwindigkeit des Pendels $\mathrm{d}\Theta/\mathrm{d}t$ bezüglich seines Winkels angibt. Wir zeichnen größere Kreise, wenn das Pendel weiter und schneller schwingt. Periodisches Verhalten, nach dem regelmäßig in experimentellen oder numerischen Daten gesucht wird (so wie es Lorenz tat), wird im Zustandsraum durch eine einfache geschlossene Kurve wiedergegeben

sagt uns genau, welches Experiment fotografiert wurde. Wir können dieses Experiment für viele unterschiedliche Startpositionen wiederholen und erhalten eine Menge von Lebensgeschichten. Jede Lebensgeschichte stellt im Zustandsraum einen Kreis dar. Während die Zeit vergeht, stellen wir uns einen Punkt vor, der die Lage und die Geschwindigkeit des Pendels zu dem Zeitpunkt angibt, wenn es sich entlang eines solchen Kreises bewegt.

Das vollständige Bild, in dem wir alle derartigen Lebensgeschichten im Zustandsraum erfassen, ergibt den „Fluss" des Pendels (ähnlich wie bei der Idee hinter dem Spiel mit Poohs Stöckchen (s. Abb. 17) und der Zugbahn von Hurrikan Bill (s. Abb. 18) in Kap. „1. Eine Vision wird geboren" oder auch wie der zuvor in diesem Kapitel beschriebene Lorenz-Attraktor). Hier besteht der Fluss aus einer Familie von Kreisen, deren Mittelpunkte im Ursprung liegen und deren Radien von den Schwingungsamplituden abhängig sind.

Natürlich wissen wir, dass die Schwingung eines echten Pendels immer geringer wird, bis es letztendlich stoppt und bewegungslos hängen bleibt (wie bei einer Standuhr, die man nicht aufgezogen hat). Dieses Verhalten wird im Zustandsraum durch eine Bahn dargestellt, die sich spiralförmig zum Mittelpunkt unseres Diagramms in Abb. 11 windet. Dabei repräsentiert der Mittelpunkt den Zustand ohne Auslenkung und ohne Bewegung. Gleichermaßen besteht der neue Fluss aus einer ganzen Familie von Spiralen, die wie wirbelndes Wasser aussehen, das einen Abfluss hinunterfließt.

Ein Zustandsraum ist nützlich, weil wir so die *qualitativen* Eigenschaften der Flüsse dieser Kurvenfamilien erfassen können, ohne zwangsläufig jedes Detail zu verstehen – eine „Top-down-Sicht". Lösungsfamilien geben die durch die Bewegungsgleichungen zugelassenen, unterschiedlichen Möglichkeiten an, wie sich ein physikalisches System seinen Anfangsbedingungen entsprechend entwickeln kann. Wie stark sich die einzelnen

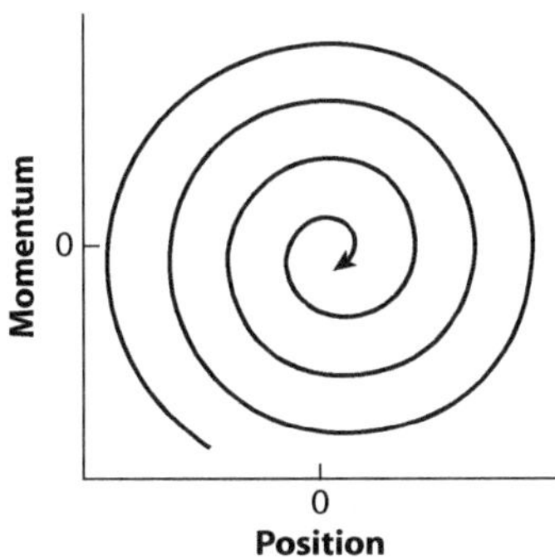

Abb. 11 Die Spirale gibt eine Lebensgeschichte für ein Pendel mit Reibung wieder. Jeder Punkt entspricht einem Zustand einer bestimmten Position und Geschwindigkeit, und die Aufeinanderfolge der Punkte entlang der Kurve entspricht der Entwicklung des Systems mit der Zeit. Da Reibung das Maximum des Schwingungswinkels und die Geschwindigkeit des Pendels verringert, windet sich der Graph im Phasenraum spiralförmig nach innen, bis er die Gleichgewichtsposition in der Mitte einnimmt. (© Princeton University Press)

möglichen Lebensgeschichten konzentrieren oder auseinanderbewegen, sagt uns etwas über die Empfindlichkeit des Systems.

Der Lorenz-Attraktor in Abb. 12 zeigt die Ordnung in einem chaotischen System. Auf den drei Teilabbildungen sind Ensembles der Lebensgeschichten zu sehen. Jede Lösung unterscheidet sich durch einen Start mit unterschiedlichen Anfangsbedingungen. Wir sehen, dass jede Lösung weitgehend demselben Weg folgt wie die Berechnungen für Hurrikan Bill in Abb. 18 in Kap. „1. Eine Vision wird geboren". Keine Lebensgeschichte schneidet sich selbst. Das System wiederholt nie seinen Zustand, es ist also nicht periodisch. Seine Muster wiederholen sich nie exakt.

In den drei Teilen der Abb. 12 stellen wir die Bandweite der Computerintegrationen von Ensembles mit verschiedenen Anfangsbedingungen dar. Die unterschiedlichen Anfangspunkte können als Schätzungen des *wahren* Zustandes des Systems betrachtet werden und die Zeitevolution oder Lebensgeschichte jedes einzelnen Zustandes als mögliche Vorhersage. Punkte, die zum Anfangszeitpunkt nahe beieinander liegen, trennen sich unterschiedlich schnell mit voranschreitender Zeit. Somit erhält man verschiedene Vorhersagen, die davon abhängen, welcher Punkt anfangs gewählt wird, um den Verlauf des Systems zu beschreiben.

Die beiden Flügel des Lorenz-Attraktors in Abb. 12 können als Darstellung zweier verschiedener Wettersysteme betrachtet werden. Angenommen, das Hauptanliegen der Vorhersage ist die Berechnung, ob das System einen Wetterumschlag erleben wird, und wenn ja, wann. Wenn sich das System in einem Anfangszustand befindet, so wie in Abb. 12 links, bleiben alle Punkte bis zum Ende halbwegs nahe beieinander. Es macht keinen Unterschied, welche Lebensgeschichte für die Darstellung der Entwicklung des Systems gewählt wird, die Vorhersage ist durch einen gleichmäßigen, kleinen Fehler charakterisiert und gibt Auskunft darüber, ob ein Wetterumschwung stattfinden wird oder nicht. Das „Ensemble" von

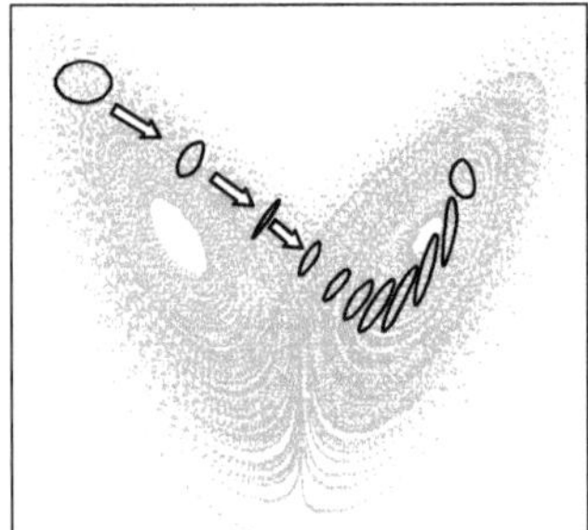
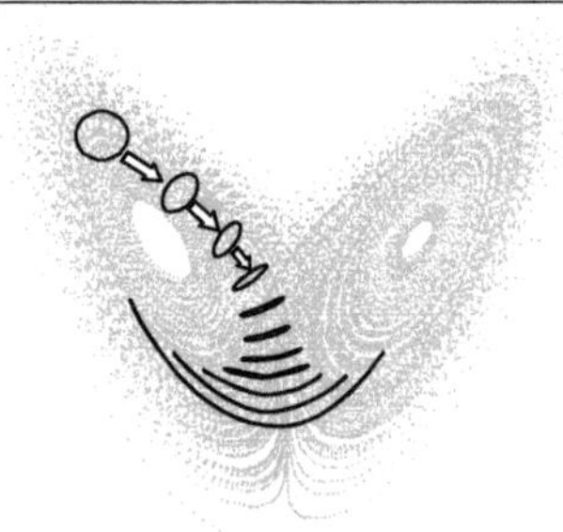
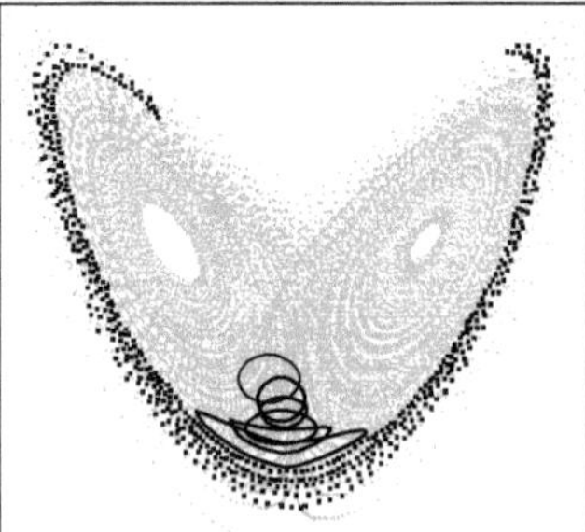

Abb. 12 Wir zeigen das Ergebnis vieler Computerintegrationen der Lorenz-Gleichungen. Der Lorenz-Attraktor ist grau dargestellt. Der Anfangskreis der Zustände führt zu immer weniger vorhersagbaren Endzuständen, wenn wir den Anfangszustand von dem im ganz linken Bild bis zu dem im rechten verändern. (© 2019 ECMWF)

Punkten kann genutzt werden, um eine probabilistische Vorhersage von Wetterumschwüngen zu erstellen. Da alle Punkte im anderen Flügel des Attraktors enden, gibt es für die Anfangsbedingungen in Abb. 12 links eine hundertprozentige Wahrscheinlichkeit für einen Umschwung.

Wenn das System dagegen in einem Zustand wie beispielsweise in den Abb. 12 Mitte oder 12 rechts dargestellt beginnt, bleiben die Lebensgeschichten nur für eine kurze Zeit nahe beieinander und beginnen dann, sich zu trennen und auszubreiten. Während es noch möglich ist, mit einem guten Grad an Genauigkeit den zukünftigen Zustand des Systems für eine kurze Zeitdauer vorherzusagen, ist es bei einer langfristigeren Vorhersage schwierig zu entscheiden, ob ein Wetterumschwung auftreten wird oder nicht. In Abb. 12 Mitte deutet die Mehrheit der Lebensgeschichten keinen Wetterumschwung an. Abb. 12 rechts zeigt die Ergebnisse eines empfindlicheren Anfangsensembles als das in Abb. 12 Mitte; hier breiten sich die Lebensgeschichten schnell aus und enden in weit entfernten Teilen des Lorenz-Attraktors. In Wahrscheinlichkeiten ausgedrückt bedeutet das, dass wir mit einer fünfzigprozentigen Wahrscheinlichkeit vorhersagen können, dass das System eine Wetterveränderung durchlebt. Aber wir können nicht sagen, ob unser spezieller anfänglicher Wetterzustand zu einer solchen Änderung führen wird. Darüber hinaus deutet die Verteilung der Endzustände in Abb. 12 rechts an, dass es bei der Vorhersage des Endzustandes des Systems eine große Unsicherheit gibt. Dieses Beispiel zeigt, warum moderne Vorhersagen eher genutzt werden, um Wahrscheinlichkeiten für zukünftige Ereignisse zu ermitteln, als ein genaues zukünftiges Ereignis zu bestimmen. Wir kommen darauf in Kap. „8. Im Chaos vorhersagen“ zurück.

So entwickelte sich Euklids bildhafte Vorstellung von Dreiecken, Kreisen, Geraden und rechten Winkeln zu abstrakten Operationen in Zahlenlisten. Aus der statischen Geometrie des physikalischen, dreidimensionalen Raumes, in dem wir leben, wurde Algebra. Dann wurden Bewegungen eigene Koordinaten zugeordnet und die Bewegungen wurden zu Differenzialgleichungen und Algebra. Einfache, stabile Bewegungen bleiben nahe den statischen oder periodischen Zuständen, während sich instabile Bewegungen im ganzen Zustandsraum ausbreiten können. Bestimmte „chaotische“ Bewegungen weisen im Zustandsraum eine geordnete Struktur auf, im Fall der Lorenz-Gleichungen bleiben sie beispielsweise nahe den „Schmetterlingsflügeln“.

Obwohl das Lorenz'sche Modell sehr oft als Beispielmodell für das Wetter genutzt wurde, ist es in einem ziemlich wichtigen Aspekt eigentlich zu einfach, denn es berücksichtigt keines der übergreifenden Prinzipien, die wir in Kap. „5. Begrenzung der Möglichkeiten“ und „6. Die Metamorphose der Meteorologie“ erläutert haben und welche die Strukturen, die wir bei Wetter und Klima beobachten, untermauern. Charneys bemerkenswertes physikalisches Verständnis zeigte, wie die Wettergleichungen Skalierungsregeln folgen und auch, dass sie Erhaltungssätze einhalten. Der nächste Schritt ist zu klären, wie die Geometrie etwas entschlüsselt, was andernfalls im Sturm verborgen bleibt – die mathematische Beschreibung der übergreifenden Gesetze und Prinzipien, welche die Möglichkeiten einschränken.

Die Einschränkung der Möglichkeiten im Phasenraum

Unsere moderne Sicht der Geometrie erfasst die Wirklichkeiten, die unabhängig von der Art und Weise auftreten, wie wir die physikalischen Variablen messen, skalieren oder transformieren. Abb. IX im Farbteil vor Kap. „Zwischenspiel: Ein Gordischer Knoten" zeigt die Konstruktion einer englischen Kirche und gibt eine Eigenschaft wieder, die von ihrer genauen Größe unabhängig ist. Wir betrachten das Gleichgewicht der statischen Kräfte, die das Gewicht des Bauwerks halten. Die Säulen veranschaulichen die Kräfte und die Gewölbebögen zeigen uns, wie diese Kräfte im Gebäude verteilt werden. Deutlich kleinere, maßstabsgetreue Modelle von Konstruktionen, wie beispielsweise von Gebäuden oder Brücken, werden genutzt, um ihre Standfestigkeit bei Stürmen oder Erdbeben zu prüfen. Konkreter formuliert: Die Stabilität der Gebäude sollte nicht von seiner Größe abhängen. Ebenso sollten die Eigenschaften oder Tatsachen, die sich aus den wissenschaftlichen Gesetzen ergeben, nicht von den Messmethoden der einzelnen Variablen abhängen. Sie sollten *skalierungsinvariant* sein.

Ein ähnlich statisches Gleichgewicht können wir in der Atmosphäre an ruhigen Tagen in Form von Cumuluswolkenschichten beobachten. An einem schönen Frühlingstag können diese in 25 Grad Nord erscheinen – zum Beispiel über Florida – und genauso in 60 Grad Nord – zum Beispiel über den kanadischen Prärien. Der wesentliche Unterschied ist die Höhe der Wolken, was damit erklärt werden kann, dass sich die warme Luft über Florida weiter ausdehnt, wodurch die Wolkenschicht stärker angehoben wird. Die Vertikalskalierung der Atmosphäre ändert sich sichtbar, aber es gibt nur wenige andere Änderungen, wie auch die Zeichnung in Abb. 1 zeigt. Können wir einen Weg finden, diese universalen Skalierungen zu nutzen?

Ähnlich unserem Atem, der an einem frostigen Morgen kleine Wolken aus Dampf erzeugt, entstehen durch aufsteigende, feuchte Luft Wolken, wenn der enthaltene Wasserdampf eine kritische (kältere) Temperatur von nur wenigen Grad Celsius erreicht. An einem schönen Frühlingstag liegt das Kondensationsniveau in der Atmosphäre normalerweise in einer Höhe zwischen einem und drei Kilometern über dem Meeresspiegel. Diese Höhe wird durch eine Druckfläche charakterisiert (Abb. 13). Manchmal erreicht das Kondensationsniveau auch den Boden, zum Beispiel wenn warme, feuchte Luft über eine viel kältere Meeresoberfläche strömt. Abb. X im Farbteil vor Kap. „Zwischenspiel: Ein Gordischer Knoten" zeigt diese regelmäßige Erscheinung im Gebiet der Bucht von San Francisco. Solche Effekte sprach Bjerknes im ersten Carnegie-Band der Gleichgewichtslehre von 1908 in Bezug auf die Atmosphäre an. Er arbeitete die Vorteile heraus, die sich durch die Verwendung des Druckes als Höhenangabe über dem Meeresspiegel ergeben. Weil der Druck in einer bestimmten Höhe vom darüberliegenden Gewicht der Atmosphäre abhängt, ist es nicht von Bedeutung, wie weit sich die Gase, aus denen die Luft zusammensetzt ist, (durch Erwärmung) ausdehnen. Sie haben immer das gleiche Gewicht. Druckflächen berücksichtigen die Höhenskalierung, die in Abb. 1 dargestellt ist, und erlauben uns, den Fokus auf die (hauptsächlich horizontale) Bewegung der Luft zu legen – wie wir es in Kap. „6. Die Metamorphose der Meteorologie" gemacht haben.

Abb. 13 An einem schönen Tag scheinen Cumuluswolken fast auf der ganzen Erde gleich zu sein. Was sich systematisch mit ihrem Breitengrad ändert, ist ihre Höhe, ein Beispiel für eine Skalierung der Höhe. (© Rob Hine)

Zurück zur Statik: Wir führen unsere Suche nach einer filmartigen Beschreibung des Wetters – einer geometrischen Struktur innerhalb eines Zustandsraumes – fort, indem wir wieder auf eines der einfachsten nichtlinearen chaotischen physikalischen Systeme zurückkommen, das Doppelpendel, das wir in Kap. „4. Wenn der Wind den Wind weht" kennengelernt haben. Wir haben gerade gesehen, wie die periodische Bewegung eines einfachen Pendels durch einen Kreis im Zustandsraum beschrieben wird (s. Abb. 10). Nun zeigen wir, dass die chaotische Lebensgeschichte eines Doppelpendels immer auf einer bestimmten Fläche in seinem Zustandsraum liegt. Das Entscheidende ist, dass Zwangsbedingungen ausschlaggebend sind, wenn wir nicht verschiedene Familien chaotischer Lebensgeschichten durcheinanderbringen wollen.

Der Zustandsraum des Doppelpendels mit reibungslos verbundenen Stäben, wie in Abb. 14 (links oben) gezeigt, ist vierdimensional: Er besteht aus den Winkeln A und B und aus den Änderungsraten von A und B, welche die schwingende Bewegung der Stäbe, dargestellt durch die gestrichelten Linien, zeigen. Zusammen geben sie die Position und die Bewegung der Stäbe an, das heißt ihren „Zustand". Daher ist es unmöglich, diesen Zustandsraum auf konventionelle Weise auf Papier oder in unserem sichtbaren (dreidimensionalen) Raum darzustellen. Die Winkel sind verallgemeinerte Lagrange'sche Koordinaten. Die Effektivität dieser Koordinaten wird in Abb. 14 (unten) gezeigt, und wir sehen, dass die Trajektorie des Endes des zweiten Stabes eine Kurve ist, die im Konfigurationsraum der

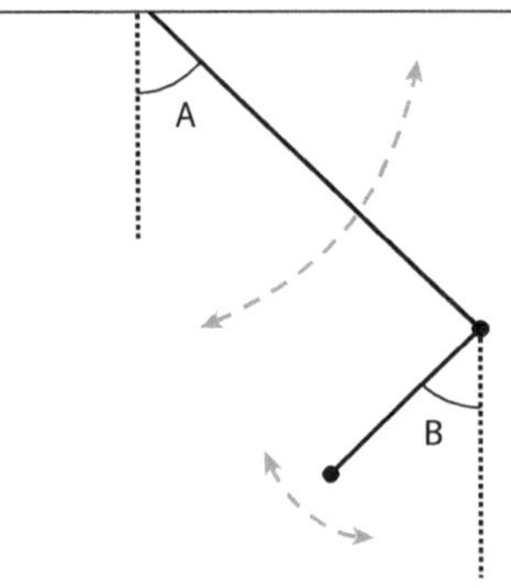

Abb. 14 Links oben ist die Bewegung eines idealisierten Doppelpendels dargestellt. Die Lage der Stäbe wird durch die beiden Winkel *A* und *B* angegeben. Aber wie sieht die Bewegung aus? In welche Richtung schwingen die Stäbe? Der Zustandsraum würde uns die Antwort liefern, aber dieser erfordert vier Dimensionen. Wir können allerdings die Konfiguration der Stäbe zu jedem Zeitpunkt als einen einzelnen Punkt auf einer abstrakten Fläche in einem dreidimensionalen Phasenraum darstellen. Rechts oben ist eine zufällige Lebensgeschichte zu sehen. Sie wurde visualisiert, indem ein Licht am Ende des zweiten Pendels befestigt und ein Foto mit langer Belichtungszeit aufgenommen wurde. Die Lebensgeschichte liegt tatsächlich auf einem Torus (einem „Donut") im Konfigurationsraum des Systems, der unten auf dem Bild dargestellt ist. Weil die physikalischen Zwangsbedingungen durch die Angelpunkte gegeben sind, liegt die Kurve, wie kompliziert sie auch wird, immer auf der Torusoberfläche. (Abbildung rechts oben © Michael Devereux. Untere Abbildung © Ross Bannister)

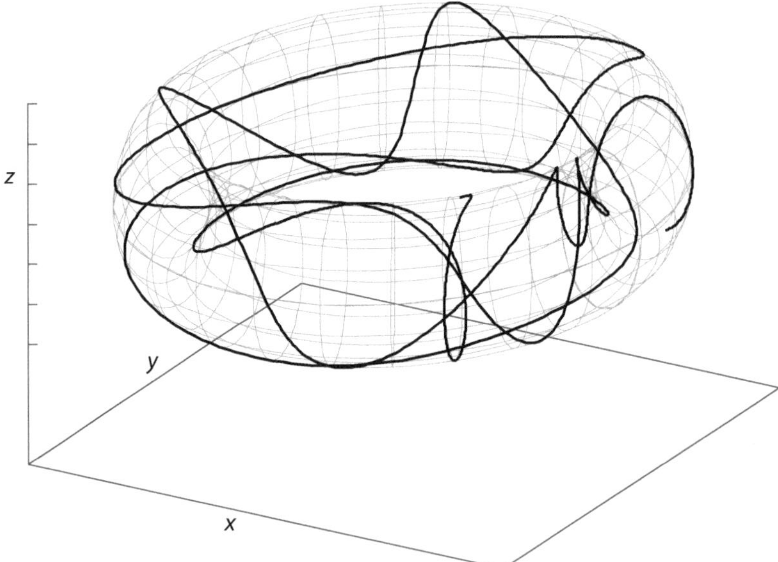

Stäbe auf der Oberfläche eines Torus, oder eines „Donuts", liegt (in einem vollständigen Zustandsraum wären auch die Geschwindigkeiten angegeben).

Es liegt an der mechanischen Konstruktion des Doppelpendels, warum der Torus im Konfigurationsraum (oder Ortsraum) existiert: Ein Gelenk verbindet zwei starre Stäbe, wobei das Ende des einen Stabes mit einem Gelenk an einem bestimmten Ort befestigt ist. Somit ist die einzige Bewegung der Stäbe ihre Winkeländerung um ihre Angelpunkte (Abb. 14 unten). Mit anderen Worten: Die physikalischen Zwangsbedingungen – die beiden Angelpunkte – schränken die Bewegung dieser Stäbe ein, wenn sie im Raum umherwirbeln. Und es sind genau diese Zwangsbedingungen, die zu den dynamischen Trajektorien auf dem Torus führen.

Jedoch sind wir noch nicht bei dem, was letztendlich die Bewegung des Doppelpendels steuert, nämlich die Erhaltung der Gesamtenergie dieses idealisierten Systems. Wenn eines der Pendel entgegen der Schwerkraft angehoben wird, nimmt seine potenzielle Energie zu. Dieses Potenzial erkennt man, wenn das Pendel losgelassen wird und anfängt sich zu bewegen, wodurch die Bewegungsenergie wieder zunimmt. Da wir annehmen, dass es keine Reibung gibt, ist die Summe aus potenzieller Energie und Bewegungsenergie in solchen idealen mechanischen Systemen immer konstant. Die Erhaltung der mechanischen Gesamtenergie stellt eine abstrakte Zwangsbedingung an den Zustandsraum. Diese Bedingung zwingt die Lebensgeschichten, auf einer schönen Oberfläche im Zustandsraum zu liegen, statt sich in chaotischen Sammlungen von Bahnen zu verheddern.

Das Entscheidende des Ganzen ist, dass sich bei Betrachtung der Bewegung im Zustandsraum ein Zusammenhang zwischen grundlegenden, häufig in der Geometrie vorkommenden Objekten – Punkte, Linien oder Kurven und Flächen – und dynamischem Verhalten abzeichnet. Punkte im Zustandsraum stellen zu jedem Zeitpunkt den vollständigen Zustand der Bewegung eines Systems dar, Linien oder Kurven beschreiben die Lebensgeschichten, die Lösungen der Bewegungsgleichungen (wie im Fall des Lorenz'schen Schmetterlings); und diese Lösungen liegen oft auf Flächen, welche darauf hinweisen, dass es eine Beziehung zwischen den Variablen gibt (Beziehungen, die aus physikalischer Sicht oder sogar aus den Grundgleichungen nicht unbedingt offensichtlich sind). In der Atmosphäre liefern das hydrostatische und geostrophische Gleichgewicht wichtige Zwangsbedingungen an die Entwicklung von Wettersystemen. Des Weiteren gelten für Luftpakete Massen- und Energieerhaltungssätze. In Kap. „5. Begrenzung der Möglichkeiten" haben wir den wichtigen Erhaltungssatz der potenziellen Vorticity (kurz: PV) vorgestellt. Unser Ziel ist es, Geometrien zu finden, die sowohl die Zwangsbedingungen als auch die Erhaltungssätze im Zustandsraum beschreiben. Wenn der Algorithmus diese Geometrien berücksichtigt, wie das Tiergesicht in Abb. 15 vorgibt, dann glauben wir, dass uns Computeralgorithmen genauere Beschreibungen des Wetters liefern.

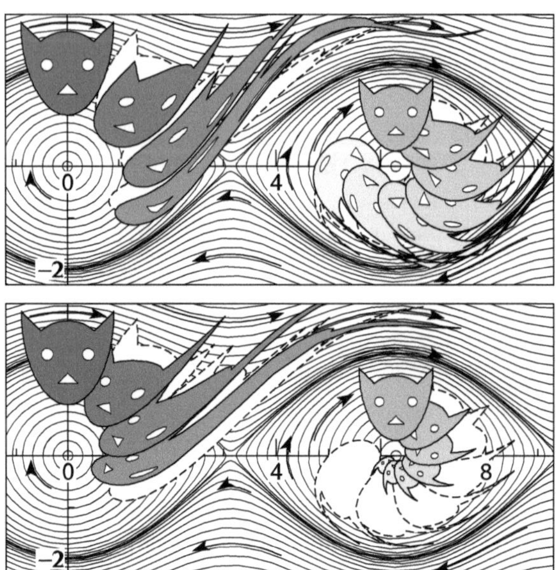

Abb. 15 Eine abstrakte Fläche im Zustandsraum eines Pendels, dargestellt durch Tiergesichter. Die gestrichelten Linien (deutlicher in der unteren Abbildung erkennbar) zeigen genaue Flächenerhaltung. Die Simulation in der oberen Abbildung (symplektische Euler-Methode) erhält die Fläche bis zu einer sehr guten Approximation, sogar wenn die Strömung gestört wird. Die in der unteren Abbildung dargestellte Simulation (implizites Euler-Verfahren) erhält die Fläche nicht: Die Gesichter werden relativ zu den gestrichelten Linien mit jeder Drehung (rechts herum) kleiner. Ernst Hairer, Gerhard Wanner, Christian Lubich, *Geometric Numerical Integration, Symplectic Integration of Hamiltonian Systems,* 2006, S. 188, Abb. 3. Springer Science+Business Media

Geometrie und Zustandsraum

Die Geometrie, welche die PV-Erhaltung mit einbezieht, ist relativ modern – gerade einmal 100 Jahre alt, verglichen mit der euklidischen Geometrie, die mehr als 2000 Jahre alt ist – daher braucht unsere Suche nach der Geometrie im Zustandsraum zeitgemäßere Konzepte. Ironischerweise war das Hindernis bei der Anwendung von Geometrie auf Physik, welchem Lagrange und seine Zeitgenossen in den 1700er-Jahren gegenüberstanden, Euklids Monopolstellung auf dem Fachgebiet. Euklid hatte das geometrische Wissen der idealisierten Figuren in der physikalischen Welt zusammengefasst und dabei alle bekannten geometrischen Wahrheiten aus einer kleinen Zahl unmittelbar einleuchtender Aussagen (Axiomen) hergeleitet. Philosophisch gesehen sagte man, die griechische Geometrie habe Wahrheiten über reale Objekte geliefert, auch wenn diese idealisiert als vollkommen in ihrer Form angenommen wurden. Euklids Vorgehen wird heute als eine Möglichkeit gesehen, ein kleines System mit grundlegenden Annahmen zu beschreiben und dann Folgerungen daraus abzuleiten. Es dauerte mehr als 2000 Jahre, bis Mathematiker erkannten, dass Geometrie eher eine abstrakte Beweisführungsmethode ist als eine Möglichkeit, die physikalische Realität zu beschreiben. Und es ist mehr als eine Art von Geometrie möglich: Die Geometrie des Universums könnte sich beispielsweise als nicht euklidisch herausstellen.

Konfrontiert mit der Erkenntnis, dass eine Vielzahl unterschiedlicher Geometrien konstruiert oder erfunden werden können, begannen Mathematiker in den 1850er-Jahren, nach alternativen grundlegenden Prinzipien zu suchen, die den Kern der „wahren Geometrie" quantifizieren würden. Im Jahr 1872 schlug Felix Klein von der Universität Erlangen eine vereinheitlichende Betrachtungsweise vor. Nach Klein ist Geometrie nicht wirklich nur durch Punkte, Linien und Ebenen charakterisiert, sondern durch *Transformationen*. Die Größe eines Winkels bleibt unverändert, wenn der Winkel in der Ebene verschoben oder wenn die Ebene gedreht wird. Wir können sogar das Bild verkleinern oder beliebig skalieren, aber die Winkel im Bild (und auch die Längenverhältnisse) bleiben bei diesen Transformationen gleich. Tatsächlich bleiben alle grundlegenden mathematischen Objekte, welche durch die euklidische Geometrie beschrieben werden, unverändert, wenn sie verschoben oder gedreht werden: Kreise bleiben Kreise, parallele Linien bleiben parallel und so weiter. Es ist die Invarianz der Objekte unter bestimmten Transformationsklassen, die wirklich die Geometrie charakterisiert, argumentierte Klein.

Euklid begann mit einer idealisierten Welt aus infinitesimal kleinen Punkten, infinitesimal dünnen Linien und ideal flachen Ebenen. Die meisten seiner grundlegenden Annahmen von idealisierten Systemen sind einfach und plausibel, aber ein Postulat sticht hervor. Es ist schwer erklärbar und alles andere als offensichtlich. Es handelt sich um die Annahme, dass sich zwei Geraden in einer Ebene nie schneiden, wenn sie parallel sind, wie beispielsweise Eisenbahnschienen. Wie können wir sicher sein, dass diese Behauptung wahr ist? In Wirklichkeit liegen Eisenbahnschienen auf einer gekrümmten, nicht auf einer flachen Oberfläche – der Erdoberfläche –, daher können wir unsere Erfahrung hier nicht einbringen. Euklids Nachfolger versuchten vergeblich, das sogenannte „Parallelenaxiom" aus anderen Annahmen abzuleiten. Lagrange zeigte, dass die Annahme, die Summe der Winkel eines Dreiecks ergebe stets 180 Grad, äquivalent ist, aber Anfang des 19. Jahrhunderts wurde klar, dass solche Beweisversuche zum Scheitern verurteilt waren. Es gibt tatsächlich andere Geometrien, bei denen diese Behauptung nicht gilt, wie zum Beispiel affine, projektive, konforme und Riemann'sche Geometrien; letztgenannte wurden ein Grundstein für Einsteins Allgemeine Relativitätstheorie. Affine Geometrien ermöglichen uns, Vektoren bei Problemen der Mechanik zu nutzen, die Kräfte und ihre Angriffspunkte enthalten. Projektive Geometrien erlauben uns, die Oberfläche einer Kugel auf eine Ebene abzubilden, sodass wir flache Karten erstellen können (zum Beispiel die Weltkarte – mehr dazu später). Konforme Geometrien bringen die Welt der komplexen Zahlen (welche Hamilton später zu „Quaternionen" verallgemeinerte) mit ein; die mysteriöse, rein imaginäre Zahl i $(= \sqrt{-1})$ besitzt eine geometrische Bedeutung, und zwar die Rotation um 90 Grad entgegen dem Uhrzeigersinn.

Euklid erkannte, dass die wichtigste Methode, mit der er Ergebnisse zu Punkten, Linien und Figuren wie beispielsweise Dreiecke bewies, auch für übereinstimmende Formen galt.

Der Leser musste sich das nach oben, unten oder seitwärts verschieben und das Drehen einer starren Kopie einer Form vorstellen, um es einer anderen anzupassen, meistens um Deckungsgleichheit von Dreiecksformen herzustellen, wie zum Beispiel im Beweis des Satzes von Pythagoras (Abb. 16). Oft muss eine Form im richtigen Verhältnis skaliert werden, sodass sie exakt mit einer anderen Form zusammenpasst, wie beispielsweise die Familie der rechtwinkligen Dreiecke in Abb. 16, ähnlich der Skalierung der Zirkulationszellen in Abb. 1.

Euklids Konzept der Transformation kann stark verallgemeinert werden. In seinen Beweisen war das Skalieren (das gleichmäßige Vergrößern oder Verkleinern) die einzig erlaubte nicht starre Bewegung. Heute geben wir oft an, welche Transformationen erlaubt sind, indem wir festlegen, welche Objekte sich während der Transformation nicht verändern. Wenn wir diese Vorstellung übernehmen, ist die invariante Größe bei den Transformationen in Abb. 16 der Winkel.

Eine neue und vollkommen andere Geometrie wird hervorgebracht, wenn statt des Winkels die Fläche als invariante Größe betrachtet wird. Diese heißt *symplektische Geometrie* nach dem griechischen Wort für „verheddert" oder „geflochten". Erst Ende des 19. Jahrhunderts, als Poincaré am Dreikörperproblem arbeitete, wurden die ersten Schritte in Richtung einer Verbindung von Hamiltons Betrachtung der Mechanik mit der symplektischen Geometrie gemacht. Bei seiner Behandlung des Dreikörperproblems verwendete Poincaré den

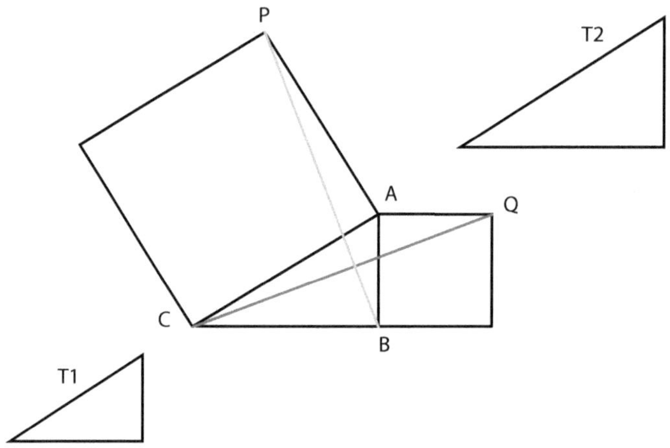

Abb. 16 Die zentrale Idee im Beweis des Satzes von Pythagoras besteht darin zu zeigen, dass das Dreieck mit den Eckpunkten PAB (nach Anheben und starrer Rotation um den Punkt A) „gleich" dem Dreieck CAQ ist. Folglich schließen beide Dreiecke gleichgroße Flächen ein. So können wir auch die Fläche des Quadrates auf der Seite AB mit einem Teil der Fläche des Quadrats auf der Seite AC bestimmen. Die Fläche des Quadrates auf der Seite BC kann auf gleiche Weise ermittelt werden. Gezeigt sind außerdem Skalierungen des rechtwinkligen Dreiecks ABC, T1 ist verkleinert und T2 vergrößert – ähnlich wie die Skalierung der Zellen in Abb. 1. Skalierungen sind ein wesentlicher Bestandteil bei der Analyse der Wettergesetze als auch bei der Erarbeitung erfolgreicher Computeralgorithmen

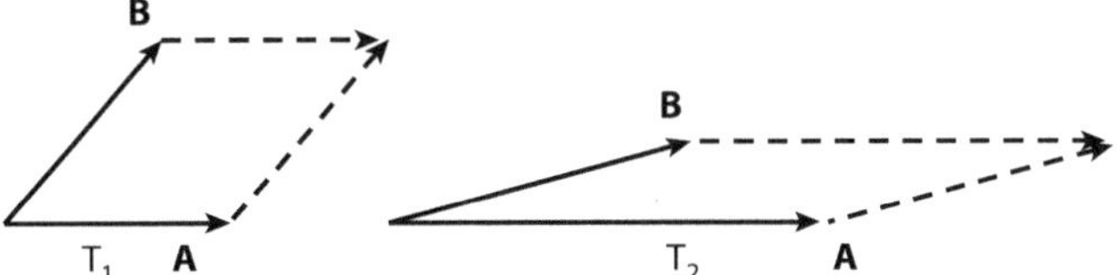

Abb. 17 Das verzerrte Rechteck ist ein Flächenelement, das durch die beiden Vektoren A und B definiert ist. Da sich A und B verändern, wenn sie einer Lebensgeschichte im Zustandsraum folgen, verändert sich auch das Flächenelement, beispielsweise von einem Zeitpunkt T_1 zu einem späteren Zeitpunkt T_2. Aber der Betrag der Fläche bleibt gleich. Erhaltungssätze, darunter die Erhaltung des Drehimpulses und die Erhaltung der PV, sorgen dafür, dass das geometrische Prinzip im Zustandsraum gilt

Zustandsraum, einschließlich seiner Lebensgeschichtenfamilien, als entscheidendes Werkzeug, und er begann, sich für die möglichen geometrischen Beziehungen zwischen den Entwicklungen der Orts- und Geschwindigkeitskoordinaten zu interessieren. Wenn wir die Orts- und die Geschwindigkeitsvektoren eines Körpers an einem bestimmten Ort untersuchen, dann bilden sie im Zustandsraum ein kleines Parallelogramm, wie in Abb. 17 dargestellt. Die Fläche wird durch das entsprechende Produkt dieser beiden Vektoren berechnet. Für Hamilton'sche dynamische Systeme muss die Fläche des Parallelogramms immer gleich bleiben, wenn sich das System entwickelt. Diese sogenannte Flächeninvarianz bedeutet, dass sich bei Änderung des Ortes eines Objektes auch seine Geschwindigkeit so verändern muss, dass die Fläche im Zustandsraum konstant bleibt.

Wenn der Zustandsraum viele Dimensionen hat, wird es schwierig, sich die Flächenerhaltung vorzustellen und einem Lebensgeschichtenpfad der Bewegung im Zustandsraum zu folgen. Daher betrachten wir zuerst winkel- und flächenerhaltende geometrische Transformationen anhand eines einfachen Beispiels, bei dem es keine Bewegung gibt – das heißt, wir betrachten den Konfigurationsraum.

Es gibt verschiedene Möglichkeiten, wie wir die Fläche des Planeten Erde als eine „flache Karte" darstellen können. Wenn wir uns zum gleichen Zeitpunkt auf Orte auf dem indischen Subkontinent und auf Orte in Brasilien beziehen wollen (die auf entgegengesetzten Seiten des Globus liegen), dann ist eine Karte in einem Buch normalerweise geeigneter. Die historische Standardtransformation von einer Karte des Globus auf eine Karte in einem Buch heißt *Mercator-Projektion,* benannt nach dem niederländischen Mathematiker und Lehrer Gerardus Mercator aus dem 16. Jahrhundert.

Wie wir in Abb. 18 sehen können, deformiert die Mercator-Projektion die Größe der Landmassen, vor allem in den Bereichen der Arktis und Antarktis, wenngleich die Winkel zwischen den Breiten- und Längengraden erhalten bleiben. Können wir eine Transformation finden, welche die Flächen der Kontinente und Länder erhält? Die Mollweide-Projektion (benannt nach dem im 18. und frühen 19. Jahrhundert lebenden deutschen Mathematiker und Astronomen Karl Mollweide) opfert die Winkeltreue und die Beibehaltung der Formen

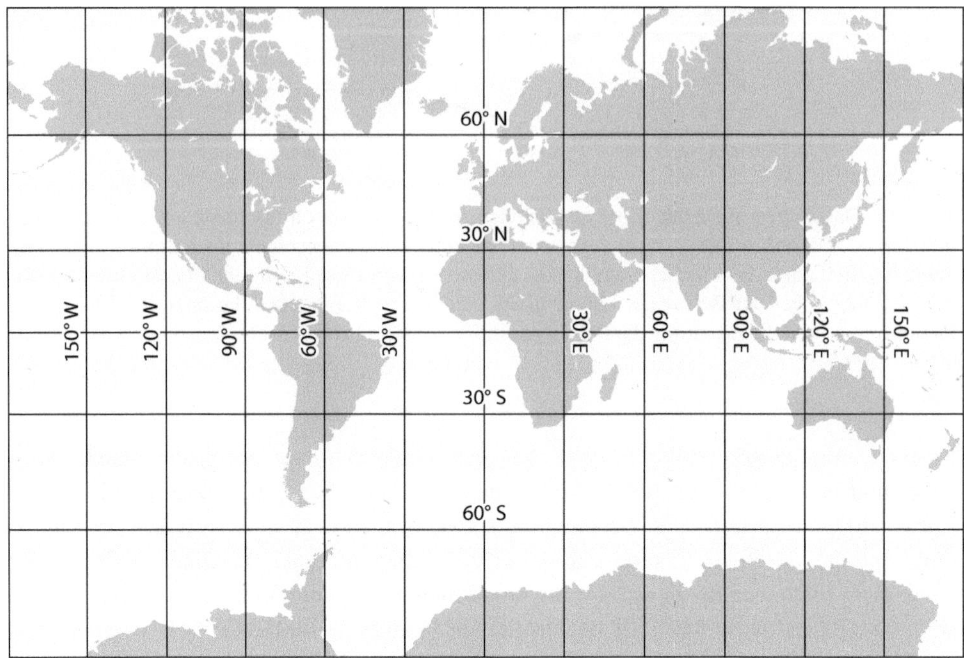

Abb. 18 Die Mercator-Projektion gibt Breiten- und Längenkreise auf dem Globus als horizontale und vertikale Geraden wieder, was dazu führt, dass auf dieser Karte die Bereiche in der Nähe der Pole vergrößert werden – die Antarktis ist so stark vergrößert, dass sie Nordamerika und Russland klein erscheinen lässt. Die Mercator-Projektion verzerrt die Flächen in der Nähe der Pole also erheblich. (© Princeton University Press)

einer genauen Beibehaltung der Fläche. Die flache Karte in Abb. 19 zeigt die wahren Flächen von Landmassen, wie sie auch auf dem Globus gemessen werden, statt ihre Form zu verzerren. In moderne Karten werden diese Projektionen manchmal modifiziert, um bestimmte Landformen zu berücksichtigen – die Kartenprojektion, für die wir uns entscheiden, hängt davon ab, wofür wir die Karte nutzen wollen.

Nachdem wir die Mercator- (winkelerhaltende) und die Mollweide- (flächenerhaltende) Projektion im Zustandsraum eingeführt haben, erörtern wir als Nächstes die zugehörigen Transformationen im Zustandsraum, die Bewegungen miteinbeziehen. Als Charney Neuskalierungen auf die Orts- und Bewegungsvariablen der Wettergrundgleichungen aus Kap. „2. Von Überlieferungen zu Gesetzen" anwandte, identifizierte er geostrophische Bewegungen der im hydrostatischen Gleichgewicht befindlichen Zustände als einen weiteren sehr wichtigen Effekt nach dem hydrostatischen Druckkraftgleichgewicht. Dieser tritt auf, wenn es keine Bewegung gibt. So folgte, wie wir in Kap. „6. Die Metamorphose der Meteorologie" gesehen haben, die erfolgreiche Berechnung des vereinfachten, idealisierten Wetters,

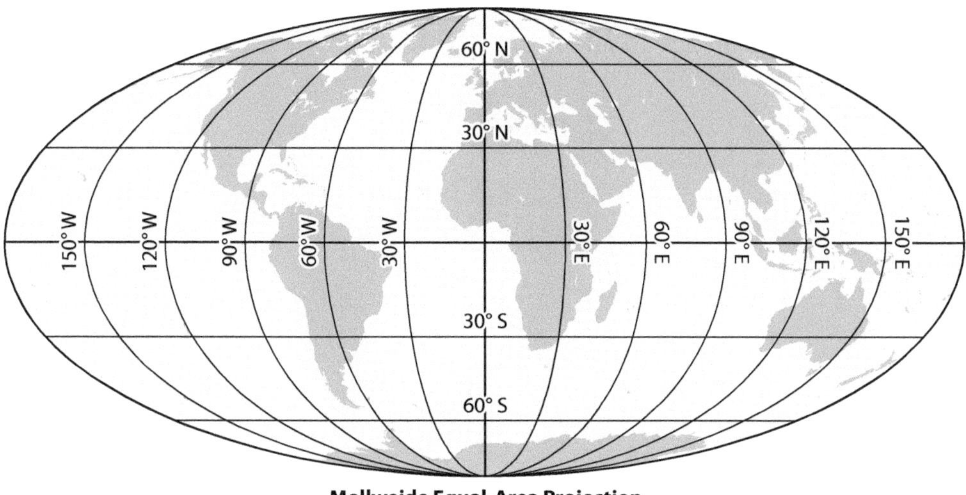

Abb. 19 Die flächentreue Projektion von Mollweide gibt Ländern ihre korrekte Flächengröße, aber sie verändert ihre Form, wenn sie nahe am Rand liegen. (© Princeton University Press)

das häufig mit der QG-Theorie (quasigeostrophischen Theorie) beschrieben wird. Und dieses QG-Wetter folgt der altehrwürdigen Tradition, für die schon von Bjerknes eingetreten ist: Sie berücksichtigt einen Zirkulationssatz und einen Erhaltungssatz für die PV. Es stellte sich heraus, dass die Erhaltung der PV mit symplektischen, also flächenerhaltenden Transformationen in Verbindung steht.

Eine flächenerhaltende Transformation ist sogar anpassungsfähiger als eine winkelerhaltende. Um diese Tatsache zu verdeutlichen, betrachten wir etwas Kaffeesahne, die wir vorsichtig auf die Oberfläche eines Kaffees geben, den wir dann vorsichtig umrühren. Der Sahnefleck wird deformiert, aber wenn wir vorsichtig umrühren, bleibt seine Fläche gleich, auch wenn sich dünne Fäden herausbilden. Diese Transformation der Fluidoberfläche ist näherungsweise symplektisch. Es gibt ein bekanntes Beispiel in der modernen Geometrie, das diesen Effekt sehr verständlich darstellt – das sogenannte *symplektische Kamel.* Mithilfe einer symplektischen Transformation kann jedes Kamel in der symplektischen Geometrie langgestreckt werden und daher so dünn werden, dass es durch eine Nadelöhr passt! Wenn wir diesen Effekt mit den starreren Transformationen eines Kamels in winkelerhaltenden Geometrien vergleichen, sehen wir, dass symplektische Transformationen die Starrheit nicht berücksichtigen.

In der Meteorologie werden die flächenerhaltenden Geometrien aus zwei Gründen häufiger verwendet. Strömungsstrukturen, die in der Atmosphäre beobachtet werden, sind oft kompliziert. Als Beispiel stellen wir uns zwei Luftmassen mit unterschiedlichen Eigenschaften vor (zum Beispiel unterschiedlichen Temperaturen und Feuchtegraden), die umeinander strömen und sich vielleicht in gewissem Umfang mischen. Wir müssen dazu imstande sein,

C.-G. ROSSBY

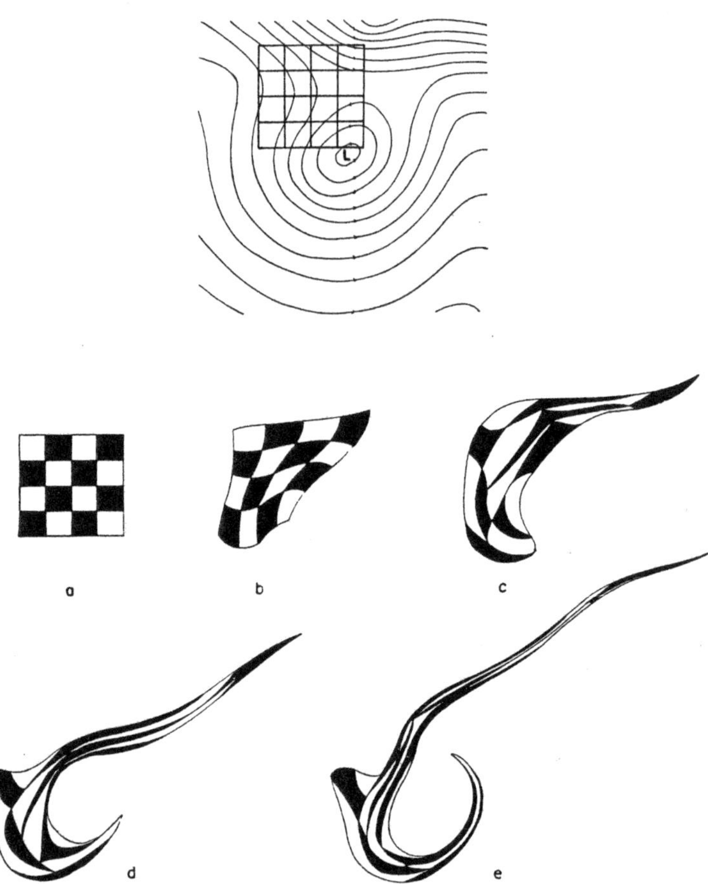

Fig. 13. In the upper part of this figure a square grid is superimposed on a 500-mb map. The following pictures show the progressive deformation of the square grid during four consecutive 12-hour intervals, computed under the assumption that the material points, which originally coincided with the corner points in the squares, follow the motion in the 500-mb surface. If one systematically describes the state of the atmosphere by means of a fixed net, which with regard to grid size, coincides with the original grid, certain details in the state between the grid points evidently must disappear as time passes. The figure indicates also one of the reasons that the aerosols released in a limited region, sooner or later tend to stretch into narrow bands (from a paper by P. WELANDER).

Abb. 20 Der zu einem typischen Tiefdrucksystem L (oder Zyklone) zugehörige Wind transportiert ein schwarzweißes 4 × 4-Schachbrett, das über eine kritische Region der Strömung gelegt wird. Der Anfangszeitpunkt ist in (**a**) abgebildet, und das Gitter durchläuft die Zeitpunkte (**b**) bis (**e**). Wir stellen uns nun statt des Gitters Luftmassen vor, welche Feuchtigkeit transportieren. Wie stellen wir sicher, dass die Berechnungen die Feuchtigkeit in den Filamenten erhalten, wenn wir nur in den festen Pixeln Werte einspeichern? Dies wäre sehr wichtig für unsere Fähigkeit, Regen vorherzusagen. (© 1959, Rockefeller University Press. *The Atmosphere and the Sea in Motion,* herausgegeben von Bert Bolin, S. 34) den „Daumenabdruck" solcher Prozesse in Computermodellen zu identifizieren – einfach zu hoffen, dass sich Abermillionen Berechnungen zu etwas Realistischem aufaddieren, ist oft unzureichend und häufig unzuverlässig. Es müssen Bedingungen an diese Simulationen gestellt werden, um sowohl die größeren Strukturen als auch die Erhaltung der Wärme und der Feuchtigkeit von Luftpaketen darzustellen, die mit den Strömungen transportiert werden.

Abb. 20 stammt aus dem Rossby-Gedenkband und zeigt, wie Luft in einem anfänglich gleichmäßigen Schachbrettgitter strömt und innerhalb eines bestimmten Zeitraumes – beispielsweise während einer sich entwickelnden Zyklone – deformiert wird. Da die Luftmasse Feuchtigkeit transportiert, erfordert eine exakte Regenvorhersage genaue Kenntnisse des Massentransportes des Luftpaketes. Hier können wir uns die Feuchtigkeit, die mit dem Wind transportiert wird, vorstellen wie die Kaffeesahne, die durch die Bewegung der Kaffeeoberfläche transportiert wird. Die Erhaltung des Luftpaketvolumens wird durch die Flächenerhaltung des Paketes erreicht, wenn die dazugehörige Koordinate, welche die Paketdicke angibt, konstant gehalten wird. Um die richtige Menge des mittransportierten Wassers zu bestimmen, ist die Erhaltung der Luftmasse wichtiger als die Kenntnis der genauen Form. Wenn der Computercode so geschrieben werden kann, dass er der Luftströmung folgt und dabei symplektische Transformationen auf Flächen konstanter Massendicke anwendet, dann wird die Genauigkeit der gesamten Simulation – manchmal enorm – verbessert. Im nächsten Abschnitt erörtern wir die Erhaltung der PV in bewegten Luftpaketen. Abb. 20 ist eine Zeichnung aus den 1950er-Jahren. Heute haben wir Modelle, die Filamentierungen von Strömungen mit beachtlicher Genauigkeit simulieren können. Ein Beispiel ist in Abb. XI im Farbteil vor Kap. „Zwischenspiel: Ein Gordischer Knoten" dargestellt.

Die Teile unseres Puzzles sind zum Zusammensetzen bereit. Wir kombinieren eine Transformation von Wind, Temperatur und Druck zur PV mit einer neuen Transformation von der Höhe zur potenziellen Temperatur als Vertikalkoordinate – um die Beziehung der Masse zur symplektischen Fläche genauer werden zu lassen. Dann erreichen wir eine mathematische Beschreibung atmosphärischer Strömungen, die am natürlichsten bezüglich flächenerhaltender Geometrie ausgedrückt werden kann.

Das globale Bild

Die beiden Projektionsbeispiele der Mercator- und Mollweide-Karten zeigen die skalierungsinvariante und die flächenerhaltende Geometrie; auf sie wollen wir uns konzentrieren. Die skalierungsinvariante Geometrie haben wir schon in Kap. „6. Die Metamorphose der Meteorologie" kennengelernt (Abb. 8), als wir Charneys erste Bestimmung der größten Kräfte für typische Wetterbewegungen erörtert haben. Wenn die größten Kräfte die Beschleunigungsterme in der Impulsgleichung dominierten, nannten wir dies hydrostatisches und geostrophisches Gleichgewicht. Diese Skalierungen helfen uns zu erklären, warum verschiedene Prozesse in der Atmosphäre in geringeren Höhen stattfinden, wenn wir uns vom

Äquator zu den Polen bewegen – die „Höhe“ nimmt ab, wobei es keinen Unterschied macht, ob eine atmosphärische Bewegung stattfindet oder nicht. Das hilft uns, die mittlere Windbewegung um die Druckkonturen in der mittleren und oberen Troposphäre zu verstehen.

Indem man diese relativ einfachen Variablentransformationen verwendet, werden qualitative Aspekte der Strukturen der Atmosphäre in Computersimulationen eingebunden. Können wir, anstatt Wetterpixel in einer festen, gleichen Höhe über dem Meeresspiegel vom Äquator zu den Polen zu betrachten, Transformationen unserer Pixelgrößen finden, welche die Variablen in eine temperaturabhängige Höhe transformieren, sodass jedes Wetterpixel etwa die gleiche Menge der Atmosphäre repräsentiert? Dann würden Decken aus Cumuluswolkenschichten in diesen neuen „Höhen“-Variablen ungefähr die gleichen „Höhen“-Werte in allen Breitengraden annehmen. Anstatt zuerst viel Zeit mit der Wiederberechnung des lokal-statischen Gleichgewichtgrundzustandes zu verbringen, könnten sich die Computerberechnungen auf den sich verändernden atmosphärischen Zustand konzentrieren. Solche Transformationen sind in der meteorologischen Ausdrucksweise bekannt als Übergang auf isobare (druckkonstante) Koordinaten. Zudem betrachten wir anstatt der gewöhnlichen Temperatur die potentielle Temperatur als eine Wetterpixelvariable. In isobaren Koordinaten hätte die atmosphärische Struktur, wie sie in Abb. 1 skizziert ist, überall nahezu die gleiche Höhe – vom Äquator bis zu den Polen.

Aus Sicht eines Luftpaketes fasst die potentielle Temperatur (die wir in Vertiefung 5.2 vorgestellt haben) die gesamte thermische Energie des Luftpaketes zusammen. Thermische Energie ist wichtig, weil sie in Bewegungsenergie umgewandelt werden und somit Winde beschleunigen kann. In Vertiefung 7.1 wird die PV-Formel (1) aus Kap. „5. Begrenzung der Möglichkeiten“ zu einer Größe erweitert, bei der Temperaturänderungen bei atmosphärischen Bewegungen wichtig sind.

Vertiefung 7.1. Das Rückgrat des Wetters II: Die potenzielle Vorticity in isentropen Koordinaten

Wir erweitern Vertiefung 3.2, in der Temperatureffekte nicht berücksichtigt wurden, zu einer Atmosphäre, in der die potenzielle Temperatur nun wichtig ist. Der Ausdruck für die PV in der Strömung eines Luftpaketes, in der sich Dichte und Temperatur verändern können, ist durch die folgende Gleichung gegeben:

$$PV = \frac{1}{\rho}\zeta \cdot \nabla\Theta. \tag{1}$$

Hier sind ρ die Fluiddichte, ζ die absolute Wirbelstärke (die Summe der relativen und planetaren Wirbelstärke – s. Kap. „5. Begrenzung der Möglichkeiten“) und $\nabla\Theta$ der Gradient der potenziellen Temperatur Θ. Für viele atmosphärische Luftpaketströmungen ist die PV des Paketes während der Bewegung konstant. Die direkte Berechnung von

$D(PV)/Dt$ aus den Gleichungen von Kap. „2. Von Überlieferungen zu Gesetzen" ist eine bewährte Übungsaufgabe für Meteorologiestudenten.

Welche Beziehung hat diese Definition der PV zu der, die wir in Kap. „5. Begrenzung der Möglichkeiten" vorgestellt haben? Hier beschreiben wir, wie die verschiedenen Ausdrücke für die PV ineinander umgewandelt werden können – ein Vorgang, der in der dynamischen Meteorologie genutzt wird, um einen Einblick in die genauen Wechselbeziehungen der Pixel im Zustandsraum zu gewinnen.

Wir können eine Umformung in isentrope Koordinaten durchführen, indem wir die Vertikalkoordinate z (die Höhe, angegeben auf der linken vertikalen Achse in Abb. 21) durch die Flächen konstanter potenzieller Temperatur Θ ersetzen. Dann wird die PV folgendermaßen geschrieben:

$$PV = -g(f + \zeta_{\Theta}) \left(\frac{\partial p}{\partial \Theta} \right)^{-1}, \quad (2)$$

wobei g die Erdbeschleunigung, f den Coriolisparameter, ζ_{Θ} die relative Wirbelstärke auf einer konstanten Θ-Fläche und p den Druck bezeichnen. (Bei der partiellen Ableitung von p nach Θ wird Θ als unabhängige Variable ausgedrückt.) Nun können klare Analogien zu der konstanten Temperaturform gezogen werden (s. Formel (1) in Kap. „5. Begrenzung der Möglichkeiten", wie wir im Folgenden beschreiben werden.

Bevor wir PV- und Θ-Transformationen näher erörtern, weisen wir darauf hin, dass sich durch Kombination des ersten Hauptsatzes der Thermodynamik (Erhaltung der Energie eines Luftpaketes, welche am einfachsten ausgedrückt wird, indem man Θ verwendet) und der horizontalen Impulsgesetze die PV nur ändern kann durch diabatisches Erwärmen (beispielsweise durch freigesetzte latente Wärme bei Kondensation von Wasserdampf) und durch Reibungsprozesse (die bei Bewegungen aufgrund des Windes an Hügeln und Konvektionsströmungen auftreten). Wenn diese Prozesse nicht auftreten, das heißt, wenn die Strömung reibungslos und adiabatisch ist (was bedeutet, dass Θ konstant ist, während sich das Luftpaket bewegt), bleibt die PV *erhalten*. In Formeln heißt dies: $D(PV)/Dt = 0$. Dieser Erhaltungssatz gilt in guter Näherung für die oberen und mittleren Regionen der Atmosphäre, welche für die Entstehung von Zyklonen wichtig sind.

Mit diesem Erhaltungsprinzip im Hinterkopf kehren wir zur Analogie des Eiskunstläufers zurück, die wir in Kap. „5. Begrenzung der Möglichkeiten" beschrieben haben, wobei Temperatur und Dichte als konstant angenommen wurden: Ein sich drehender Eiskunstläufer mit seitwärts ausgestreckten Armen kann seine Rotation beschleunigen, indem er seine Arme an seinen Körper heranzieht. Genauso muss sich, wenn sich eine breite, drehende Luftsäule in ihrem Querschnitt zusammenzieht, die Drehgeschwindigkeit der Luft erhöhen, um die PV zu erhalten. Die Erhaltung der Luftmasse führt außerdem zu einer vertikalen Streckung der Säule.

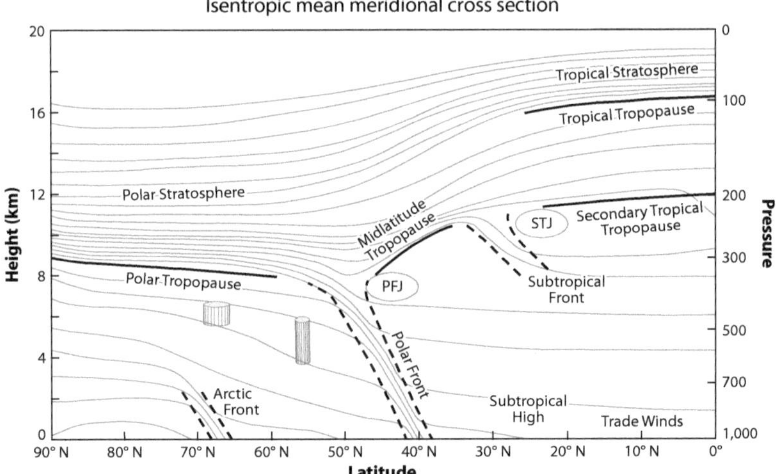

Abb. 21 In einem Vertikalschnitt der Atmosphäre vom Nordpol zum Äquator ist ein typischer Querschnitt von Flächen gleicher potenzieller Temperatur dargestellt. Die verschiedenen (jährlich und zonal gemittelten) globalen Fronten, Jetstreams und Tropopausen sind in der Troposphäre zwischen der Erdoberfläche und der Stratosphäre dargestellt. Eine Luftsäule, begrenzt durch zwei Θ-Flächen, ist in etwa 67°N zu sehen. (© Princeton University Press)

Wie erkennen wir die einfache Beziehung von Konvergenz und zunehmender Drehgeschwindigkeit, die wir gerade in unserer Vertiefung der PV definiert haben? Das Geheimnis besteht darin, die PV so zu transformieren, dass wir statt der Höhe die potenzielle Temperatur als unabhängige Vertikalkoordinate nutzen können. Diese sogenannten Isentropen (oder Θ-Flächen) sind in Abb. 21 gezeigt; zudem sind zwei mögliche Orte für die rotierende Luftsäule schraffiert dargestellt, die zwischen denselben zwei Θ-Flächen gefangen ist.

Man betrachte eine solche scheibenförmige Luftsäule in einer adiabatischen Strömung. Die Spitze und der Boden der Säule sollen weiterhin auf diesen Θ-Flächen liegen, auch wenn sich die Säule bewegt. Die Dynamik der Luftsäule wird durch den Erhaltungssatz der PV gesteuert, und die einzigen Größen, die sich ändern, sind der Druck, die relative Wirbelstärke und der Coriolisparameter. Die Streckung der Vertikalausdehnung der Säule im physikalischen Raum ist mit Druckänderungen verbunden (der Druck ist auf der rechten vertikalen Achse in Abb. 21 aufgetragen). Eine solche „Streckung" der Luftsäule muss mit einer Änderung der absoluten Wirbelstärke $(f + \zeta_\theta)$ ausgeglichen werden. Dahinter verbirgt sich das gleiche Prinzip, welches wir in Kap. „5. Begrenzung der Möglichkeiten" beschrieben haben und nach welchem Rossby-Wellen in einer Westströmung über den Anden einsetzen. Eine Grafik der PV unter Verwendung von isentropen Koordinaten ist in Abb. XII im Farbteil vor Kap. „Zwischenspiel: Ein Gordischer Knoten" dargestellt. Hier wird die Atmosphäre aus einer computergenerierten Sicht weit über dem Nordpol gezeigt. Abb. 22 veranschaulicht die Teilung des nördlichen Polarwirbels in der unteren Stratosphäre im Januar 2009.

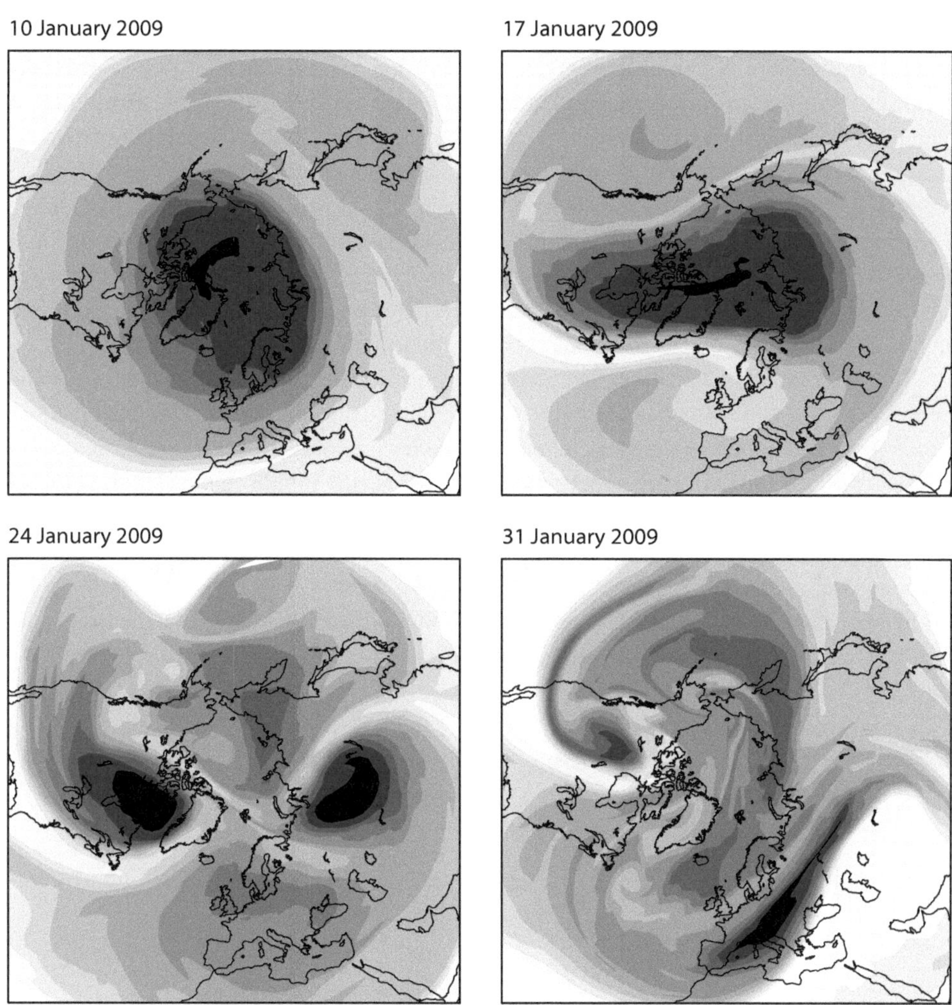

Abb. 22 Konturen des Ozons in der unteren Stratosphäre über dem arktischen Ozean. Im Januar 2009 teilt sich ein Polarwirbel, und die Ozonkonturen drehen sich auf komplizierte Weise ein. (ECMWF-Analyse des stratosphärischen Ozons in 10 mb). (© 2019 ECMWF)

Die Transformation der PV in isentrope Koordinaten ermöglicht uns, über flächenerhaltende Geometrien auf Θ-Flächen nachzudenken. Symplektische Geometrie wird im Wesentlichen genutzt, weil sie sich als natürliche mathematische Sprache herausgestellt hat, um den Zirkulationssatz von Bjerknes zu untersuchen. Weil die symplektische Geometrie während der Formulierung des Zirkulationssatzes noch in ihren Kinderschuhen steckte, kannte Bjerknes, als er die atmosphärischen und ozeanischen Strömungen untersuchte, diesen geometrischen Ansatz noch nicht; er gehörte zu den Themen, die aufgrund von Poincarés Arbeit einen beachtlichen Auftrieb erhielten.

Heute wissen wir, welche Mathematik notwendig ist, um Bjerknes' Erhaltungsprinzip bezüglich abstrakter Geometrie im Wetterzustandsraum auszudrücken. Der Vorteil, einen abstrakten Ansatz zu verfolgen, besteht in neuen Möglichkeiten für die Konstruktion von Pixelregeln. Die physikalischen Gesetzmäßigkeiten, die durch den Zirkulationssatz ausgedrückt werden, können in die Wetter- und Klimamodelle eingebaut werden und verbessern so unsere Fähigkeit, eine Vorhersage zu berechnen. Damit beschäftigt sich auch die heutige Forschung. So führen genauere Kenntnisse des Luftmassentransportes mithilfe von Computermodellen zu genaueren Vorhersagen von Vulkanasche oder Ozon (Abb. 22), ebenso wie von Feuchtebewegungen, Wolkenbildungen oder Niederschlagsprozessen. Die Verfolgung dieses Ziels führt wohl über Bjerknes' ursprüngliche Vision hinaus.

Bjerknes nutzte die Erhaltung der Strömung einer idealen Flüssigkeit um eine geschlossene Kurve, um viele offenbar unterschiedliche Phänomene von Fluidströmungen in nahezu horizontalen Schichten der Atmosphäre und Ozeane zu erklären. Dieses eine Erhaltungsgesetz legt die Luft- und Wasserbewegung so fest, dass sich die Fluide nicht vollständig zufällig bewegen können. Die Erhaltung einer solchen, entsprechend definierten Zirkulation einer Fluidströmung ist der Kern der modernen geometrischen Sicht auf die Bewegung unserer Atmosphäre.

In Abb. 23 stellen wir eine Luftmasse, eine Kontur um die Luftmasse und die Berechnung der Zirkulation, angedeutet durch die größeren Pfeile, dar. Wir zeigen, wie der äußere Weg in

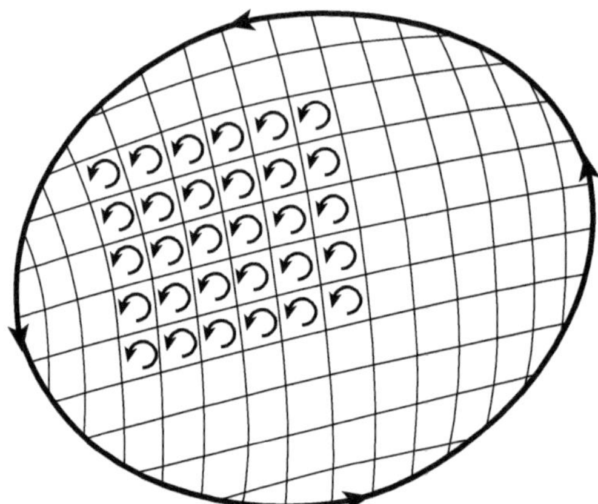

Abb. 23 Einzelne Wirbel in den Computerpixeln addieren sich zu einem großen Wirbel eines Fluidpaketes und gewährleisten, dass der Zirkulationssatz während des Wetters gilt, welches die Pixel darzustellen versuchen. Die Computerregeln eines jeden Pixels müssen so definiert werden, dass sich die Wirbel unter Berücksichtigung der internen Aufhebungen von benachbarten Pixeln zu der richtigen Zirkulation um das große Luftpaket addieren. Die Einführung einer geometrischen Sicht auf die Milliarden einzelner, arithmetischer und algebraischer Berechnungen hilft, diese genauer durchzuführen. (© Princeton University Press)

kleinere Ringe auf Pixeln zerbrochen wird; diese Konstruktion ist sehr allgemein und hängt nicht von einer speziellen Eigenschaft des äußeren Ringes ab. Wenn wir zu immer kleineren Pixeln und Ringen übergehen, erreichen wir Flächen, die Teil einer symplektischen Struktur sind. Wir benötigen Kenntnisse über symplektische Geometrie, um den Zirkulationssatz in Computercodes einzubauen. Es ist sehr wichtig, dass wir zufällige, meist inkonsistente Fehler vermeiden, die sich in die von Supercomputern durchgeführten Millionen Rechenschritte einschleichen können. Die unvermeidlichen Fehler in den Computermodellierungen der ursprünglichen Gleichungen müssen durch die Erhaltungssätze überwacht werden.

Ob wir uns für die Bewegung von Planeten im Sonnensystem oder einer Zyklone bzw. eines Hurrikans in der Erdatmosphäre interessieren, die qualitativen Eigenschaften solcher Bewegungen folgen normalerweise aus den Zwangsbedingungen an die Konfiguration und aus den Erhaltungssätzen. Skalierungen ermöglichen uns, vorherrschende Kräftegleichgewichte zu erkennen und geeignete Störungsansätze anzuwenden, wie wir in Kap. „6. Die Metamorphose der Meteorologie“ beschrieben haben. So können wir den Gordischen Knoten der nichtlinearen Rückkopplungen lösen. Erhaltungssätze bestimmen die Möglichkeiten der Strömungen und halten die Berechnungen näher am „realen“ Wetter. Die Masse, die Feuchtigkeit und die thermische Energie von Luftpaketen werden genau überwacht, während sie mit dem Wind transportiert werden. Des Weiteren kann auch der herumwirbelnde Wind selbst nicht zufällig strömen, sondern muss die Zirkulations- und PV-Sätze berücksichtigen. Moderne Wetterdienste nutzen Algorithmen und wählen die Pixel so, dass sie diese Regeln genau genug erfüllen. Auf diese Weise liefern sie oft eine erfolgreiche Vorhersage der atmosphärischen Strömung für mehrere Tage. Normalerweise wird das morgige Wetter für jeden Ort auf der Erde sehr gut vorhergesagt. In Abb. 24 zeigen wir ein computergeneriertes Satellitenbild von Wolkenbändern, die in Wirbeln um Tiefdruckwettersysteme enden. Darüber liegen PV-Konturen, welche die Kohärenz der computerbasierten Vorhersage zeigen.

Symplektische Geometrie ist die Mathematik, die den Zirkulationssatz im Zustandsraum beschreibt. Das „Zusammenflechten“ im Wort „sym-plektisch“ macht es zu einer vollkommen anderen Beschreibung als der des „feinen Fadens“ von Bjerknes, der die Luftbewegung an die physikalischen Prozesse von Wärme und Feuchtigkeit bindet. Symplektische Geometrie zeigt uns, wie wir den Zirkulationssatz mittels präziser Mathematik in die detaillierten Berechnungen der heutigen Wettervorhersagealgorithmen einbinden können. Indem er für die Bestimmung von Gleichgewichten das Konzept der Skalen (oder Skalierungen) nutzte, brachte uns Charneys Artikel aus dem Jahr 1948 auf den richtigen Weg, wie wir die wichtigsten Eigenschaften der Wettersysteme mit relativ einfachen mathematischen Modellen erfassen können. Pixeldarstellungen durch die symplektische Geometrie in transformierten Variablen könnten dazu führen, dass solche Erhaltungssätze noch effektiver in die Computermodelle des Wetters eingebaut werden.

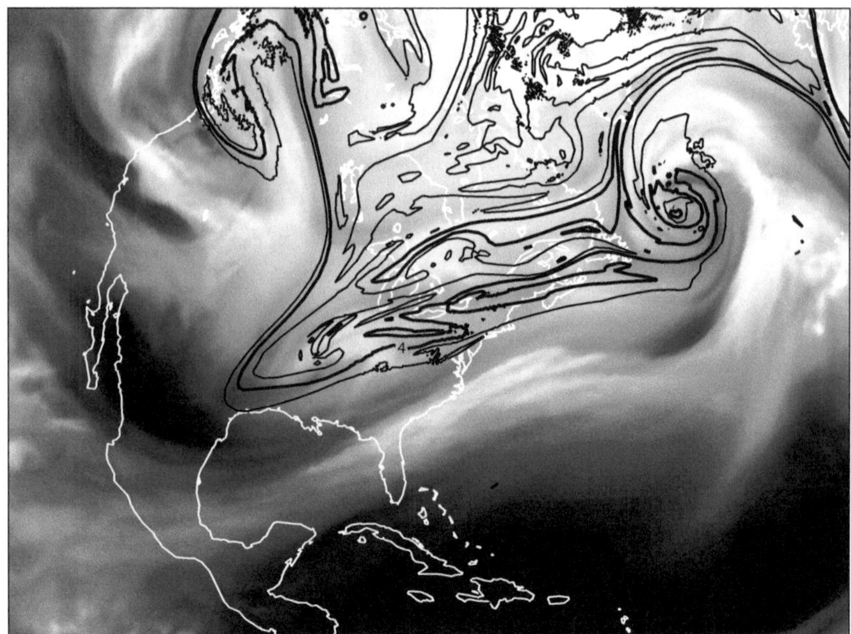

Abb. 24 Hier ist alles zusammengefügt: Die Konturen zeigen die PV, berechnet auf einer 315-K-Fläche. Die Graustufen zeigen ein für die gleiche Zeit mithilfe eines Modells simuliertes Satellitenbild, das den Wasserdampf darstellt. Es handelt sich um eine 24-h-Vorhersage des ECMWF über den nordöstlichen USA. Die Vorhersage beginnt am 06. Februar 2011 um 12 Uhr mittags und ist bis zum 07. Februar 2011 um 12 Uhr mittags gültig. Es gibt eine Korrelation zwischen den dunklen und hellen Flächen des Bildes und dem starken Gradienten des PV-Feldes, der durch die eng beieinander liegenden Konturen erkennbar ist. Wenn wir das tatsächliche Satellitenbild mit der letzten Vorhersage des Bildes vergleichen, können wir die Genauigkeit der Vorhersage abschätzen. Dort, wo keine Übereinstimmungen sichtbar sind, kann unsere Kenntnis vom Zusammenhang zwischen PV-Feld und Wind, Temperatur und Druck genutzt werden, um die folgende Vorhersage zu korrigieren und zu verbessern. (© 2019 ECMWF)

8. Im Chaos vorhersagen

Als sich das 20. Jahrhundert dem Ende neigte, flossen weitere Aspekte des Wetters und Klimas in die Computerprogramme. Auf welchem Stand ist die Wetter- und Klimavorhersage im 21. Jahrhundert? Messunsicherheiten erschweren es, die feuchte Luft transportierende Atmosphäre zu verstehen, und beeinträchtigen unsere Möglichkeiten, Wetterveränderungen zu prognostizieren. Da wir den Zustand der Luft und ihrer Feuchtigkeit über uns nie allumfassend kennen werden, sehen wir uns an, welche Möglichkeiten wir angesichts des Unbekannten zu Verbesserungen wir derzeit haben und wie wir die Computerdarstellung des Wetters optimieren können.

Wir kommen nun also zum eigentlichen Kern des Ganzen. In Kap. „7. Mit Mathematik zum Durchblick" haben wir prinzipiell gezeigt, wie die Mathematik hinter dem Computeralgorithmus dafür sorgt, dass die Tatsachen berücksichtigt werden, die hinter den Regeln der Physik der Atmosphäre stecken, die wir in Kap. „2. Von Überlieferungen zu Gesetzen" kennengelernt haben. Nun müssen wir noch genauer mit viel mehr Einzelheiten fertigwerden. In Abb. 1 zeigen wir die Auswirkung eines heftigen Eissturmes. Mithilfe der Meteorologie sollte ermittelt werden können, wo und wann ein solches Wetterereignis eintreten wird und zu welchem „Worst-Case-Szenario" es führen könnte. Wir beschreiben, wie uns moderne Mathematik zu realistischeren Computervorhersagen des zukünftigen Wetters führt.

In den letzten beiden Jahrzehnten wurden Rechenleistung und Software von Supercomputern in einem solchen Ausmaß weiterentwickelt, dass wir uns heute mit den heikleren Themen, von denen Charney 1950 annahm, dass sich damit nur einige wenige Akademiker befassen würden, routinemäßig beschäftigen können. Und dazu gehört die Prognose, ob es regnen wird. Doch zunächst wollen wir einen Philosophiewandel beschreiben. Statt zu versuchen, genau vorherzusagen, wie das Wetter in der Zukunft sein wird, versuchen wir heute zu prognostizieren, wie das Wetter wahrscheinlich werden wird.

I. Roulstone und J. Norbury, *Unsichtbar im Sturm*,
https://doi.org/10.1007/978-3-662-48254-4_10

Abb. 1 Ungewöhnliches Wetter kann eindrucksvoll und gefährlich sein. Werden wir aufgrund des Klimawandels extreme Ereignisse in Zukunft öfter erleben? Um solche Fragen zu beantworten, müssen wir verstehen, wie sich der „Klima-Attraktor" verändert. Wieder einmal hilft uns die Mathematik dabei. (© U.S. National Oceanic and Atmospheric Administration)

Vorhersage und Wahrscheinlichkeit

Im Jahr 1962 hielt Richard Feynman, der gerade den Nobelpreis für Physik erhalten hatte, vor Studenten einen Vortrag über allgemeine Naturgesetze der Wissenschaft. Auf seine unnachahmliche Weise machte er eines sehr klar: In der Wissenschaft geht es nicht immer darum, die absolute Wahrheit zu liefern. Als Wissenschaftler sagen zu können, was mehr oder weniger wahrscheinlich ist, gefährdet nicht unbedingt unsere Integrität. Um diesen Punkt zu veranschaulichen, berichtete Feynman von einer Diskussion, die er mit „Laien" über die mögliche Existenz von unbekannten Flugobjekten geführt hat. Einer drängte darauf, dass Feynman eindeutig mit „Ja" oder „Nein" antworten solle, ob er an die Existenz von UFOs glaube oder nicht. Letztendlich forderte sein Gegenspieler eine Antwort – „Können Sie *beweisen*, dass sie nicht existieren? Wenn Sie das nicht können, sind Sie kein sehr guter Wissenschaftler!" Feynman antwortete, indem er darauf hinwies, dass diese Sichtweise schlichtweg falsch sei. Um seinen Standpunkt klarzumachen sagte er: „So wie ich die Welt um mich herum sehe, denke ich, dass es *wahrscheinlicher* ist, dass die Berichte von UFOs auf *bekannte*, irrationale Verhaltensweisen der Erdbewohner zurückzuführen sind als auf *unbekannte* rationale Bemühungen außerirdischer Intelligenz."

Vor mehr als einem Jahrhundert war die Wissenschaft bemüht zu beweisen, dass das Sonnensystem immer stabil bleiben wird, aber sie fand das Gegenteil heraus, und vor einem halben Jahrhundert konnte die Wissenschaft die Existenz von UFOs nicht widerlegen. Zu den heutigen Problemstellungen gehört die Frage, ob uns die Wissenschaft klare Antworten über das Wetter und Klima der Zukunft geben kann. Wird das Chaos alle mit Mühe erarbeiteten Errungenschaften über den Haufen werfen? Viele Bemerkungen weisen darauf hin. Aber wenn wir uns das einfache Modell von Lorenz und die Flächen der Schmetterlingsflügel, die er im Zustandsraum fand (s. Abb. 7 in Kap. „7. Mit Mathematik zum Durchblick"), näher ansehen, dann kommen wir zu einer anderen Interpretation. Angenommen, die Schlüsselinformation über das Klima, die wir suchen – beispielsweise Wärme oder Regen –, hängt mit der Form der Schmetterlingsflügel zusammen. Auch wenn wir nicht genau vorhersagen könnten, wann, wo oder für wie lange sich unsere Lebensgeschichte um die Schmetterlingsflügel dreht, könnten wir dennoch die mittleren „Klimamerkmale" recht gut einschätzen. Wenn die Schmetterlingsflügel ihre Form ändern würden, wäre das ein Hinweis auf eine Veränderung des Klimas.

Dieser Ansatz erfordert, dass wir uns mehr auf die typischen Lebensgeschichten des Wetters konzentrieren sollten, als das eine wahre zukünftige Wetter bestimmen zu wollen. Mathematisch heißt das, dass wir den Wetter-Attraktor im Phasenraum finden müssen. Das Wort „Attraktor" wird verwendet, um auf Folgendes hinzuweisen: Auch wenn einzelne Wetterereignisse zufällig erscheinen, wiederholen sie sich auf ähnliche Weise und können typisiert werden. Solche Klassifizierungen wurden seit der Bergener Schule mit wachsender Sorgfalt untersucht. Auch auf einem detaillierteren Niveau betrachtet, werden Windböen über Zeiträume von Minuten bis Stunden ihre mittlere Richtung beibehalten. Jedes Mal, wenn ein neues Computermodell entwickelt wird, um das Wetter vorherzusagen, verändert sich nicht nur die Art und Weise, wie wir diese mittleren Werte schätzen oder darstellen, sondern es verändert sich auch der Zustandsraum und der Wetter-Attraktor innerhalb des Modells. Aber das Wetter selbst sollte nicht davon abhängig sein, wie es dargestellt wird.

Abgesehen von den Details unseres Modells sollten die Tatsachen, welche immer Geltung haben und die Form des Wetter-Attraktors bestimmen, genau die Tatsachen sein, welche uns helfen, die Lebensgeschichten des Wetters für die Erde zu bestimmen. Wir müssen sicherstellen, dass jedes Computermodell Regeln befolgt, welche die Erhaltungssätze, beispielsweise der Masse, der Energie, der Feuchte und der PV, genügend berücksichtigen. Transformationen der Wetterpixelvariablen, die den Schwerpunkt der Computeralgorithmen auf die potentielle Temperatur und die PV legen, helfen dabei, die Erhaltungssätze hinter den Regeln zum Vorschein zu bringen, die wir in Kap. „7. Mit Mathematik zum Durchblick" erläutert haben.

Wie wir in den Kap. „5. Begrenzung der Möglichkeiten" und „6. Die Metamorphose der Meteorologie" beschrieben haben, muss außerdem jede Zukunft des Wetters so gelenkt werden, dass sie das hydrostatische und geostrophische Gleichgewicht der Wetterzustände der Modelle adäquat berücksichtigt, sodass wir beginnen können, den Gordischen Knoten der Rückkopplung zu lösen. Aber wie können wir die praktische Suche nach einem Attraktor für die Wettervorhersage für den nächsten Tag oder für mehrere Jahrzehnte in Angriff nehmen? Der einfachste Ansatz verwendet die sogenannte *Ensemblevorhersage*. Im Folgenden beschreiben wir, wie heutige Wetterdienste mithilfe einer eigentlich sehr einfachen Technik zu zusätzlichen Informationen über die Zuverlässigkeit der Vorhersagen gelangen.

Bevor wir die Ensemblevorhersage im Detail beschreiben, erklären wir zunächst, wie das Konzept der Wahrscheinlichkeit eingesetzt wird. Wie Feynman andeutete, ist die wahrscheinlichkeitstheoretische Vorhersage ein wahrhaftig wissenschaftliches Unterfangen. Mit Wahrscheinlichkeit, welche meist in Prozent ausgedrückt wird, meinen wir, wie hoch die Chancen sind, dass ein Ereignis eintritt. Obwohl wir Informationen oft ablehnen, die mit bestimmten Wahrscheinlichkeiten angegeben werden, betrachten wir im Folgenden unser Verhalten im Falle einer wahrscheinlichkeitsbezogenen Regenvorhersage für ein Wochenende, an dem wir eine Party planen.

Das erste Szenario ist eine private Gartenparty für Geschäftskunden, die gerade dabei sind, eine Entscheidung über einen großen Vertrag zu fällen, um den wir uns bemüht haben. Weil der Einsatz hoch ist und wir der Ansicht sind, dass sich unsere Kunden unbedingt wohlfühlen sollten, würden wir angesichts des Risikos wahrscheinlich für rund 1000 EUR ein Zelt ausleihen, wenn ein Meteorologe eine zehnprozentige Wahrscheinlichkeit für starken Regen herausgibt. Das zweite Szenario ist eine ähnliche Party. Aber dieses Mal haben wir Verwandte und Nachbarn eingeladen, die wir beeindrucken wollen. Wir bedenken die Möglichkeit, ein Zelt zu leihen. Aber bei einer zehnprozentigen Regenwahrscheinlichkeit könnten wir das Geld sparen, das Risiko eingehen und uns zur Not ins Haus quetschen, falls es regnet. Das letzte Szenario ist eine Party, zu der wir all unsere Kumpel eingeladen haben; es wäre uns vollkommen egal, ob sie einen kleinen Schauer abbekommen, und wir würden bestimmt nicht auf die Idee kommen, Geld in ein Zelt zu investieren. Die Moral dieser Geschichte ist folgende: Wenn das Schaden-Kosten-Verhältnis hoch ist, treffen wir oft Entscheidungen, um Vorsichtsmaßnahmen zu ergreifen, auch wenn die Wahrscheinlichkeit eines schlechten Ausgangs gering ist; umgekehrt gehen wir oft Wagnisse ein, wenn das Schaden-Kosten-Verhältnis niedrig ist.

Wir vergleichen diese Szenarien mit ähnlichen Situationen, in denen der Meteorologe keine Informationen über die Regenwahrscheinlichkeit anbietet, sondern nur eine einzelne deterministische Vorhersage herausgibt. Wenn die Meteorologen sagen, dass es nicht regnen wird, es aber dennoch regnet, würden wir im ersten Szenario verständlicherweise verärgert sein. Im letzten Szenario würden wir uns wahrscheinlich lediglich auf Kosten der Meteorologen gut amüsieren. Die große Mehrheit von uns setzt sich Tag für Tag wenig mit Schaden-Kosten-Abwägungen bezüglich des Wetters auseinander. Aber es gibt viele Menschen auf der Welt, die Entscheidungen treffen müssen, bei denen das Schaden-Kosten-Verhältnis gewaltig ist: zum Beispiel der Start eines Raumfahrzeugs, das Schließen eines Flughafens, das Umleiten von Flugzeugen oder das Schützen der Bevölkerung vor bestimmtem Wetter und die Frage, ob eine Region evakuiert werden soll, die eventuell von einem Hurrikan getroffen werden könnte.

Unsicherheiten wird es aufgrund der Einschränkungen in den Modellen immer geben, etwa durch Fehler in den Daten und aufgrund von Chaos. Aber der Wert der Vorhersagen für die Entscheidungsträger wird deutlich verbessert, wenn die damit verbundene Unsicherheit quantifiziert werden kann. Was insbesondere für Unwetter gilt, das Sachschäden verursachen oder gar Leben kosten kann, sodass es sich lohnt, Vorsichtsmaßnahmen zu ergreifen, auch wenn das Ereignis unwahrscheinlich ist. Unsicherheiten über Wahrscheinlichkeiten auszudrücken, ist eine naheliegende Möglichkeit, die immer häufiger eingesetzt wird. Indem Wahrscheinlichkeiten genutzt werden, kann eine Spannweite von möglichen Ergebnissen beschrieben werden, und ihre Wahrscheinlichkeit kann dann unter Berücksichtigung der entsprechenden Kosten und Risiken verwendet werden, um zu fundierten Entscheidungen zu kommen. Lohnt es sich, Millionen von Euro in Vorsichtsmaßnahmen zu investieren, wenn die Wahrscheinlichkeit einer Überschwemmung geringer als ein Prozent ist? Sicherlich nicht, wenn alles, was überflutet wird, nur von sehr geringem Wert ist. Allerdings belaufen sich beispielsweise in New Orleans die Kosten für den Schutz vor Überschwemmungen genau wie der Wert der zu schützenden Grundstücke auf Milliarden von Euro. Entscheidungen können daher sehr ernste Konsequenzen haben.

Viele von uns fühlen sich betrogen, wenn ein Wetterereignis nicht genau vorhergesagt, sondern lediglich scheinbar „vage" oder „unpräzise" angekündigt wurde. Aber es ist wirklich kein Ratespiel, sondern es geht um die Frage, wie Risiken (oder Wahrscheinlichkeiten) am besten beurteilt werden können.

Vorhersagen können sehr einfach in Wahrscheinlichkeiten ausgedrückt werden, indem man eine Liste möglicher Ergebnisse erstellt und dann herausgearbeitet, wie oft ein bestimmtes Ereignis eintritt. In Abb. 3 zeigen wir 52 Vorhersagen für das Ereignis der Starkregenfälle aus Abb. 2. Hier entsprechen die Startpunkte unserem derzeitigen Wissen – d. h., leichte Veränderungen der Startwerte stellen die Unbekannten oder die Fehler so gut wie möglich dar. Wir betrachten dann das Ergebnisensemble und zählen nach, wie oft es an einem bestimmten Ort stark regnet. Wenn wir beispielsweise viermal starken Niederschlag feststellen, würde mit einer Regenwahrscheinlichkeit von acht Prozent ausgedrückt werden, dass es an diesem Ort innerhalb von 72 h stark regnen wird. Bei einer derartigen Ensemblevorhersage handelt es sich um den Prozess, die Vorhersage N-mal zu wiederholen (N ist die „Ensemblegröße"), wobei wir ganz bewusst die Größen variieren, bei denen wir uns am wenigsten sicher sind, um so unsere Ungewissheit bezüglich dieser Unbekannten möglichst vernünftig auszugleichen.

Eine Ensemblevorhersage enthält viel mehr Informationen als eine einzelne deterministische Vorhersage, und es ist oft schwierig, allen Nutzern diese Informationen zu vermitteln. Vorhersagen, die im Fernsehen zu sehen sind, geben ein breites Bild der wahrscheinlichsten Ergebnisse und sie warnen vor erheblichen Gefahren. Wie hoch die Schwellwerte der Wahrscheinlichkeiten für die jeweiligen Entscheidungen liegen und wie der einzelne Nutzer sich daraufhin verhält, ist unterschiedlich. Für wichtige Entscheidungen ist es notwendig, die genauen Vorhersageinformationen auf die Kriterien der einzelnen Nutzer anzuwenden.

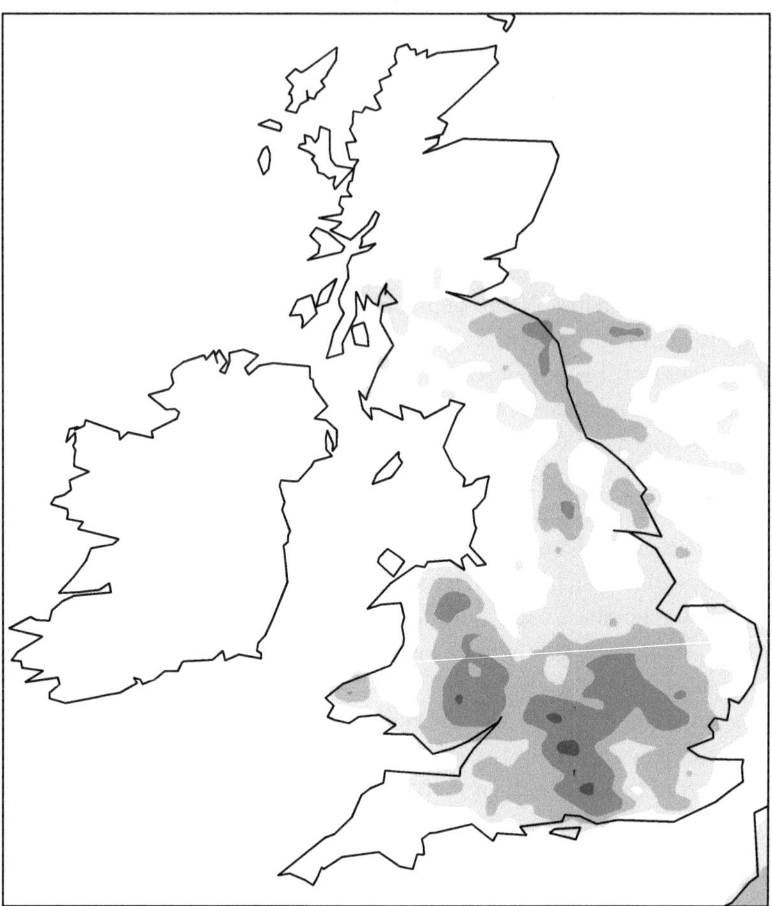

Abb. 2 Diese Vorhersage (erstellt am 26. April 2011) des Niederschlags über den Britischen Inseln für den 24 h-Zeitraum am Freitag, den 29. April (von Mitternacht bis Mitternacht). Wird es bei der königlichen Hochzeit in London regnen? Die Grautöne zeigen Gesamtniederschläge von 2,5 bis 25 mm. Wir schätzen die Zuverlässigkeit dieser Vorhersage, indem wir eine Reihe von Vorhersagen berechnen, die in der Nähe der Anfangszustände starten, wie in Abb. 3 gezeigt. (© 2019 ECMWF)

Es gibt viele Möglichkeiten, die Spanne der möglichen Wetterereignisse abzuschätzen. Wir könnten eine Auswahl plausibler und normalerweise naheliegender Anfangsbedingungen wählen. Wir könnten auch die Prozesse der Wolkenentstehung und den Auslösemechanismus für Niederschlag über die gegebene Zeitspanne der Vorhersage verändern. Die Ensemblevorhersage ist eine praktische Methode, um eine einzelne, deterministische Vorhersage mit einer Wahrscheinlichkeitsschätzung von naheliegenden Vorhersagezuständen zu finden. Ensemblevorhersagen liefern Meteorologen einen objektiven Weg, die Wahrscheinlichkeit jeder einzelnen deterministischen Vorhersage zu bestimmen – mit anderen

Worten, das Vorhersagen der *Vorhersagegüte*. Praktisch gesehen wird der Fluss der Grundgleichungen zusammengefasst, wie dies in Kap. „1. Eine Vision wird geboren" am Beispiel des Spiels mit Winnie Puuhs Stöcken erklärt und in Abb. 18 in Kap. „1. Eine Vision wird geboren" für Hurrikane Bill dargestellt wurde.

In Abb. 4 zeigen wir schematisch, wie die Information in dem Ensemble der Vorhersage aus Abb. 3 grafisch zusammengefasst werden könnte. Was als kompakte Menge nahe beieinanderliegender Vorhersagen beginnt, entwickelt sich schließlich zu einer Vielzahl von Möglichkeiten, wie das am Ende gestreckte und verzerrte Bild in Abb. 4 andeutet. Dies geschieht durch die Effekte der nichtlinearen Rückkopplung. Darüber hinaus werden neben

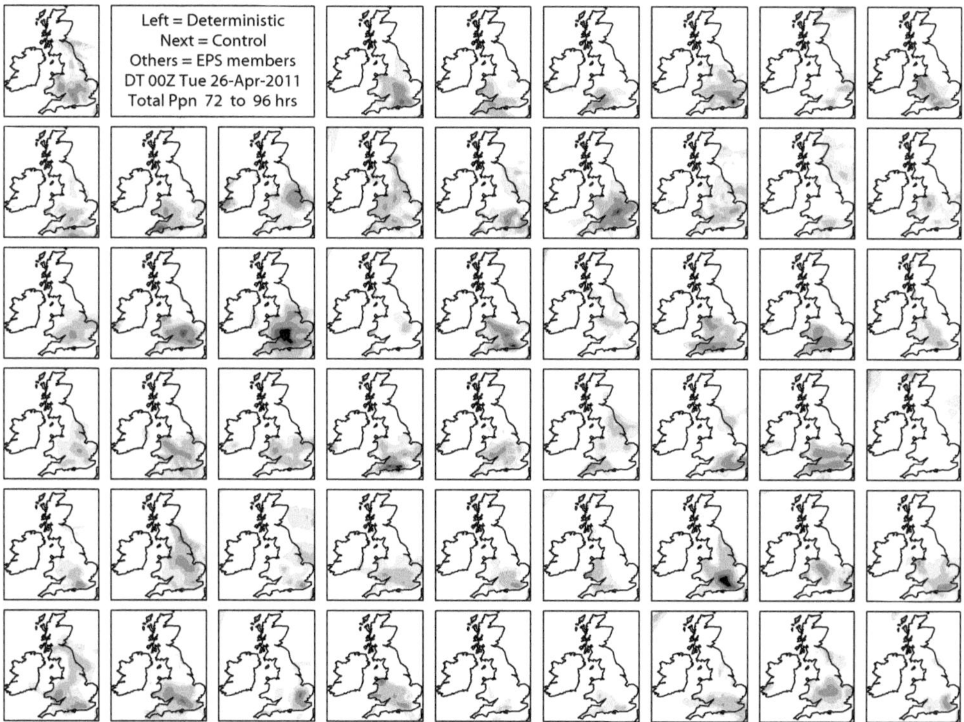

Abb. 3 Gezeigt sind 52 ähnliche Vorhersagen für das Ereignis in Abb. 2. Diese müssen nicht auf jedes Detail hin untersucht werden. Alle Vorhersagen wurden erstellt, indem das gleiche Computermodel mit leicht unterschiedlichen Anfangsbedingungen gestartet wurde. Meteorologen schätzen die Unsicherheit ihrer Vorhersagen ab, indem sie „Ensembles" von Vorhersagen, wie sie beispielsweise in dieser Abbildung zu sehen sind, nutzen und die verschiedenen Ergebnisse vergleichen. Gemeinsamkeiten in den Bildern weisen auf eine zuverlässige Vorhersage hin. Wenn starker Regen in nur vier dieser Szenarien vorhergesagt wird, dann gibt es eine deutliche Unsicherheit, ob es wirklich an einem bestimmten Ort regnen wird. Die hieraus erstelle deterministische Vorhersage gehörte zu den pessimistischen Vorhersagen für diesen Tag. Die meisten Vorhersagen waren deutlich optimistischer. (© 2019 ECMWF)

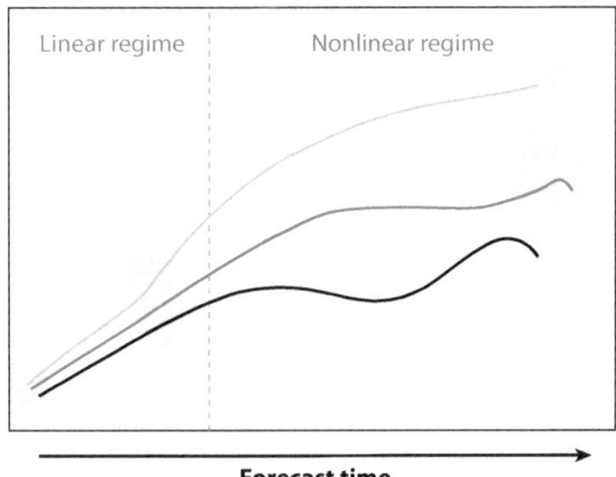

Abb. 4 Zum deterministische Ansatz für Vorhersagen gehört die Berechnung einer einzelnen Vorhersage, dargestellt durch die hellste Kurve. Die reale zeitliche Entwicklung des Systems zeigt die dunkelste Kurve. Der Ansatz der Ensemblevorhersagen basiert auf Schätzungen der „Wahrscheinlichkeitsdichtefunktion" von vorhergesagten Zuständen, die sich entfaltende Insel wird anfangs und zu zwei späteren Zeitpunkten gezeigt. Wir schätzen dann die Zuverlässigkeit der Vorhersagen ab

dem „wahren Ergebnis" auch zwei mögliche deterministische Vorhersagen für das Ereignis gezeigt. Wenn die möglichen Vorhersagen dicht beieinanderliegen, ist das ein Hinweis auf die Zuverlässigkeit der Vorhersage (s. Abb. 12 in Kap. „7. Mit Mathematik zum Durchblick").

In Abb. 5 zeigen wir die Vorhersagen für die Lufttemperatur in London; dabei sind 33 verschiedene Vorhersagen abgebildet, die an zwei unterschiedlichen Tagen aus sehr ähnlichen Anfangsbedingungen starten, am 26. Juni 1995 und am 26. Juni 1994. Die Vorhersagekurven verlaufen sichtbar unterschiedlich. Wie in Abb. 5a (oben) zu sehen ist, laufen die Vorhersagen im Juni/Juli 1995 bis Tag 10 gleichmäßig auseinander, während die Vorhersagen im Juni/Juli 1994, dargestellt in Abb. 5b (unten), nach Tag 2 schnell auseinandergehen. Die Art und Weise, wie sich die zunächst nahe beieinanderliegenden Vorhersagen mit den Tagen ausbreiten, kann als Maß für die Vorhersagbarkeit der beiden letzten atmosphärischen Zustände verwendet werden. In die Vorhersagen für Juni/Juli 1995 haben wir viel Vertrauen und würden zuversichtlich eine mittlere Kurve als Grundlage für die Vorhersage nutzen und sie an die Öffentlichkeit herausgeben. Aber die Vorhersagen für 1994 deuten darauf hin, dass nach zwei Tagen etwas passiert, sodass wir nicht sicher sind, was wirklich als Nächstes geschehen wird. Einige der Vorhersagen weisen darauf hin, dass die Temperatur in London nach Tag 6 auf über 26 °C ansteigen wird, während andere vermuten lassen, dass die Temperatur unter 16 °C bleiben wird. Die durchgezogene Linie stellt den tatsächlichen Verlauf dar.

Ensemblevorhersagen hängen von den Grenzen der numerischen Wettervorhersagemodelle ab, die wir bereits erläutert haben. Da heftige Unwetter oft nur relativ kleine Regionen

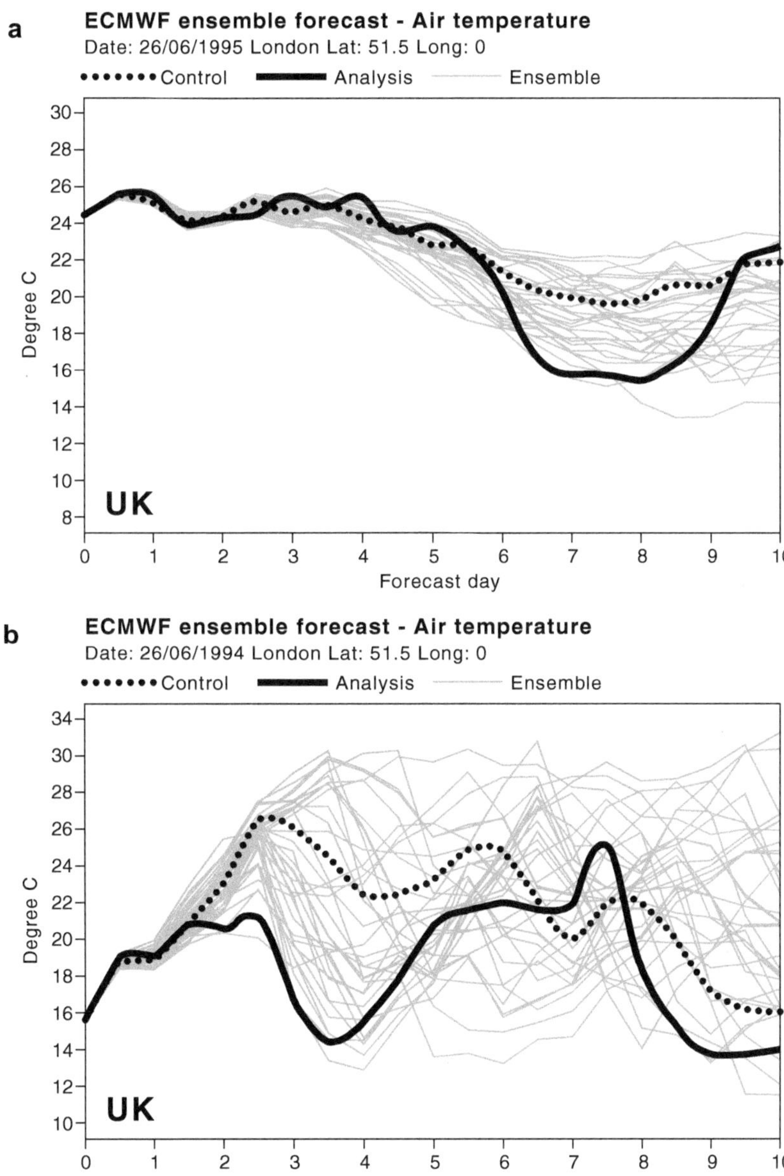

Abb. 5 (**a**: oben, **b**: unten) Das Europäische Zentrum für mittelfristige Wettervorhersagen (ECMWF) in Reading, Großbritannien, veröffentlichte Vorhersagen für die Lufttemperatur in London, die **a** am 26. Juni 1995 und **b** am 26. Juni 1994 begannen. Wie weit sich das Vorhersageensemble in Tag 2 „ausbreitet", ist an den beiden Tagen sehr unterschiedlich. Das deutet darauf hin, dass die Temperatur in London Ende Juni/Anfang Juli 1995 besser vorhersagbar war als im Jahr 1994; **b** weist auf einen nicht sehr erfolgreichen Vorhersageprozess hin. War im späten Juni 1994 die Atmosphäre in einem Zustand, der Londons Lufttemperatur im Grunde unvorhersagbar machte? (© 2019 ECMWF)

betreffen, können Computermodelle dabei scheitern, solche Ereignisse zuverlässig zu berechnen. Dadurch und aufgrund der begrenzten Anzahl von Vorhersagen, die in jedem Ensemble generiert werden können, ist es schwierig, die Wahrscheinlichkeiten von sehr schwerwiegenden oder sehr seltenen Ereignissen abzuschätzen.

Für den Großteil des Planeten haben sich Wettervorhersagen für ganze Jahreszeiten als unmöglich erwiesen. Durch das teilweise chaotische Verhalten der Atmosphäre sind heutige Wettervorhersagen weitgehend auf einen Zeitraum von bis zu zwei Wochen beschränkt. Diese Grenze ist oft mit einem schnellen Wachstum von Unsicherheiten verbunden, deren Ursprung in den Anfangsbedingungen liegt; sie entstehen durch fehlerhafte und unvollständige Beobachtungen sowie durch Ungenauigkeiten bei der Formulierung des Modells sowohl bezüglich der physikalischen Prozesse als auch seiner Rechendarstellung.

Wetterpixelzustände sind bekanntlich nur so genau wie die Instrumente, die zur Messung ihrer Kennwerte verwendet werden. So werden kleine Unsicherheiten die Anfangs- oder Startbedingungen der Computerberechnungen immer begleiten. Auch wenn die Gesetze, welche die Entwicklung der Wetterpixel beschreiben, perfekt wären, könnten sich zwei Anfangszustände, die sich nur leicht unterscheiden, manchmal nach sehr kurzer Zeit voneinander entfernen, wie bereits Lorenz im Jahr 1963 zeigte. Ein Beispiel dieses Effektes ist in den computergenerierten Vorhersagen in Abb. 5b zu sehen. Die Prognose der Sommertemperatur in London Anfang Juli 1994 irgendwo zwischen 16 °C und 26 °C ist ein Misserfolg der Computermodelle, von denen wir zuverlässige Vorherzusagen erwarten. Fehler in den Beobachtungen und in den Einzelheiten der Bewegungsgesetze treten gewöhnlich zuerst auf den kleineren Skalen von Kilometern und Minuten auf. Dann verstärken sie sich, und durch den Rückkopplungsmechanismus breiten sie sich in die größeren Skalen aus und beeinflussen dadurch ernsthaft die Fähigkeiten von Wettervorhersagen.

Nach ihrer allgemeinen Einführung in den 1990er-Jahren sind die Methoden der Ensemblevorhersage eine wichtige Stütze der großen nationalen Wetterdienste geblieben. Dabei wird weiterhin daran geforscht, wie man ein Ensemble am sinnvollsten „streuen" kann, um (in jeder Region) die Zuverlässigkeit der täglichen Prognose abzuschätzen. Indem über das Ensemble gemittelt wird, werden in Bereichen der Vorhersagen für fünf bis 15 Tage die unsichersten Vorhersagen meist herausgefiltert. Somit gibt das Verhalten der Ensembles einen Einblick in die Natur des Wetter-Attraktors, also in die Natur von typischem Wetter.

Diagnose und Datenassimilation

Im vorherigen Abschnitt haben wir beschrieben, wie bei den heutigen Vorhersagen eine Auswahl von Startbedingungen verwendet wird, um das Wetter vorherzusagen, das in der folgenden Woche am wahrscheinlichsten eintreten wird. Aber es gibt Millionen Wege, wie das Wetter von heute genauso realistisch beschrieben werden kann, sodass es mit den Beobachtungen übereinstimmt. In diesem Abschnitt erörtern wir eine Methode, mit der die Startbedingungen besser berechnet werden können.

Die Zeit nach den ersten praktischen, computerbasierten Vorhersagen Mitte der 1960er-Jahre war von einem ständigen Fortschritt geprägt. Abb. 6 zeigt die Verbesserungen der Vorhersagen, gemessen daran, wie die Fehler der Druckvorhersagen auf Meereshöhe für den Nordatlantik und für Westeuropa im Zeitraum von 1986 bis 2010 reduziert werden konnten. Ein schneller Blick verrät uns, dass 5-Tages-Vorhersagen (120 h) im Jahr 2010 zuverlässiger als 3-Tages-Vorhersagen (72 h) 24 Jahre zuvor waren. Die Verbesserung der Niederschlagsvorhersage ist eine weitere enorme Herausforderung! Natürlich impliziert das Ergebnis nicht, dass jede Vorhersage besser als ihre Vorgängerin ist; es bedeutet einfach, dass Wettervorhersagen im Durchschnitt besser werden. Die sinnvolle Messung von Fehlern in den Vorhersagen stellt ebenso eine Herausforderung dar – und besonders in Bezug auf die Öffentlichkeit ein heißes Eisen. Ob eine Vorhersage gut war, hängt von der Art der Information ab, die wir benötigen, und von dem Zweck, für den wir die Information nutzen wollen.

Zu Abb. 6 stellen wir fest, dass die Güte der *Persistenz*-Prognose (in diesem Beispiel des Druckes), also die Vorhersage, dass das Wetter am nächsten Tag genauso wie heute sein wird, stets schlechter war als die Güte der computerbasierten Vorhersagen; und zwar deutlich schlechter – trotz allgemeiner Witzeleien über Wetterprognosen. Persistenz ist auch ein Indikator dafür, wie stark sich der Druck auf Meereshöhe über den Zeitraum einer 1-Tages-Vorhersage verändert (und die Werte bleiben ungefähr gleich, auch wenn es eine natürliche Variabilität gibt). Daher ist die Differenz zwischen dieser und den anderen Kurven ein Maß für die Vorhersagegüte – je größer die Differenz ist, umso besser ist die Vorhersage. Natürlich können Verbesserungen der Vorhersagemodelle durch den Vergleich von Druckvorhersagen auf Meeresspiegelhöhe nur grob beurteilt werden: Ein solches Maß sagt nur wenig darüber aus, wie gut das Modell beispielsweise Nebel oder Eis vorhersagen kann.

Was meinen wir also mit einer schlechten Vorhersage? Angenommen, ein Modell prognostiziert die Ankunftszeit eines verheerenden Sturmes richtig, aber es sagt vorher, dass der intensivste Teil des Sturmes über ein Gebiet ziehen wird, das 80 km nördlich seiner tatsächlichen Zugbahn liegt. Bezeichnen wir diese Vorhersage dann als schlecht? Mit dem, was wir über die eingeschränkte Auflösung der Modelle gesagt haben, mag es für ein globales Modell mit einer groben Wetterpixeldarstellung keine schlechte Vorhersage sein. Wie beurteilen wir eine Vorhersage, wenn sie die richtige Niederschlagsmenge prognostiziert, es aber erst sechs Stunden später regnet? Das würde einen Bauer während der Getreidevegetationszeit nicht beunruhigen, wäre aber eine große Sache bei einer öffentlichen Großveranstaltung.

Wie auch immer wir schlechte Vorhersagen definieren, dies zeigt, dass es Raum für Verbesserungen gibt, selbst wenn wir das erreichte Niveau Vorhersagequalität betrachten, das in Abb. 6 dargestellt ist. Auf Vorhersagen von Frost, lokalem Nebel oder Regen reagieren viele Menschen besonders sensibel, wenn sie beispielsweise ihre Weinlese oder die Ernte von anfälligen Früchten oder Blumen planen. Prozesse, die Feuchtigkeit berücksichtigen, sind hochgradig nichtlinear und enthalten komplizierte Rückkopplungen, was ihre Vorhersage – insbesondere lokale Vorhersagen – deutlich erschwert.

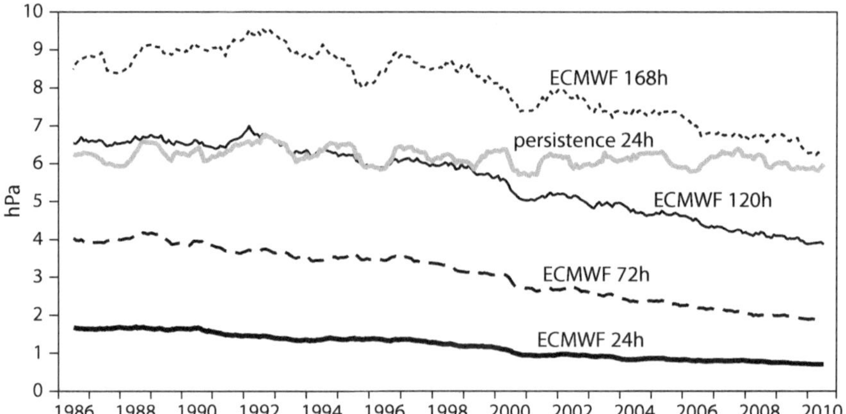

Abb. 6 Von 1986 bis 2010 festgestellten Verbesserungen der Vorhersage durch den Vergleich von „tatsächlichem" und vorhergesagtem Luftdruck auf Meeresspiegelhöhe. Die vertikale Achse gibt den Fehler des vorhergesagten Druckes in Millibar an (wobei 10 mbar 1 % des mittleren Druckes auf Meeresspiegelhöhe ausmachen). Das sind die Einheiten, die meistens auf einem Barometer zu sehen sind. Diese stark gemittelten Daten weisen darauf hin, dass Vorhersagen langsam, aber sicher besser werden. Persistenz bedeutet, dass wir den heutigen Druck auch als Vorhersage für morgen nutzen. (© 2019 ECMWF)

Die Moral von der Geschichte ist: Je mehr wir vorhersagen wollen, umso größer wird die Herausforderung. Von Meteorologen wird heutzutage nicht mehr nur die Vorhersage der großskaligen Verteilungen des Druckes auf Meereshöhe und die von Wetterfronten verlangt. Eine Wettervorhersage umfasst heute ein weites Spektrum atmosphärischer Bewegungen: von der Dynamik auf der planetaren Skala, welche die großen Wettersysteme und subkontinentalen Hitzeperioden und Dürren beeinflusst, bis zu lokalen Stürmen und Turbulenzen, die zu Überschwemmungen in Tälern und Städten führen oder Flugzeuglandungen beeinträchtigen können. Einige Strömungsmuster können sich schnell verändern und verstärken, indem sie Energie aus Kondensation oder Erwärmung gewinnen. Bei diese Prozesse gibt es starke Rückkopplungen, sodass kleine Unsicherheiten in der Nähe des Anfangszustandes schnell wachsen können.

Letztendlich können diese sensiblen Strukturen nicht vorhergesagt werden. Aber wie schnell geht das alles? Die Einzelheiten eines Gewitters können normalerweise erst einige Stunden im Voraus prognostiziert werden – ihre Entwicklung hängt von empfindlich reagierenden, sich schnell verstärkenden Prozessen ab, welche durch Wärme und Feuchtigkeit beeinflusst werden. Andererseits können Entstehung und Verlauf von Hurrikanen und Zyklonen oft bis zu einer Woche im Voraus vorhergesagt werden, auch wenn die Niederschlagsprognose weniger erfolgreich ist. Die Anfangsraten, mit denen die Unsicherheiten wachsen, sind meist groß – normalerweise verdoppeln sie sich bei großskaligen Systemen innerhalb von ein bis zwei Tagen –, somit kann eine Reduzierung der Anfangsfehler nur zu einer kleinen

Verbesserung der Vorhersagegüte führen, und die Genauigkeit der deterministischen Vorhersagen bleibt wahrscheinlich immer begrenzt. Dennoch müssen die Anfangsfehler natürlich weiterhin reduziert werden.

Wenn wir die Grundgleichungen aus Kap. „2. Von Überlieferungen zu Gesetzen" nutzen wollen, um die Temperatur-, Wind- und Regenänderungen für das nächste Zeitintervall zu berechnen, brauchen wir Temperatur-, Wind- und Niederschlagswerte zur Startzeit. Andernfalls können wir nicht beginnen. Wie Lorenz gezeigt hat, wird die Vorhersagbarkeit (neben anderen Dingen) davon beeinflusst, auf welche Weise und wie gut die Anfangsbedingungen abgeschätzt werden. Meteorologen müssen mithilfe aktueller Messungen ständig berechnen, welches der wahrscheinlichste momentane Zustand der Atmosphäre ist. Die nächsten Vorhersagen werden dann auf dieser Schätzung oder *Analyse* aufgebaut. Im letzten Teil dieses Abschnittes beschreiben wir, wie ein Softwareprozess, bekannt als Datenassimilation, Meteorologen dabei hilft, die unbekannten Größen in der Vorhersage durch bestmögliche Schätzungen zu ersetzen, die auf bekannten Informationen beruhen.

Der Versuch, ein Tiefdrucksystem durch Messungen mit einem Barometer und einem Thermometer zu erkennen, unterscheidet sich genau genommen nicht sehr von der Entdeckung des Planeten Neptun aufgrund indirekter Hinweise, von der wir in Kap. „2. Von Überlieferungen zu Gesetzen" berichtet haben: In beiden Fällen muss eine endliche Anzahl von Beobachtungen mit einem konzeptionellen Modell übereinstimmen. Im Fall einer Wetterfront könnte hierfür das norwegische Modell (der Bergener Schule) genutzt werden; in Bezug auf einen Planeten wäre Newtons Gravitationsgesetz das passende Modell. In beiden Fällen werden Beobachtungen genutzt, um die „Ursache" aus der „Wirkung" abzuleiten.

Es gibt viele Bereiche in Wissenschaft und Technik, in denen wir nur indirekte Informationen über einen Prozess oder über ein System besitzen, zum Beispiel in der Medizin oder bei geologischen Untersuchungen. Zum Beispiel wird ein Arzt, der versucht eine Krankheit anhand der Informationen über den Zustand eines Patienten wie Körpertemperatur, Blutdruck oder Röntgenbilder zu diagnostizieren, einer Reihe von Werten und Beobachtungen gegenübergestellt. Die Aufgabe des Arztes ist es herauszufinden, welche Ursachen sich hinter diesen Beobachtungen verbergen und zu welchen Effekten diese führen. Die Herausforderung besteht darin, die Beobachtungen mit den Parametern oder Eigenschaften des zugrunde liegenden Modells zu vergleichen und daraus den weiteren Verlauf abzuleiten. Ein Arzt könnte eine Genesung nach der Einnahme bestimmter Arzneien vorhersagen. Bei geologischen Untersuchungen werden Druckwellen durch die Erdkruste gesendet, welche Ursachen erzeugen und die aufgrund von Veränderungen in den Gesteinsschichten zurückkehrenden Signale werden gemessen. Die Echos signalisieren die Gegenwart von unter der Erde liegenden Mineralien oder Ölen, und die Aufgabe des Modells ist es vorherzusagen, wo genau diese sich befinden.

Mathematiker nennen das Problem der aus Wirkungen abgeleiteten Ursache ein *inverses Problem,* weil *Antworten* genutzt werden, um die Ursache zu bestimmen, die in der Mathematik normalerweise durch eine Gleichung beschrieben wird. Bisher haben wir

Gleichungen verwendet, um Antworten zu bestimmen. Die Astronomen Adams und Le Verrier beschäftigten sich genau mit einem derartigen Problem. In ihrem Fall war das Grundmodell Newtons Gravitationsgesetz, aber als es auf die damals bekannten Planeten im Sonnensystem angewendet wurde, konnten die rätselhaften Anomalien der Umlaufbahn des Planeten Uranus nicht mit Newtons Gesetz erklärt werden. In ihrem Modell fehlte der achte Planet, Neptun. Und Neptuns Gegenwart erzeugte nicht nur zusätzliche Gleichungen, sondern veränderte auch die existierenden.

Bevor es die modernen Computermodelle gab, fassten konzeptionelle Modelle wie beispielsweise die der Bergener Schule unser Wissen darüber zusammen, wie Wettervariablen – zum Beispiel bei einem typischen Zyklonen- oder Tiefdrucksystem – zusammenhängen. Wenn die Meteorologen Fronten in eine synoptische Karte einzeichnen wollten, bestand das Problem in der Anpassung des Modells an die verstreuten Beobachtungen. Diesen Prozess kann man sich als eine subjektive inverse Methode vorstellen. Der menschliche Verstand ist sehr gut darin zu erraten, was eine „gute Antwort" sein könnte, aber wir müssen den Prozess automatisieren und die ständig wachsende Leistung der Computer ausnutzen, um genauere Schätzungen zu erhalten, als wir Menschen sie leisten können. Ein Computer kann Berechnungen an allen notwendigen Orten der Erde in einem Bruchteil der Zeit durchführen, die Menschen dafür benötigen würden.

Diese Art der Problemstellung gibt es schon sehr lange. Und wieder einmal setzten die Herausforderungen der Astronomie viele entscheidende mathematische Entwicklungen in Gang. Während der Wende zum 19. Jahrhundert waren Karl Friedrich Gauß und Adrien-Marie Legendre mit dem Problem beschäftigt, die Umlaufbahnen von Kometen zu bestimmen, welche Astronomen mit den neusten Teleskopen entdeckt hatten. Gauß erkannte, dass die Informationen fehlerhaft waren, weil Mängel bei der Beobachtung der Positionen und Bewegungen der Objekte unvermeidbar waren. Er erkannte auch, dass die Gravitationsgesetze, die für die Bestimmung der Umlaufbahnen genutzt wurden, unvollständig waren, weil nicht alle verschwindend kleinen Effekte berücksichtigt werden konnten, welche die tatsächliche Bewegung eines Kometen beeinflussen (zum Beispiel das Gravitationsfeld eines anderen, weit entfernten Planeten oder die Gegenwart eines Asteroiden). Daher folgerte er, dass der Prozess, die Umlaufbahnen mithilfe eines mathematischen Modells und durch Verwendung von Beobachtungsdaten zu bestimmen, an sich ungenau ist. Es stellte sich die Frage, wie mit einem solchen Problem umzugehen sei.

Im Jahr 1806 formulierte Legendre in einem Artikel mit dem Titel „Nouvelles méthodes pour la détermination des orbites des comètes" (Neue Methoden für die Bestimmung der Umlaufbahn von Kometen) seine Gleichungen so, dass er die inhärente Ungenauigkeit des Problems beziffern konnte. Statt $a + b = d$, wobei er mit a und b bekannte Größen bezeichnete, sodass d genau berechnet werden konnte, schrieb er $a + b = d + e$. Hier bezeichnet e einen Fehler, der aus den „nicht genau richtigen" Werten für a und b resultiert. Legendre musste viele Gleichungen lösen, und als er sie in der oben beschriebenen Form aufschrieb, stellte er die Hypothese auf, dass die beste Lösung jene sein würde, welche die Summe der Quadrate der Fehler, $e \times e = e^2$, minimierte. Diese Vorgehensweise wurde als Methode der kleinsten Quadrate bekannt. Sie ist noch heute die Grundlage vieler Verfahren, um die beste Analyse zu finden. Auf diese Weise die Summe der Quadrate der Fehler zu minimieren, ist äquivalent zur Maximierung der Wahrscheinlichkeitsverteilung. Das heißt *minimaler Fehler gleich maximale Wahrscheinlichkeit,* dass sich die Beobachtungen gemäß der bekannten Regeln verhalten. Diese Idee, eine „beste“ Gerade zu finden, wird mit einer einfachen Darstellung in Vertiefung 8.1 vorgestellt.

Bei den Verfahren der Datenassimilation, die in der heutigen Wettervorhersage genutzt werden, suchen wir nach der „besten Vorhersage“, indem wir Vorhersagen mit Beobachtungen über einen bestimmten Zeitraum vergleichen, oft über die nächsten sechs Stunden. Dann wird die beste Vorhersage genutzt, um den Pixeln einen Startwert für die computergenerierte Vorhersage der folgenden Tage zu geben. Es gibt nie genügend Beobachtungen, um den Zustand der Atmosphäre in allen Pixeln genau zu bestimmen. Wenn wir ein detailliertes Bild haben wollen, benötigen wir zusätzliche Informationen. Datenassimilation ist daher ein Verfahren, mit dem wir eine Modelldarstellung der Atmosphäre zur Startzeit der Vorhersage finden, die am besten mit einer bestimmten Anzahl von Beobachtungen übereinstimmt.

Vertiefung 8.1. Die Ursachen aus den Wirkungen bestimmen

Ein sehr einfaches Beispiel, wie „Antworten“ (oder Wirkungen) genutzt werden können, um eine bestimmte Form einer Gleichung zu finden (hier die Ursache), zeigt Abb. 7. Die Gerade stellt einen linearen Zusammenhang zwischen den beiden Variablen x und y dar. Die entscheidenden *Parameter,* die benötigt werden, um eine bestimmte Gerade zu ermitteln, sind ihre Steigung m und der Punkt c, in dem die Gerade die y-Achse schneidet. Angenommen, es gibt Beobachtungen, wie sich y mit x verändert – diese sind in der Abbildung durch Punkte dargestellt. Wir wissen zufällig, dass der Prozess oder das System, das wir verstehen wollen, durch ein lineares Modell beschrieben wird; was wir nicht kennen, sind die Größen m und c.

Die Aufgabe bei einem inversen Problem ist es, die Beobachtungen zu nutzen, also die Punkte, welche die Information darstellen, die wir über y und x haben, um die Steigung m und den y-Achsenabschnitt c zu bestimmen. Mit anderen Worten: Die Aufgabe besteht darin, die Gerade so gut wie möglich durch die Daten zu legen. Es gibt keine perfekte Lösung – sowohl die gestrichelte als auch die durchgezogene Linie in Abb. 7 könnte richtig sein. Welche Antwort die beste ist, hängt davon ab, wie wir die verschiedenen Fehler bewerten. In einer idealen Welt würde die Gerade durch alle Datenpunkte verlaufen. Wir interpretieren den Umstand, dass die tatsächlichen Daten nicht auf der Gerade liegen, mit Fehlern in den Mess- und Beobachtungsprozessen oder mit anderen Fehlern, die noch nicht verstanden sind. Es ist auch möglich, dass wir in der Annahme irren, das Modell sei linear.

Heute beginnen Vorhersagen routinemäßig mit einer Beschreibung des Zustandes der Atmosphäre, die auf vergangenen und aktuellen Beobachtungen aufbaut. Dieses Verfahren der Datenassimilation ist entwickelt worden, um sowohl mit Unzulänglichkeiten in

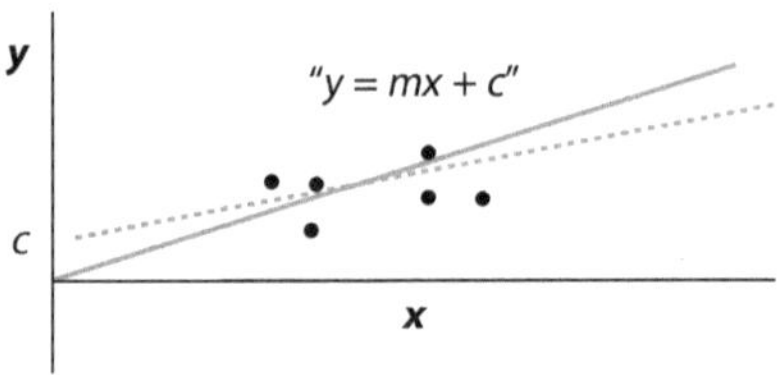

Abb. 7 Welche Gerade passt am besten zu den Daten?

der Darstellung der physikalischen Prozesse als auch mit den Fehlern in den anfänglichen Karten besser umgehen zu können, wie wir dies im letzten Abschnitt von Kap. „6. Die Metamorphose der Meteorologie“ und in Vertiefung 8.1 erläutert haben. Das Verfahren der Datenassimilaton verwendet die computergenerierten Wettervorhersagemodelle, um die Informationen aus den vorherigen Beobachtungen und Vorhersagen zusammenzufassen und rechtzeitig weiterzugeben. Eine Datenassimilation kann sehr effizient eine unvollständige Abdeckung von Beobachtungen aus verschiedenen Quellen verwenden, um eine stimmige Schätzung des Zustands der Atmosphäre abzugeben. Aber genauso wie die Vorhersage ist sie auf das Modell angewiesen und kann daher nicht einfach Beobachtungen von Prozessen oder auf Skalen nutzen, die nicht von dem Modell dargestellt werden. Das bedeutet, dass viele der Informationen, die für den Start einer Vorhersage genutzt werden, nur den Wert einer „besten Schätzung“ haben: Es gibt viele Unbekannte. Und wie wir später erklären werden, gibt es auch einige „Unerkennbare“. Diese Einschränkungen in unseren aktuellen Modellen wirken sich insbesondere auf detaillierte Vorhersagen lokaler Wetterelemente wie beispielsweise Wolken und Nebel aus. Sie tragen auch zu Unsicherheiten bei, die schnell zunehmen können und somit die Vorhersagbarkeit eingrenzen. Aber was ist der beste Startzustand für eine Vorhersage? Bewusst mit „Fehlern“ zu starten, wobei die Berechnung so gesteuert wird, dass sie den Pixel-Wetter-Attraktor berücksichtigt, kann uns sogar helfen, eine bessere Vorhersage abzugeben.

Trotz der Tatsache, dass jeden Tag Millionen von Beobachtungen der Atmosphäre und der Ozeane vom Land, Meer und Weltraum aus gemacht werden, ist der Anfangszustand der Atmosphäre sehr schwer bestimmbar. Der Meteorologe hat aufgrund des Mangel an Beobachtungen des gegenwärtigen Zustands der Atmosphäre ständig mit Einschränkungen zu kämpfen. Warum? Nun, weil wir zwar Zugang zu Beobachtungen aus sehr vielen unterschiedlichen Höhen haben – Beobachtungen aus Bodennähe, aus Bereichen innerhalb der Atmosphäre und, durch die sich ausdehnenden Netzwerke von Satelliten, inzwischen auch aus Bereichen oberhalb der Atmosphäre –, aber es gibt immer noch riesige Gebiete, aus denen es wenige Daten und bestenfalls nur sehr indirektes Wissen über den Zustand der Atmosphäre gibt. Obwohl uns neue satellitengestützte Beobachtungsprozesse eine bessere Vorstellung von den relevanten Größen (wie beispielsweise die Feuchtigkeitsverteilung) geben sollten, können die Messgeräte nicht von oben durch alle Wolken „sehen“, und oft ereignet sich das interessante Wetter gerade unterhalb der Wolken. Sowohl in der Horizontalen als auch in der Vertikalen gibt es viele Datenlücken, die wir füllen müssen, bevor eine neue Vorhersage erstellt werden kann. In Abb. 8 sind Ozondaten dargestellt, die durch einen

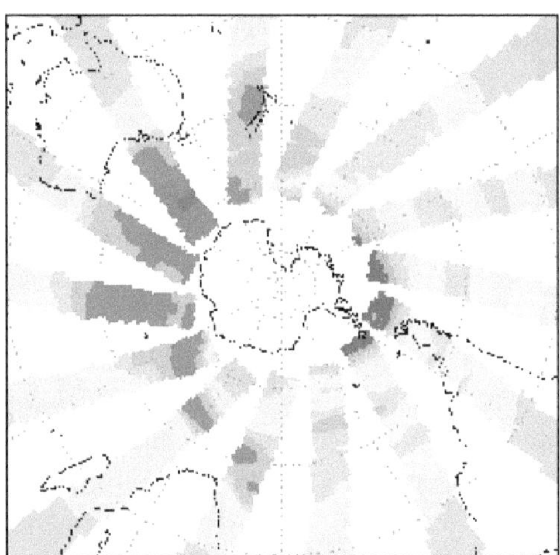

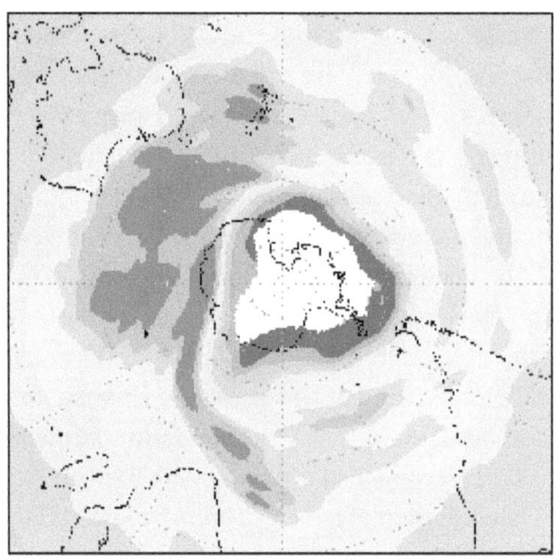

Abb. 8 Auf der linken Seite zeigt ein Bild der südlichen Hemisphäre, was ein Satellit unter sich „sieht", während er die Erde umkreist und Daten sammelt – beispielsweise Temperatur, Wasserdampf oder Ozon (wie hier). Auf der rechten Seite ist das Ergebnis der Datenassimilation zu sehen, welches die fehlenden Teile im dreidimensionalen Puzzle liefert (wir erinnern uns daran, dass die Atmosphäre eine Tiefe hat). Auf diese Weise werden die Informationen in die Computermodelle eingebunden – eine mögliche Fehlerquelle und rechnerisch sehr aufwendig. (Mit freundlicher Genehmigung von Alan O'Neill)

Satelliten ermittelt wurden. Die Daten in den fehlenden Bereichen wurden dabei geeignet interpoliert. Um genügend Daten zu erfassen, musste der Satellit mehrere Male um den Planeten kreisen. Darüber hinaus sind die tatsächlichen Messungen nicht genau.

Eine der Hauptinformationsquellen für eine neue Vorhersage ist tatsächlich die Vorhersage zuvor, denn sie hilft, Datenlücken zu füllen. Und die Erstellung einer neuen Vorhersage beginnt mit dem Einbau der neuesten Beobachtungsdaten in die alten, früher berechneten Daten. Wenn wir beispielsweise alle zwölf Stunden eine Vorhersage für die nächsten sechs Tage erstellen, dann können wir die ersten zwölf Stunden jeder Vorhersage durch die neuen Daten aktualisieren, die wir während dieser Zeit erhalten haben, um die Anfangsbedingungen für die nächste Vorhersage zu optimieren. Die Verwendung der vorherigen Vorhersage bedeutet, dass wir möglicherweise jeden Fehler der Vorhersage übernehmen – eine weitere Unbekannte im „Vorhersagespiel". Das ist der Grund, warum dieser Prozess „Datenassimilation" genannt wird.

Neue Daten müssen so eingebaut werden, dass sie mit der vorherigen Vorhersage vereinbar sind, während sowohl in den neuen Daten als auch in der alten Vorhersage Fehler erlaubt werden. Weil wir unterschiedliche Variablen messen, muss bei der Datenassimilation außerdem sichergestellt werden, dass die Beziehungen zwischen den Variablen auch mit den Gesetzen der Physik übereinstimmen (was bei den Fehlern in den Beobachtungen möglicherweise nicht der Fall ist). Auch wenn an einem Ort genaue Beobachtungsdaten vorliegen (die an diesem Ort vollkommen mit den physikalischen Gesetzen im Einklang stehen), können sie trotzdem zu Widersprüchen zu den Gesetzen führen, wenn sie für ein ganzes Pixel genutzt werden. Beispielsweise kann die Annahme, dass die Temperatur in einem Pixel konstant ist, nicht mit den berechneten Änderungen des Druckes und der Dichte in dem Pixel zusammenpassen. Der ganze Prozess ist äußerst komplex, und die Berechnungen sind außergewöhnlich anspruchsvoll. Am Ende des Assimilationsverfahrens ist es entscheidend sicherzustellen, dass die Anfangsbedingungen so genau wie möglich zusammenpassen: Richardson hatte seine Anfangsbedingungen nicht richtig angegeben, was zu einem katastrophalen Fehler in der Druckvorhersage nach nur sechs Stunden führte.

Bessere und umfangreichere Beobachtungen waren ein bedeutender Bestandteil der Weiterentwicklung von Computersimulationen und trugen in den letzten 40 Jahren zu enormen Verbesserungen der Wettervorhersagen bei. Die Meteorologen nutzen viele verschiedene Datenquellen. Dazu gehören Schiffe, Flugzeuge, Bohrinseln, Bojen, Ballons, bemannte Messstationen auf dem Festland und Satelliten. Inzwischen haben Automatisierungen in großem Umfang den menschlichen Beobachter ersetzt. So können Informationen aus weit entfernten, unwirtlichen oder unerreichbaren Orten gewonnen werden.

Neue Generationen von Satelliten sammeln immer mehr und genauere Werte – von der Meeresoberflächentemperatur bis hin zum Zustand der Stratosphäre. Inzwischen tauschen Wetterdienste auf der ganzen Welt ihre Daten freigiebig aus; die globale Wettervorhersage ist auf dieses Netzwerk angewiesen. Trotzdem werden wir nie auf einen perfekten, vollständigen Wetterdatensatz zugreifen können. Die Verwendung von immer mehr Wetterpixeln, um Details immer feiner aufzulösen, hat zur Folge, dass momentan weniger als ein Prozent der notwendigen Daten direkt beobachtet werden. Datenassimilation muss die fehlenden 99 % und mehr auffüllen. Das Ausbessern von Lücken in Regengebieten, wie beispielsweise in Abb. 9 dargestellt, ist besonders schwierig. Die Verbesserung der Datenassimilation eröffnet den Meteorologen die Möglichkeit, sowohl den besten Wert aus den bekannten Daten zu erhalten, als auch die Software zu verbessern, welche die physikalischen Prozesse modelliert.

Heutige Wettervorhersagen auf Supercomputern müssen mit unvollständigem Wissen umgehen – wie das momentane Wetter genau beschaffen ist und wie bestimmte physikalische Prozesse, zum Beispiel die Wolkenbildung, genau funktionieren. Seit sie in den 1990er-Jahren zum ersten Mal verwendet wurden, befassen sich Datenassimilationsprogramme mit diesen Belangen. Aber es wird auch immer noch viel unternommen, um die Algorithmen zu verbessern. Aber die Verfahren der Ensemblevorhersage und der Datenassimilation müssen mit einem Problem fertig werden, das bereits Charney beiseitelegte, – das Problem der „Obertöne" in der Symphonie der atmosphärischen Bewegung. Diese Problematik kommt zum Vorschein, wenn die Größe der Computerpixel kleiner wird und damit die Auflösung des Modells zunimmt. Auch wenn Einzelheiten wichtig sind, müssen wir in der Lage sein, den Wald vor lauter Bäumen zu sehen.

Abb. 9 Der Cumulonimbus capillatus, fotografiert am 12. August 2004 von Falmouth in Cornwall, England, zeigt eine scharfe Grenzlinie, die das Regengebiet vom trockenen Gebiet trennt. Diese Zelle über dem Küstensaum von Südwestengland entwickelte sich schnell und erzeugte ein kurzes, kräftiges Gewitter mit stark ausgeprägten Windböen im Landesinneren, während weniger als 5 km vor der Küste die Sonne unverändert schien. (© Stephen Burt)

Die Wahrnehmung der Obertöne

Supercomputer werden immer leistungsfähiger und können heute Milliarden von Rechnungen innerhalb von Sekunden durchführen, dies ermöglicht modernen Wetterdiensten, das Wetter viel detaillierter zu beschreiben und uns rechtzeitig vor gefährlichen Wetterlagen zu warnen. Dafür werden äußerst sorgfältig formulierte Pixelregeln benötigt mit viel mehr mathematischen Details, als die Gleichungen aus Kap. „2. Von Überlieferungen zu Gesetzen" erfasst haben. Wir beschreiben im Folgenden zuerst die Arten von Wetter, auf die wir uns konzentrieren müssen, und diskutieren dann die aktuellen Verfeinerungen dieser Pixelregeln.

Die Dynamik und Dramatik der Atmosphäre scheint mehr als je zuvor unsere Aufmerksamkeit und unser Verständnis zu verlangen. Waren die Überschwemmungen im August 2002 in Europa und der Hurrikan Katrina im August 2005 im Golf von Mexiko bedauerliche, aber seltene Ereignisse? In China und Pakistan gab es im Juli und August 2010 schwere Monsunregen und großflächige Überflutungen, von denen Millionen Menschen betroffen waren. Die Höhe der Mittel, die für Maßnahmen zum Hochwasserschutz bereitgestellt werden, hängt davon ab, wie oft sich solche Ereignisse wiederholen und welches Ausmaß sie annehmen. Mittlerweile stellen Versicherungen gegen Hochwasser für solche

Ereignisse einen Kostenfaktor für uns alle dar, der sich sowohl im Preis von Waren als auch in Steuerabgaben widerspiegelt.

In vielen Ländern wurden Regierungsbehörden mit der Entwicklung von Computerprogrammen beauftragt, die verschiedene gefahrenträchtige Phänomene vorhersagen können – wie beispielsweise Winde, die Schadstoffe ausbreiten und Buschbrände entfachen, Zugbahnen tropischer Stürme und Sturmfluten, starke Niederschläge mit einhergehenden Überschwemmungen oder treibende Vulkanaschewolken. Lokalere Modelle liefern Meteorologen detaillierte Informationen, die Umweltbehörden helfen, an bestimmten Orten Maßnahmen zu ergreifen und so die Bedrohung für den Menschen, sein Eigentum und seine Existenzgrundlagen zu minimieren. Umfassendere Modelle des Systems „Atmosphäre-Ozean", die mit ökologischen Aspekten auf dem Festland und den vereisten Regionen verbunden sind, ermöglichen Klimasimulationen, die Regierungen bei den Entscheidungen helfen, welche Maßnahmen ergriffen werden könnten, um sich auf die Auswirkungen des Klimawandels einzustellen. Während der letzten beiden Jahrzehnte führte die Erhöhung der Pixelauflösung, die Entwicklung besserer Ensembles und die Effizienzsteigerung bei der Verwertung begrenzter Datensätze zu detaillierteren und zuverlässigeren Vorhersagen. Bis zum Jahr 2005 nutzten Wetterdienste Pixel mit einer horizontalen Ausdehnung von ungefähr 25 km. Aber diese Auflösung ist oft nicht hoch genug, um Naturkatastrophen zu beschreiben. Deshalb konzentrieren sich heutige Risikowarndienste auf Modelle für ein kleineres Gebiet, um Überschwemmungen, Brände oder Stürme an bestimmten Orten gut aufgelöst darzustellen, in denen die Pixelgrößen in der Horizontalen bei etwa einem Kilometer liegen.

In den meisten Ländern haben Unwetter große Auswirkungen auf Gesundheit, Sicherheit und auf die Wirtschaft. Der durch Überschwemmungen verursachte Sachschaden im Herbst 2000 wurde allein in Großbritannien auf eine Milliarde Pfund geschätzt. Und Hurrikan Katrina ließ mit einen Gesamtschaden von gigantischen 80 Mrd. US$ hinter sich zurück. Weltweit bezahlen heute Versicherungen aufgrund von Hochwasserschäden mehr als vier Milliarden Dollar jährlich. Überschwemmungen ereignen sich häufig regional und sind mit kleinskaligen meteorologischen Phänomenen wie Gewittern mit kurzen, aber sehr starken Regengüssen verbunden. Regionale Gewitter können gefährliche Überschwemmungen, Hagel und Blitzeinschläge sowie extreme örtliche Winde einschließlich Tornados mit sich bringen. Im Jahr 2010 war die Pixelauflösung in den auf Supercomputern basierenden Wettervorhersagemodellen immer noch nicht fein genug, um all diese Gefahren realistisch darzustellen.

Untersuchungen haben gezeigt, dass computerbasierte Wettervorhersagemodelle, die eine sehr hohe Auflösung von einem Kilometer oder weniger verwenden, die Entwicklung einzelner Stürme simulieren können. Die Entwicklung der Computerleistung ermöglicht Modelle, in denen eine vollkommen neue „Pixelwelt" den Platz eines einzelnen Wetterpixel aus früheren Computermodellgenerationen einnimmt. Die Einbettung von kleinskalig aufgelöstem Wetter in großskalige Modelle und die Verbindung von kleinskaligem Wetter mit dem ursprünglichen, großskaligen Gitter sind wichtige, aktuelle Forschungsthemen.

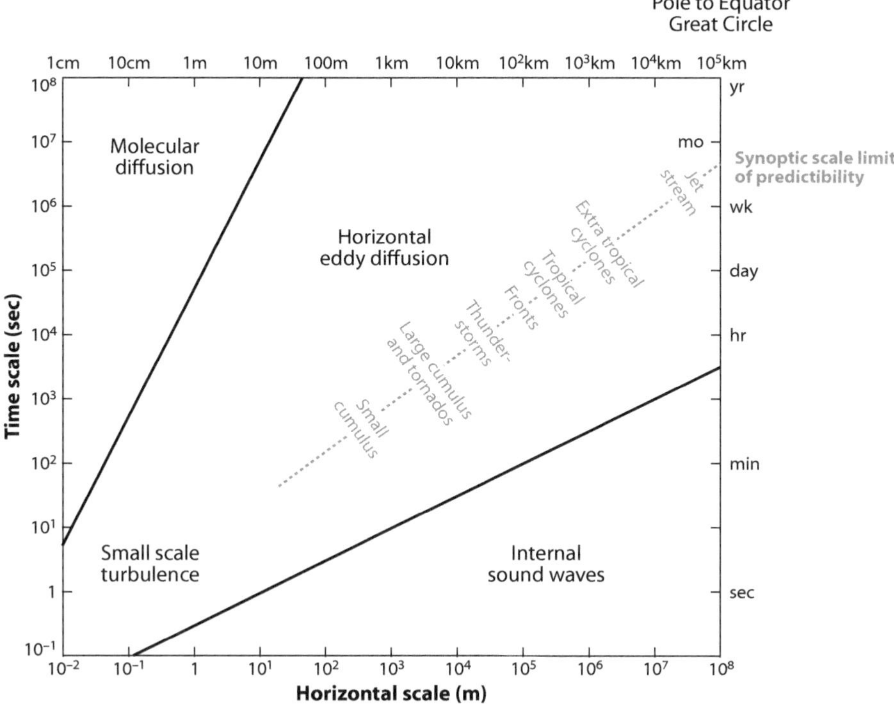

Abb. 10 Grafisch darstellt sind bekannte atmosphärische Phänomene von kleinen Cumuluswolken über tropische Zyklonen (Hurrikane) bis zur Bewegung der Jetstreams mit ihren typischen Längen- und Zeitskalen. Das Ziel der leistungsstärkeren Berechnungen ist es, mithilfe kleinerer Wetterpixel kleinere Wetterphänomene wiederzugeben. Momentan nutzen regionale Vorhersagemodelle Pixel, die ungefähr die Größe von großen Cumuluswolken haben, während sich die Pixel in globalen Modellen horizontal weiter als 20 km erstrecken. (© Princeton University Press)

In Abb. 10 zeigen wir schematisch die Wettereigenschaften, die auf verschiedene Längen- und Zeitskalen aufgelöst werden können. Je umfangreicher das Computermodell ist, umso kleiner ist die Pixelgröße und umso detaillierterer sind die Wetterphänomene, welche die Computermodelle theoretisch und meist auch in der Praxis auflösen können.

Um gefährliche Wetterlagen im Auge zu behalten, müssen Radar und Satelliten sowie Informationen aus den Computermodellen verwendet werden. Die direkte Extrapolation dieser Informationen in die Zukunft ist eine wertvolle Methode (die auf die Zeiten von FitzRoy und Le Verrier zurückgeht), um Warnungen vor starkem Niederschlag, Wind und Nebel mehrere Stunden im Voraus herauszugeben. Andere gefährliche Phänomene, wie beispielsweise Hagel oder Blitzeinschläge, können bis zu einer Stunde im Voraus vorhergesagt werden. Solche Kürzestfristvorhersagemodelle basieren mehr auf Extrapolation als auf numerischer Wettervorhersage und liefern gegenwärtig die beste Orientierungshilfe für Warnhinweise an die Industrie und Öffentlichkeit. Auf kurze Sicht werden Verbesserungen der Vorhersagbarkeit auch Fortschritte in den Kürzestfristvorhersagemodellen und ihrem

Dateninput folgen. Größere Fortschritte werden durch die Nutzung der neuen Satelliten- und Computergenerationen erzielt werden, welche noch detailliertere Informationen liefern werden.

Auf den größeren, eher landesweiten, horizontalen Dimensionen oder Skalen sind einige atmosphärische Prozesse mit solchen in den Ozeanen und auf den Landoberflächen gekoppelt. Heute werden Versuche durchgeführt, um die Reaktion der Atmosphäre auf viele verschiedene Antriebsmechanismen vorherzusagen, wie beispielsweise die Bewegung von Warm- oder Kaltwasserströmungen, das Wachstum von Pflanzen und das Austrocknen von Sumpfland. Diese Prozesse verlaufen über Monate hinweg, und obwohl sie naturgemäß länger andauern als die meisten atmosphärischen Bewegungen, gibt es dennoch eine bedeutende Verbindung, die für die Klimavorhersage wichtig ist.

Entscheidend ist, dass Wettersysteme um ein Vielfaches größer als die verwendeten Wetterpixel sein müssen, wenn wir sie genau darstellen wollen (wir erinnern uns an Abb. 10 in Kap. „6. Die Metamorphose der Meteorologie"). Zum Beispiel wurde seit dem Jahr 2000 die Entstehung und Entwicklung von Tiefdruck- und Hochdruckgebieten (Zyklonen und Antizyklonen) genauer simuliert, weil diese Phänomene Ausmaße haben, die normalerweise mindestens fünf- oder sechsmal größer sind als die Rechenpixel, die in globalen Modellen verwendet werden. Ereignisse, wie beispielsweise einzelne konvektive Wolkenbildungen, mit Größenordnungen, die viel kleiner als die Pixel sind, aber trotzdem das großskalige Wetter beeinflussen, müssen durch Mittelung auf die Skalen der Pixel gebracht werden.

Die große Vielfalt an Wassertropfen, Schneeflocken oder Eispartikeln in den Wolken sind Beispiele für wichtige physikalische Details, welche nie in Wetterpixeln dargestellt werden können; der durchschnittliche Effekt dieses Niederschlags wird durch eine Mischung aus physikalischen und computergestützten Experimenten abgeschätzt, genauso die Auswirkungen der Wolken selbst und der darunterliegenden Wälder, Landschaften oder städtischen Gebiete innerhalb der jeweiligen Pixel. Auch die Meeresoberfläche, ihre Wellen und die Verdunstung werden nur als Durchschnittswerte angegeben. Wenn Pixel betrachtet werden, die Gebiete von mehr als $100\,\text{km}^2$ abdecken, ist offenkundig, dass viele Aspekte des „lokalen" Wetters – von Staubteufeln bis zu vereinzelten Regenfällen und Windböen – nicht dargestellt werden können. Auch mit den zweifellos gigantischen Fortschritten in der Supercomputertechnologie in den kommenden Jahrzehnten wird die Auflösung der Modelle nicht dazu imstande sein, *alle* atmosphärischen Bewegungen und Prozesse darzustellen. Einzelne Windböen und wirbelnde Randgebiete von Wolken könnten auch in den nächsten Jahrzehnten unkalkulierbar bleiben. Ein typisches Beispiel der Komplexität von Verdunstungs- und Niederschlagsprozessen ist in Abb. XIV im Farbteil vor Kap. „*Zwischenspiel:* Ein Gordischer Knoten" dargestellt. Wie leistungsfähig auch immer die Supercomputer in den kommenden Jahrzehnten werden, Wetterdienste werden nicht jedes physikalische Detail auflösen können (Abb. 11). In absehbarer Zukunft wird die Frage, wie am besten prognostiziert werden kann, wenn viele Einzelheiten unberücksichtigt bleiben, vorerst bestehen bleiben.

Als Nächstes sehen wir uns die Wetterregeln aus Kap. „2. Von Überlieferungen zu Gesetzen" genauer an, um in diesen Gleichungen versteckte, zusätzliche mathematische

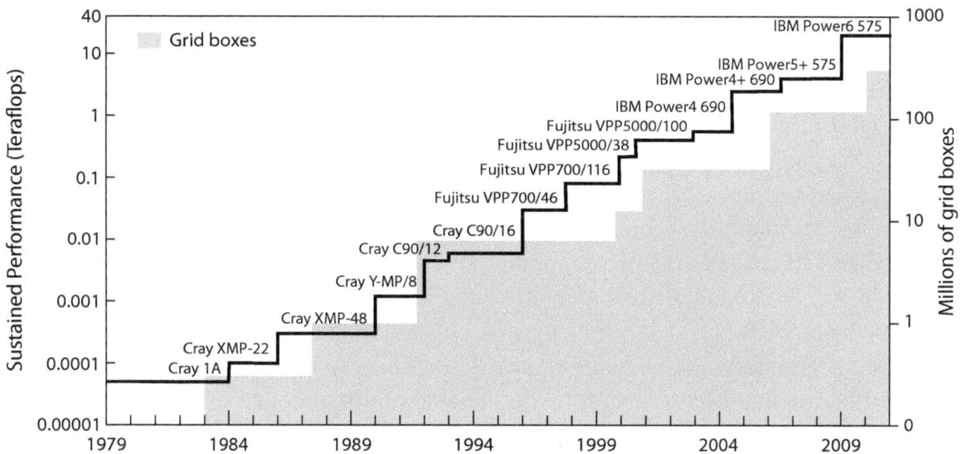

Abb. 11 Um die Auflösung der Modelle um einen Faktor sechs bezüglich ihrer horizontalen Auflösung zu verbessern (d. h., dass ein Wetterpixel mit einer Ostwest- und einer Nordsüdausdehnung von beispielsweise zwölf Kilometern durch 36 zwei mal zwei Kilometer große Quadrate ersetzt wird), wird die 140-fache Rechenleistung benötigt. Nach dem Gesetz von Moore (nach welchem sich die Computerleistung etwa alle 18 Monate verdoppelt) dauert es noch ungefähr ein Jahrzehnt, bis wir die Berechnungen ausführen können. Aber die Verbesserung der Leistungsfähigkeit von Computern bringt eine weitere Herausforderung mit sich. Die Approximationen, die in die Modellierung detaillierter Wärme- und Feuchteprozesse eingebunden sind, müssen sich für viel feinere Pixelauflösungen deutlich verbessern. (© 2019 ECMWF)

Wahrheiten zu identifizieren. Eine Wahrheit, die nun berücksichtigt werden muss, hängt mit dem zusammen, was wir in Kap. „6. Die Metamorphose der Meteorologie“ meteorologisches Rauschen genannt haben und mit dem sich nach Charneys Meinung nur die Wissenschaftler am MIT und an der New York University (NYU) beschäftigt haben. Auch wenn wir in Kap. „6. Die Metamorphose der Meteorologie“ gesehen haben, dass bei der Erstellung der täglichen Wettervorhersage viele Einzelheiten vernachlässigt werden können, müssen wir bei höher aufgelösten Vorhersagen vorsichtiger sein.

Heutige Berechnungen, beispielsweise des Druckes, müssen deutlich genauer sein als nur im 1-mbar-Bereich. Das ist ungefähr hundertmal genauer als die einfachen Berechnungen, die ENIAC für den folgenden Tag durchgeführt hat. Obwohl ein Millibar nur 0,1 % des atmosphärischen Druckes auf Meereshöhe ausmacht, entspricht es dennoch ungefähr zehn Prozent der dynamischen horizontalen Druckgradientenkraft, welche die sich ständig verändernden Winde antreibt. Wir sollten also den Obertönen aus Charneys musikalischer Analogie unsere Anerkennung aussprechen. Die Auswirkungen einiger Druckoszillationen sind in den Abb. VIII im Farbteil vor Kap. „*Zwischenspiel:* Ein Gordischer Knoten“ und 3 in Kap. „6. Die Metamorphose der Meteorologie“ sichtbar, wo die Muster in verschiedenen Wolkenschichten als Schwerewellen zu identifizieren sind. Die grundsätzliche Annahme, welche wir bei der Störungstheorie in Kap. „6. Die Metamorphose der Meteorologie“ gemacht haben, um den Gordischen Knoten nichtlinearer Rückkopplungen zu lösen, blendet die schnellen Schwerewellen in der Atmosphäre aus, um einen geostrophischen Gleichgewichtszustand zu erreichen. Aber wenn wir den Störungsansatz fortsetzen, um Ursache und Wirkung genauer zu verbinden, gelangen die Wirkungen, die wir anfangs ignoriert haben, wieder in den Blickpunkt und die Auswirkungen der Schwerewellen müssen letztendlich entsprechend ausbalanciert werden.

Um mit all diesen Problemen effektiver umzugehen, veränderten sich in den 1990er- und 2000er-Jahren die Computerprogramme grundlegend. Die gesteigerte Computerleistung ermöglichte das Modellieren der Details von Schwere- und anderen schnellen Wellen, kombiniert mit der Erhaltung der Luftmasse, Energie und Feuchtigkeit. Dabei bestand die grundlegende Strategie immer darin, Modelle zu nutzen, welche, wie in Kap. „3. Fortschritte und Missgeschicke", die Variablen in bestimmten „Zeitschritten" von ca. einigen Minuten berechnen – mit dem Unterschied, dass Richardson einen Zeitschritt von mehreren Stunden betrachtete. Um eine Vorhersage für viele Tage im Voraus zu erstellen, muss dieser Zeitschritt ausreichend präzise sein, sodass die Software wieder und wieder, viele tausend Male angewendet werden kann.

Die derzeitigen Programme, mit denen nationale Wetterdienste ihre Berechnungen durchführen, entsprechen modernen Versionen von Richardsons Modell, welches, wie in Kap. „3. Fortschritte und Missgeschicke" beschrieben, endliche Differenzen zur Darstellung der physikalischen Grundgesetze einsetzt hat, formuliert in der Euler'schen Form. Diese Prozesse wurden auf drei entscheidende Weisen verbessert. Erstens in der impliziten Darstellung von bestimmten wichtigen Ableitungen. Diese werden als semiimplizite Verfahren (SI) bezeichnet und begrenzen die destabilisierenden Wirkungen der schnellen Wellen. Die zweite berücksichtigte die sogenannte Lagrange'sche Formulierung des D/Dt-Operators auf Pixel (wie in Vertiefung 2.1 in Kap. „2. Von Überlieferungen zu Gesetzen") und wird als Semi-Lagrange-Verfahren (SL) bezeichnet. Die letzte Verbesserung besteht in der Modifikation dieser semiimpliziten und Semi-Lagrange-Verfahren (SI/SL), sodass sie ausreichend genau Luftmasse, Energie und Feuchtigkeit erhalten, während diese Größen mit der Luftströmung transportiert werden. Das Präfix „semi" deutet darauf hin, dass bei der Formulierung der Pixelregeln eine vernünftige Auswahl getroffen wurde. Die Computeralgorithmen, die diese Verfahren umsetzen, sollten gleichzeitig die hydrostatischen, geostrophischen und PV-Gleichungen aus Kap. „6. Die Metamorphose der Meteorologie" erfüllen, mit besonderen Modifizierungen in den Tropen. Da bisher niemand für die Umsetzung einen Weg gefunden hat, dauert die Forschung heute noch an.

Die Anwendung dieser drei Verfahren führt zu algebraischen Gleichungen für die Pixelgrößen, die im Allgemeinen nicht ausreichend schnell und genau genug gelöst werden können, um die – für eine wöchentliche Vorhersage notwendigen – zehntausenden Zeitschritte für die Auswertung zu erlauben.. Daher werden die Ideen des hydrostatischen und geostrophischen Gleichgewichtes (erörtert in den Kap. „2. Von Überlieferungen zu Gesetzen", „5. Begrenzung der Möglichkeiten" und „6. Die Metamorphose der Meteorologie") mit den genaueren SI/SL-Verfahren kombiniert. Dann wird intelligente Computeralgebra eingesetzt, um das Lösungsverfahren zu wiederholen und zu einer schnellen Lösung zu kommen, die dann hoffentlich ausreichend genau ist. Wenn das Lösungsverfahren auf den neuesten Supercomputern schnell genug ist, wird eine genauere wöchentliche Vorhersage, zusammen mit ihrem Ensemble, möglich. Wenn das Verfahren stabil bleibt, was bedeutet, dass der Schmetterlingseffekt des Fehlerwachstums im Rahmen bleibt, dann werden mittelfristige Vorhersagen denkbar. Somit wird sogar eine computerbasierte Berechnung, die Millionen Zeitschritte einbezieht, eine praktische Möglichkeit der Wettervorhersage werden und auch Klimavorhersagen werden folgen.

Wir gehen nun etwas detaillierter auf die Hauptideen dieser Methoden ein. In Kap. „4. Wenn der Wind den Wind weht“ haben wir beschrieben, wie sich die Temperatur in einem Ballon in Abhängigkeit von Zeit und Ort ändert, während er vom Wind transportiert wird, und uns uns vorgestellt, wie ein Luftpaket ähnlich wie ein Ballon vom Wind transportiert wird. Nun überlegen wir, wie die Veränderungen, beispielsweise der Temperatur dieses Luftpaketes, ausgewertet werden können. Um die Temperaturänderung des Luftpaketes auf Langrange'sche Weise in einem Zeitschritt auszurechnen, müssen wir herausfinden, wohin sich jedes Paket entlang des Pixelgitters bewegt.

Dazu betrachten wir die Zeit in Minutenschritten und konzentrieren uns auf ein Luftpaket, das im nächsten Zeitschritt ein Wetterpixel belegt. Um seine Starttemperatur zu ermitteln, müssen wir herausfinden, wo sich das Luftpaket jetzt befindet. Normalerweise wird das Luftpaket nicht mehr mit einem bestimmten Pixel beschreibbar sein, sondern mehrere Pixeln miteinbeziehen. Die Berechnung der derzeitigen Lage des Luftpaketes setzt daher die Berechnung der Lage eines Kontrollvolumens voraus, welches wir nach dem englischen Begriff „control volume“ mit CV bezeichnen. Die Luftmasse sollte genau erhalten bleiben, wenn sich das Luftpaket aus dem CV an einen neuen Ort bewegt. Aber da wir auch keine falsche Wärmeenergie hinzubekommen wollen, sollte auch diese erhalten bleiben, ebenso wie die Feuchte, die vom Luftpaket transportiert wird. Derzeit ist keine Methode bekannt, die diese Größen so berechnen kann, dass alle *exakt* erhalten bleiben.

Wenn sich ein Wetterdienst dazu entscheidet, Massenparallelrechner zu nutzen, wenn also zehntausend oder vielleicht im Laufe des nächsten Jahrzehnts sogar einhunderttausend Prozessoren gleichzeitig rechnen und jede Rechnung Teil der Wetterpixelbeschreibung ist, gibt es eine weitere Schwierigkeit. Statt die CV-Idee zu nutzen, könnte sich eine genauere Anwendung des D/Dt-Operators auf Pixel als effektiver herausstellen. Wie gewöhnlich wählt jeder Wetterdienst seinen eigenen Weg, um die Anforderungen an Genauigkeit, Stabilität und Effizienz auszugleichen, ebenso wie seine eigene Art und Weise, physikalische Einzelheiten zu modellieren.

Tatsächlich halten die sich schneller bewegenden Signale, wie beispielsweise die Schwerewellen, die Atmosphären in harmonischer Bewegung – zusammen mit den Unebenheiten des Bodens darunter, mit den konvektiven Stürmen der Tropen und Extratropen und mit dem Pulsieren der darüberliegenden Stratosphäre. Trotzdem geht die Harmonie gelegentlich in die Brüche. Hin und wieder wird beispielsweise die Tropopause, das Randgebiet zwischen der Troposphäre und der Stratosphäre „gefaltet“, vorwiegend einhergehend mit der Bewegung des Jetstreams, was bedeutende Konsequenzen für das Wetter hat.

Wenn wir zu Beginn all die kleinen Schwerewelleneffekte nicht richtig erfassen, können wir die größeren Auswirkungen einige Zeit später auch nicht erfolgreich vorhersagen.

Das Entwirren der Rückkopplungen – wenn der Wind die warmen und feuchten Luftpakete transportiert, die untereinander so wechselwirken, dass sie wiederum den Wind beeinflussen – ermöglichte die ersten erfolgreichen Berechnungen. Diese Entwirrung beruhte auf der Störung von Charneys Grundzustand in den mittleren Breiten, den Wetterzustand, welcher die Hydrostatik in der Vertikalen sowie das geostrophische Gleichgewicht der Winde und des Druckfeldes in der Horizontalen berücksichtigt. Charneys Grundzustand beachtet auch die typischen Temperaturänderungen mit der Höhe, welche das örtliche Klima darstellten. Heute sind diese typischen Wetterbalancen durch bessere Beobachtungen und durch Datenassimilation Teil der Startzustände. Und die Regeln der Zeitschrittentwicklung führen zu einem allgemeinen Gleichgewicht, das während der Vorhersage aufrechterhalten wird. Heute konzentrieren sich die Wetterdienste auf den richtigen Umgang mit konvektiven Instabilitäten, um den Niederschlag innerhalb dieser Prozesse zu verbessern. Weitere Herausforderungen finden sie in den Teilen der Computerprogramms, die das Wetter in den Tropen beschreiben.

Bestimmte stabile, großskalige Strukturen in der Atmosphäre sind vom Weltraum aus sichtbar – Strukturen wie beispielsweise ausgerichtete Wolken der tropischen Hurrikane oder der Zyklone in den mittleren Breiten, die wir in Abb. 8 in Kap. „3. Fortschritte und Missgeschicke" und in Abb. VII im Farbteil vor Kap. „*Zwischenspiel:* Ein Gordischer Knoten" sehen. Diese Wirbel, Jetstreams und Fronten haben normalerweise einen großen Einfluss auf die genaue Simulation lokaler Wettersysteme, und heutige Computermodelle können mit solchen Wirbeln gut umgehen. Da die großskaligen, sich entwickelnden Windstrukturen bis zu einer guten Näherung durch Erhaltungsgrößen beschrieben werden können, ist im Allgemeinen die Qualität der heutigen Wettervorhersagen für Ereignisse ohne Stürme viel besser als noch vor 20 Jahren. Für tiefe tropische Konvektion und für die Vorhersage von Stürmen ist es jedoch entscheidend, die nahezu instabilen Bedingungen in den Computersimulationen aufrechtzuerhalten, während zur gleichen Zeit Aufwinde und Freisetzung von latenter Wärme korrekt erzeugt werden müssen. Dies wiederum erfordert die genaue Darstellung sich schnell verändernder Strukturen in einem Maßstab von weniger als einem Kilometer, was unterhalb der Pixelskalen des gewöhnlichen Wettervorhersagemodells liegt. Wie können wir unter solchen Umständen die thermische Energie und Feuchte erhalten? Im letzten Abschnitt kommen wir auf diese Frage zurück. Doch zunächst erörtern wir im folgenden Abschnitt, wie sehr langwierige Berechnungen durchgeführt werden, um Klimaveränderungen abzuschätzen.

Von Sekunden zu Jahrhunderten

Klimamodelle beruhen im Wesentlichen auf den gleichen Computermodellen, die auch für die Wettervorhersage von Zeiträumen bis zu einer Woche genutzt werden, aber sie sind mit Modellen vieler anderer Bestandteile des Systems Erde verbunden, wie beispielsweise mit Ozeanen, Eisdecken und der Albedo des Planeten (s. Abb. XV im Farbteil vor Kap. „*Zwischenspiel:* Ein Gordischer Knoten“). Normalerweise arbeiten die Klimamodelle mit einer gröberen Auflösung und werten einen Zeitraum von Jahrzehnten statt Tagen aus. Um 20, 50 oder mehr Jahre in der Zukunft zu berechnen, müssen viele kleinskalige Details ignoriert werden. Man hofft, dass trotzdem die großen Veränderungen, wie beispielsweise die Entwicklung von Gebieten mit semipermanentem Hochwasser oder Dürren in landesweiten Teilen einiger Kontinente, erfolgreich vorhergesagt werden können. Für die Klimamodellierung werden größere Pixelmaße verwendet, was gewöhnlich bedeutet, dass einige Effekte – wie beispielsweise die Auswirkungen der Anden auf die ostwärtigen Winde und den Niederschlag über dem Regenwald in Brasilien – nicht sehr genau berechnet werden können. Es ist nicht bekannt, in welchem Ausmaß die Pixelgröße die Genauigkeit der heutigen langjährigen globalen Prognosen des Klimas beeinflusst. Auch wenn nicht jedes Detail vorhergesagt wird, könnte es notwendig sein, noch sorgfältiger die sich verändernden Temperatur- und Feuchtigkeitsgleichgewichte in den Pixeln zu berechnen. Weil die Berechnungen über einen Zeitraum von Jahrzehnten durchgeführt werden müssen, könnte ein kleiner Verlust von Wärme oder Feuchtigkeit, der als vernachlässigbar kleiner Fehler beginnt, über wenige Wochen zu einer Größe heranwachsen, welche in den vorausberechneten 50 Jahren die entscheidenden tatsächlichen Änderungen ausmacht.

Wetter und Klima haben einen tiefgreifenden Einfluss auf das Leben auf der Erde. Das Wetter ist der veränderliche Zustand der Atmosphäre um uns herum, wohingegen das Klima das „mittlere Wetter“ ist, das sich über Jahrzehnte entwickelt. Präziser ausgedrückt handelt es sich um eine statistische Beschreibung des Wetters, einschließlich Variabilität, Extrema und Mittelwerte; Klima schließt auch Land, Ozeane, Biosphäre und Kyrosphäre (s. Abb. XV im Farbteil vor Kap. „*Zwischenspiel:* Ein Gordischer Knoten“) mit ein.

Um Vorhersagen über den Klimawandel zu erstellen, müssen die Auswirkungen aller wichtigen Verbindungen, die das Klimasystem beeinflussen, berechnet werden. Unser Wissen über diese Prozesse wird, dem ursprünglichen Manifest von Bjerknes folgend, in mathematischen Ausdrücken dargestellt und ist heute in einem Computerprogramm umgesetzt, das auch als Klimamodell bezeichnet wird. Die gesamten Regeln des Atmosphärenmodells entsprechen denjenigen aus Kap. „2. Von Überlieferungen zu Gesetzen“, aber Wolken, Regen und Erwärmungsprozesse werden hier sorgfältiger betrachtet. Die Ozeanmodelle folgen ähnlichen Regeln, wobei der Salzgehalt die Rolle der Feuchtigkeit übernimmt und modifiziert. Diese beiden Komponenten sind durch dem Feuchteaustausch auf der Meeresoberfläche gekoppelt, wobei auch die Entstehung von Wellen einen signifikanten Einfluss darauf hat. Dann werden die Komponenten für die anderen Klimaprozesse hinzugefügt, aber ihre Rückkopplungen untereinander erschweren die Computerergebnisse zusätzlich.

Die Einschränkungen unseres Wissensstandes und der Rechenkapazitäten bedeuten, dass die Ergebnisse der Klimamodelle vielen Unsicherheiten ausgesetzt sind, was uns aber nicht daran hindert, so weiterzumachen, wie Feynman es gutheißen würde. Die atmosphärische Zirkulation – die endlosen Winde, welche die erwärmte und befeuchtete Luft um den Planeten Erde transportieren – ist dabei eine grundlegende Größe. In Klimasimulationen werden

Abb. 12 Saharastaub ist reich an Stickstoff, Eisen und Phosphor und düngt die Planktonblüten im tropischen östlichen Atlantik und im Mittelmeer. Das Bild zeigt Staub, der in nördliche und östliche Richtungen geweht wird. (© NEODAAS / University of Dundee)

Prozesse wie beispielsweise der Kreislauf von Spurengasen, einschließlich Methan, Schwefeldioxid, Kohlendioxid und Ozon sowie ihre chemischen Wechselwirkungen und der Einfluss von Staub (Abb. 12) berücksichtigt. Größere Klimaänderungen werden normalerweise von langfristigen Veränderungen dieser wesentlichen atmosphärischen Bestandteile begleitet, und ein Teil der heutigen Wissenschaft versucht zu verstehen, wie beispielsweise die Vermehrung von Plankton im Ozean und der Rückgang des tropischen Regenwaldes die Gaskonzentrationen verändern.

Das Wesen der Vorhersagbarkeit klimatischer Veränderungen kann auch mithilfe von Wahrscheinlichkeiten verstanden werden. Es ist nicht der genaue Ablauf des Wetters, der für die kommenden Jahren vorausgesagt werden kann, sondern eher sein statistisches Verhalten – etwa die Frage ob die Sommer in 20 Jahren wärmer und feuchter sein werden? Natürlich hängt die Antwort sehr davon ab, wo wir leben. Obwohl das Wetter an irgendeinem Tag so weit in der Zukunft absolut ungewiss ist, kann der beständige Einfluss von langsam steigenden Meeresoberflächentemperaturen die Wahrscheinlichkeit, ob eine bestimmte Art von Wetter an diesem Tag herrschen wird, verändern.

Als grobe Analogie zum Würfeln können die feinen Effekte der Verbindung von Atmosphäre und Umgebung mit einem „gezinkten Wurf" verglichen werden. Bei einem Wurf können wir das Ergebnis nicht vorhersagen; aber nach vielen Würfen wird der gezinkte Würfel ein bestimmtes Ergebnis gegenüber den anderen bevorzugen. Wenn man dieser

Analogie folgt, könnten Änderungen im saisonalen Verhalten für zukünftige Jahre vorausgesagt werden, auch wenn wir das tatsächliche Wetter an einem bestimmten Ort und an einem bestimmten Tag nicht vorhersagen können. Auf diesen sehr langen Zeitskalen von Jahrzehnten ist der vorhersagbare Teil des Klimas an der Struktur des Wetterakttraktors zu erkennen, also daran, ob die Lebensgeschichten nah beieinanderbleiben oder immer wieder zusammenkommen. Um den Klimawandel abschätzen zu können, müssen wir unbedingt herausfinden, was diese „Schmetterlingsflügel" im Laufe der nächsten Jahrzehnte verändern wird.

Der Ozean ist ein entscheidender Teil des Klimasystems. Zwischen den Ozeanen und der Atmosphäre gibt es einen ständigen Austausch von Wärme, Impuls und Wasserdampf. Es wird sogar angenommen, dass ozeanische Salzpartikel in der Atmosphäre bedeutende Auswirkungen auf die Entstehung von Wassertropfen haben könnten. Der Ozean funktioniert wie ein Wärmespeicher, der Klimaveränderungen zunächst verzögert. Die großen Ozeanströmungen transportieren riesige Mengen von Wärmeenergie und Meereswasser mit verschiedenen Salzgehalten um die Welt. Die Landflächen, einschließlich ihrer Vegetation und saisonalen Feuchteverteilung, beeinflussen die Absorption der Sonnenenergie, so wie auch den Feuchtigkeitskreislauf in der Atmosphäre.

Erwähnt sei noch die Kryosphäre, d. h. die Teile der Erde, deren Oberflächen durch Eis bedeckt werden; dazu gehört hauptsächlich das Meereseis in der Arktis und den südlichen Ozeanen und die mit Eis überdeckten Landflächen in Grönland und der Antarktis. Die Biosphäre, zu der das Leben auf dem Land (die Biosphäre auf den Landmassen umfasst Wälder, Graslandschaften, städtische Gemeinschaften usw.) und im Ozean (die Meeresbiosphäre umfasst Meeresalgen, Bakterien, Plankton und Fische) gehört, spielt eine große Rolle in den Kreisläufen von Wasserdampf, Sauerstoff, Schwefel, Kohlenstoff und Methan und bestimmt daher auch ihre Konzentrationen in der Atmosphäre. Diese Spurengase in der Luft beeinflussen die Art und Weise, wie die Sonnenenergie durch unsere Atmosphäre gelangt und von ihr aufgenommen wird. Wir erwähnen all das, um zu zeigen, dass die vielen nichtlinearen Rückkopplungen zuverlässige Abschätzungen von Temperatur, Feuchte und Klima im 21. Jahrhundert stark erschweren.

Das Klima verändert sich immer, da sich unser Planet von der Eiszeit hin zu wärmeren Perioden und zurück zur Eiszeit bewegt. Rückkopplungen im Klimasystem können Klimaveränderungen entweder verstärken oder reduzieren. Wenn sich beispielsweise die Atmosphäre erwärmt, kann sie mehr Wasserdampf „speichern". Wasserdampf ist ein sehr mächtiges Treibhausgas, wie wir nachts leicht beobachten können, wenn Wolkendecken die Abkühlung der Erde verlangsamen. Wasserdampf könnte als positive Rückkopplung wirken und die mittlere Temperatur der Atmosphäre deutlich erhöhen. Wenn Meereseis anfängt zu schmelzen, wird ein Teil Sonneneinstrahlung, die sonst vom Meereseis gespiegelt wird, durch den Ozean absorbiert, was wiederum zur Erwärmung der Wasseroberfläche führt – eine weitere positive Rückkopplung. Aber wir müssen noch herausfinden, wie diese Erwärmungen dann die globalen Windstrukturen, Jetstreams und Ozeanströmungen verändern und welche Rückkopplungen dadurch in der Zukunft induziert werden. Auf der anderen

Seite wird durch die Erhöhung der Kohlenstoffdioxidkonzentration in der Atmosphäre das Wachstum von Pflanzen, Bäumen und Plankton beschleunigt (was unter dem Namen „CO_2-Düngungseffekt“ bekannt ist). Dadurch wird wiederum mehr Kohlenstoffdioxid absorbiert – ein Beispiel einer negativen Rückkopplung. Es gibt eine Vielzahl von sowohl positiven als auch negativen Rückkopplungen, und viele haben wir noch nicht vollständig verstanden. Rückkopplungen sind die Hauptursachen von Unsicherheiten in Klimavorhersagen, und Veränderungen von Wasserdampf und der Wolkendecken sind für genaue Vorhersagen sehr wichtig.

Derzeitige Klimamodelle liefern Vorhersagen für global gemittelte Größen; die Unsicherheit auf kleineren Skalen ist größer. Weil wir nicht beurteilen können, wie gut jedes Modell tatsächlich ist, wird heute oft angenommen, dass alle Vorhersagen dieselbe (unbekannte) Wahrscheinlichkeit haben, richtig zu sein. Das ist offensichtlich wenig hilfreich, um genau Pläne zu machen, wie wir unseren Lebensstil an die Klimaveränderungen anzupassen müssen. Zum Beispiel müssen Hydrologen entscheiden, ob ein neuer Wasserspeicher gebaut werden sollte, um auf die prognostizierten Wasserknappheiten im Sommer zu reagieren. Das Bauen großer Speicher kostet viel Geld, wie groß muss daher ein derartiger Sicherheitsspeicher mindestens sein? Veränderungen, die zu Schäden führen könnten, müssen abgeschätzt, wirkungsvolles Handeln erkannt und Prioritäten gesetzt werden. Sogar noch wichtiger ist die Frage, in welchem Umfang die Emissionen von Kohlenstoff in die Atmosphäre kontrolliert werden sollten, um die gegenwärtigen Mittel am geeignetsten auszunutzen? Wären andere Maßnahmen effizienter?

Das Ozonloch über der Antarktis wurde ausgiebig mithilfe von Computersimulationen untersucht. Die Zerstörung der Ozonschicht, verursacht durch chemische Schadstoffe, die hauptsächlich in den 1950er- und 1960er-Jahren in die Atmosphäre gelangten, konnte aufgehalten werden. Heute schließt sich das Ozonloch langsam wieder. Die internationale Zusammenarbeit, die darin bestand, Fluorchlorkohlenwasserstoffe aus den Haushaltsgeräten zu verbannen, erlaubte die Rückbildung des Ozons – ein großer Erfolg für die gemeinsamen staatlichen Bemühungen.

Es ist unwahrscheinlich, dass sich die auf Supercomputern basierende Genauigkeit und Zuverlässigkeit der Klimavorhersage sehr schnell weiterentwickeln werden, weil diese von den schwer erkämpften Fortschritten unseres Verständnisses, wie das Klimasystem funktioniert, abhängen. Um optimaler planen und Strategien besser anpassen zu können, soll die derzeitige Situation, in der wir eine große Anzahl verschiedener Vorhersagen mit unbekannter Zuverlässigkeit haben, verändert werden. Stattdessen soll in Zukunft die Wahrscheinlichkeit verschiedener Ereignisse (beispielsweise prozentuale Änderungen im Sommerniederschlag) ermittelt werden. Als verstanden wurde, dass Modelle unterschiedliche Vorhersagen liefern, weil sie unterschiedliche Darstellungen des Klimasystems verwendeten, wurde eine vielgestaltige Auswahl von Klimamodellen entwickelt und eingesetzt (Abb. 13); es entstanden sogenannte physikalische Ensembles, mit denen die Effekte von unterschiedlichen physikalischen Einflüssen abgeschätzt werden können.

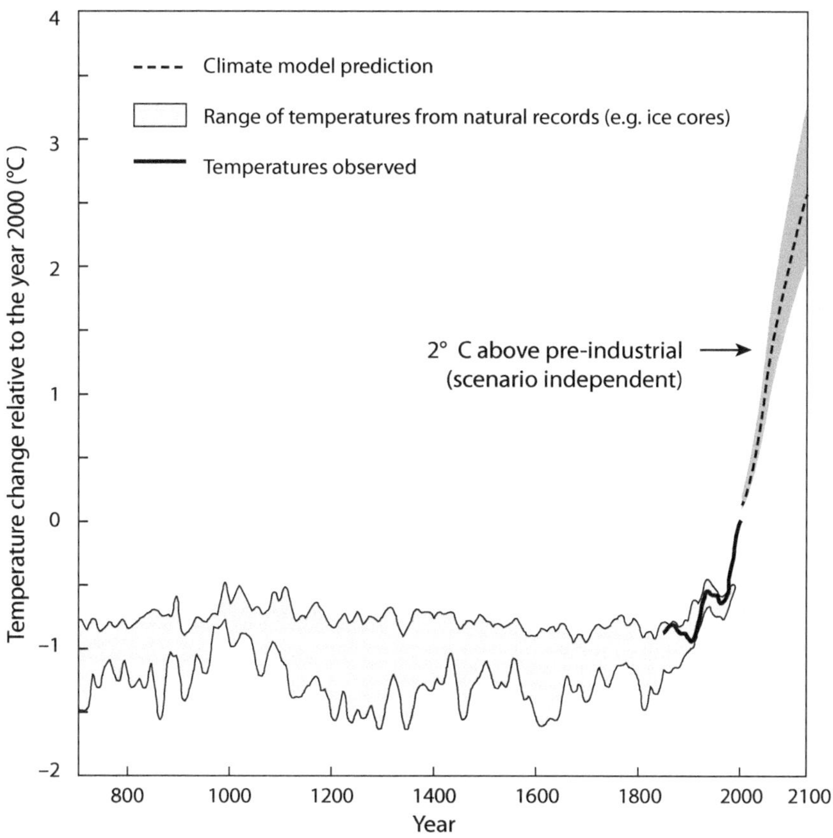

Abb. 13 In Großbritannien hat das Hadley Center for Climate Change Vorhersagen der Temperaturanstiege, gemittelt über unserem Planeten, erstellt: Die durchgezogene Linie zeigt eine einzelne Simulation der Erwärmung während des 20. Jahrhunderts. Die grauen Bereiche deuten die Unsicherheit in der Vorhersage an. Diese Vorhersagen nutzen hoch vereinfachte Rückkopplungsmodelle, welche Gegenstand vieler Debatten und Forschung sind. (© Crown Copyright, Met Office)

Heute, Anfang des 21. Jahrhunderts, werden die Kernthemen in der Klimamodellierung mit Unterstützung umfangreicher Forschungen diskutiert. Die Wissenschaft konzentriert sich dabei auf die kritischen Rückkopplungen im Erde-Luft-Ozean-Eis-Biosphären-System. Bestimmte Klimasimulationen weisen darauf hin, dass Mitte des 21. Jahrhunderts die höheren Mengen von Feuchtigkeit in der Atmosphäre den Umfang der Eisüberdeckung, den mittleren Meeresspiegel, die Häufigkeit von Überschwemmungen und Dürren in vielen Ländern beeinflussen werden. Aber diese Veränderungen werden wiederum durch viele andere feine Veränderungen beeinflusst. Alle Effekte zu trennen, ist eine große intellektuelle und praktische Herausforderung.

Die wichtigste Frage lautet: Worauf sollten wir uns nun konzentrieren, wenn wir den Planern helfen wollen, Strategien zu entwickeln, um die Lebensqualität auf der Erde bis Ende dieses Jahrhunderts zu verbessern? Sicherlich müssen wir das langfristige Wetter besser verstehen. Vielleicht könnten die Hauptnutznießer der modernen globalen Wirtschaft mehr in die internationalen Forschungszentren investieren, die sich auf den Klimawandel konzentrieren – in Wissenschaft und mathematischer Computermodellierung –, um zu helfen, einige dieser Unsicherheiten zu beantworten.

Bestandteile unserer Vision für die Wettervorhersage

In den vorherigen Abschnitten haben wir kurz einige der praktischen und theoretischen Probleme dargestellt, welche der Wettervorhersage und der Klimamodellierung auf Supercomputern entgegenstehen. Wir haben von verschiedenen Entwicklungen berichtet, von der Zunahme der Computerkapazität über die Verbesserung der Software bis zur wachsenden Anzahl von Satelliten, die ständig neue Daten liefern. Alle Entwicklungen helfen dabei, die Vorhersagen zu verbessern. Aber es müssen noch mehr Details berücksichtigt werden, insbesondere in Bezug auf die Feuchteprozesse: wie genau Wasser aus Ozeanen, Flüssen, Seen, Sümpfen oder Bäumen und Gräsern verdunstet, und wie Wasser kondensiert (und gefriert) und schließlich die vielen verschiedenen Wolken formt, die über uns hinwegziehen. Eine weitere Optimierung der Software, welche die physikalischen Prozesse beispielsweise die des Wasserkreislaufs beschreibt, wird zusammen mit einer besseren Darstellung der Einflüsse von Land- und Seeflächen und der oberen Stratosphäre helfen, zu einer genaueren und verlässlicheren Vorhersage von Ereignissen zu gelangen, seien es nun örtliche Schauer oder der allmähliche Klimawandel.

Es gibt immer von vielen Seiten Druck, die Vorhersagen zu verbessern, vom Wetter des nächsten Tages bis zu den Klimaveränderungen, und das möglichst bald! Entscheidungen der Regierungen kosten viele Milliarden Dollar und können sehr weitreichende Konsequenzen haben, wie beispielsweise zukünftige Überflutungen von tief gelegenen Städten und Ländern. Die Entwicklung eines Computerprogramms, das uns zuverlässig angibt, welche Konsequenzen aus dem Handeln der Gesellschaft entstehen, scheint von äußerster Dringlichkeit zu sein. Ist die Senkung des Kohlenstoffdioxidgehalts in der Atmosphäre wirkungsvoller als die Reduzierung von atmosphärischem Methan oder von etwas anderem, damit die Gesellschaft ihre Ziele erreicht – worin auch immer diese bestehen mögen? Veränderungen des Wasserkreislaufs werden sich wahrscheinlich als wichtiger für das Leben herausstellen als Veränderungen der durchschnittlichen Temperatur. Daher wird es wichtig werden, genau zu wissen, wie diese miteinander verbunden sind.

Wenn wir bedenken, dass die einzige Sprache, die ein Computer spricht, die Mathematik ist und dass wir jetzt Antworten benötigen, dann stellt sich die Frage, ob wir beim heutigen Gebrauch von Supercomputern genug aus der Mathematik herausgeholt haben, um die Entwicklung des Wetters zu modellieren. Wie wir in Abb. 13 in Kap. „1. Eine Vision wird geboren“ gesehen haben, wird das Wetter oder Klima mit Wetterpixeln auf einem großen Gitter beschrieben, und alle möglichen Zustände der Pixel bilden den Wetterzustandsraum. Jedes Mal, wenn wir einen anderen Computer, ein abweichendes Gitter und eine andere Version der Regeln verwenden, um die Entwicklung jedes Wetterpixels mit der Zeit zu beschreiben, erhalten wir ein unterschiedliches Modell des Wetterzustandsraums. Startet man das Programm, wird jedes Mal eine andere Lebensgeschichte der computerbasierten Wettervorhersage erstellt.

Immer, wenn wir die Zukunft vorhersagen, besteht unser Ziel darin, der Lebensgeschichte des Wetters auf der Erde mit einer computergenerierten Lebensgeschichte zu folgen, die uns wie in einem Film die Abfolge der Wetterpixel wiedergibt. Aber in jedem solchen Wetterzustandsraum gibt es mehr logisch mögliche Wettervorhersagen als Teilchen im Universum. Die erste große Herausforderung besteht darin, den Computer dazu zu bringen, diesen Wetterlebensgeschichten in dem Teil des Wetterzustandsraums zu folgen, der die Erde darstellt, anstatt zum Wetter des Planeten Venus abzudriften oder in andere logisch mögliche Gebiete. Die QG-Theorie aus Kap. „5. Begrenzung der Möglichkeiten“ und „6. Die Metamorphose der Meteorologie“ sagt uns, wie wir allmählich das Wetter auf dem blauen Planeten mithilfe des hydrostatischen und geostrophischen Gleichgewichtes erkennen lernen. Dennoch hängen die Vorhersagen sehr sensibel von verschiedenen Fehlern und Lücken unseres Wissensstandes ab. Und diese sensible Abhängigkeit zerstört normalerweise die genaue Vorhersagbarkeit für Wochen, wie wir in Kap. „7. Mit Mathematik zum Durchblick“ gesehen haben.

Eine Möglichkeit, die Fehlerrate bei den Wettervorhersagen zu verringern, besteht im Einbauen der Erhaltungsgrößen nach den wissenschaftlichen Regeln, die wir in den Vertiefungen in Kap. „2. Von Überlieferungen zu Gesetzen“ formuliert haben. Aber das bleibt bis heute ein schwieriges Problem. Wie zuvor beschrieben, wurden mit der neuesten Generation von Programmen Fortschritte erzielt. In Kap. „7. Mit Mathematik zum Durchblick“ wurden verschiedene Transformationen erörtert, die sich auf die Wetterpixelentwicklung in den Regionen des Wetterzustandsraums konzentrieren, welche die Erhaltungsgrößen berücksichtigen: die Masse (durch Nutzung der Dichte), die Energie (durch Nutzung der potentiellen Temperatur) und die PV.

Die genaue Lebensgeschichte des Wetters, mit dem wir leben, ist eine Idealisierung. „Im Grunde sind alle Modelle falsch, aber einige sind nützlich“, ist ein oft zitierter Spruch der dem Statistiker Georg Edward Pelham Box zugeschrieben wird. Das Beste, was wir tun können, ist, eine Lebensgeschichte zu modellieren, die so viele Eigenschaften des Wetters erfasst, wie für uns interessant sind. Wie ein Künstler, der ein Gemälde erschafft – was wir auf den Leinwänden sehen, entspricht nicht der Realität (Abb. 14). Aber wenn wir uns Bilder und Filme ansehen, helfen uns Verstand und Vorstellungsvermögen, die Illusion von Realität zu erschaffen.

In den ersten beiden Abschnitten haben wir die modernen Methoden der Ensemblevorhersage und der Datenassimilation beschrieben, die genutzt werden, um verschiedene Lücken in unserem Wissen über das Wetter zu füllen. Mithilfe der geometrischen Methoden,

Abb. 14 Wetterpixel modellieren die Atmosphäre wie ein Maler den Ausblick durch ein Fenster auf die Landschaft abbildet. Modelle entsprechen zwar nicht exakt der Realität, aber sie sollten erfassen, was uns interessiert. René Magritte, *The Human Condition,* 1933. (© VG Bild-Kunst, Bonn 2019)

welche in Kap. „7. Mit Mathematik zum Durchblick“ vorgestellt wurden und auf Zwangsbedingungen, Skalierungen und Transformationen basieren, werden realistischere Szenarien beschrieben als jene, die zu anderen Welten gehören oder sogar gänzlich falsch sind. Wird es jemals ausreichen, größere Computer einzusetzen und sorgfältiger mit Daten und Physik umzugehen, so wie wir es zuvor in diesem Kapitel beschrieben haben, um unser Ziel einer exakten Wettervorhersage zu erreichen? Unserer Meinung nach wird es immer notwendig sein, das Maximum aus der Mathematik herauszuholen, um unsere Erkenntnisse über das Wetter zu verbessern. Und es wird notwendig bleiben, die mathematischen Methoden weiterzuentwickeln, um die neuesten Verbesserungen in den Computeralgorithmen umzusetzen. Meteorologen sind stets darum bemüht, die Regeln für die Computerberechnungen zu verbessern. Ein perfekter Algorithmus wäre in der Lage, das gesamte für uns relevante Wettergeschehen vorherzusagen, und würde dazu nicht allzu viel Zeit benötigen. Um die Pixelalgorithmen besser zu formulieren, experimentieren Wissenschaftler fortwährend mit mathematischen Methoden und mit Computersimulationen einfacherer Modelle, wie beispielsweise mit der QG-Theorie.

Eine andere hilfreiche mathematische Methode wird in den Tropen angewendet, weil sich hier Charneys geostrophischer Gleichgewichtszustand soweit abschwächt, dass er die horizontalen Winde nicht länger kontrolliert. Stattdessen haben wir in den viel wärmeren tropischen Regionen höhere Niederschläge. Die Gebiete befinden sich hauptsächlich in den riesigen, tropischen konvektiven Warmluftsäulen, die normalerweise mit sehr großen Wolkenstrukturen verbunden sind (Abb. 15). Durch das tägliche Aufsteigen von Wasser von der Erdoberfläche in die Atmosphäre werden durch den kondensierenden Wasserdampf große Mengen Wärme freigesetzt, was zu starkem Niederschlag führt. Durch diesen Wasserkreislauf wird die Wärmeenergie der Sonne vom Boden und von der Meeresoberfläche in die obere Atmosphäre und schließlich aus den äquatorialen Regionen wegtransportiert.

Abb. 15 In den mittleren Breiten dominieren Wirbelbewegungen die Wolkenstrukturen, ganz im Gegensatz zu den Tropen In den Regionen entlang des Äquators sind große, sich auftürmende, konvektive Warmluftsäulen zu erkennen. (© NEODAAS / University of Dundee)

In den mittleren Breiten tragen die Westwinde unaufhörlich die Zyklonenbänder der Bergener Schule ostwärts um die Erde herum. In den Tropen weichen die sanfteren Passatwinde gelegentlich den tosenden tropischen Zyklonen oder Hurrikanen. Fast überall in der tropischen Zone justiert sich die Atmosphäre selbst, sodass die Temperaturflächen nahezu horizontal sind. Dadurch werden erhebliche, aber lokale Vertikalbewegungen der Luft verursacht, wobei sich auch die Bewegungen in der Horizontalen anpassen. Der Gesamteffekt all dieser lokalen tropischen Ereignisse äußert sich im Transport einer beachtlichen Menge Wärmeenergie weg vom Äquator in die höhere Troposphäre. Somit wird der Gordische Knoten in den Tropen auf etwas andere Weise gelöst.

Die Bergener Schule hatte in den Wetterdaten der mittleren Breiten beobachtet, dass die Geburt und die Entwicklung von Zyklonen anscheinend mit einer Temperaturunstetigkeit verbunden sind, welche als Polarfront bekannt ist (s. Abb. 13 in Kap. „3. Fortschritte und Missgeschicke") und die wärmere subtropische Luft von der kälteren Polarluft trennt. Auch wenn seit den 1950er-Jahren Theorien darauf hindeuten, dass dieses Phänomen tatsächlich größtenteils durch Zyklonen verursacht werden könnte, verbirgt sich hinter dem Phänomen eine weitere Herausforderung, welche wir noch nicht erörtert haben: die Frage, wie man der Identität einer einzelnen Größe, beispielsweise einem Luftpaket, folgen kann, während es sich entwickelt und sich dabei teilweise über mehrere Pixel erstreckt. In den Kap. „2. Von Überlieferungen zu Gesetzen" und „3. Fortschritte und Missgeschicke" haben wir uns Eulers Verallgemeinerung der Newton'schen Bewegungsgesetze angesehen, die die Bewegung von kontinuierlichen Fluiden, wie beispielsweise Luft und Wasser, beschreiben. Euler stellte sich die Fluidpakete eher wie glatte Ballons, statt als „zottige" Wolken vor. Und er erkannte, dass man den D/Dt-Operator nutzen kann, um die Ballonbewegung des Fluidpaketes auf eine boden- und gitterbasierten Weise auszudrücken.

Diese Änderung des Blickwinkels – von der Fokussierung auf die Individualität eines Objektes, seinen Standort und seine Bewegung hin zur Fokussierung auf eine Liste, die angibt, was in den Messstationen im Hintergrund passiert – findet eine sehr einfache Analogie in der Entwicklung einer modernen Darstellungsart des Schachspiels. Ältere Computerprogramme konzentrierten sich auf die Figuren und berechneten, wo sich jede Figur hinbewegt. Damit kommt das menschliche Gehirn gut zurecht, weil wir wissen, dass alle anderen Figuren an ihrem Ort bleiben, während sich nur eine Figur bewegt. Wir nutzten D/Dt in Kap. „2. Von Überlieferungen zu Gesetzen", um solche Bewegungen zu beschreiben, und nannten es die „totale Ableitung des Paketes", weil man bei dieser Betrachtungsweise einem bestimmten Luftpaket folgt. Moderne Schachprogramme analysieren Listen alle Positionen auf dem Brett und errechnen daraus mögliche Entwicklungen. Weil ein Schachbrett 64 Quadrate hat, auf denen jeweils höchstens eine Figur stehen darf, und weil die Figuren nicht wie durch einen Zauber auftauchen können, sind die Zugmöglichkeiten begrenzt (Abb. 16). Diese Betrachtungsweise eignet sich jedoch eher für Computer als für Menschen. Menschliche Gehirne sehen sich die Positionen an und interpretieren dann, wie das Spiel weitergeht.

In ähnlicher Weise konzentrieren sich heutige Computerprogramme für die Berechnung der Änderungen von Druck, Feuchte, Temperatur und anderen Größen auf die

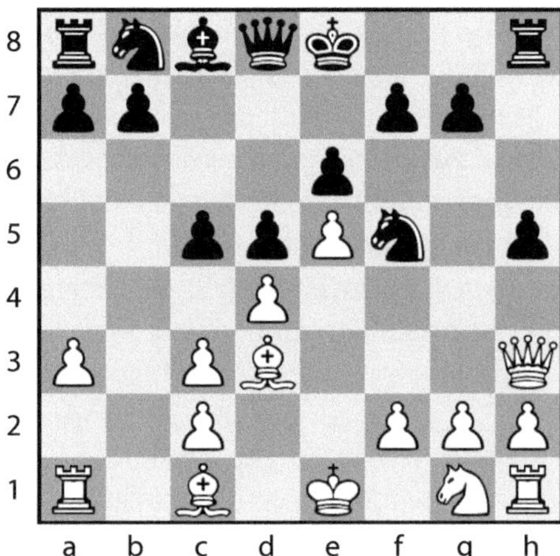

Abb. 16 Wir können die Bewegung des weißen Springers angeben, indem wir entweder die Lage der Figur und wohin sie zieht ermitteln oder das gesamte Schachbrett nach dem Zug beschreiben. Ein Computer würde die Positionen der Figuren vor und nach jedem Zug auflisten. Es gibt viele Wiederholungen bei dieser Methode; um zu erkennen, was passiert, betrachtet das menschliche Gehirn die Unterschiede. Computer modellieren Wetterentwicklungen, indem sie eine Liste mit Orten und Wetterzuständen einsetzen. Dabei kann die ursprüngliche Identität der Luftmassen und was sie tun aus dem Blick geraten. (© Princeton University Press)

Wetterpixelgrößen in jedem Gitterpunkt um den Planeten. Man betrachte ein Luftpaket mit feinem Staub aus der westlichen Sahara, wie in Abb. 12 zu sehen ist. Der Staub benötigt Monate, um sich abzusetzen. Wie können wir das Paket wiedererkennen, wenn es sich in einem Gitter bestehend aus vielen festen Pixeln bewegt?

Bei einem Schachspiel tauschen oder bewegen wir während des Spiels eine endliche Anzahl diskreter Objekte auf dem Brett. Es gibt keine Mehrdeutigkeit bezüglich der Identität der Figuren. Für Wetterpixel trifft das jedoch nicht zu. Wir könnten uns die Schachfiguren als Luftpakete vorstellen, jedes mit seiner eigenen Individualität. Aber diese Luftmassen bewegen und deformieren sich mit der Zeit und mischen sich sogar mit Luft aus anderen Pixeln – tatsächlich kann kein Pixel langfristig mit irgendeiner Luftmasse identifiziert werden. Wie können Luftmassenidentitäten dann berücksichtigt werden? Das ist ein entscheidender Gedanke bei der Einführung der SL (Semi-Lagrange-Verfahren) und der Erhaltungsmethoden, die wir in diesem Kapitel beschrieben haben.

Wie in den Abb. 20 in Kap. „7. Mit Mathematik zum Durchblick" und 24 in Kap. „7. Mit Mathematik zum Durchblick" zu sehen ist, können Luftmassen in der Realität gestreckt und vermischt werden. Während die Vermischung für die tägliche Vorhersage keine große Rolle spielt, kann sie längerfristige Vorhersagen des Feuchtetransportes deutlich beeinträchtigen. Sorgfältiges Lösen der Gleichungen aus Kap. „2. Von Überlieferungen zu Gesetzen", angewendet auf verschiedene Idealisierungen des Wetters, ähnlich zu den Methoden von Rossby und Eady aus den Kap. „5. Begrenzung der Möglichkeiten" und „6. Die Metamorphose der Meteorologie", zeigt, dass häufig neue Lösungstypen auftauchen, welche die konzeptionellen Wetterfronten der Meteorologie simulieren. Fronten treten normalerweise auf, wenn eine warme Luftmasse als ein zusammenhängendes Paket ohne viel Vermischung wandert und schließlich neben eine (meist darüberliegende) sehr viel kältere Luftmasse gelangt, mit gewöhnlicherweise deutlich unterschiedlichem Feuchtegehalt. Das Beobachten und Verfolgen der beiden unterschiedlichen Luftmassen stellt eine echte Schwierigkeit für moderne Computermodelle dar, die auf festen Gittern basieren. Wenn sich Stürme entwickeln, tritt das Ausdehnen und Mischen sehr geordnet in dreidimensionaler Weise auf. Daher können schnelle Veränderungen auf sehr unterschiedlichen Längen- und Zeitskalen stattfinden. Beispielsweise gibt es oft starke Windböen bevor es aus einer Kaltfront regnet; Auf- und Abwinde haben Heißluftballons bei ihren frühen Fahrten hin- und hergeworfen und auch zerstört, wie wir in Kap. „5. Begrenzung der Möglichkeiten" gesehen haben.

Die Mathematik der „paketbasierten" Ableitungen ist im Vergleich zu gitterbasierten Ableitungen einfacher, sofern sich die Größen, die abgeleitet werden, nahtlos verändern. Aber solche Mathematik kann sehr kompliziert werden, wenn sie es nicht tun. Daher gibt es im Computermodell des Wetterzustandsraums eine andere, ein wenig versteckte Zwangsbedingung – welche die Individualität der Luftpakete berücksichtigt, die nicht von Natur aus an den Ausgangszustand der Wetterpixel auf dem Computergitter angepasst sind und die sich sogar teilweise mischen können. Die zukünftigen Generationen von Wettervorhersageprogrammen werden versuchen, besser mit den dualen Strukturen fester Pixel und bewegter Luftpakete umzugehen. Und konventionelle totale Ableitungen oder Paket-Ableitungen werden genauer berechnet werden.

Am wichtigsten ist, dass sich Flächen, die unterschiedliche Luftmassen voneinander trennen – zum Beispiel eine heiße und trockene Region von einer kalten und nassen –, bewegen, entwickeln und verschwinden können, wenn sich ein bestimmtes Wetterereignis entfaltet. Die Individualität und die Entwicklung von Luftmassen müssen innerhalb der Wetterpixelregeln aufrechterhalten bleiben – auch dort, wo es plötzliche Übergänge von Temperatur und Feuchte gibt. Wie wir in den Abb. 9 und 17 sehen, treten am Rand eines Regenbandes oft heikle Unstetigkeitsflächen auf, was die ohnehin schwierige Aufgabe der Niederschlagsvorhersage noch weiter verkompliziert.

Daher beobachten wir, dass Computermodelle, die auf nahtlos sich ändernden Anfangsbedingungen basieren, welche gut in ihren Pixeln repräsentiert werden, oft die Entstehung von Wetterphänomenen vorhersagen, mit denen plötzliche Temperatur- und Feuchteveränderungen einhergehen (s. die Virga in Abb. 17). Solche Phänomene können durch Pixel nicht so gut wiedergegeben werden. Die Darstellung von Unstetigkeiten ist nicht nur ein technisches Problem der Computermodelle, sondern wir müssen auf eine grundlegend neue mathematische Weise über die Lösungen nachdenken. Wieder einmal wird bei der Wahl der Pixelbeschreibung nicht auf den Weg des einzelnen Luftpaketes geachtet. Heutige Zeitschritt-basierende Computerprogramme approximieren die Wege der Luftpakete innerhalb jeden Zeitschritts, aber sie nehmen an, dass sich Temperatur und Feuchte sowohl im Raum als auch mit der Zeit

Abb. 17 Cirrus uncinus (hakenförmige Cirrus) und nachfolgende Virga wurden über Newbury, Berkshire, England am 18. September 2010, Mittags, fotografiert. Ein Computermodell, das auf der Mittelung der Grundvariablen in den Pixeln basiert, würde dieses Phänomen nur mit mäßigem Erfolg darstellen. (© Stephen Burt)

glatt verändern. Wie man am besten sich bewegende Flächen mit Unstetigkeiten darstellt, ist für die heutige Forschung eine weitere Herausforderung.

Obwohl mehr als zwei Jahrtausende vergangen sind, seitdem Aristoteles erstmalig die „Meteorologie" einführte, ist das Wetter noch immer eine Art Mysterium – vielleicht ist das eine Erklärung, warum es stets ein beliebtes Konversationsthema ist! Wetter beeinflusst oft unseren Gemützustand und unsere Perspektive: wir reagieren sehr individuell auf seine sich endlos verändernden „Launen". Aber heute können wir uns auch davon lösen und die dynamische Atmosphäre von einem globaleren Top-down-Standpunkt aus betrachten. Satellitenbilder enthüllen das große Bild – von tropischen Unwettern und Hurrikane, welche die Passatwinde stören, bis zu den stürmischen Zyklonen der mittleren und höheren Breiten, welche die Schönwetterperioden unterbrechen. Aber keines dieser Bilder – so spektakulär es auch sein mag – sagt uns, wann und wo sich das nächste Unwetter entwickeln wird oder ob Nieselregen zu Hagel wird und Verwüstungen auf unseren Straßen anrichtet.

Um herauszufinden, wann und wo das Wetter seine Laune ändern wird, brauchen wir die Mathematik: Wir müssen uns darauf konzentrieren, was unsichtbar inmitten der Schönheit, der Kraft, und des Mysterium des Wetters liegt. Die Gesetze der Physik müssen in die Computermodelle eingebaut und neueste Beobachtungen und Messungen genau richtig erfasst werden. Die Bewegungsgleichungen der Wärme- und der Feuchteprozesse sind so in die Modelle zu integrieren, dass die allumfassenden Erhaltungsprinzipien berücksichtigt werden. Wenn all dies geschehen ist, würden wir gerne abschätzen, wie viel Vertrauen wir in die Vorhersage haben können. Mehr noch – wir würden gerne das zukünftige Klima auf der Erde abschätzen können.

Für deutliche Verbesserungen der Vorhersage ist die Zusammenarbeit wichtig. Kleine „Armeen" aus Ingenieuren und Wissenschaftlern verbessern fortwährend die Technik, um unser Wissen über atmosphärische Prozesse zu beobachten und zu erweitern. Dann muss das gesammelte Wissen in die Sprache der Mathematik umgesetzt und in die immer leistungsstärkeren Computermodelle eingebaut werden. Unsere Botschaft ist, dass der geschickte Einsatz von Mathematik das Optimum aus diesen Programmen herausholt und uns dabei hilft zu erkennen, wie die sich ständig verändernden Wetterstrukturen aus dem Nebel des Chaos auftauchen.

Nachspiel: Jenseits des Schmetterlings

Astronomie und Meteorologie haben in der Geschichte der Entwicklung von Mathematik und Physik immer eine wichtige Rolle gespielt und sich wechselseitig befruchtet. Die Astronomie war eine der ersten Wissenschaften, die von den Fortschritten in der Mathematik profitierte. Die Newton'schen Bewegungs- und Gravitationsgesetze, ergänzt durch die Erhaltungsgrößen Energie und Drehimpuls, ermöglichten das Berechnen der Planetenumlaufbahnen für viele Jahre im Voraus. Ende des 18. Jahrhunderts hatte die Wissenschaft dank komplexer Modelle – wie beispielsweise des mechanischen Modells des Sonnensystems (Abb. 1) – allgemeines Vertrauen gewonnen.

Man vergleiche solche einfachen mechanischen Modelle mit der Herausforderung, Computermodelle des Wetters und des Klimas zu entwickeln, bei denen Chaos eine Rolle spielt – von nicht vorhersagbaren Rauchwirbeln aus unseren Schornsteinen bis hin zu den Zugbahnen von Tornados und Hurrikanen. Wie können wir diejenigen Erscheinungsformen des Wetters finden, die prognostizierbar sind? In unserer Geschichte haben wir beschrieben, welche entscheidende Rolle die Mathematik für die Beantwortung dieser Frage spielt.

Dieses Buch handelte von der Rolle der Mathematik bei der Erklärung, *warum* wir Wetter und Klima – selbst in der Anwesenheit von Chaos – verstehen können. Aber unsere Geschichte ist noch nicht zu Ende. Die Menschheit steht noch immer vor der Herausforderung zu verstehen und vorauszusagen, wie die einzelnen Bestandteile des Systems Erde – die Atmosphäre (Abb. 2), die Ozeane, das Land, das Wasser und das Leben – sich gegenseitig beeinflussen. Nichtlineare Rückkopplungen sind allgegenwärtig im System Erde, wie in Cl.15 dargestellt ist, aber die gute Nachricht ist, dass die Methoden, die in den letzten Jahrzehnten zur Analyse und Vorhersage des Wetters entwickelt wurden, wie zum Beispiel die hochentwickelten Computeralgorithmen zur Berechnung des Feuchtetransportes und die neuen Methoden der Datenassimilation, heute in die Simulationen unserer Umwelt integriert werden können.

I. Roulstone und J. Norbury, *Unsichtbar im Sturm*,
https://doi.org/10.1007/978-3-662-48254-4_11

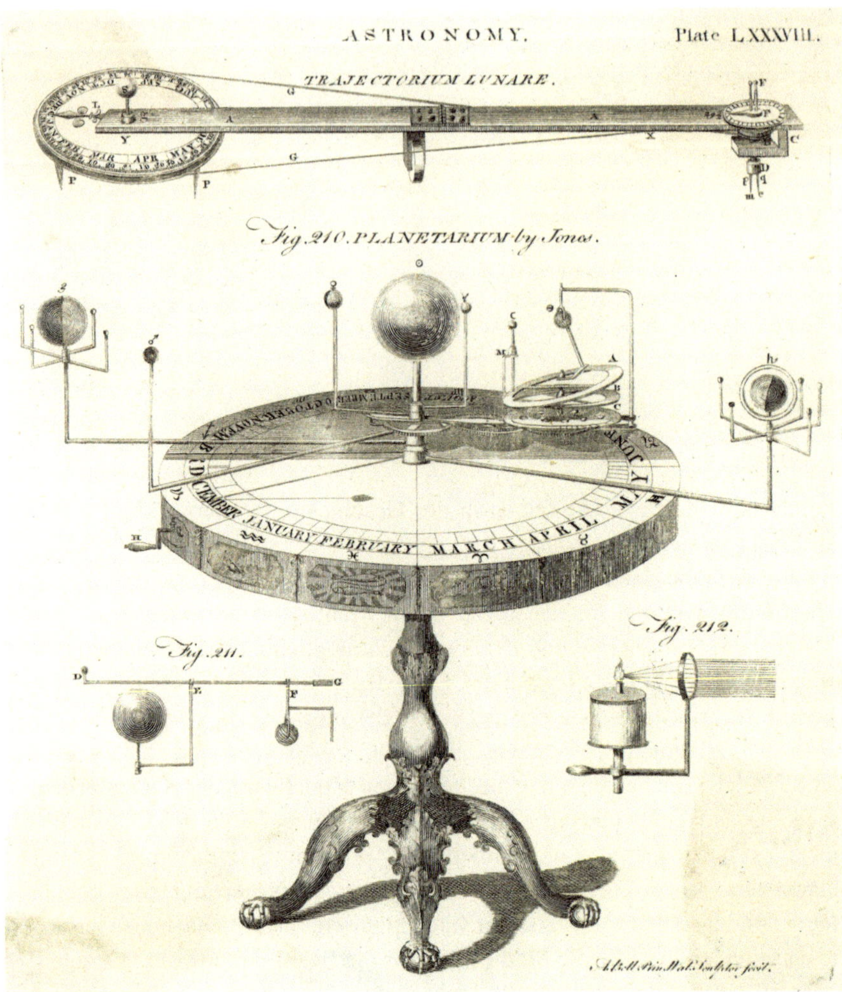

Abb. 1 Das mechanische Uhrwerkmodell des Sonnensystems verkörpert die Newton'sche Sicht des deterministischen Universums. Mit dem Wissen, wo man beginnen muss, können wir immer genau sagen, welche Positionen die Planeten in der Zukunft einnehmen werden. (© Mary Evans Picture Library / picture alliance)

Von Zeit zu Zeit können wir den Eindruck haben, dass wir zufrieden mit den Schultern zucken und behaupten dürfen, dass ja der Flügelschlag eines Schmetterlings alles zerstören kann, was eine Wettervorhersage vernünftig erklären will. Aber das Wetter – und tatsächlich das ganze System Erde – kann nicht so leicht durcheinandergebracht werden. Es gibt zahlreiche Wechselwirkungen, und es gibt einen Grad an Unvorhersagbarkeit, aber es gibt auch viele stabilisierende Mechanismen, und was am wichtigsten für unsere Kenntnisse und für die Vorhersage ist: Es gibt die Mathematik, mit der wir die Regeln quantifizieren können.

Abb. 2 Dieses Bild wurde am 31. Juli 2011 von der Internationalen Raumstation aus aufgenommen. In Satelliten eingebaute Messinstrumente erlauben es Wissenschaftlern, die Bestandteile unserer Atmosphäre zu beobachten. Indem wir diese Informationen in unsere Computersimulationen einbauen, können wir untersuchen, wie die unterschiedlichen Gase und Aerosole unser Klima beeinflussen. Unsere Geschichte hat erklärt, wie die Mathematik, die ursprünglich mit ganz anderen Zielen entwickelt worden war, wie beispielsweise die Erforschung des Äthers oder der Dynamik des Sonnensystems, uns nun hilft, die Dynamik der Atmosphäre und der Ozeane und die Änderungen in unserem Klima zu verstehen. (© NASA. Abdruck mit freundlicher Genehmigung)

In den letzten 50 Jahren hat die Mathematik bei der Verbesserung der Computeralgorithmen eine immer bedeutendere Rolle gespielt. Die Herausforderung für die Zukunft besteht darin, mit der Entwicklung fortzufahren und die wissenschaftlichen Erkenntnisse und technologischen Möglichkeiten mithilfe von Mathematik auf die effektivste Art und Weise zu nutzen.

So wie unser Bestreben, die Bewegung des Sonnensystems zu bestimmen, überraschenderweise Mathematiker dazu brachte, qualitative Methoden für die Untersuchung chaotischer Systeme zu entwickeln, so können wir uns vorstellen, dass unsere Bemühungen, das System Erde zu verstehen, zu einer neuen Mathematik und zu einem tieferen Verständnis der Welt um uns herum führen wird.

Glossar

Computerprogramm: Eine Reihe von Anweisungen, mit der die Werte der Grundvariablen mithilfe von Grundgleichungen und gegebener Eingabedaten über die Eigenschaften der Atmosphäre berechnet werden.

Computerbasierte Wettervorhersage: Der Einsatz eines Computerprogramms, welches die Grundvariablen bezüglich der Grundgleichungen berechnet.

Geostrophisches Gleichgewicht: In einer gegebenen Höhe weht der horizontale Wind parallel zu den Isobaren (Druckkonturen), was die Dominanz der Erdrotation bei der hydrostatisch balancierten Windbewegung widerspiegelt.

Gradient: Die Änderungsrate einer bestimmten Variable (beispielsweise der Temperatur) in Richtung des maximalen Anstiegs.

Grundgleichungen: Eine Reihe physikalischer, in mathematischer Form geschriebener Gesetze, welche die Wechselwirkung der Grundvariablen beschreiben (s. Vertiefung 2.3).

Grundvariablen: Die Variablen, die den Zustand eines kleinen Luftpaketes beschreiben, also Temperatur, Druck, Dichte, Feuchtigkeit, Windgeschwindigkeit und Windrichtung. Das Wetter wird über diese Grundvariablen berechnet.

Hydrostatisches Gleichgewicht: Die Schichtungsstabilität der Erdatmosphäre, welche die Dominanz widerspiegelt, mit der die Gravitation und die Auftriebskräfte in der Vertikalen wirken.

Konstanten: Physikalische Größen, die ihren Wert beibehalten – auch wenn sich das Wetter verändert. Konstanten geben die physikalischen Eigenschaften der Atmosphäre an; ein Beispiel ist ein konstanter Temperaturwert, bei dem Wassertropfen unter einem bestimmten Druck gefrieren.

Konvergenz: Das scheinbare Verschwinden von Luft, wenn man sich ihre Bewegung in einer horizontalen Schicht ansieht; die (gewöhnlicherweise) kleine Luftmenge, die verschwindet, bewegt sich in Wirklichkeit vertikal aus der horizontalen Schicht heraus.

Luftpaket: Ein kleines Luftvolumen, dem wir bestimmte Werte der Grundvariablen zuweisen.

I. Roulstone und J. Norbury, *Unsichtbar im Sturm,*
https://doi.org/10.1007/978-3-662-48254-4

Physikalische Gesetze: Prinzipien, die während der gesamten Wetterentwicklung gelten, beispielsweise die Erhaltung der Wassermasse: Auch wenn Wasser seine Form verändern kann, wenn es sich mit einem Luftpaket umherbewegt (beispielsweise von Dampf zu Wolken oder Schneeflocken), kann die gesamte beteiligte Wassermenge gemessen und erfasst werden.
Potenzielle Temperatur: Eine (unter dem Einfluss von Druck) transformierte Temperatur, welche die Wärmeenergie in einem Luftpaket misst, unabhängig von dem Druckniveau, auf dem sich das Paket befindet (s. Vertiefung 5.2.).
Potenzielle Vorticity: Ein Maß für die Wirbelhaftigkeit eines Luftpaketes normalisiert mit einem geeigneten Gradienten der potenziellen Temperatur (s. Kap. „5. Begrenzung der Möglichkeiten" und Vertiefung 7.1.).
Unstetigkeit: Eine plötzliche Veränderung einer Variablen, wenn wir entweder die Zeit oder den Ort verändern; ein Beispiel ist eine Regenfront, wo es in wenigen Sekunden anfangen kann, sehr stark zu regnen.
Variablen: Physikalischen Größen, deren Werte sich mit dem Wetter verändern können, zum Beispiel Niederschlagsmenge über der Stadtmitte von Seattle.
Wirbel: Ein idealisierter Wirbel oder Strudel in einem Fluid; mit Wirbelstärke oder Zirkulation kann berechnet werden, wie stark die Rotation ist.
Wirbelstärke: (engl. Vorticity) Das Maß für die Rotation der Luft in eine bestimmte Richtung.
Zirkulation: Das Maß für eine wirksame Bewegung eines Luftpaketes um eine gedachte Schleife in einem Fluid.

Bibliografie und weiterführende Literatur

Allgemeine Bücher

Die folgende Literatur ist an die allgemeine Leserschaft gerichtet und deckt die Entwicklungen in der Meteorologie ab, mit denen wir uns auseinandergesetzt haben:

Ashford, O. M. *Prophet or Professor? Life and Work of Lewis Fry Richardson*. Adam Hilgar, 1985.

Cox, J. D. *Storm Watchers: The Turbulent History of Weather Prediction from Franklin's Kite to El Niño*. Wiley, 2002.

Friedman, M. R. *Appropriating the Weather: Vilhelm Bjerknes and the Construction of a Modern Meteorology*. Cornell University Press, 1989.

Harper, K. C. *Weather by the Numbers: The Genesis of Modern Meteorology*. MIT Press, 2012.

Nebeker, F. *Calculating the Weather: Meteorology in the 20th Century*. Academic Press,1995.

Die nachfolgenden Veröffentlichungen behandeln die Entwicklungen in der theoretischen Meteorologie und in der Wettervorhersage. Sie sind eher technisch verfasst:

Lindzen, R. S., E. N. Lorenz, und G. W. Platzman, eds. *The Atmosphere – A Challenge: A Memorial to Jule Charney*. American Meteorological Society, 1990. [enthält Auszüge aus Charneys Veröffentlichungen.]

Lorenz, E. N. *The Essence of Chaos*. University of Washington Press, 1993.

Lynch, P. *The Emergence of Numerical Weather Prediction: Richardson's Dream*. Cambridge University Press, 2006.

Shapiro, M., und S. Grønås, eds. *The Life Cycles of Extratropical Cyclones*. American Meteorological Society, 1999.

I. Roulstone und J. Norbury, *Unsichtbar im Sturm*,
https://doi.org/10.1007/978-3-662-48254-4

Die folgenden drei Bücher sind eine ausgezeichnete Einführung in die Grundlagen der Physik, die für unsere Geschichte relevant sind. Sie wenden sich an eine breite Leserschaft.

Atkins, P. W. *The 2nd Law: Energy, Chaos and Form*. Scientific American Books Inc., 1984.
Barrow-Green, J. *Poincaré and the Three-Body Problem*. American Mathematical Society, 1997.
Feynman, R. P. *Vom Wesen physikalischer Gesetze*. Piper, 1996.

Fachbücher
Die folgenden Bücher richten sich an Hochschulstudenten:

Gill, A. E. *Atmosphere-Ocean Dynamics*. International Geophysics, 1982.
Holm, D. D. *Geometric Mechanics. Part 1: Dynamics and Symmetry*. Imperial College Press, 2008.
Kalnay, E. *Atmospheric Modelling, Data Assimilation and Predictability*. Cambridge University Press, 2003.
Majda, A. J. *Introduction to PDEs and Waves for the Atmosphere and Ocean*. American Mathematical Society, 2002.
Norbury, J., und I. Roulstone, eds. *Large-scale Atmosphere-Ocean Dynamics*. Band eins: *Analytical Methods and Numerical Models*. Band zwei: *Geometric Methods and Models*. Cambridge University Press, 2002.
Palmer, T. N., und R. Hagedorn. *Predictability of Weather and Climate*. Cambridge University Press, 2007.
Richardson, L. F. *Weather Prediction by Numerical Process*. Cambridge University Press, 1922 (Nachdruck 2007).
Vallis, G. K. *Atmospheric and Oceanic Fluid Dynamics*. Cambridge University Press, 2006.

Artikel
Die folgenden Überblicksarbeiten richten sich eine breite Leserschaft:

Jewell, R. „The Bergen School of Meteorology: The Cradle of Modern Weather Forecasting.“ *Bulletin of the American Meteorological Society* 62 (1981): 824–30.
Phillips, N. A. „Jule Charney's Influence on Meteorology.“ *Bulletin of the American Meteorological Society* 63 (1982): 492–98.
Platzman, G. „The ENIAC Computations of 1950: The Gateway to Numerical Weather Prediction.“ *Bulletin of the American Meteorological Society* 60 (1979): 302–12.
Thorpe, A. J., H. Volkert, und M. J. Ziemiański. „The Bjerknes' Circulation Theorem: A Historical Perspective.“ *Bulletin of the American Meteorological Society* 84 (2003): 471–80.

Willis, E. P., und W. H. Hooke. „Cleveland Abbe and American Meteorology, 1871–1901.“ *Bulletin of the American Meteorological Society* 87 (2006): 315–26.

Die folgende Überblicksarbeit richtet sich an Hochschulstudenten:

White, A. A. „A View of the Equations of Meteorological Dynamics and Various Approximations,“ in Band 1 von *Large-Scale Atmosphere-Ocean Dynamics*, herausgegeben von J. Norbury und I. Roulstone. Cambridge University Press, 2002.

Klassische Artikel

Abbe, C. „The Physical Basis of Long-Range Weather Forecasts.“ *Monthly Weather Review* 29 (1901): 551–61.

Bjerknes, J. „On the Structure of Moving Cyclones.“ *Monthly Weather Review* 49 (1919): 95–99.

Bjerknes, V. „Das Problem der Wettervorhersage, betrachtet vom Standpunkte der Mechanik und der Physik“. Meteor. Z. 21 (1904): 1–7. reproduziert in *The Life Cycles of Extratropical Cyclones*. American Meteorological Society, 1999.

Bjerknes, V. „Meteorology as an Exact Science.“ *Monthly Weather Review* 42 (1914): 11–14.

Charney, J. G. „The Dynamics of Long Waves in a Baroclinic Westerly Current.“ *Journal of Meteorology* 4 (1947): 135–62.

Charney, J. G. „On the Scale of Atmospheric Motions.“ *Geofysiske publikasjoner*, 17 (1948): 1–17.

Charney, J. G., R. Fjørtoft, und J. von Neumann. „Numerical Integration of the Barotropic Vorticity Equation.“ *Tellus* 2 (1950): 237–54.

Eady, E. T. „Long Waves and Cyclone Waves.“ *Tellus* 1 (1949): 33–52.

Eady, E. T. „The Quantitative Theory of Cyclone Development.“ *Compendium of Meteorology*, edited by T. Malone. American Meteorological Society, 1952

Ertel, H. „Ein neuer hydrodynamischer Wirbelsatz,“ *Meteorologische Zeitschrift* 59 (1942): 271–81.

Ferrel, W. „An Essay on the Winds and Currents of the Oceans.“ *Nashville Journal of Medicine and Surgery* 11 (1856): 287–301, 375–89.

Ferrel, „The Motions of Fluids and Solids Relative to the Earth's Surface.“ *Mathematics Monthly* 1 (1859): 140–48, 210–16, 300–307, 366–73, 397–406.

Hadley, G. „Concerning the Cause of the General Trade Winds.“ *Philosophical Transactions of the Royal Society of London* 29 (1735): 58–62.

Halley, E. „An Historical Account of the Trade Winds, and Monsoons, Observable in the Seas between and Near the Tropics, with an Attempt to Assign the Physical Cause of the Said Winds.“ *Philosophical Transactions of the Royal Society of London* 16 (1686): 153–68.

Hoskins, B. J., M. E. McIntyre, und A. W. Robertson. „On the Use and Significance of Isentropic Potential Vorticity Maps.“ *Quarterly Journal of the Royal Meteorological Society* 111 (1985): 877–946.

Lorenz, E. N. „Deterministic Nonperiodic Flow.“ *Journal of Atmospheric Sciences* 20 (1963): 130–41

Rossby, C.-G. „Dynamics of Steady Ocean Currents in the Light of Experimental Fluid Mechanics.“ *Papers in Physical Oceanography and Meteorology* 5 (1936): 2–43 [Potenzielle Vorticity tritt in dieser Arbeit zum ersten Mal in Erscheinung]

Rossby, C.-G. „Planetary Flow Patterns in the Atmosphere.“ *Quarterly Journal of the Royal Meteorological Society* 66, Beilage (1940): 68–87. [Eine Zusammenfassung der Ideen aus seinen Artikeln von 1936 und 1939.]

Rossby, C.-G. „Relation between the Variations in Intensity of the Zonal Circulation of the Atmosphere and the Displacement of Semi-Permanent Centers of Action.“ *Journal of Marine Research* 2 (1939): 38–55. [Kernarbeit über Rossby-Wellen.]

Sachverzeichnis

I. Roulstone und J. Norbury, *Unsichtbar im Sturm*,
https://doi.org/10.1007/978-3-662-48254-4